U0559843

工程数学问题求解算法及应用

冯江华　著

科学出版社

北　京

内 容 简 介

本书是一本专注于介绍各类数值计算算法的专著,其主要内容安排如下:首先,介绍各类矩阵的分解算法,比如经典的 LU 分解、QR 分解等,并以矩阵分解原理为基础,介绍各类线性方程组的求解方法. 其次,介绍求解线性方程组的各类迭代算法,如 Jacobi 迭代算法、Gauss-Seidel 迭代算法等,接着导入非线性方程的求解问题,介绍求解该问题的各类迭代算法,如 Newton 算法等,进一步介绍求解非线性方程组的 Newton 算法衍生的各类迭代算法,如拟 Newton 算法等. 再次,介绍各类插值和拟合算法,如三次样条插值、最小二乘拟合等. 最后,以 Euler 算法为基础介绍常微分方程(组)求解算法和偏微分方程求解算法.

本书可供致力于学习和使用数值算法的学生与工程师参考使用.

图书在版编目(CIP)数据

工程数学问题求解算法及应用 / 冯江华著. -- 北京 : 科学出版社,
2024. 12. -- ISBN 978-7-03-079587-8
I. TB11
中国国家版本馆 CIP 数据核字第 2024KJ9585 号

责任编辑:胡庆家 孙翠勤 / 责任校对:郝甜甜
责任印制:张 伟 / 封面设计:无极书装

科 学 出 版 社 出版
北京东黄城根北街 16 号
邮政编码:100717
http://www.sciencep.com
北京中科印刷有限公司印刷
科学出版社发行 各地新华书店经销
*
2024 年 12 月第 一 版 开本:720×1000 1/16
2024 年 12 月第一次印刷 印张:24 1/4
字数:488 000
定价:**168.00 元**
(如有印装质量问题,我社负责调换)

编 写 组

冯江华　胡云卿　李　程　王彧弋　袁希文
王　斌　黎向宇　熊自翔　龙　腾　毛超利

序　言

当今世界瞬息万变,科技革命与产业变革方兴未艾,以数字化、网络化、智能化为特征的科技浪潮蓬勃兴起,正在深刻影响世界发展格局,改变人类生产生活方式,这些变化不仅为现代工程领域铺设了广阔的创新舞台,也带来了前所未有的挑战与机遇.数学作为重要的基础学科和有力的实践工具,其应用范围在工程领域内持续拓展,日益凸显其不可或缺的价值.从轨道交通列车高精度控制到新能源装备的寿命预测;从航空航天工程的精密变轨设计,到土木工程中的结构优化与材料分析;从电子信息工程的信号处理与通信协议,到环境工程的污染控制与资源管理,这些工程问题往往涉及多维、非线性、动态变化等复杂因素,每个领域都深刻依赖于数学模型的构建与求解算法的创新.

为更好地发展数学、推动数学人才培养、并将数学科研成果落地于包括众多工程领域并产生实际经济社会效益,国内外众多数学家先后撰写了一系列数学应用的相关著作,为上述目标的达成做出了巨大贡献.但值得注意的是,这些著作多是从"数学理论"到"模型算法"再到"实践问题",着重于强调数学的逻辑性,对其延伸到实践工作中的应用性方面着墨不多.事实上,许多工程问题往往会面临着专业壁垒、实施环境、设备工艺、数据质量、操作水平等许多现实原因的约束和限制,使得数学工具的实际应用变得浮于表面甚至难以操作,导致其真实效果大打折扣.企业是科技创新的主体,其不仅要快速响应市场需求,更需要持续自主原始创新并把科技成果快速转化为生产力.企业所面临的各类工程问题及其约束是真实的、客观的,企业工程专家在处理这些问题时往往会更全面地考虑其各种影响因素,并选择更具操作性的数学方法来加以解决,这种务实的、目标导向的工程化思维值得总结和推广.

冯江华先生作为我国高速列车牵引与控制方面的杰出专家,三十余载深耕企业一线,致力于该领域的基础应用研究、关键技术攻关、产品平台研制及工程应用开发,成绩斐然.他不仅在国内率先开展高性能异步牵引及控制技术研究,打破国际垄断,填补国内空白;更在国际上引导轨道交通永磁牵引技术研究的潮流,推动了新一代高速牵引动力的诞生;尤为值得一提的是,他主持研制大国重器"复兴号"高速列车的牵引与控制系统,引领中国高铁达到世界商业运营速度的新高峰.

考虑到国内企业工程专家视角编撰的专业参考书籍的稀缺,冯江华先生根据自身在国家重大工程领域持续多年的理论研究与应用经验,倾力撰写了《工程数学问题求解算法及应用》一书. 该书创新性地探索从 "实践问题" 出发到 "模型算法" 再到 "数学理论", 不仅跳脱了传统数学理论著作的窠臼, 深入浅出地阐述了线性方程组等核心问题的数值解法及其算法逻辑, 更强调理论与实践的紧密结合, 书中涉及的所有算法, 都会在对应章节中给出具体的代码实现, 并与众多真实场景相关联, 使读者能够直观理解并应用所学, 进而产生举一反三的效果.

　　《工程数学问题求解算法及应用》是值得推荐给所有对数学和工程充满热情的读者的书籍, 相信无论是学生、教育工作者还是工程实践者, 都能从这本书中汲取灵感, 获得启迪, 建立起连接抽象数学理论与工程实践的桥梁, 深刻理解并体验工程数学在解决实际问题中的巨大威力与无限可能, 在解决各种复杂的工程问题的同时, 共同推动数学应用与工程技术向更高水平迈进.

张平文

中国科学院院士

2024 年 8 月

前　　言

随着人工智能、大数据技术的蓬勃兴起, 工程设计与优化、仿真模拟、控制系统等关键环节对数值计算与算法的需求日益迫切. 目前, 数值计算已经渗透到各个领域, 成为推动社会进步的重要力量. 在人工智能领域, 数值计算用于处理高维数据、模型优化、参数估计及训练过程中的梯度计算等, 为神经网络的权重更新、前向传播和反向传播等提供关键支持. 在科学研究领域, 数值计算被广泛应用于物理、化学、生物、天文等学科, 帮助科学家们揭示自然现象的规律和本质. 在工程实践中, 数值计算被用于设计建筑、制造产品、优化工艺等方面, 提高了工程质量和效率. 面对日益复杂的科学问题和工程挑战, 如何高效地求解各类数学问题, 是衡量一个国家科技实力的重要标志. 因此, 掌握数值计算的基本原理和方法对科学家和工程师来说至关重要.

本书的编写旨在为读者提供系统、实用的数值计算方法, 在深入讲解数值计算的理论基础的同时, 也提供了大量的代码实现和应用实例. 本书的每个章节先带读者接触一个本算法的实际应用案例, 让读者能把抽象的算法与实际结合起来. 再进一步介绍算法的数学理论, 并根据理论分析算法的适用场景. 最后, 会根据算法理论凝练出该算法的实现. 这使得读者在初步理解了数值计算的理论基础后, 能够将其快速应用到实际问题中, 更好地理解和掌握数值计算, 形成理论与实践相互促进的良性循环.

本书共 12 章, 第 1 章介绍各类矩阵分解算法, 在第 2 章和第 3 章借助矩阵分解算法的原理介绍矩阵求逆和线性方程组求解算法, 这样安排篇幅使得读者能清晰地理解矩阵求逆和线性方程组求解的本质就是矩阵分解. 第 4 章介绍迭代法求解线性方程组的间接算法, 使得读者从更多角度理解求解线性方程组问题, 并补充了迭代法的相关基础知识, 为后面迭代法的其他应用打下基础. 第 5 章和第 6 章介绍迭代法求解非线性方程和非线性方程组, 至此读者能对迭代法的使用有更深的理解. 第 7 章和第 8 章介绍两种 "逼近" 曲线的方法, 分别是插值和拟合, 这两种方法能让读者了解如何用简单的方程去描述复杂的曲线. 第 9 章和第 10 章讲述利用插值和拟合的原理求解一个未知函数的微分和积分, 由此得到了数值微分和数值积分算法, 这很好地帮助读者从应用角度理解插值和拟合. 第 11 章和第 12 章针对微分方程先后介绍常微分方程和偏微分方程数值算法.

本书内容全面, 包含各类主流的数值算法, 并且内容顺序合理安排, 前面章节往往能对后面内容提供参考, 使得本书内容多而不乱. 而且本书讲究从应用的角度使读者更好理解原理, 如本书的第 1、3、9、10 章就是对相应章节原理的应用. 本书范围内所有的算法均完成多次工程实践应用, 现已整理成为软件套装——Numerical Studio, 本书中所有计算案例均采用 Numerical Studio 软件进行计算.

读者可扫封底二维码查看 Numerical Studio 软件的源代码和书中彩图.

本书的目标读者主要是高等院校的工科和理科专业的本科生和研究生, 以及从事工程、物理、计算机科学等领域的专业人员. 对于那些希望在工程应用中深刻理解和应用数值计算方法的读者, 本书将是一个有价值的参考. 本书要求读者具备一定的数学基础, 包括微积分、线性代数等内容, 同时具备基本的编程能力. 建议读者在学习过程中结合代码和实例动手实践, 通过实际操作进一步加深对算法的理解.

本书在编写的过程中, 得到中车株洲电力机车研究所有限公司和科学出版社的大力支持. 特别要感谢胡云卿、李程、王彧弋、袁希文、王斌、黎向宇、熊自翔、龙腾、毛超利, 他们对本书提出了许多宝贵的意见.

限于作者的经验和水平, 书中的疏漏在所难免, 敬请读者指正和赐教, 以期修订时改进完善.

作　者

2024 年 8 月

目　　录

导　　论

数值计算, 作为数学与计算机科学交叉的一门学科, 其历史可追溯至古代. 早在数千年前, 人们就开始运用简单的计数工具和计算方法, 解决日常生活中的实际问题. 随着时间的推移, 这些计算方法逐渐发展, 形成了较为完善的数值计算体系. 在古代, 人们使用算盘、算筹等计算工具进行基本的数学运算. 这些工具虽然简陋, 但却为后续的数值计算发展奠定了基础. 随着阿拉伯数字的传播和普及, 数值计算变得更加便捷和高效. 到了文艺复兴时期, 欧洲数学家们开始研究更高级的数值方法, 如近似计算、插值法等, 为科学研究和工程实践提供了有力的支持. 然而, 真正使数值计算发生革命性变革的, 是近现代计算机技术的崛起. 自 20 世纪中叶以来, 随着计算机技术的快速发展, 数值计算的能力得到了极大的提升. 计算机的出现使得大规模、高精度的数值计算成为可能, 极大地推动了科学研究和技术创新的步伐. 在现代社会, 数值计算已经渗透到各个领域, 成为推动社会进步的重要力量. 在科学研究领域, 数值计算被广泛应用于物理、化学、生物、天文等学科, 帮助科学家们揭示自然现象的规律和本质. 在工程实践中, 数值计算被用于设计建筑、制造产品、优化工艺等方面, 提高了工程质量和效率. 在经济管理领域, 数值计算为金融分析、市场预测、风险评估等提供了强大的支持, 助力企业做出科学决策.

(一) 数值计算的起源与早期发展

数值计算在古代的发展是一段充满智慧与探索的历程. 在古代, 尽管没有现代计算器的辅助, 人们依然通过手工计算的方式, 在数值计算领域取得了令人瞩目的成就.

古埃及文明是数值计算发展的一个重要源头. 古埃及人利用砂粒和石子进行简单的计数和运算, 这种原始的数值计算方法为后续的算术发展奠定了基础. 此外, 古埃及人还发展了一套独特的数值表示系统, 采用十进制的方式进行计数, 这种计数方式至今仍被广泛使用.

古巴比伦人在数值计算方面也有着重要的贡献. 他们采用了一种基于 60 进制的数值表示系统, 这种进制方式在时间和角度的计量中得到了广泛应用. 古巴比伦人还利用这种系统进行了更为复杂的算术运算, 如乘法和除法, 这显示了他们在数值计算方面的深厚造诣.

古希腊数学家的出现将数值计算推向了一个新的高度. 他们不仅深入研究了数的性质和关系, 还提出了许多重要的数学概念和方法. 例如, 毕达哥拉斯学派研究了数的比例与和谐性, 发现了勾股定理等重要的数学原理. 欧几里得则在其著作《几何原本》中, 详细探讨了几何图形的度量方法, 为后续的数值计算提供了重要的几何工具.

在我国古代, 数值计算同样取得了卓越的成就. 古代的一些 "算经" 和 "算书" 中记载了大量的数学方法和计算技巧, 如《九章算术》中的代数方程求解、比例计算等. 这些方法和技巧不仅在当时具有实际应用价值, 而且对后世的数值计算发展产生了深远的影响.

古代数值计算的发展虽然受限于当时的技术和工具, 但人们依然通过智慧和努力, 在数值计算领域取得了令人瞩目的成就. 这些成就不仅为现代数值计算的发展提供了重要的历史借鉴, 也展示了人类对于数值世界的探索和追求.

(二) 数学与计算机助力数值计算的发展

数值计算的发展可谓是一部波澜壮阔的史诗, 凝聚了众多数学家、计算机科学家的智慧与汗水, 为人类探索未知世界提供了强大的数学工具.

在 17 世纪, 微积分学的诞生为数值计算领域注入了新的活力. 牛顿和莱布尼茨等提出的微积分理论, 使得人们能够更精确地描述和计算函数的变化规律. 导数和积分成为科学研究和工程应用的重要的数学工具, 通过导数和积分的计算, 人们能够求解出函数的近似值.

随着 18 世纪和 19 世纪数学理论的进一步发展, 线性代数和概率论等分支学科逐渐崭露头角. 线性代数中的矩阵运算和线性方程组求解成为数值计算的重要组成部分, 为处理复杂的数据和模型提供了有效的手段. 概率论则为数值计算提供了不确定性的描述和量化方法, 使得人们能够在不确定的环境中进行合理的预测和决策.

进入 20 世纪, 计算机技术的飞速发展彻底改变了数值计算的格局. 随着计算机性能的不断提升和算法的不断优化, 人们能够进行大规模、高精度的数值计算. 计算机的出现使得复杂的数学问题得以快速解决, 为科学研究和技术创新提供了强大的支持. 在数值计算算法方面, 也取得了显著的进展. 数值逼近、插值、优化算法等方法的提出, 使得人们能够更准确地逼近真实解, 提高计算的精度和效率. 有限元方法、差分方法等离散化技术的应用, 使得人们能够处理复杂的偏微分方程和连续性问题, 推动了物理学、工程学等领域的发展. 此外, 数值计算软件的发展也为数值计算的普及和应用提供了便利. 各种数学软件和编程语言的出现, 使得人们能够更方便地进行数值计算和数据处理, 加速了科学研究和工程设计的进程.

近代数值计算的发展不仅在数学理论上取得了重大突破, 而且在算法、软件和硬件等方面也取得了显著的进展. 它为科学研究、工程设计、金融分析等领域提供了强大的数学工具, 推动了人类社会的科技进步和文明发展.

(三) 智能化时代数值计算的发展

智能化时代数值计算的发展可谓是日新月异, 其深度和广度均取得了前所未有的突破. 在理论、算法、应用以及技术革新等多个层面, 数值计算都展现出了强大的生命力和广泛的应用前景.

在理论层面, 当代数值计算不断突破传统框架, 探索新的计算模型和算法设计. 以矩阵计算为例, 随着大规模数据的不断涌现, 高效处理矩阵运算成为当代数值计算的重要任务. 研究者们通过探索矩阵分解、稀疏矩阵计算等新技术, 实现了对大规模矩阵的高效处理, 为机器学习、数据分析等领域提供了有力支持.

在算法层面, 当代数值计算注重算法的效率和稳定性. 以优化算法为例, 传统的优化算法在面对高维度、非凸性等问题时往往难以取得理想的效果. 而当代数值计算则通过引入随机梯度下降、遗传算法、粒子群优化等新型优化算法, 成功解决了这些问题. 这些算法不仅能够快速找到问题的最优解, 而且能够在复杂的约束条件下保持稳定的性能.

在应用层面, 当代数值计算已经渗透到各个领域, 成为解决实际问题的重要工具. 以计算流体力学为例, 数值计算通过模拟流体运动的物理过程, 为航空航天、汽车设计等领域提供了精确的流体动力学分析. 同时, 在医学领域, 数值计算也被广泛应用于医学影像处理、生物力学分析等方面, 为医学诊断和治疗提供了重要的技术支持.

在技术革新层面, 当代数值计算受益于计算机技术的飞速发展. 高性能计算机的出现, 使得大规模数值计算成为可能. 云计算和大数据技术的普及, 为数值计算提供了海量的计算资源和数据存储能力. 此外, 机器学习、深度学习等人工智能技术的融入, 也为数值计算带来了新的发展机遇. 通过结合这些技术, 数值计算可以更加智能地处理复杂问题, 提高计算精度和效率.

当代数值计算的发展不仅体现在理论、算法和应用层面的创新, 还受益于计算机技术的不断进步. 通过结合新兴技术, 数值计算将在未来发挥更加重要的作用, 为人类社会的发展做出更大的贡献.

(四) 数值计算在科学研究领域应用

数值计算在科学研究领域的应用广泛而深入, 几乎涉及所有科学分支, 成为推动科研进步的重要工具. 下面将详细介绍数值计算在科学研究领域的一些主要应用.

在物理学中, 数值计算被广泛应用于模拟和预测物理现象. 例如, 在流体力学领域, 研究人员通过数值计算可以模拟飞机、汽车等交通工具在运动过程中的流体动力学特性, 优化其设计以减少能耗和提高性能. 此外, 在量子物理和粒子物理领域, 数值计算也发挥着关键作用, 用于模拟和解释微观粒子的行为与相互作用.

在化学领域, 数值计算同样扮演着重要角色. 化学反应动力学、热力学以及量子化学等分支领域都广泛利用数值计算进行研究. 例如, 通过数值方法求解化学反应速率方程, 可以预测反应速率和产物分布, 为化学合成和材料制备提供指导. 此外, 分子动力学模拟也依赖于数值计算, 它能够帮助研究人员理解分子间的相互作用和动态行为.

生物学和医学领域也是数值计算的重要应用领域. 在基因组学研究中, 数值计算被用于处理和分析大量的基因测序数据, 以揭示基因的功能和疾病的发生机制. 此外, 在医学图像处理方面, 数值计算可以帮助医生从复杂的图像中提取有用的信息, 进行疾病的诊断和治疗. 此外, 数值计算还可以用于药物研发和生物力学分析等方面, 为医疗健康领域的发展提供有力支持.

在地球科学和天文学领域, 数值计算也发挥着不可替代的作用. 例如, 在天文学领域, 数值计算则用于模拟和解释天体的运动与演化过程, 为宇宙的起源和演化提供理论支持.

数值计算在科学研究领域的应用十分广泛, 它不仅能够帮助研究人员理解自然现象的本质和规律, 还能够为实际应用提供指导和支持. 随着计算技术的不断进步和算法的不断优化, 数值计算在科学研究领域的应用前景将更加广阔.

(五) 数值计算在工程技术领域应用

数值计算在工程技术领域的应用极为广泛且深入, 几乎涵盖了所有与数学计算和物理模拟相关的工程实践. 以下是对数值计算在工程技术领域应用的详细介绍.

首先, 在结构工程中, 数值计算扮演着至关重要的角色. 通过有限元分析、离散元法等数值方法, 工程师可以精确模拟和分析复杂结构在不同载荷下的应力、应变和变形情况. 这不仅有助于预测结构的性能和安全性, 还能为优化设计提供有力支持. 此外, 数值计算还可以用于模拟结构在地震、风灾等极端条件下的响应, 为结构的抗震、抗风设计提供重要依据.

在流体力学领域, 数值计算同样发挥着不可替代的作用. 通过计算流体力学 (CFD) 方法, 工程师可以模拟流体在复杂几何形状中的流动情况, 分析流场的速度、压力、温度等参数分布. 这对于设计高效的流体机械、优化管道布局、预测流体与结构之间的相互作用等方面具有重要意义.

在电子工程中, 数值计算被广泛应用于电路分析、电磁场模拟和信号处理等领域. 通过数值方法, 工程师可以精确计算电路中的电流、电压和功率等参数, 模拟电磁场的分布和变化, 以及分析和处理各种信号. 这对于电子设备的性能评估、故障诊断和优化设计具有重要意义.

此外, 在材料科学、航空航天、汽车制造等领域, 数值计算也发挥着重要作用. 例如, 在材料科学中, 数值计算可以用于模拟材料的微观结构和性能, 为新材料的设计和研发提供理论支持; 在航空航天领域, 数值计算可以用于模拟飞机和火箭的气动性能、飞行轨迹和控制系统等; 在汽车制造领域, 数值计算可以用于优化车身结构、提高燃油效率和降低排放等.

数值计算在工程技术领域的应用广泛而深入, 为工程师提供了强大的分析和设计能力. 随着计算机技术的不断发展和数值计算方法的不断完善, 数值计算在工程技术领域的应用前景将更加广阔.

(六) 数值计算在日常生活中的应用

数值计算在日常生活中的应用无处不在, 它以其精确、高效的特点, 给我们的生活带来了诸多便利. 以下是对数值计算在日常生活中的应用的详细介绍.

在金融领域, 数值计算发挥着至关重要的作用. 无论是个人理财还是企业投资决策, 都需要进行大量的数值计算. 例如, 利用数值方法, 我们可以计算复利、年化收益率等金融指标, 帮助我们更好地规划和管理个人或企业的财务. 此外, 数值计算还可以用于风险评估和量化投资等领域, 为投资者提供更加科学、精准的投资策略.

在交通出行方面, 数值计算也发挥着重要作用. 例如, 在导航系统中, 数值计算可以帮助我们规划最优的出行路线, 避免拥堵和节省时间. 此外, 在智能交通系统中, 数值计算还可以用于分析交通流量、预测交通状况等, 为城市交通管理提供科学依据.

此外, 数值计算在日常生活中的应用还体现在许多其他方面. 例如, 在气象预报中, 数值计算可以帮助我们预测未来的天气变化; 在环境监测中, 数值计算可以用于分析环境污染物的扩散和传输规律; 在智能家居中, 数值计算可以用于优化能源使用和提高生活舒适度等.

数值计算在日常生活中的应用广泛而深入, 随着科技的不断发展, 数值计算将在未来为我们的生活带来更多便利和惊喜.

第 1 章　矩阵分解算法

1.1　引　　言

矩阵分解是指将一个矩阵分解为几个矩阵的乘积, 主要有三角分解、正交分解和奇异值分解三大类型. 矩阵分解算法是矩阵求逆、分析矩阵特征、评估线性方程组系数矩阵的条件数并求解方程组的基础算法. 矩阵分解算法在工程实际中具有广泛的应用需求, 例如: 大型电路网络分析中的方程组高效求解、图像信号处理中的图像压缩、互联网搜索引擎中的智能推荐以及人工智能中的主成分分析等技术, 均需要基于矩阵分解. 本章主要讨论实数矩阵的分解算法.

1.2　工　程　案　例

问题 1.1　电阻电路网络分析 (电气工程领域问题)

如图 1.1 所示的纯电阻电路网络由六个电阻元件连接构成. 为了确保安全, 工程师需要知道, 在节点 1 和 6 处施加不同电压时, 流过每一个电阻元件的电流值以及电阻元件两端分配的电压值.

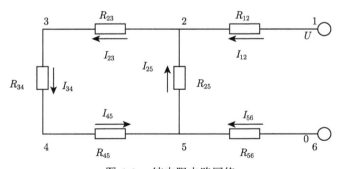

图 1.1　纯电阻电路网络

该问题可以基于基尔霍夫定律进行数学建模. 根据基尔霍夫电流定律 (流过所有节点的电流代数和等于零), 对于节点 2、3、4 和 5 分别有

$$I_{12} + I_{25} - I_{23} = 0$$

$$I_{23} - I_{34} = 0$$

$$I_{34} - I_{45} = 0$$
$$I_{45} + I_{56} - I_{25} = 0$$

假设节点 1 和 6 之间施加了电压 U, 根据基尔霍夫电压定律 (任何回路的电势差的和必须等于零), 对于回路 $1 \to 2 \to 3 \to 4 \to 5 \to 6$ 和回路 $2 \to 3 \to 4 \to 5$ 分别有

$$R_{12}I_{12} - R_{25}I_{25} - R_{56}I_{56} - U = 0$$
$$R_{23}I_{23} + R_{34}I_{34} + R_{45}I_{45} + R_{25}I_{25} = 0$$

设电阻值是固定常数, 将上述方程联立, 便得到关于流过每一个电阻元件的电流值的线性方程组, 用矩阵形式表示如下:

$$\begin{bmatrix} 1 & 1 & -1 & 0 & 0 & 0 \\ 0 & 0 & 1 & -1 & 0 & 0 \\ 0 & 0 & 0 & 1 & -1 & 0 \\ 0 & -1 & 0 & 0 & 1 & 1 \\ R_{12} & -R_{25} & 0 & 0 & 0 & -R_{56} \\ 0 & R_{25} & R_{23} & R_{34} & R_{45} & 0 \end{bmatrix} \begin{bmatrix} I_{12} \\ I_{25} \\ I_{23} \\ I_{34} \\ I_{45} \\ I_{56} \end{bmatrix} = \begin{bmatrix} 0 \\ 0 \\ 0 \\ 0 \\ U \\ 0 \end{bmatrix}$$

显然, 利用 Gauss(高斯) 消去法可以把未知数一个个地求解出来. 但是, 当方程组右端向量发生变化 (节点 1 和 6 之间的电压不断变化) 时, 消元法要求把已经做的操作重新进行一遍, 造成计算资源的浪费. 基于矩阵分解算法, 可以高效求解上述线性方程组, 具体如下:

将上述方程组表示为矩阵形式:

$$Ax = b$$

其中,

$$A = \begin{bmatrix} 1 & 1 & -1 & 0 & 0 & 0 \\ 0 & 0 & 1 & -1 & 0 & 0 \\ 0 & 0 & 0 & 1 & -1 & 0 \\ 0 & -1 & 0 & 0 & 1 & 1 \\ R_{12} & -R_{25} & 0 & 0 & 0 & -R_{56} \\ 0 & R_{25} & R_{23} & R_{34} & R_{45} & 0 \end{bmatrix}, \quad x = \begin{bmatrix} I_{12} \\ I_{25} \\ I_{23} \\ I_{34} \\ I_{45} \\ I_{56} \end{bmatrix}, \quad b = \begin{bmatrix} 0 \\ 0 \\ 0 \\ 0 \\ U \\ 0 \end{bmatrix}$$

如果可以把系数矩阵 A 分解为一个下三角矩阵 L 和一个上三角矩阵 U 的形式:

$$A=\begin{bmatrix} a_{11} & a_{12} & \cdots & a_{1n} \\ a_{21} & a_{22} & \cdots & a_{2n} \\ \vdots & \vdots & \ddots & \vdots \\ a_{n1} & a_{n2} & \cdots & a_{nn} \end{bmatrix}=\begin{bmatrix} 1 & & & \\ l_{21} & 1 & & \\ \vdots & \vdots & \ddots & \\ l_{n1} & l_{n2} & \cdots & 1 \end{bmatrix}\begin{bmatrix} u_{11} & u_{12} & \cdots & u_{1n} \\ & u_{22} & \cdots & u_{2n} \\ & & \ddots & \vdots \\ & & & u_{nn} \end{bmatrix}=LU$$

则线性方程组可以等价于

$$LUx = b$$

把 Ux 看作一个整体未知数向量 y, y 的值可以快速地由上式回代求出, 再由 $Ux = y$, 可以方便地回代求出原始未知数向量 x. 即便方程组右端向量 b 发生变化, 也始终只需一次矩阵分解, 显著提升了线性方程组的求解效率. 该方法对大规模线性方程组求解仍然高效.

问题 1.2　图像压缩 (图像信号处理领域问题)

图像在计算机中采用像素矩阵表示, 矩阵中每个元素的数值代表一种颜色. 当前数码设备拍摄的图片可能具有上百万个像素点, 对应的像素矩阵维数非常高. 由于图像数据的庞大, 对其存储、传输和处理都很困难. 为了攻克该难题, 目前均采用了基于矩阵分解的图像压缩技术.

以图 1.2 中的十字交叉图片为例. 如果直接传输这张图片, 需要传递 (3×4) 的图像数据. 利用合理的矩阵分解算法, 对像素矩阵进行分解, 得到的不同秩为 1 的矩阵的权重会有从大到小的顺序, 权重较大的秩为 1 的矩阵包含了图片中的大部分信息, 利用它们即可近似重构原来的像素矩阵. 基于矩阵分解的图像压缩技术可以带来显著的图像信号处理效率的提升. 以图 1.2 为例, 将其像素矩阵进行奇异值分解, 有

$$\begin{bmatrix} 1 & 2 & 1 & 1 \\ 2 & 2 & 2 & 2 \\ 1 & 2 & 1 & 1 \end{bmatrix}=\begin{bmatrix} 0.4820 & -0.5173 \\ 0.7316 & 0.6817 \\ 0.4820 & -0.5173 \end{bmatrix}\begin{bmatrix} 5.4016 & 0 \\ 0 & 0.9069 \end{bmatrix}$$

$$\times \begin{bmatrix} 0.4494 & 0.6279 & 0.4494 & 0.4494 \\ 0.3625 & -0.7783 & 0.3625 & 0.3625 \end{bmatrix}$$

$$= 5.4016 \begin{bmatrix} 0.4820 \\ 0.7316 \\ 0.4820 \end{bmatrix}\begin{bmatrix} 0.4494 & 0.6279 & 0.4494 & 0.4494 \end{bmatrix}$$

$$+ 0.9069 \begin{bmatrix} -0.5173 \\ 0.6817 \\ -0.5173 \end{bmatrix} \begin{bmatrix} 0.3625 & -0.7783 & 0.3625 & 0.3625 \end{bmatrix}$$

原矩阵被分解为两个秩为 1 的矩阵之和, 权重分别为 5.4016 和 0.9069, 其中, 权重为 5.4016 的秩为 1 的矩阵是原像素矩阵的一个很好的近似, 这样, 原来 (3×4) 的图像数据被压缩为 (3+4), 所需要处理的数据量大约减少为原来的 58%.

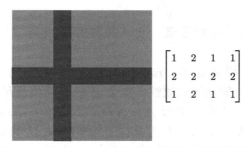

图 1.2   带有十字交叉的图片及其像素矩阵表示

1.3   基础定义与定理

与矩阵分解算法相关的定义与定理如下.

定义 1.1 Givens 变换 设 $x, y \in \mathbf{R}^n$, 则变换

$$\begin{bmatrix} y_1 \\ \vdots \\ y_{i-1} \\ y_i \\ y_{i+1} \\ \vdots \\ y_{j-1} \\ y_j \\ y_{j+1} \\ \vdots \\ y_n \end{bmatrix} = \begin{bmatrix} 1 & & & & & & & & & & \\ & \ddots & & & & & & & & & \\ & & 1 & & & & & & & & \\ & & & \cos\theta & \cdots & \sin\theta & & & & & \\ & & & & 1 & & & & & & \\ & & & & & \ddots & & & & & \\ & & & & & & 1 & & & & \\ & & & -\sin\theta & \cdots & \cos\theta & & & & & \\ & & & & & & & 1 & & & \\ & & & & & & & & \ddots & & \\ & & & & & & & & & 1 \end{bmatrix} \begin{bmatrix} x_1 \\ \vdots \\ x_{i-1} \\ x_i \\ x_{i+1} \\ \vdots \\ x_{j-1} \\ x_j \\ x_{j+1} \\ \vdots \\ x_n \end{bmatrix}, 记作 y = Px$$

$$(1.3.1)$$

是 n 维向量空间 $\mathbf{R}^n$ 中一个平面上向量的旋转变换, 称为 Givens (吉文斯) 变换, 其中 P 为正交矩阵. Givens 变换是一种正交相似变换.

定理 1.1　Givens 约化定理　设 $x = [x_1, \cdots, x_i, \cdots, x_j, \cdots, x_n]^{\mathrm{T}}$, 其中 x_i, x_j 不全为零, 则可选择 Givens 变换矩阵 $P(i, j, \theta)$, 使

$$Px = [x_1, \cdots, x_i', \cdots, 0, \cdots, x_n]^{\mathrm{T}} \tag{1.3.2}$$

其中 $x_i' = \sqrt{x_i^2 + x_j^2}$,　$\cos(\theta) = \dfrac{x_i}{\sqrt{x_i^2 + x_j^2}}$,　$\sin(\theta) = \dfrac{x_j}{\sqrt{x_i^2 + x_j^2}}$.

定理 1.2　矩阵 $A^{\mathrm{T}}A$ 特征值　设 A 是实矩阵, 矩阵 $A^{\mathrm{T}}A$ 可对角化, 且具有非负的实数特征值.

定理 1.3　矩阵 $A^{\mathrm{T}}A$ 的秩　$\mathrm{rank}(A^{\mathrm{T}}A) = \mathrm{rank}(AA^{\mathrm{T}}) = \mathrm{rank}(A)$.

定理 1.4　QR 分解迭代收敛性　如果 A 的特征值满足 $|\lambda_1| > |\lambda_2| > |\lambda_3| > \cdots > |\lambda_n| > 0$, 且 A 有标准形 $A = XDX^{-1}$, 其中 $D = \mathrm{diag}(\lambda_1, \cdots, \lambda_n)$, 且设 X^{-1} 有三角分解 $X^{-1} = LU$ (L 为单位下三角矩阵, U 为单位上三角矩阵), 则经过 N 次 QR 分解迭代 ($A^k = Q^k R^k$, $A^{k+1} = R^k Q^k$, $k = 1, 2, \cdots, N, A^1 = A$) 产生的矩阵 A^{N+1} 基本收敛到上三角阵 (特别地, 当 A 为对称矩阵时, 收敛到对角阵), 且对角元素对应 A 的特征值, 即

$$A^k \to \begin{bmatrix} \lambda_1 & * & * & * \\ 0 & \lambda_2 & * & * \\ \vdots & \ddots & \ddots & \vdots \\ 0 & \cdots & 0 & \lambda_n \end{bmatrix}$$

当 $i < j$ 时, $a_{ij}^{(k)}$ 的极限不一定存在. 特别地, 当 A 为对称矩阵时, 对应的特征向量作为列构成的正交矩阵是 $Q = Q^1 Q^2 \cdots Q^N$.

如果 A 的特征值不满足 $|\lambda_1| > |\lambda_2| > |\lambda_3| > \cdots > |\lambda_n| > 0$, 则 QR 分解迭代可能不收敛.

定理 1.5　豪斯霍尔德约化　如果实矩阵 $A \in \mathbf{R}^{n \times n}$ 是方阵, 则存在初等反射矩阵 $U_1, U_2, \cdots, U_{n-2}$ 使得

$$U_{n-2} \cdots U_2 U_1 A U_1 U_2 \cdots U_{n-2} = H \tag{1.3.3}$$

其中, $H \in \mathbf{R}^{n \times n}$ 属于上海森伯 (Hessenberg) 型, 即 H 矩阵对角线以下的元素除第一个外都为 0. 特别地, 如果 A 是对称矩阵, 则最终的 H 是对称的三对角矩阵. 豪斯霍尔德约化也是一种正交相似变换. 其中定义初等反射矩阵 $U_i = I - 2ww^{\mathrm{T}}$, $\boldsymbol{w} \in \mathbf{R}^n, i = 1, \cdots, n-2$.

1.4 一般方阵的 LU 分解算法

1.4.1 相关定义与定理

定义 1.2 一般方阵的 LU 分解 将方阵 A 分解为一个下三角矩阵 L 和一个上三角矩阵 U 乘积的形式

$$A = LU$$

定理 1.6 LU 分解的唯一性 设 A 是 n 维方阵, 如果 A 的前 $n-1$ 个顺序主子式均不为 0, 则当 L 为单位下三角矩阵时, LU 分解是唯一的.

1.4.2 算法推导

求解一般方阵的 LU 分解可以先将方阵直接写成已分解的形式, 再推导未知元素的计算公式. 一般方阵的 LU 分解算法包括以下两个步骤.

步骤 1 将方阵 A 写成单位下三角矩阵和上三角矩阵的乘积形式:

$$A = \begin{bmatrix} a_{11} & a_{12} & \cdots & a_{1n} \\ a_{21} & a_{22} & \cdots & a_{2n} \\ \vdots & \vdots & \ddots & \vdots \\ a_{n1} & a_{n2} & \cdots & a_{nn} \end{bmatrix} = \begin{bmatrix} 1 & & & \\ l_{21} & 1 & & \\ \vdots & \vdots & \ddots & \\ l_{n1} & l_{n2} & \cdots & 1 \end{bmatrix} \begin{bmatrix} u_{11} & u_{12} & \cdots & u_{1n} \\ & u_{22} & \cdots & u_{2n} \\ & & \ddots & \vdots \\ & & & u_{nn} \end{bmatrix} = LU$$

(1.4.1)

根据矩阵的乘法运算规律, 可以得到 a_{ij} 与 l_{ij}, u_{ij} 之间的对应关系:

$$\begin{cases} \text{上三角部分}: a_{ij} = \sum_{r=1}^{i-1} l_{ir} u_{rj} + u_{ij} & (i=2,\cdots,n\,;\,j=i,i+1,\cdots,n) \\ a_{1j} = u_{1j} & (j=1,\cdots,n) \\ \text{下三角部分}: a_{ij} = \sum_{r=1}^{j} l_{ir} u_{rj} & (i=2,3,\cdots,n\,;\,j=1,2,\cdots,i-1) \end{cases}$$

(1.4.2)

步骤 2 由式 (1.4.2) 得到 L 和 U 中元素的计算公式:

$$\begin{cases} u_{kj} = a_{kj} - \sum_{r=1}^{k-1} l_{kr} u_{rj} & (k=2,\cdots,n\,;\,j=k,k+1,\cdots,n) \\ u_{1j} = a_{1j} & (j=1,\cdots,n) \\ l_{ik} = \left(a_{ik} - \sum_{r=1}^{k-1} l_{ir} u_{rk} \right) \Big/ u_{kk} & (k=1,2,\cdots,n-1\,;\,i=k+1,k+2,\cdots,n) \end{cases}$$

(1.4.3)

1.4.3　算法流程

算法 1.1　一般方阵的 LU 分解算法

输入: n 阶矩阵 A.

输出: n 阶单位下三角矩阵 L 和上三角矩阵 U.

流程:

1. 初始化下三角矩阵 L 为单位阵.

2. 对矩阵 A 进行 LU 分解:

　　for $k = 1 : n$

$$(1)\quad u_{kj} = a_{kj} - \sum_{r=1}^{k-1} l_{kr} u_{rj} \quad (j = k, \cdots, n);$$

(2) if $u_{kk} = 0$, then 计算停止;

　　end if

$$(3)\quad l_{ik} = \left(a_{ik} - \sum_{r=1}^{k-1} l_{ir} u_{rk} \right) \Big/ u_{kk} \quad (i = k+1, \cdots, n).$$

　　end for

1.4.4　算法特点

(1) 由式 (1.4.3) 可知, 计算单位下三角矩阵 L 的第 k $(k = 1, 2, \cdots, n-1)$ 列元素时, 要除以已经计算得到的 u_{kk}; 当 u_{kk} 的绝对值较小时, 除法运算可能引起舍入误差的累积, 导致数值不稳定.

(2) 若分解过程中出现 $u_{kk} = 0$ 的情况, 说明待分解矩阵 A 的 k 阶顺序主子式为 0.

(3) LU 分解算法需要的计算复杂度为 $O(n^3)$, 主要由乘法次数决定.

1.4.5　适用范围

LU 分解算法要求待分解的一般方阵的所有顺序主子式均不为 0.

例 1.1　对方阵 A 进行 LU 分解, A 的所有顺序主子式均不为 0.

$$A = \begin{bmatrix} 0.3 & 0.52 & 1 \\ 0.5 & 1 & 1.9 \\ 0.1 & 0.3 & 0.5 \end{bmatrix}$$

解　设置如下参数:

```
A = [0.3 0.52 1; 0.5 1 1.9; 0.1 0.3 0.5];
调用函数 LU_factorization_output = LU_factorization(&A)
```

其中, &A 代表指向待分解矩阵的指针.

程序运行结果如图 1.3 所示.

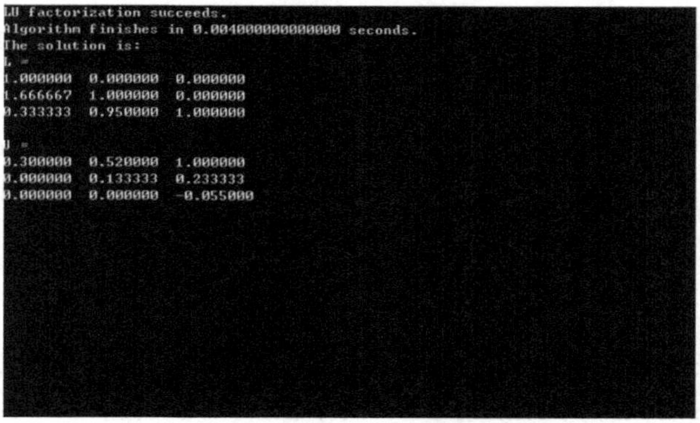

图 1.3   例 1.1 的 LU 分解结果

1.5   一般方阵的列选主元 LU 分解算法

1.5.1   相关定义与定理

定义 1.3   一般方阵的列选主元 LU 分解   将方阵 A 先有选择地做行交换, 再分解为一个下三角矩阵 L 和一个上三角矩阵 U 乘积的形式:

$$PA = LU$$

其中 P 为排列矩阵, 即一系列初等置换矩阵的乘积.

定理 1.7   列选主元 LU 分解的唯一性   如果 A 非奇异, 则当 L 为单位下三角矩阵时, 列选主元 LU 分解是唯一的.

1.5.2   算法推导

相对于一般方阵的 LU 分解算法, 列选主元 LU 分解算法在计算 L 和 U 中元素之前增加了选主元和行交换操作. 在第 k $(k = 1, \cdots, n)$ 步分解时, 选主元范围是第 $k - 1$ 步分解后得到的矩阵 $A^{(k)}$ 右下角方阵的第一列. 将方阵直接写成已分解的形式, 推导未知元素的求解公式. 一般方阵的列选主元 LU 分解算法包括以下五个步骤.

步骤 1   将待分解的 n 阶方阵 A 记为

$$A = A^{(1)} = \begin{bmatrix} a_{11}^{(1)} & a_{12}^{(1)} & \cdots & a_{1n}^{(1)} \\ a_{21}^{(1)} & a_{22}^{(1)} & \cdots & a_{2n}^{(1)} \\ \vdots & \vdots & \ddots & \vdots \\ a_{n1}^{(1)} & a_{n2}^{(1)} & \cdots & a_{nn}^{(1)} \end{bmatrix} \qquad (1.5.1)$$

步骤 2　从 $A^{(1)}$ 的第 1 列中选择绝对值最大的元素作为主元:

$$\left|a_{i_1,1}^{(1)}\right| = \max_{1\leqslant i\leqslant n}\left|a_{i1}^{(1)}\right| \tag{1.5.2}$$

如果 $i_1 > 1$, 则交换矩阵 A 的第 1 行和主元所在行 (第 i_1 行) 的所有元素, 计算得到 U 的第 1 行元素和 L 的第 1 列元素:

$$P_{i_1,1}A^{(1)} = L^{(1)}A^{(2)} = \begin{bmatrix} 1 & & & \\ l_{21} & 1 & & \\ \vdots & & \ddots & \\ l_{n1} & & & 1 \end{bmatrix}\begin{bmatrix} u_{11} & u_{12} & \cdots & u_{1n} \\ & a_{22}^{(2)} & \cdots & a_{2n}^{(2)} \\ & \vdots & \ddots & \vdots \\ & a_{n2}^{(2)} & \cdots & a_{nn}^{(2)} \end{bmatrix} \tag{1.5.3}$$

其中 $P_{i_1,1}$ 为交换第 1 行和第 i_1 行的置换矩阵 ($i_1 = 1$ 时为单位阵), $L_1 = L^{(1)}$ 是除第 1 列和对角线外, 其他元素为 0 的单位下三角矩阵, $A^{(2)}$ 为第 1 列对角元以下为 0 的矩阵, 其中元素 u_{1j} $(j = 1, 2, \cdots, n)$ 和 l_{i1} $(i = 2, 3, \cdots, n)$ 可由式 (1.5.3) 计算得到.

步骤 3　设执行完第 $k-1$ 步分解后已经得到

$$P_{i_{k-1},k-1}\cdots P_{i_1,1}A = L^{(k-1)}A^{(k)} \tag{1.5.4}$$

其中 $P_{i_r,r}$ $(r = 1, \cdots, k-1)$ 是交换第 r 行与第 i_r 行的置换矩阵 ($i_r = r$ 时为单位阵), $L^{(k-1)}$ 和 $A^{(k)}$ 如下所示:

$$L^{(k-1)} = \begin{bmatrix} 1 & & & & & \\ \vdots & \ddots & & & & \\ l_{k-1,1} & \cdots & 1 & & & \\ l_{k1} & \cdots & l_{k,k-1} & 1 & & \\ \vdots & & & & \ddots & \\ l_{n1} & \cdots & l_{n,k-1} & & & 1 \end{bmatrix}$$

$$A^{(k)} = \begin{bmatrix} u_{11} & \cdots & u_{1,k-1} & u_{1k} & \cdots & u_{1n} \\ & \ddots & \vdots & \vdots & \ddots & \vdots \\ & & u_{k-1,k-1} & u_{k-1,k} & \cdots & u_{k-1,n} \\ & & & a_{kk}^{(k)} & \cdots & a_{kn}^{(k)} \\ & & & \vdots & \ddots & \vdots \\ & & & a_{nk}^{(k)} & \cdots & a_{nn}^{(k)} \end{bmatrix} \tag{1.5.5}$$

步骤 4　进行第 k $(k = 2, \cdots, n)$ 步分解. 首先计算 $A^{(k)}$ 右下角方阵中的第 1 列元素:

$$a_{ik}^{(k)} = a_{ik}^{(k-1)} - \sum_{r=1}^{k-1} l_{ir}u_{rk} \quad (i = k, \cdots, n) \tag{1.5.6}$$

从中选择绝对值最大的元素作为主元:

$$\left| a_{i_k,k}^{(k)} \right| = \max_{k \leqslant i \leqslant n} \left| a_{ik}^{(k)} \right| \tag{1.5.7}$$

如果 $i_k > k$, 则需要交换 $A^{(k)}$ 的第 k 行和主元所在行 (第 i_k 行) 的所有元素, 为此式 (1.5.7) 等号两端左乘 $P_{i_k,k}$ 并进行等价变换:

$$P_{i_k,k}P_{i_{k-1},k-1} \cdots P_{i_2,2}P_{i_1,1}A = P_{i_k,k}L^{(k-1)}A^{(k)} = \left(P_{i_k,k}L^{(k-1)}P_{i_k,k} \right) \left(P_{i_k,k}A^{(k)} \right) \tag{1.5.8}$$

由式 (1.5.8) 可知, 交换矩阵 $A^{(k)}$ 的第 k 行和第 i_k 行的所有元素的同时, 也要交换 A 的第 k 行和第 i_k 行的所有元素, 以及 $L^{(k-1)}$ 的第 k 行和第 i_k 行, 第 k 列和第 i_k 列的所有元素. 交换完成后, 所以可以由类似式 (1.5.9) 计算得到 $A^{(k+1)}$ 和 L_k, 使得 $P_{i_k,k}A^{(k)} = L_kA^{(k+1)}$, 从而有

$$P_{i_k,k} \cdots P_{i_1,1}A = L^{(k)}A^{(k+1)} \tag{1.5.9}$$

其中 $L^{(k)} = \left(P_{i_k,k}L^{(k-1)}P_{i_k,k} \right) L_k$.

步骤 5 循环执行上述选主元、行交换、分解过程, 直到完成三角分解, 最后得到矩阵 A 的列选主元 LU 分解 $PA = LU$, 其中 $P = P_{i_n,n}P_{i_{n-1},n-1} \cdots P_{i_2,2}P_{i_1,1}$, $L = L^{(n)}$, $U = A^{(n+1)}$.

1.5.3 算法流程

算法 1.2 一般方阵的列选主元 LU 分解算法

输入: n 阶矩阵 A.

输出: n 阶单位下三角矩阵 L, 上三角矩阵 U 和排列矩阵 P.

流程:

1. 初始化下三角矩阵 L 和排列矩阵 P 为单位阵.

2. 对矩阵 A 进行列选主元 LU 分解:

    for $k = 1:n$

        (1) 计算 $a_{ik}^{(k)} = a_{ik} - \sum_{r=1}^{k-1} l_{ir}u_{rk}$ $(i = k, \cdots, n)$;

        (2) 列选主元: 确定 i_k, 使得 $\left| a_{i_k,k}^{(k)} \right| = \max_{k \leqslant i \leqslant n} \left| a_{ik}^{(k)} \right|$;

        (3) if $a_{i_k,k}^{(k)} = 0$, then 计算停止;

            end if

        (4) 行交换:

if $i_k \neq k$, then $a_{kj} \leftrightarrow a_{i_k,j}$ $(j = 1, 2, \cdots, n)$, $p_{kj} \leftrightarrow p_{i_k,j}$ $(j = 1, 2, \cdots, n)$, $l_{kj} \leftrightarrow l_{i_k,j}$ $(j = 1, 2, \cdots, k-1)$;

end if

(5) 计算 U 的第 k 行元素: $u_{kj} = a_{kj} - \sum_{r=1}^{k-1} l_{kr}u_{rj}$ $(j = k, \cdots, n)$;

(6) 计算 L 的第 k 列元素: $l_{ik} = \left(a_{ik} - \sum_{r=1}^{k-1} l_{ir}u_{rk} \right) \Big/ u_{kk} = u_{ik}/u_{kk}(i = k+1, \cdots, n)$.

end for

1.5.4 算法特点

(1) 列选主元 LU 分解算法是 LU 分解算法的改进, 弥补了 LU 分解算法数值不稳定的缺点.

(2) 由于增加了列选主元的操作, 列选主元 LU 分解算法比 LU 分解算法计算量也相应增加.

(3) 列选主元 LU 分解算法的计算复杂度为 $O(n^3)$, 主要由乘法次数决定.

1.5.5 适用范围

相对于 LU 分解算法, 列选主元 LU 分解算法适用范围更广, 仅要求待分解方阵非奇异.

例 1.2 对例 1.1 中的方阵 A 进行列选主元 LU 分解.

解 设置如下参数:

A = [0.3 0.52 1; 0.5 1 1.9; 0.1 0.3 0.5];
调用函数 column_PLU_factorization_output = Column_PLU_factorization (&A)

其中, &A 代表指向待分解矩阵的指针.

程序运行结果如图 1.4 所示.

图 1.4 例 1.2 的列选主元 LU 分解结果

列选主元 LU 分解的结果和例 1.1 中 LU 分解的结果不同, 因为列选主元 LU 分解过程中, 需要交换待分解矩阵的行, 行交换信息被记录在矩阵 P 中.

例 1.3 对矩阵 A 进行 LU 分解, A 非奇异, 但存在约等于 0 的顺序主子式,

$$A = \begin{bmatrix} -3 & 2.0999999 & 6 & 2 \\ 10 & -7 & 0 & 1 \\ 5 & -1 & 5 & -1 \\ 2 & 1 & 0 & 2 \end{bmatrix}$$

解 设置如下参数:

```
A = [-3 2.0999999 6 2; 10 -7 0 1; 5 -1 5 -1; 2 1 0 2];
调用函数 LU_factorization_output = LU_factorization(&A);
column_PLU_factorization_output = Column_PLU_factorization(&A)
```

其中, &A 代表指向待分解矩阵的指针.

程序运行结果如图 1.5 所示.

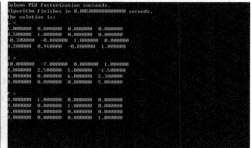

(a) 例 1.3 的LU分解结果   (b) 例 1.3 的列选主元LU分解结果

图 1.5 例 1.3 的 LU 分解结果和列选主元 LU 分解结果

由于矩阵 A 存在约为 0 的顺序主子式, 调用 LU 分解算法无法得到正确结果, 而调用列选主元 LU 分解算法获得的结果正确.

1.6 一般方阵的全选主元 LU 分解算法

1.6.1 相关定义与定理

定义 1.4 一般方阵的全选主元 LU 分解 将方阵 A 先有选择地做行列交换, 再分解为一个下三角矩阵 L 和一个上三角矩阵 U 乘积的形式

$$PAQ = LU$$

定理 1.8　一般方阵的全选主元 LU 分解　如果 A 非奇异, 则当 L 为单位下三角矩阵时, 全选主元 LU 分解是唯一的.

1.6.2　算法推导

相比于一般方阵的 LU 分解算法, 全选主元 LU 分解算法在计算 L 和 U 中元素之前增加了选主元和行列交换操作. 在第 k ($k=1,\cdots,n$) 步分解时, 选主元范围是第 $k-1$ 步分解后得到的矩阵 $A^{(k)}$ 右下角方阵. 将方阵直接写成已分解的形式, 推导未知元素的求解公式. 一般方阵的全选主元 LU 分解算法的推导包括以下五个步骤.

步骤 1　将待分解的 n 阶方阵 A 记为

$$A = A^{(1)} = \begin{bmatrix} a_{11}^{(1)} & a_{12}^{(1)} & \cdots & a_{1n}^{(1)} \\ a_{21}^{(1)} & a_{22}^{(1)} & \cdots & a_{2n}^{(1)} \\ \vdots & \vdots & \ddots & \vdots \\ a_{n1}^{(1)} & a_{n2}^{(1)} & \cdots & a_{nn}^{(1)} \end{bmatrix} \tag{1.6.1}$$

步骤 2　矩阵 $A^{(1)}$ 中选择绝对值最大的元素作为主元

$$\left| a_{i_1,j_1}^{(1)} \right| = \max_{\substack{1\leqslant i\leqslant n \\ 1\leqslant j\leqslant n}} \left| a_{ij}^{(1)} \right| \tag{1.6.2}$$

如果 $i_1>1$, 则交换矩阵 A 的第 1 行和主元所在行 (第 i_1 行) 的所有元素, 如果 $j_1>1$, 则交换矩阵 A 的第 1 列和主元所在列 (第 j_1 列) 的所有元素, 由式 (1.6.3) 计算得到 U 的第 1 行元素和 L 的第 1 列元素

$$P_{i_1,1}AQ_{1,j_1} = L^{(1)}A^{(2)} = \begin{bmatrix} 1 & & & \\ l_{21} & 1 & & \\ \vdots & & \ddots & \\ l_{n1} & & & 1 \end{bmatrix} \begin{bmatrix} u_{11} & u_{12} & \cdots & u_{1n} \\ & a_{22}^{(2)} & \cdots & a_{2n}^{(2)} \\ & \vdots & \ddots & \vdots \\ & a_{n2}^{(2)} & \cdots & a_{nn}^{(2)} \end{bmatrix} \tag{1.6.3}$$

其中 $P_{i_1,1}$ 为交换第 1 行和第 i_1 行的置换矩阵 ($i_1=1$ 时为单位阵), Q_{1,j_1} 为交换第 1 列和第 j_1 列的置换矩阵 ($j_1=1$ 时为单位阵).

步骤 3　设执行完第 $k-1$ 步分解后已经得到

$$P_{i_{k-1},k-1}\cdots P_{i_1,1}AQ_{1,j_1}\cdots Q_{k-1,j_{k-1}} = L^{(k-1)}A^{(k)} \tag{1.6.4}$$

其中 $P_{i_r,r}$ $(r = 1, \cdots, k-1)$ 是交换第 r 行与第 i_r 行的置换矩阵 ($i_r = r$ 时为单位阵), Q_{r,j_r} 是交换第 r 列与第 j_r 列的置换矩阵 ($j_r = r$ 时为单位阵), 矩阵 $L^{(k-1)}$ 和 $A^{(k)}$ 如式 (1.6.4) 所示.

步骤 4 第 $k(k = 2, \cdots, n)$ 步分解, 首先计算 $A^{(k)}$ 右下角方阵中的所有元素:

$$a_{ij}^{(k)} = a_{ij} - \sum_{r=1}^{k-1} l_{ir}u_{rj} \quad (i, j = k, \cdots, n) \tag{1.6.5}$$

从中选择绝对值最大的元素作为主元

$$\left| a_{i_k,j_k}^{(k)} \right| = \max_{\substack{k \leqslant i \leqslant n \\ k \leqslant j \leqslant n}} \left| a_{ij}^{(k)} \right| \tag{1.6.6}$$

如果 $i_k > k$, 则需要交换 $A^{(k)}$ 的第 k 行和主元所在行 (第 i_k 行) 的所有元素, 如果 $j_k > k$, 则需要交换 $A^{(k)}$ 的第 k 列和主元所在列 (第 j_k 列) 的所有元素, 为此在式 (1.6.4) 等号两端左乘 $P_{i_k,k}$、右乘 Q_{k,j_k} 并进行等价变换:

$$P_{i_k,k}P_{i_{k-1},k-1}\cdots P_{i_1,1}AQ_{1,j_1}\cdots Q_{k-1,j_{k-1}}Q_{k,j_k}$$
$$= \left(P_{i_k,k}L^{(k-1)}P_{i_k,k}\right)\left(P_{i_k,k}A^{(k)}Q_{k,j_k}\right) \tag{1.6.7}$$

由式 (1.6.7) 可知, 交换矩阵 $A^{(k)}$ 的第 k 行和第 i_k 行、第 k 列和第 j_k 列的所有元素的同时, 也要交换 A 的第 k 行和第 i_k 行、第 k 列和第 j_k 列的所有元素, 以及 $L^{(k-1)}$ 的第 k 行和第 i_k 行, 第 k 列和第 i_k 列的所有元素. 交换完成后可以由类似式 (1.6.4) 计算得到 L_k 和 $A^{(k+1)}$, 使得 $L_kA^{(k+1)} = P_{i_k,k}A^{(k)}Q_{k,j_k}$, 从而有

$$P_{i_k,k}P_{i_{k-1},k-1}\cdots P_{i_1,1}AQ_{1,j_1}\cdots Q_{k-1,j_{k-1}}Q_{k,j_k} = L^{(k)}A^{(k+1)}$$

其中 $L^{(k)} = \left(P_{i_k,k}L^{(k-1)}P_{i_k,k}\right)L_k$.

步骤 5 循环执行上述选主元、行列交换、分解过程, 直到完成三角分解, 最后得到矩阵 A 的全选主元 LU 分解 $PAQ = LU$, 其中 $P = P_{i_n,n}P_{i_{n-1},n-1}\cdots P_{i_2,2}P_{i_1,1}$, $Q = Q_{1,j_1}Q_{2,j_2}\cdots Q_{n,j_n}$, $L = L^{(n)}$, $U = A^{(n+1)}$.

1.6.3 算法流程

算法 1.3 一般方阵的全选主元 LU 分解算法

输入: n 阶矩阵 A.

输出: n 阶单位下三角矩阵 L, 上三角矩阵 U 和排列矩阵 P, Q.

流程:

1. 初始化下三角矩阵 L 以及排列矩阵 P 和 Q 为单位阵.

2. 对矩阵 A 进行全选主元 LU 分解:

for $k = 1 : n$

 (1) if $k = 1$, then $a_{ij}^{(k)} = a_{ij}$, else 计算 $a_{ij}^{(k)} = a_{ij}^{(k-1)} - l_{i,k-1}u_{k-1,j}(i,j = k, \cdots, n)$;

 (2) 全选主元: 确定 i_k 和 j_k, 使得 $\left|a_{i_k,j_k}^{(k)}\right| = \max\limits_{\substack{k \leqslant i \leqslant n \\ k \leqslant j \leqslant n}}\left|a_{ij}^{(k)}\right|$;

 (3) if $a_{i_k,j_k}^{(k)} = 0$, then 计算停止;

  end if

 (4) 行交换:

  if $i_k \neq k$, then $p_{kj} \leftrightarrow p_{i_k,j}\ (j = 1, 2, \cdots, n)$, $l_{kj} \leftrightarrow l_{i_k,j}\ (j = 1, 2, \cdots, k - 1)$;

  end if

 (5) 列交换:

  if $j_k \neq k$, then $q_{ik} \leftrightarrow q_{i,j_k}\ (i = 1, 2, \cdots, n)$, $u_{ik} \leftrightarrow u_{i,j_k}\ (i = 1, 2, \cdots, k - 1)$;

  end if

 (6) 计算 U 的第 k 行元素: $u_{kj} = a_{kj} - \sum\limits_{r=1}^{k-1} l_{kr}u_{rj}\ (j = k, \cdots, n)$;

 (7) 计算 L 的第 k 列元素: $l_{ik} = \left(a_{ik} - \sum\limits_{r=1}^{k-1} l_{ir}u_{rk}\right)\Big/ u_{kk}\ (i = k + 1, \cdots, n)$.

end for

1.6.4　算法特点

1. 全选主元 LU 分解算法是 LU 分解算法的改进, 弥补了 LU 分解算法数值不稳定的缺点.

2. 与列选主元 LU 分解算法相比, 全选主元 LU 分解算法选择主元的范围更广, 因此具有更高的数值稳定性, 但是以更大的计算量作为代价.

3. 全选主元 LU 分解算法的计算复杂度为 $O(n^3)$, 主要由乘法次数决定.

1.6.5　适用范围

相比于 LU 分解算法, 全选主元 LU 分解算法适用范围更广, 仅要求待分解方阵非奇异.

例 1.4　对例 1.1 中的矩阵 A 进行全选主元 LU 分解.

解　设置如下参数:

```
A = [0.3 0.52 1; 0.5 1 1.9; 0.1 0.3 0.5];
```

调用函数 `complete_PLU_factorization_output =`
 `Complete_PLU_factorization(&A)`

其中, &A 代表指向待分解矩阵的指针.

程序运行结果如图 1.6 所示.

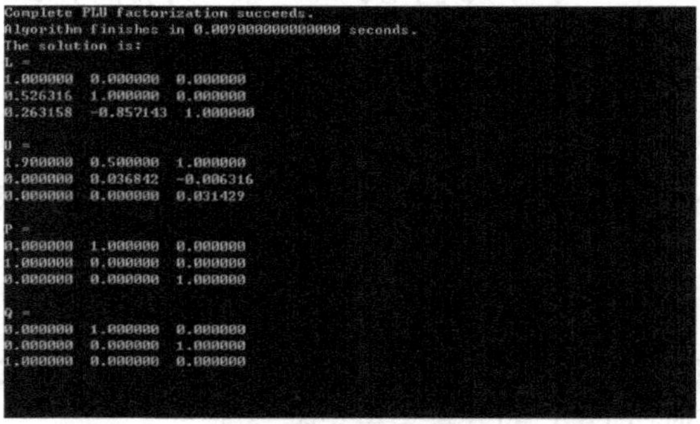

图 1.6　例 1.4 的全选主元 LU 分解结果

全选主元 LU 分解的结果和例 1.1 中 LU 分解的结果不同, 因为全选主元 LU 分解算法分解过程中, 需要交换待分解矩阵的行和列, 行和列的交换信息分别被记录在置换矩阵 P 和 Q 中.

例 1.5　对例 1.3 中的矩阵 A 进行全选主元 LU 分解.

解　设置如下参数:

`A = [-3 2.0999999 6 2; 10 -7 0 1; 5 -1 5 -1; 2 1 0 2];`
调用函数 `complete_PLU_factorization_output =`
 `Complete_PLU_factorization(&A)`

其中, &A 代表指向待分解矩阵的指针.

程序运行结果如图 1.7 所示.

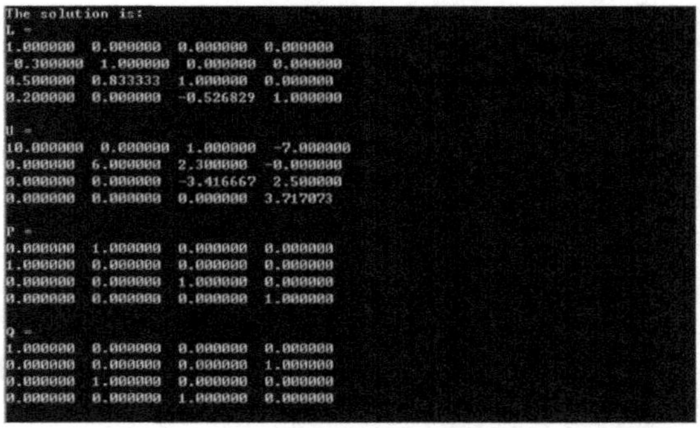

图 1.7　例 1.5 的全选主元 LU 分解结果

全选主元 LU 分解的结果和例 1.3 中列选主元 LU 分解的结果不同, 因为全
选主元 LU 分解过程中, 需要交换待分解矩阵的行和列, 而列选主元 LU 分解只需
要交换待分解矩阵的行. 此外, 两种分解算法得到的行置换矩阵 P 也不相同.

1.7   对称方阵的 LDLT 分解算法

1.7.1   相关定义与定理

定义 1.5   对称方阵的 LDLT 分解   将对称矩阵 $A \in \mathbf{R}^{n \times n}$ 分解为一个下
三角矩阵 L、一个对角阵 D 和下三角矩阵 L 的转置矩阵 L^{T} 乘积的形式:

$$A = LDL^{\mathrm{T}}$$

定理 1.9   LDLT 分解的唯一性   如果 A 所有顺序主子式均不为 0, 则当 L
为单位下三角矩阵时, LDLT 的分解结果是唯一的.

1.7.2   算法推导

对称方阵的 LDLT 分解是对称方阵 LU 分解的改进形式. 设 A 为 n 阶对称
方阵, 且所有的顺序主子式均不为 0, 根据定理 1.9 的描述, A 可以被唯一分解为
$A = LDL^{\mathrm{T}}$ 的形式. 为了利用 A 的对称性质, 将上三角矩阵 U 进一步分解为

$$U = \begin{bmatrix} u_{11} & u_{12} & \cdots & u_{1n} \\ & u_{22} & \cdots & u_{2n} \\ & & \ddots & \vdots \\ & & & u_{nn} \end{bmatrix} = \begin{bmatrix} u_{11} & & & \\ & u_{22} & & \\ & & \ddots & \\ & & & u_{nn} \end{bmatrix} \begin{bmatrix} 1 & \frac{u_{12}}{u_{11}} & \cdots & \frac{u_{1n}}{u_{11}} \\ & 1 & \cdots & \frac{u_{2n}}{u_{22}} \\ & & \ddots & \vdots \\ & & & 1 \end{bmatrix} = D\tilde{U} \tag{1.7.1}$$

其中 D 为对角矩阵, $\tilde{U}$ 为单位上三角矩阵. 于是矩阵 A 可以被分解为

$$A = LU = LD\tilde{U} \tag{1.7.2}$$

由 A 的对称性可得

$$LD\tilde{U} = A = A^{\mathrm{T}} = (LD\tilde{U})^{\mathrm{T}} = \tilde{U}^{\mathrm{T}}DL^{\mathrm{T}} \tag{1.7.3}$$

又由分解的唯一性可知 $\tilde{U} = L^{\mathrm{T}}$. 于是可得对称矩阵的 LDLT 分解:

$$A = LDL^{\mathrm{T}} \tag{1.7.4}$$

将对称方阵直接写成已分解的形式, 推导未知元素的求解公式. 对称方阵的 LDLT 分解算法包括以下两个步骤.

步骤 1 将对称方阵 A 进行 LDLT 分解:

$$A = LDL^{\mathrm{T}} = \begin{bmatrix} 1 & & & \\ l_{21} & 1 & & \\ \vdots & \vdots & \ddots & \\ l_{n1} & l_{n2} & \cdots & 1 \end{bmatrix} \begin{bmatrix} d_{11} & & & \\ & d_{22} & & \\ & & \ddots & \\ & & & d_{nn} \end{bmatrix} \begin{bmatrix} 1 & l_{21} & \cdots & l_{n1} \\ & 1 & \cdots & l_{n2} \\ & & \ddots & \vdots \\ & & & 1 \end{bmatrix} \tag{1.7.5}$$

根据矩阵的乘法运算规律, 可以得到 a_{ij} 与 l_{ij}, d_{ii} 之间的对应关系:

$$\begin{cases} \text{对角元素: } a_{jj} = \sum_{r=1}^{j-1} l_{jr} d_{rr} l_{jr} + d_{jj} \quad (j = 1, 2, \cdots, n) \\ \text{下三角部分: } a_{ij} = \sum_{r=1}^{j-1} l_{ir} d_{rr} l_{jr} + l_{ij} d_{jj} \quad (i = j+1, \cdots, n) \end{cases} \tag{1.7.6}$$

步骤 2 由式 (1.7.6) 推导得到 D 和 L 中元素的计算公式:

$$\begin{cases} d_{jj} = a_{jj} - \sum_{r=1}^{j-1} l_{jr} d_{rr} l_{jr} \quad (j = 1, 2, \cdots, n) \\ l_{ij} = \left(a_{ij} - \sum_{r=1}^{j-1} l_{ir} d_{rr} l_{jr} \right) \Big/ d_{jj} \quad (i = j+1, \cdots, n) \end{cases} \tag{1.7.7}$$

1.7.3 算法流程

算法 1.4 对称方阵的 LDLT 分解算法

输入: n 阶对称矩阵 A.

输出: n 阶单位下三角矩阵 L 和对角矩阵 D.

流程:

1. 初始化下三角矩阵 L 为单位阵.

2. 对对称矩阵 A 进行 LDLT 分解:

    for $j = 1 : n$

        (1) $d_{jj} = a_{jj} - \sum_{r=1}^{j-1} l_{jr} d_{rr} l_{jr}$.

        (2) if $d_{jj} = 0$, then 计算停止.

            end if

$$(3)\ l_{ij} = \left(a_{ij} - \sum_{r=1}^{j-1} l_{ir} d_{rr} l_{jr}\right) \bigg/ d_{jj} \quad (i = j+1, \cdots, n).$$

end for

1.7.4　算法特点

1. LDLT 分解算法其实就是将 LU 分解算法应用到对称矩阵上的结果.

2. LDLT 分解算法的计算复杂度为 $O(n^3)$, 主要由乘法次数决定.

1.7.5　适用范围

LDLT 分解算法要求待分解方阵对称, 且所有顺序主子式均不为 0.

例 1.6　对矩阵 A 进行 LDLT 分解, A 对称非奇异, 且所有顺序主子式都不为 0.

$$A = \begin{bmatrix} 10 & 7 & 8 & 7 \\ 7 & 5 & 6 & 5 \\ 8 & 6 & 10 & 9 \\ 7 & 5 & 9 & 10 \end{bmatrix}$$

解　设置如下参数:

A = [10 7 8 7; 7 5 6 5; 8 6 10 9; 7 5 9 10];
调用函数 LDLT_factorization_output = LDLT_factorization(&A)

其中, &A 代表指向待分解矩阵的指针.

程序运行结果如图 1.8 所示.

图 1.8　例 1.6 的 LDLT 分解结果

1.8 对称方阵的选主元 LDLT 分解算法

1.8.1 相关定义与定理

定义 1.6 对称方阵的选主元 LDLT 分解 将对称矩阵 $A \in \mathbf{R}^{n \times n}$ 先有选择地行列交换, 再分解为一个下三角矩阵 L、一个对角阵 D 和下三角矩阵 L 的转置矩阵 L^{T} 乘积的形式

$$PAP^{\mathrm{T}} = LDL^{\mathrm{T}}$$

定理 1.10 选主元 LDLT 分解的唯一性 如果 A 为非奇异对称方阵, 则当下三角矩阵 L 的对角元素全为 1 时, 选主元 LDLT 的分解结果是唯一的.

1.8.2 算法推导

与对称方阵的 LDLT 分解相比, 选主元 LDLT 分解算法在计算 L 和 D 中元素之前增加了选主元和行列交换操作. 在第 $k\,(k = 1, \cdots, n)$ 步分解时, 选主元范围是第 $k-1$ 步分解后得到的矩阵 $A^{(k)}$ 右下角方阵的对角元. 将对称方阵直接写成已分解的形式, 推导未知元素的求解公式. 对称方阵的选主元 LDLT 分解算法推导包括以下五个步骤.

步骤 1 将待分解的 n 阶方阵 A 记为

$$A = A^{(1)} = \begin{bmatrix} a_{11}^{(1)} & a_{12}^{(1)} & \cdots & a_{1n}^{(1)} \\ a_{21}^{(1)} & a_{22}^{(1)} & \cdots & a_{2n}^{(1)} \\ \vdots & \vdots & \ddots & \vdots \\ a_{n1}^{(1)} & a_{n2}^{(1)} & \cdots & a_{nn}^{(1)} \end{bmatrix} \tag{1.8.1}$$

步骤 2 从矩阵 $A^{(1)}$ 的对角线中选择绝对值最大的元素作为主元:

$$\left| a_{i_1,i_1}^{(1)} \right| = \max_{1 \leqslant i \leqslant n} \left| a_{ii}^{(1)} \right| \tag{1.8.2}$$

如果 $i_1 > 1$, 则交换矩阵 A 的第 1 行和主元所在行 (第 i_1 行)、A 的第 1 列和主元所在列 (第 i_1 列) 的所有元素, 由下式计算得到 d_{11} 和 L 的第 1 列元素:

$$\begin{cases} d_{jj} = a_{jj} - \sum_{r=1}^{j-1} l_{jr} d_{rr} l_{jr} & (j = 1) \\ l_{ij} = \left(a_{ij} - \sum_{r=1}^{j-1} l_{ir} d_{rr} l_{jr} \right) \Big/ d_{jj} & (i = j+1, \cdots, n) \end{cases} \tag{1.8.3}$$

待分解矩阵被分解为

$$
P_{i_1,1}AP_{i_1,1}^{\mathrm{T}} = L^{(1)}A^{(2)}(L^{(1)})^{\mathrm{T}}
$$

$$
= \begin{bmatrix} 1 & & & \\ l_{21} & 1 & & \\ \vdots & & \ddots & \\ l_{n1} & & & 1 \end{bmatrix} \begin{bmatrix} d_{11} & & & \\ & a_{22}^{(2)} & \cdots & a_{2n}^{(2)} \\ & \vdots & \ddots & \vdots \\ & a_{n2}^{(2)} & \cdots & a_{nn}^{(2)} \end{bmatrix} \begin{bmatrix} 1 & l_{21} & \cdots & l_{n1} \\ & 1 & & \\ & & \ddots & \\ & & & 1 \end{bmatrix}
$$

$$(1.8.4)$$

其中 $P_{i_1,1}$ 为交换第 1 行和第 i_1 行的置换矩阵 ($i_1 = 1$ 时为单位阵).

步骤 3 设执行完第 $k-1$ 步分解后已经得到

$$
P_{i_{k-1},k-1}\cdots P_{i_1,1}AP_{i_1,1}^{\mathrm{T}}\cdots P_{i_{k-1},k-1}^{\mathrm{T}} = L^{(k-1)}A^{(k)}(L^{(k-1)})^{\mathrm{T}} \tag{1.8.5}
$$

其中 $P_{i_r,r}\,(r=1,\cdots,k-1)$ 是交换第 r 行与第 i_r 行的置换矩阵 ($i_r = r$ 时为单位阵), $L^{(k-1)}$ 和 $A^{(k)}$ 如下所示:

$$
L^{(k-1)} = \begin{bmatrix} 1 & & & & & \\ \vdots & \ddots & & & & \\ l_{k-1,1} & \cdots & 1 & & & \\ l_{k1} & \cdots & l_{k,k-1} & 1 & & \\ \vdots & \ddots & \vdots & & \ddots & \\ l_{n1} & \cdots & l_{n,k-1} & & & 1 \end{bmatrix}
$$

$$
A^{(k)} = \begin{bmatrix} d_{11} & & & & & \\ & \ddots & & & & \\ & & d_{k-1,k-1} & & & \\ & & & a_{kk}^{(k)} & \cdots & a_{kn}^{(k)} \\ & & & \vdots & \ddots & \vdots \\ & & & a_{nk}^{(k)} & \cdots & a_{nn}^{(k)} \end{bmatrix} \tag{1.8.6}
$$

步骤 4 第 $k(k=2,\cdots,n)$ 步分解, 首先计算 $A^{(k)}$ 右下角方阵中的对角元素:

$$
a_{ii}^{(k)} = a_{ii} - \sum_{r=1}^{k-1} l_{ir}d_{rr}l_{ir} \quad (i=k,\cdots,n) \tag{1.8.7}
$$

从中选择绝对值最大的元素作为主元,

$$\left| a_{i_k, i_k}^{(k)} \right| = \max_{k \leqslant i \leqslant n} \left| a_{ii}^{(k)} \right| \tag{1.8.8}$$

如果 $i_k > k$, 则需要交换 $A^{(k)}$ 的第 k 行和主元所在行 (第 i_k 行)、第 k 列和主元所在列 (第 i_k 列) 的所有元素, 为此在式 (1.8.5) 等号两端左乘 $P_{i_k, k}$、右乘 $P_{i_k, k}^{\mathrm{T}}$ 并进行等价变换,

$$P_{i_k, k} P_{i_{k-1}, k-1} \cdots P_{i_1, 1} A P_{i_1, 1}^{\mathrm{T}} P_{i_2, 2}^{\mathrm{T}} \cdots P_{i_k, k}^{\mathrm{T}}$$
$$= \left(P_{i_k, k} L^{(k-1)} P_{i_k, k} \right) \left(P_{i_k, k} A^{(k)} P_{i_k, k}^{\mathrm{T}} \right) \left(P_{i_k, k} L^{(k-1)} P_{i_k, k} \right)^{\mathrm{T}} \tag{1.8.9}$$

由式 (1.8.9) 可知, 交换矩阵 $A^{(k)}$ 的第 k 行和第 i_k 行、第 k 列和第 i_k 列的所有元素的同时, 也要交换 A 的第 k 行和第 i_k 行、第 k 列和第 i_k 列的所有元素, 以及 $L^{(k-1)}$ 的第 k 行和第 i_k 行, 第 k 列和第 i_k 列的所有元素. 交换完成后可以由式 (1.8.3) 计算得到 L_k 和 $A^{(k+1)}$, 使得 $L_k A^{(k+1)} L_k^{\mathrm{T}} = P_{i_k, k} A^{(k)} P_{i_k, k}^{\mathrm{T}}$, 从而

$$P_{i_k, k} P_{i_{k-1}, k-1} \cdots P_{i_1, 1} A P_{i_1, 1}^{\mathrm{T}} P_{i_2, 2}^{\mathrm{T}} \cdots P_{i_k, k}^{\mathrm{T}} = L^{(k)} A^{(k+1)} L^{(k)\mathrm{T}}$$

其中 $L^{(k)} = \left(P_{i_k, k} L^{(k-1)} P_{i_k, k} \right) L_k$.

步骤 5 循环执行上述选主元、行列交换、分解过程, 直到完成三角分解, 最后得到对称矩阵 A 的选主元 LDLT 分解 $P A P^{\mathrm{T}} = L D L^{\mathrm{T}}$, 其中

$$P = P_{i_n, n} P_{i_{n-1}, n-1} \cdots P_{i_2, 2} P_{i_1, 1}, \quad L = L^{(n)}, D = A^{(n+1)}.$$

1.8.3 算法流程

算法 1.5 对称方阵的选主元 LDLT 分解算法

输入: n 阶对称矩阵 A.

输出: n 阶单位下三角矩阵 L, 对角矩阵 D 和排列矩阵 P.

流程:

1. 初始化下三角矩阵 L 和排列矩阵 P 为单位阵.

2. 对对称矩阵 A 进行选主元 LDLT 分解:

    for $k = 1 : n$

        (1) if $k=1$, then $a_{ii}^{(k)} = a_{ii}$, else 计算

$$a_{ii}^{(k)} = a_{ii}^{(k-1)} - l_{ik-1} d_{k-1 k-1} l_{ik-1} \quad (i = k, \cdots, n);$$

        (2) 选主元: 确定 i_k, 使得 $\left| a_{i_k, i_k}^{(k)} \right| = \max_{k \leqslant i \leqslant n} \left| a_{ii}^{(k)} \right|$;

(3) if $a_{i_k,i_k}^{(k)} = 0$, then 计算停止;
    end if

(4) 行列交换:
    if $i_k \neq k$, then $a_{kj} \leftrightarrow a_{i_k,j}$ $(j = 1, 2, \cdots, n)$, $a_{ik} \leftrightarrow a_{i,i_k}$ $(i = 1, 2, \cdots, n)$.
    $p_{kj} \leftrightarrow p_{i_k,j}$ $(j=1,2,\cdots,n)$, $l_{kj} \leftrightarrow l_{i_k,j}$ $(j=1,2,\cdots,k-1)$;
    end if

(5) 计算 d_{kk}: $d_{kk} = a_{kk} - \sum_{r=1}^{k-1} l_{kr} d_{rr} l_{kr}$;

(6) 计算 L 的第 k 列元素: $l_{ik} = \left(a_{ik} - \sum_{r=1}^{k-1} l_{ir} d_{rr} l_{kr} \right) \Big/ d_{kk}$ $(i = k+1, \cdots, n)$.

end for

1.8.4 算法特点

1. 选主元 LDLT 分解算法是 LDLT 分解算法的改进, 弥补了 LDLT 分解算法数值不稳定的缺点.

2. 与选主元的 LU 分解算法 (分为列选主元和全选主元) 不同, 选主元的 LDLT 分解算法只能在对角元素中选主元, 因为待分解矩阵 A 的对称性质, 交换 A 的第 k 行和第 i_k 行的同时必须交换 A 的第 k 列和第 i_k 列.

3. 对称方阵的选主元 LDLT 分解算法的计算复杂度为 $O(n^3)$, 主要由乘法次数决定.

1.8.5 适用范围

相比 LDLT 分解算法, 选主元 LDLT 分解算法适用范围更广, 仅要求待分解方阵对称且非奇异.

例 1.7 对矩阵 A 进行 LDLT 分解, A 对称非奇异, 但有顺序主子式为 0,

$$A = \begin{bmatrix} 1 & 2 & 6 \\ 2 & 4 & -15 \\ 6 & -15 & 46 \end{bmatrix}$$

解 设置如下参数:

```
A = [1 2 6; 2 4 -15; 6 -15 46];
调用函数LDLT_factorization_output = LDLT_factorization(&A);
PLDLT_factorization_output = PLDLT_factorization(&A)
```

其中, &A 代表指向待分解矩阵的指针.

程序运行结果如图 1.9 所示.

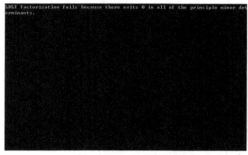

(a) 例 1.7 的LDLT分解结果　　　　　　　　(b) 例 1.7 的选主元LDLT分解结果

图 1.9　　例 1.7 的 LDLT 分解结果与选主元 LDLT 分解结果

由于矩阵 A 的第一个顺序主子式等于 0, 因此, 调用对称矩阵 LDLT 算法会发生错误. 调用对称方阵的选主元 LDLT 分解算法可以得到合理结果. 其中, 行列顺序的交换被记录在矩阵 P 之中.

1.9　对称正定方阵的 LLT 分解算法

1.9.1　相关定义与定理

定义 1.7　对称正定方阵的 LLT 分解　将对称正定矩阵 $A \in \mathbf{R}^{n \times n}$ 分解为一个下三角矩阵 L 和其转置矩阵 L^{T} 乘积的形式

$$A = LL^{\mathrm{T}}$$

LLT 分解也称为**楚列斯基 (Cholesky) 分解**.

定理 1.11　LLT 分解的唯一性　当下三角矩阵 L 的对角元素为正值时, LLT 分解是唯一的.

1.9.2　算法推导

对称正定方阵的 LLT 分解算法是对称方阵的 LDLT 分解的更进一步形式. 设 A 为对称正定矩阵, 根据 1.7 节的描述, A 可以被唯一分解为 $A = LDL^{\mathrm{T}}$ 的形式. 由 A 的正定性质可知, $A = LDL^{\mathrm{T}}$ 中 D 的对角元素 d_{jj} $(j = 1, 2, \cdots, n)$ 均为正数, 于是 D 可以进一步被分解为

$$D = \begin{bmatrix} d_{11} & & \\ & \ddots & \\ & & d_{nn} \end{bmatrix} = \begin{bmatrix} \sqrt{d_{11}} & & \\ & \ddots & \\ & & \sqrt{d_{nn}} \end{bmatrix} \begin{bmatrix} \sqrt{d_{11}} & & \\ & \ddots & \\ & & \sqrt{d_{nn}} \end{bmatrix} = D^{\frac{1}{2}} D^{\frac{1}{2}}$$

$$\tag{1.9.1}$$

将式 (1.9.1) 代入 $A = LDL^{\mathrm{T}}$, 可得对称正定矩阵的 LLT 分解

$$A = LDL^{\mathrm{T}} = LD^{\frac{1}{2}}D^{\frac{1}{2}}L^{\mathrm{T}} = (LD^{\frac{1}{2}})(LD^{\frac{1}{2}})^{\mathrm{T}} = \tilde{L}\tilde{L}^{\mathrm{T}} \tag{1.9.2}$$

将对称正定方阵直接写成已分解的形式, 推导未知元素的求解公式. 推导过程分为以下两个步骤.

步骤 1   将 n 阶对称方阵 A 进行 LLT 分解:

$$A = LL^{\mathrm{T}} = \begin{bmatrix} l_{11} & & & \\ l_{21} & l_{22} & & \\ \vdots & \vdots & \ddots & \\ l_{n1} & l_{n2} & \cdots & l_{nn} \end{bmatrix} \begin{bmatrix} l_{11} & l_{21} & \cdots & l_{n1} \\ & l_{22} & \cdots & l_{n2} \\ & & \ddots & \vdots \\ & & & l_{nn} \end{bmatrix} \tag{1.9.3}$$

根据矩阵的乘法运算规律, 可以得到 a_{ij} 与 l_{ij} 之间的对应关系

$$\begin{cases} \text{对角元素}: a_{jj} = \sum_{r=1}^{j} l_{jr}^2 \quad (j = 1, 2, \cdots, n) \\[2mm] \text{下三角部分}: a_{ij} = \sum_{r=1}^{j} l_{ir}l_{jr} \quad (i = j+1, \cdots, n) \end{cases} \tag{1.9.4}$$

步骤 2   由式 (1.9.4) 推导得到 L 中元素的计算公式:

$$\begin{cases} l_{jj} = \sqrt{a_{jj} - \sum_{r=1}^{j-1} l_{jr}^2} \quad (j = 1, 2, \cdots, n) \\[2mm] l_{ij} = \left(a_{ij} - \sum_{r=1}^{j-1} l_{ir}l_{jr} \right) \Big/ l_{jj} \quad (i = j+1, \cdots, n) \end{cases} \tag{1.9.5}$$

1.9.3   算法流程

算法 1.6   对称正定方阵的 LLT 分解算法

输入: n 阶对称正定方阵 A.

输出: n 阶下三角矩阵 L.

流程:

   for $j = 1 : n$

   (1) 计算 $\tilde{l}_{jj} = a_{jj} - \sum_{r=1}^{j-1} l_{jr}^2$;

   (2) if $\tilde{l}_{jj} \leqslant 0$, then 计算停止;

end if

(3) $l_{jj} = \sqrt{\tilde{l}_{jj}}$;

(4) $l_{ij} = \left(a_{ij} - \sum_{r=1}^{j-1} l_{ir}l_{jr} \right) \Big/ l_{jj} \quad (i = j+1, \cdots, n).$

end for

1.9.4 算法特点

1. LLT 分解算法就是将 LU 分解算法应用到对称正定矩阵上的结果.

2. 分解计算过程中, 由式 (1.9.4) 可知 $\max_{j,k}\{l_{jk}^2\} \leqslant \max_{1\leqslant j\leqslant n}\{a_{jj}\}$, 因此下三角矩阵 L 中元素的数量级不会增长, 而且其对角元素恒为正数, 因此, LLT 分解算法是一个数值稳定的方法.

3. 从计算效率来看, 对于同样的对称正定矩阵, LLT 分解算法和 LDLT 分解算法的计算量差不多, 但是 LDLT 分解算法不需要开方计算.

4. LLT 分解算法的计算复杂度为 $O(n^3)$, 主要由乘法次数决定.

1.9.5 适用范围

LLT 分解算法要求待分解方阵对称正定.

例 1.8 对例 1.6 中的矩阵 A 进行 LLT 分解.

解 设置如下参数:

```
A = [10 7 8 7; 7 5 6 5; 8 6 10 9; 7 5 9 10];
调用函数LLT_factorization_output = LLT_factorization(&A)
```

其中, &A 代表指向待分解矩阵的指针.

程序运行结果如图 1.10 所示.

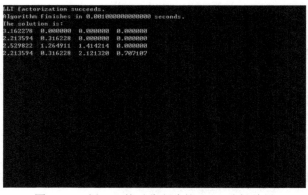

图 1.10　例 1.8 的对称方阵的 LLT 分解结果

例 1.9　构造高维对称正定矩阵, 分别使用对称正定方阵的 LLT 分解算法和对称方阵的 LDLT 分解算法, 对比两种算法效率.

解　先构造对称矩阵,

$$B_{ii} = 2/\sqrt{2(i+1)}, \quad i = 1, 2, \cdots, n$$
$$B_{ij} = 2/\sqrt{i+j+2}, \quad i = 1, 2, \cdots, n; j = i+1, i+2, \cdots, n$$
$$B_{ij} = B_{ji}, \quad i = 1, 2, \cdots, n; j = 1, 2, \cdots, i-1$$

根据定理 1.11, 构造对称正定矩阵,

$$A = B^{\mathrm{T}}B$$

设置不同的 n, 在 Visual Studio 软件命令行窗口输入下列命令:

```
LDLT_factorization_output = LDLT_factorization(&A);
LLT_factorization_output = LLT_factorization(&A)
```

其中, &A 代表指向待分解矩阵的指针.

耗时对比如表 1.1 所示, 可以看出, LLT 分解算法效率比 LDLT 分解算法效率高.

表 1.1　对称正定方阵的 **LLT** 分解算法和对称方阵的 **LDLT** 分解算法效率对比

矩阵维数 $(n \times n)$	耗时/s	
	LLT	LDLT
$n = 100$	0.003	0.004
$n = 150$	0.004	0.007
$n = 300$	0.019	0.023
$n = 400$	0.042	0.056
$n = 500$	0.080	0.102

1.10　一般矩阵的 QR 分解算法

1.10.1　相关定义与定理

定义 1.8　一般矩阵的 QR 分解　将一般矩阵 $A \in \mathbf{R}^{m \times n}$ 分解为一个正交矩阵 Q 和一个上三角矩阵 R 乘积的形式

$$A = QR$$

定理 1.12　QR 分解的唯一性　设 $A \in \mathbf{R}^{n \times n}$ 为非奇异矩阵, 则存在正交矩阵 Q 与上三角矩阵 R, 使得 A 有分解 $A = QR$, 且当 R 的对角元素为正时, QR 分解是唯一的.

1.10.2 算法推导

一般矩阵的 QR 分解算法的推导利用了矩阵正交相似约化原理, 具体步骤如下所示.

步骤 1 将矩阵 A 记为

$$A = A^{(1)} = \begin{bmatrix} a_{11}^{(1)} & a_{12}^{(1)} & \cdots & a_{1n}^{(1)} \\ a_{21}^{(1)} & a_{22}^{(1)} & \cdots & a_{2n}^{(1)} \\ \vdots & \vdots & \ddots & \vdots \\ a_{m1}^{(1)} & a_{m2}^{(1)} & \cdots & a_{mn}^{(1)} \end{bmatrix} \tag{1.10.1}$$

步骤 2 若 $a_{i1}^{(1)} \neq 0$ $(i = 2, 3, \cdots, m)$, 则存在 Givens 变换矩阵 $P(1, i, \theta_i^{(1)})$ 使得

$$P(1, m, \theta_m^{(1)}) \cdots P(1, 2, \theta_2^{(1)}) A^{(1)} = \begin{bmatrix} r_{11} & r_{12} & \cdots & r_{1n} \\ & a_{22}^{(2)} & \cdots & a_{2n}^{(2)} \\ & \vdots & \ddots & \vdots \\ & a_{m2}^{(2)} & \cdots & a_{mn}^{(2)} \end{bmatrix} = A^{(2)} \tag{1.10.2}$$

简记为 $P_1 A^{(1)} = A^{(2)}$, 其中 $P_1 = P(1, m, \theta_m^{(1)}) \cdots P(1, 2, \theta_2^{(1)})$, 根据 Givens 约化定理 (定理 1.1) 可知, 在 Givens 变换矩阵 $P(1, i, \theta_i^{(1)})$ 中, $\theta_i^{(1)} = \arctan(a_{i1}^{(1)}/a_{11}^{(1)})$.

步骤 3 第 k 步约化, 设上述约化过程已经完成至第 $k-1$ 步, 即有

$$P_{k-1} \cdots P_2 P_1 = \begin{bmatrix} r_{11} & \cdots & r_{1(k-1)} & r_{1k} & \cdots & r_{1n} \\ & \ddots & \vdots & \vdots & \ddots & \vdots \\ & & r_{(k-1)(k-1)} & r_{(k-1)k} & \cdots & r_{(k-1)n} \\ & & & a_{kk}^{(k)} & \cdots & a_{kn}^{(k)} \\ & & & \vdots & \ddots & \vdots \\ & & & a_{mk}^{(k)} & \cdots & a_{mn}^{(k)} \end{bmatrix} = A^{(k)} \tag{1.10.3}$$

若 $a_{ik}^{(k)} \neq 0 (i = k+1, \cdots, m)$, 则可以选择 Givens 变换矩阵 $P(k, i, \theta_i^{(k)})$ 使得

$$P_k A^{(k)} = P(k, m, \theta_m^{(k)}) \cdots P(k, k+1, \theta_{k+1}^{(k)}) A^{(k)} = P_k P_{k-1} \cdots P_1 A^{(1)} = A^{(k+1)} \tag{1.10.4}$$

在 Givens 变换矩阵 $P(k, i, \theta_i^{(k)})$ 中, $\theta_i^{(k)} = \arctan(a_{ik}^{(k)}/a_{kk}^{(k)})$.

步骤 4 继续上述过程直至约化完成, 最后有

$$\begin{cases} PA = P_{m-1} \cdots P_1 A^{(1)} = R & (m \leqslant n) \\ PA = P_n \cdots P_1 A^{(1)} = R & (m > n) \end{cases} \tag{1.10.5}$$

步骤 5 由 Givens 变换矩阵的特性可知, P 为正交矩阵, 利用其性质可得矩阵 A 的 QR 分解为

$$A = QR = P^{-1}R = P^{\mathrm{T}}R \tag{1.10.6}$$

1.10.3　算法流程

算法 1.7 一般矩阵的 QR 分解

输入: $m \times n$ 阶矩阵 A.

输出: $m \times m$ 阶正交矩阵 Q 和 $m \times n$ 阶上三角矩阵 R.

流程:

1. 确定约化次数 k: 若 $m \leqslant n$, 则 $k = m - 1$; 若 $m > n$, 则 $k = n$.

2. 约化过程:

　　for $j = 1 : k$

　　　　for $i = j + 1 : m$

　　　　　　(1) 根据定理 1.1 确定 Givens 变换矩阵 $P(j, i, \theta)$;

　　　　end for

　　　　(2) 计算 $P_j = \prod\limits_{i=j+1}^{m} P(j, i, \theta)$ 和 $A^{(j+1)} = P_j A^{(j)}$;

　　end for

　　　　(3) 计算 $P = \prod\limits_{j=1}^{k} P_j$.

3. 获得正交矩阵 $Q = P^{\mathrm{T}}$ 和上三角矩阵 $R = A^{(k+1)}$.

1.10.4　算法特点

1. 如果不规定上三角矩阵 R 的对角元为正, 那么 QR 分解结果不是唯一的. 一般按照 Givens 变换方法作出的分解 $A = QR$, R 的对角元不一定是正的.

2. 如果待分解矩阵 A 非奇异, 那么分解得到的上三角矩阵 R 也非奇异.

3. 如果待分解矩阵 A 的行数大于列数, 即当 $m > n$ 时, 分解得到的矩阵 R 的前 n 行是一个上三角方阵, 后 $m - n$ 行元素全为零.

4. QR 分解的计算复杂度为 $O(n^3)$, 主要由乘法次数决定.

1.10.5 适用范围

QR 分解算法适合任意实矩阵.

例 1.10 对矩阵 A 进行 QR 分解, A 是行数小于列数的长方形矩阵,

$$A = \begin{bmatrix} -4 & -3 & -7 & 0 \\ 2 & 3 & 2 & 0 \end{bmatrix}$$

解 设置如下参数:

```
A = [-4 -3 -7 0; 2 3 2 0];
调用函数QR_factorization_output = QR_factorization(&A)
```

其中, &A 代表指向待分解矩阵的指针.

程序运行结果如图 1.11.

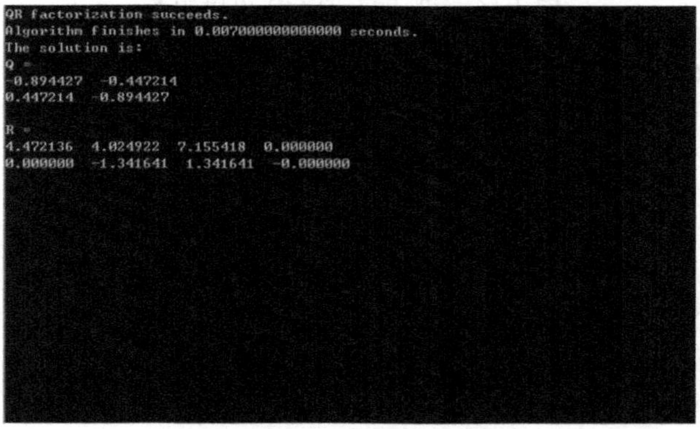

图 1.11   例 1.10 的 QR 分解结果

例 1.11 对矩阵 A 进行 QR 分解, A 是行数大于列数的长方形矩阵,

$$A = \begin{bmatrix} 2 & 3 & 4 & 5 \\ 4 & 4 & 5 & 6 \\ 8 & 6 & 10 & 9 \\ 7 & 5 & 9 & 10 \\ 0 & 0 & 2 & 8 \\ 0 & 0 & 0 & 1 \end{bmatrix}$$

解 设置如下参数:

```
A = [2 3 4 5; 4 4 5 6; 8 6 10 9; 7 5 9 10; 0 0 2 8; 0 0 0 1];
调用函数QR_factorization_output = QR_factorization(&A)
```

其中, &A 代表指向待分解矩阵的指针.

程序运行结果如图 1.12.

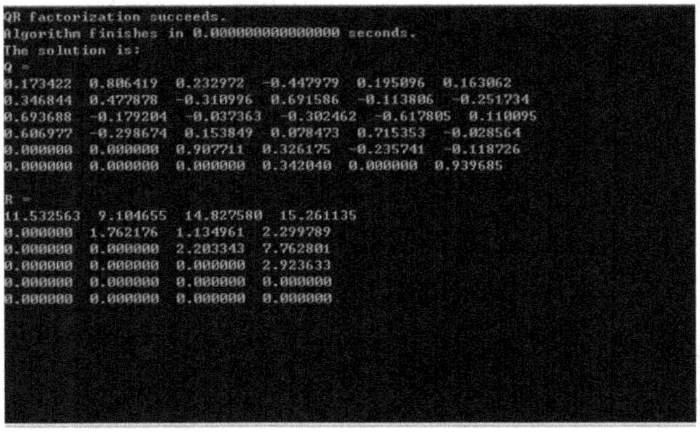

图 1.12   例 1.11 的 QR 分解结果

例 1.12   对矩阵 A 进行 QR 分解, A 是奇异方阵,

$$A = \begin{bmatrix} 2.0000 & -1.5000 & 5.7500 \\ 3.0000 & -1.7500 & 7.0000 \\ 0 & -4.6000 & 14.9500 \end{bmatrix}$$

解   设置如下参数:

A = [2 -1.5 5.75; 3 -1.75 7; 0 -4.6 14.95];

调用函数 QR_factorization_output = QR_factorization(&A)

其中, &A 代表指向待分解矩阵的指针.

程序运行结果如图 1.13.

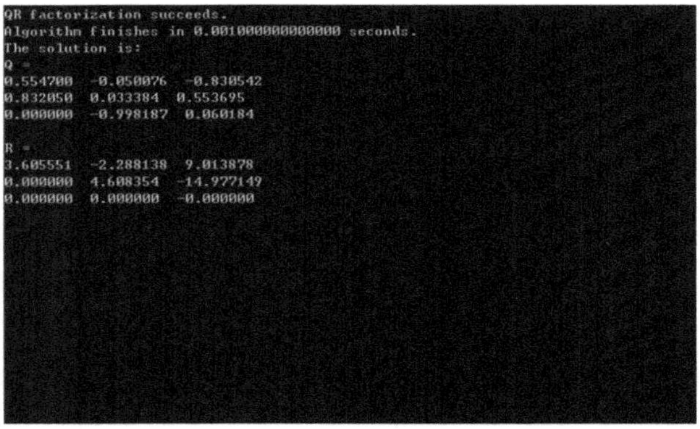

图 1.13   例 1.12 的 QR 分解结果

1.11 一般矩阵的 SVD 分解算法

1.11.1 相关定义与定理

定义 1.9 矩阵奇异值分解 任意的实矩阵 $A \in \mathbf{R}^{m \times n}$ 可以分解为如下形式:

$$A = U\varSigma V^{\mathrm{T}}$$

其中, $U(\in \mathbf{R}^{m \times m})$ 和 $V(\in \mathbf{R}^{n \times n})$ 是正交矩阵, $\varSigma(\in \mathbf{R}^{m \times n})$ 是对角阵. 以上分解形式被称为实矩阵的奇异值分解 (singular value decomposition, SVD).

定理 1.13 矩阵奇异值分解的唯一性 任意实矩阵 A 的奇异值分解是唯一的 (在不考虑奇异值顺序的前提下).

1.11.2 算法推导

一般实矩阵的 SVD 分解算法的推导包含了对其自身的数学证明, 并由此将问题转化为求解矩阵特征值和特征向量的问题, 包括以下几个步骤.

步骤 1 对于任意实矩阵 $A \in \mathbf{R}^{m \times n}$, 由定理 1.2 和定理 1.3 知, 存在正交矩阵 $V(\in \mathbf{R}^{n \times n})$, 使得

$$V^{\mathrm{T}} \left(A^{\mathrm{T}} A\right) V = \mathrm{diag}(\lambda_1, \lambda_2, \cdots, \lambda_r, \cdots, \lambda_n) \tag{1.11.1}$$

其中, λ_1, λ_2, $\cdots$, λ_r 是矩阵 $A^{\mathrm{T}} A$ 的正的特征值, 且从大到小排列, r 表示矩阵 $A^{\mathrm{T}} A$ 的秩, $A^{\mathrm{T}} A$ 的另外 $n - r$ 个特征值满足 $\lambda_{r+1} = \cdots = \lambda_n = 0$. 用列向量的形式表示 V, 有

$$V = [v_1, v_2, \cdots, v_r, \cdots, v_n] = [V_1, V_2] \tag{1.11.2}$$

其中, $V_1 = [v_1, v_2, \cdots, v_r]$, $V_2 = [v_{r+1}, v_{r+2}, \cdots, v_n]$. $\lambda_1, \lambda_2, \cdots, \lambda_r$ 是正的, 所以, 可以假设

$$\varSigma_1 = \mathrm{diag}(\sigma_1, \sigma_2, \cdots, \sigma_r) = \mathrm{diag}(\sqrt{\lambda_1}, \sqrt{\lambda_2}, \cdots, \sqrt{\lambda_r}) \tag{1.11.3}$$

且方阵 $\varSigma_1$ 可逆, 逆矩阵仍为对角阵. 因此, 只考虑 V 的前 r 列, 即 V_1, 并两边左乘 V_1, 式 $V^{\mathrm{T}}(A^{\mathrm{T}} A)V = \mathrm{diag}(\lambda_1, \lambda_2, \cdots, \lambda_n)$ 可以写成

$$A^{\mathrm{T}} A V_1 = V_1 \varSigma_1^2 \tag{1.11.4}$$

两边同时左乘 V_1^{T}, 然后再分别左乘、右乘 $\varSigma_1$ 的逆 $\varSigma_1^{-1}$, 上式等价于

$$\varSigma_1^{-1} V_1^{\mathrm{T}} A^{\mathrm{T}} A V_1 \varSigma_1^{-1} = I_{r \times r} \tag{1.11.5}$$

其中, $I_{r\times r}$ 表示 $r \times r$ 阶单位矩阵. 令 $U_1 = AV_1\Sigma_1^{-1}$, 则有

$$U_1^{\mathrm{T}}U_1 = I_{r\times r} \tag{1.11.6}$$

即 U_1 所有 r 列向量构成实空间 $\mathbf{R}^{m\times m}$ 中的一组正交基, 又因为 $U_1 = AV_1\Sigma_1^{-1}$, 即 U_1 各列均属于矩阵 A 的列空间 (即为矩阵 A 列向量的线性组合), 而且 A 的列空间可以用 r 个基向量描述 (A 的秩为 r), 因此, U_1 各列构成矩阵 A 列空间的一组正交基. 更进一步地, 我们可以选择矩阵 A^{T} 零空间的一组正交基 (设为 U_2 的各列向量, 共有 $m - r$ 个), 与矩阵 A 列空间正交基 (U_1 的各列向量) 一起构成描述实空间 $\mathbf{R}^{m\times m}$ 的一组标准正交基, 设为 $U = [U_1, U_2]$ 的各列向量, 其中, 满足 U_1 的各列向量与 U_2 的各列向量正交, 即 $U_1^{\mathrm{T}}U_2 = 0_{r\times(m-r)}$, $0_{r\times(m-r)}$ 表示 $r \times (m-r)$ 阶零矩阵. 考虑到, 由 $V_2^{\mathrm{T}}A^{\mathrm{T}}AV_2 = 0$ 得到 $AV_2 = 0$, 由 $U_1 = AV_1\Sigma_1^{-1}$ 可知 $U_2^{\mathrm{T}}AV_1 = U_2^{\mathrm{T}}U_1\Sigma_1 = 0$, 综上所述,

$$U^{\mathrm{T}}AV = \begin{bmatrix} U_1^{\mathrm{T}}AV_1 & U_1^{\mathrm{T}}AV_2 \\ U_2^{\mathrm{T}}AV_1 & U_2^{\mathrm{T}}AV_2 \end{bmatrix} = \begin{bmatrix} \Sigma_1 & 0 \\ 0 & 0 \end{bmatrix} \tag{1.11.7}$$

即 $A = U\Sigma V^{\mathrm{T}}$, 得证.

步骤 2　按照数学定义, 要求解矩阵 $A^{\mathrm{T}}A$ 的特征值和特征向量, 我们需要写出其特征多项式 $\det(A^{\mathrm{T}}A - \lambda I) = 0$, 再求解上述关于 λ 的 n 次多项式的根, 之后把 λ 代入 $(A^{\mathrm{T}}A)x = \lambda x$, 分别求出每一个特征值对应的特征向量. 然而, 这种直接求解的方法存在一个明显的缺陷, 当矩阵 A 的列数 n 很大时, 关于 λ 的 n 次多项式属于高阶多项式, 计算机很难使用数值方法求出其在零点处的根.

从数值算法的角度, 本书这里选取了 QR 迭代法求取矩阵 $A^{\mathrm{T}}A$ 的特征值和特征向量. 更进一步地, 在开始迭代之前, 采用豪斯霍尔德约化 (Householder simplification) 对 $A^{\mathrm{T}}A$ 进行正交相似变换, 得到 $A^{\mathrm{T}}A$ 的上海森伯型. 对 $A^{\mathrm{T}}A$ 的上海森伯型进行 QR 分解迭代, 只需几步, 就可收敛.

首先, 讨论豪斯霍尔德约化的具体计算过程. 对于待转换的方阵 A, 为了便于说明, 假设 A 的具体元素以及进行简单分块的形式如下所示,

$$A = A^{(1)} = \begin{bmatrix} a_{11} & a_{12} & \cdots & a_{1n} \\ a_{21} & a_{22} & \cdots & a_{2n} \\ \vdots & \vdots & \ddots & \vdots \\ a_{n1} & a_{n2} & \cdots & a_{nn} \end{bmatrix} = \begin{bmatrix} a_{11} & A_{12}^{(1)} \\ \nu_1 & A_{22}^{(1)} \end{bmatrix} \tag{1.11.8}$$

其中, $\nu_1 = [a_{21}, a_{31}, \cdots, a_{n1}]^{\mathrm{T}} (\in \mathbf{R}^{(n-1)\times 1})$, 如果 $\|\nu_1\| = 0$, 则第一步不需要约化. 为了将矩阵 A 一步一列地约化为上海森伯型, 需要选择满足条件 $R_1\nu_1 = -\sigma_1 e_1$

的初等反射矩阵 $R_1 (\in \mathbf{R}^{(n-1) \times (n-1)})$, 其中, $e_1 = [1, 0, \cdots, 0]^{\mathrm{T}} (\in \mathbf{R}^{(n-1) \times 1})$ 是单位向量. 以此为目标的参数选择如下:

$$\sigma_1 = \mathrm{sign}\,(a_{21}) \sqrt{\sum_{i=2}^{n} a_{i1}}$$

$$u_1 = \nu_1 + \sigma_1 e_1$$

$$\beta_1 = \sigma_1 \,(\sigma_1 + a_{21})$$

$$R_1 = I - (\beta_1)^{-1} u_1 u_1^{\mathrm{T}} \tag{1.11.9}$$

其中, $I(\in \mathbf{R}^{(n-1) \times (n-1)})$ 是单位矩阵. 设定

$$U_1 = \begin{bmatrix} 1 & \\ & R_1 \end{bmatrix} \tag{1.11.10}$$

则有

$$A^{(2)} = U_1 A^{(1)} U_1 = \begin{bmatrix} a_{11} & A_{12}^{(1)} R_1 \\ R_1 \nu_1 & R_1 A_{22}^{(1)} \end{bmatrix} = \begin{bmatrix} a_{11} & a_{12}^{(2)} & \cdots & a_{1n}^{(2)} \\ -\sigma_1 & a_{22}^{(2)} & \cdots & a_{2n}^{(2)} \\ \vdots & \vdots & \ddots & \vdots \\ 0 & a_{n2}^{(2)} & \cdots & a_{nn}^{(2)} \end{bmatrix} \tag{1.11.11}$$

第二步约化针对 A_2 从第二行第二列开始的右下角方阵进行即可.

重复上述计算, 假设已经对 A 完成了 $k-1$ 步约化, 此时, $A^{(k)}$ 满足

$$A^{(k)} = U_{k-1} \cdots U_1 A U_1 \cdots U_{k-1} \tag{1.11.12}$$

其中 $A^{(k)}$ 的各个元素如下所示:

$$A^{(k)} = \begin{bmatrix} a_{11} & a_{12}^{(2)} & \cdots & a_{1,k-1}^{(k-1)} & a_{1,k}^{(k)} & \cdots & a_{1,n}^{(k)} \\ -\sigma_1 & a_{22}^{(2)} & \cdots & a_{2,k-1}^{(k-1)} & a_{2,k}^{(k)} & \cdots & a_{2,n}^{(k)} \\ & \ddots & & \vdots & \vdots & & \vdots \\ & & & a_{k-1,k-1}^{(k-1)} & a_{k-1,k}^{(k)} & \cdots & a_{k-1,n}^{(k)} \\ & & & -\sigma_{k-1} & a_{k,k}^{(k)} & \cdots & a_{k,n}^{(k)} \\ & & & & a_{k+1,k}^{(k)} & \cdots & a_{k+1,n}^{(k)} \\ & & & & \vdots & & \vdots \\ & & & & a_{n,k}^{(k)} & \cdots & a_{n,n}^{(k)} \end{bmatrix} \tag{1.11.13}$$

更进一步地, 分块表示为

$$A^{(k)} = \begin{bmatrix} A_{11}^{(k)} & A_{12}^{(k)} \\ 0 \quad \nu_k & A_{22}^{(k)} \end{bmatrix} \tag{1.11.14}$$

其中, $\nu_k = \left[a_{k+1,k}^{(k)}, \cdots, a_{n,k}^{(k)} \right]^{\mathrm{T}} \left(\in \mathbf{R}^{(n-k)\times 1} \right)$, $A_{11}^{(k)}$ 是 k 阶上海森伯型, $A_{22}^{(k)}$ 是 $n - k$ 阶方阵. 如果 $\|\nu_k\| = 0$, 则这一步不需要约化. 如果 $\|\nu_k\| \neq 0$, 则可以选择满足条件 $R_k \nu_k = -\sigma_k e_k$ 的初等反射矩阵 $R_k \left(\in \mathbf{R}^{(n-k)\times(n-k)} \right)$ 对 $A^{(k)}$ 的第 $k+1$ 列进行约化, 其中, $e_k = [1, 0, \cdots, 0]^{\mathrm{T}} \left(\in \mathbf{R}^{(n-k)\times 1} \right)$ 是单位向量. 与第一步约化类似, 初等反射矩阵 R_k 的计算公式如下:

$$\sigma_k = \mathrm{sign}\left(a_{k+1,k}^{(k)} \right) \sqrt{\sum_{i=k+1}^{n} a_{i1}}$$

$$u_k = \nu_k + \sigma_k e_k$$

$$\beta_k = \sigma_k \left(\sigma_k + a_{k+1,k}^{(k)} \right)$$

$$R_k = I - (\beta_k)^{-1} u_k u_k^{\mathrm{T}} \tag{1.11.15}$$

设定

$$U_k = \begin{bmatrix} I_k & \\ & R_k \end{bmatrix} \tag{1.11.16}$$

则有

$$A^{(k+1)} = U_k A^{(k)} U_k = \begin{bmatrix} A_{11}^{(k)} & A_{12}^{(k)} R_k \\ 0 \quad R_k \nu_k & R_k A_{22}^{(k)} R_k \end{bmatrix} = \begin{bmatrix} A_{11}^{(k+1)} & A_{12}^{(k+1)} \\ 0 \quad \nu_{k+1} & A_{22}^{(k+1)} \end{bmatrix}$$

$$\tag{1.11.17}$$

可以看到, 第 k 步约化, 计算出初等反射矩阵 R_k 之后, 需要再计算 $A_{12}^{(k)} R_k$ 和 $R_k A_{22}^{(k)} R_k$.

重复上述过程, 最终有

$$H = A^{(n-1)} = U_{n-2} \cdots U_1 A U_1 \cdots U_{n-2} = U^{\mathrm{T}} A U \tag{1.11.18}$$

其中, $U = U_1 \cdots U_{n-2}$ 是正交矩阵.

1.11.3　算法流程

首先, 对称矩阵的豪斯霍尔德约化流程如算法 1.8.

算法 1.8　对称矩阵的豪斯霍尔德约化

输入: $n \times n$ 阶对称矩阵 A.

输出: $n \times n$ 阶正交矩阵 U_H 和 $n \times n$ 阶对称三对角矩阵 H.

流程:

1. 确定约化次数 $n\_simplification$: $n\_simplification = n - 2$.
2. 约化过程:

　　for $k = 1 : n\_simplification$

　　　　(1) 保存对角元 $H(k, k) = A(k, k)$;

　　　　if $\|\nu_k\| = 0$,

　　　　(2) 当前列不需要约化, 但设置 $A(k, k) = 0$, $H(k + 1, k) = H(k, k + 1) = 0$;

　　else

　　　　(3) 根据 1.9.2 节公式计算初等反射矩阵 R_k 和 U_k;

　　　　(4) $H(k + 1, k) = H(k, k + 1) = -\sigma_k$;

　　　　(5) 计算 $R_k A_{22}^{(k)} R_k$ 的对角线以下的元素, 并存储在矩阵 A 相应的位置;

　　　　end if

　　end for

　　　　(6) 计算 $U_H = \prod_{k=1}^{n\_simplification} U_k$;

3. 获得正交矩阵 U_H 和对称三对角矩阵 H.

其次, QR 分解算法流程参考本书 1.10 节.

最后, 任意实数矩阵的奇异值分解算法流程如下.

算法 1.9　一般矩阵的奇异值分解算法

输入: $m \times n$ 阶矩阵 A.

输出: $m \times r$ 阶正交矩阵 U, $r \times r$ 阶对角阵 Σ 和 $n \times r$ 阶正交矩阵 V.

流程:

1. 计算待分解矩阵 A 与其转置 A^T 的乘积 AT_A$=A^T A$.
2. 调用豪斯霍尔德约化函数对 AT_A 进行预处理, 输出得到的对称的三对角矩阵 H, 并保存输出约化用的正交矩阵 U_H.

3. QR 分解迭代过程:

  $k=0.$

  while (tolerance > EPSILON)

   (1) 调用 QR 分解算法对 H 进行分解,
    $[Q_k, R_k]=$QR_factorization (H);

   (2) 计算 $R_k Q_k$;

   (3) 确定收敛性判据;

   (4) 计算迭代次数 $k = k + 1$;

  end while

   (5) 计算 $Q = \prod\limits_{l=1}^{k} Q_l.$

4. 收敛后, 将 RQ 正的对角元赋值给 Σ 的对角元, 并根据其个数确定矩阵 A 的秩 r.

5. 将 $U_H Q$ 的前 r 列赋值给 V 的列.

6. 根据性质 $U = AV\Sigma^{-1}$ 计算出 U.

7. 得到矩阵 A 的分解形式 $A = U\Sigma V^{\mathrm{T}}$.

1.11.4　算法特点

1. 矩阵的奇异值分解算法利用了① $A^{\mathrm{T}}A$ 是对称矩阵, ② 豪斯霍尔德约化与 QR 分解迭代都是一种正交相似变换, ③ 对称矩阵的 QR 分解迭代基本收敛到对角阵这三种性质, 一次性求解出了 $A^{\mathrm{T}}A$ 所有特征值和特征向量.

2. 矩阵的奇异值分解算法没有完整求解出矩阵 A 的左右奇异向量, 而是 U_1 和 V_1, 这些信息足够描述矩阵 A 特征并重构矩阵 A.

3. 矩阵的奇异值分解算法的计算复杂度为 $O(n^3)$, 主要由豪斯霍尔德约化中的乘法次数决定.

1.11.5　适用范围

矩阵的奇异值分解算法适合任意实矩阵.

例 1.13　对例 1.10 中的矩阵 A 进行奇异值分解.

解　设置如下参数:

```
A = [-4 -3 -7 0; 2 3 2 0];
调用函数SVD_factorization_output = SVD_factorization(&A)
```

其中, &A 代表指向待分解矩阵的指针.

程序运行结果如图 1.14.

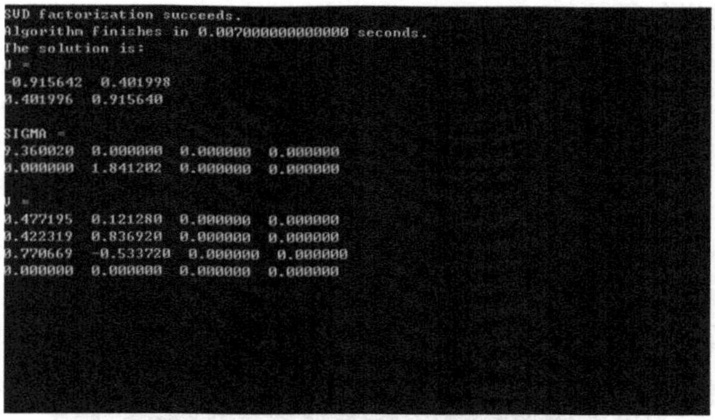

图 1.14   例 1.13 的矩阵奇异值分解结果

例 1.14   对例 1.11 中的矩阵 A 进行奇异值分解.

解   设置如下参数:

A = [2 3 4 5; 4 4 5 6; 8 6 10 9; 7 5 9 10; 0 0 2 8; 0 0 0 1];
调用函数 SVD_factorization_output = SVD_factorization(&A)

其中, &A 代表指向待分解矩阵的指针.

程序运行结果如图 1.15.

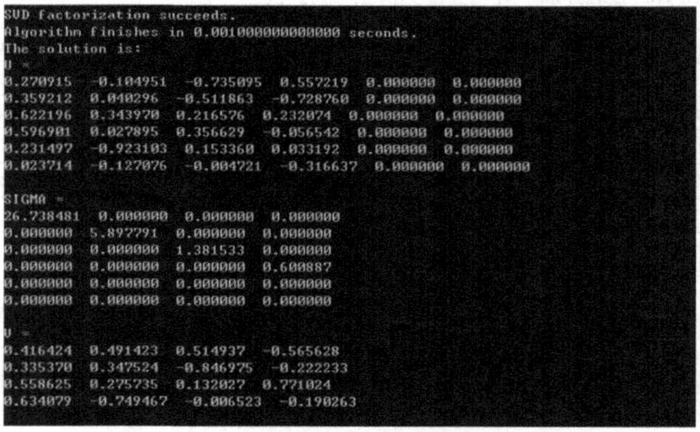

图 1.15   例 1.14 的矩阵奇异值分解结果

例 1.15   对例 1.12 中的矩阵 A 进行奇异值分解.

解   设置如下参数:

A = [2 -1.5 5.75; 3 -1.75 7; 0 -4.6 14.95];
调用函数 SVD_factorization_output = SVD_factorization(&A)

其中, &A 代表指向待分解矩阵的指针.

程序运行结果如图 1.16.

图 1.16　例 1.15 的矩阵奇异值分解结果

1.12　Visual Studio 软件矩阵分解算法调用说明

矩阵分解算法基本调用方法及参数说明见表 1.2.

表 1.2　矩阵分解算法基本调用方法及参数说明

一般方阵的 LU 分解算法	LU_factorization_output = LU_factorization(&A)
一般方阵的列选主元 LU 分解算法	column_PLU_factorization_output=Column_PLU_factoriza tion (&A)
一般方阵的全选主元 LU 分解算法	complete_PLU_factorization_output=Complete_PLU_factor ization (&A)
对称方阵的 LDLT 分解算法	LDLT_factorization_output = LDLT_factorization(&A)
对称方阵的选主元 LDLT 分解算法	PLDLT_factorization_output = PLDLT_factorization(&A)
对称正定方阵的 LLT 分解算法	LLT_factorization_output = LLT_factorization(&A)
一般矩阵的 QR 分解算法	QR_factorization_output = QR_factorization(&A)
一般矩阵的 SVD 分解算法	SVD_factorization_output = SVD_factorization(&A)
输入参数说明	&A: 指向待分解矩阵的指针
输出参数说明	LU_factorization_output: 结构体变量, 包含分解结果的上、下三角矩阵 column_PLU_factorization_output: 结构体变量, 包含分解结果的上下三角矩阵 complete_PLU_factorization_output: 结构体变量, 包含分解结果的上下三角矩阵 LDLT_factorization_output: 结构体变量, 包含分解结果的上三角矩阵和对角阵 PLDLT_factorization_output: 结构体变量, 包含分解结果的上三角矩阵和对角阵 LLT_factorization_output: 结构体变量, 包含分解结果的上三角矩阵 QR_factorization_output: 结构体变量, 包含分解结果的上三角矩阵和正交阵 SVD_factorization_output: 结构体变量, 包含分解结果的两个正交阵和一个对角阵

1.13　小　　结

本章讨论了各种形式实矩阵的数值分解算法, 包括针对一般方阵的 LU 分解算法、列选主元 LU 分解算法、全选主元 LU 分解算法, 针对对称方阵的 LDLT 分解算法、选主元 LDLT 分解算法, 针对对称正定方阵的 LLT 分解算法, 针对一般矩阵的 QR 分解算法和 SVD 分解算法. 本章对每个算法进行了推导, 梳理了流程, 归纳了特点和适用范围; 此外, 还给出了 Visual Studio 软件中相关算法命令的调用方法.

参 考 文 献

戴华, 2016. 矩阵论[M]. 2 版. 北京: 科学出版社.

Al-Khafaji A W, Tooley J R, 1986. Numerical Methods in Engineering Practice[M]. New York: Holt, Rinehart and Winston.

Boyd S P, Vandenberghe L, 2018. Introduction to Applied Linear Algebra: Vectors, Matrices and Least Squares[M]. Cambridge: Cambridge University Press.

Carnahan B, Luther H A, Wilkes J O, 1969. Applied Numerical Methods[M]. New York: Wiley.

Chapra S C, Canale R P, 1994. Introduction to Computing for Engineers[M]. 2nd ed. New York: McGraw-Hill.

Deisenroth M P, Faisal A A, Ong C S, 2020. Mathematics for Machine Learning[M]. Cambridge: Cambridge University Press.

Gene H G, Charles F V, 2018. Matrix Computations[M]. Beijing: POST & TELECOM Press.

Hamming R W, 1973. Numerical Methods for Scientists and Engineers[M]. 2nd ed. New York: McGraw-Hill.

Steven C C, Raymond P C, 2007. Numerical Methods for Engineers[M]. 5th ed. 唐玲艳, 田尊华, 刘齐军, 译. 北京: 清华大学出版社.

Strang G, 2016. Introduction to Linear Algebra[M]. 5th ed. Cambridge: Cambridge University Press.

习　　题

1. 对矩阵 A 进行 LU 分解, A 非奇异, 且存在约等于 0 的顺序主子式.

$$A = \begin{bmatrix} -3 & 2.0999999 & 6 & 2 \\ 10 & -7 & 0 & 1 \\ 5 & -1 & 5 & -1 \\ 2 & 1 & 0 & 2 \end{bmatrix}$$

2. 对习题 1 中的矩阵 A 进行列选主元 LU 分解.

3. 对习题 1 中的矩阵 A 进行全选主元 LU 分解.

4. 对矩阵 A 进行 LDLT 分解, A 是四阶 Hilbert 矩阵.

$$A = \begin{bmatrix} 1 & \dfrac{1}{2} & \dfrac{1}{3} & \dfrac{1}{4} \\[2mm] \dfrac{1}{2} & \dfrac{1}{3} & \dfrac{1}{4} & \dfrac{1}{5} \\[2mm] \dfrac{1}{3} & \dfrac{1}{4} & \dfrac{1}{5} & \dfrac{1}{6} \\[2mm] \dfrac{1}{4} & \dfrac{1}{5} & \dfrac{1}{6} & \dfrac{1}{7} \end{bmatrix}$$

5. 对习题 4 中的矩阵 A 进行选主元 LDLT 分解.

6. 利用习题 4 中的对称矩阵构造对称正定矩阵, 并对其进行 LLT 分解.

7. 对矩阵 A 进行 QR 分解和 SVD 分解.

$$A = \begin{bmatrix} 1 & 3 & 1 & 1 \\ 3 & 3 & 3 & 3 \\ 1 & 2 & 1 & 1 \end{bmatrix}$$

8. 对矩阵 A 进行 QR 分解和 SVD 分解.

$$A = \begin{bmatrix} 1 & 2 & 3 \\ 2 & 3 & 4 \\ 3 & 4 & 5 \\ 4 & 5 & 6 \\ 5 & 6 & 7 \end{bmatrix}$$

9. 对矩阵 A 进行 QR 分解和 SVD 分解.

$$A = \begin{bmatrix} 4 & 2 & 1 & 5 \\ 8 & 7 & 2 & 10 \\ 4 & 8 & 3 & 6 \\ 6 & 8 & 4 & 9 \end{bmatrix}$$

10. 对习题 4 中四阶 Hilbert 矩阵进行 QR 分解.

11. 对习题 4 中四阶 Hilbert 矩阵进行 SVD 分解.

第 2 章 矩阵求逆算法

2.1 引 言

矩阵求逆算法是数值求解可逆矩阵的逆矩阵的算法, 主要有基于矩阵三角分解的可逆矩阵的逆矩阵求解算法和基于矩阵奇异值分解的任意矩阵伪逆矩阵求解算法. 矩阵求逆具有广泛的工程应用需求, 比如, 矩阵密码学涉及了可逆矩阵的求逆算法; 高速列车定位系统则需要使用伪逆矩阵求解算法. 本章主要讨论实数矩阵的求逆算法.

2.2 工 程 实 例

问题 2.1 矩阵密码学 (通信工程领域问题)

在当今 "万物互联" 的信息时代, 伴随着人们对信用卡、网络账号、电子信箱等的依赖性越来越强, 保密通信成为越来越重要的话题, 其中矩阵密码学以其通用性和高安全性成为该领域的重要分支. 本节以希尔密码为例说明矩阵求逆在矩阵密码学中的应用. 借助于线性代数中的矩阵乘法和逆运算进行加密和解密 (虽然这种线性变换的安全性也很脆弱), 希尔密码算法能够有效克服传统密码的一个缺陷——破译者可以利用统计出来的字符出现频率找到规律. 希尔密码的基本原理包括以下几个步骤: 建立代码子表, 对纯文本进行划分, 选取密钥矩阵, 加密和解密.

第一步, 建立代码子表, 对于英语语言而言, 即建立二十六个字母以及标点符号和整数编码之间的对应关系表, 如表 2.1 所示.

表 2.1 代码子表

字符	类别	编码	字符	类别	编码	字符	类别	编码
Space	符号	0	I	字母	9	R	字母	18
A	字母	1	J	字母	10	S	字母	19
B	字母	2	K	字母	11	T	字母	20
C	字母	3	L	字母	12	U	字母	21
D	字母	4	M	字母	13	V	字母	22
E	字母	5	N	字母	14	W	字母	23
F	字母	6	O	字母	15	X	字母	24
G	字母	7	P	字母	16	Y	字母	25
H	字母	8	Q	字母	17	Z	字母	26

对 26 个字母和 1 个符号 "Space"(空格) 进行了建表.

第二步, 对纯文本进行划分, 根据划分方式和代码子表, 将纯文本转化为一个个列向量, 比如, 把纯文本 "OUR SECRET", 划分成 "OU""R""SE""CR""ET"(如果不能整数划分, 可以采用特定字母, 比如 "t", 进行补全), 对应代码子表, 划分后的文本对应的二维列向量如下:

$$TEXT = \begin{bmatrix} 15 \\ 21 \end{bmatrix}, \begin{bmatrix} 18 \\ 0 \end{bmatrix}, \begin{bmatrix} 19 \\ 5 \end{bmatrix}, \begin{bmatrix} 3 \\ 18 \end{bmatrix}, \begin{bmatrix} 5 \\ 20 \end{bmatrix}$$

第三步, 选取一个信息交流双方才知道的密钥矩阵 A, 并且 A 满足两个条件: 第一, A 是可逆的, 否则将无法解码; 第二, 矩阵 A 的行列式 $|A| = +1$ 或 -1, 用来保证 A 的逆矩阵各个元素都是整数. 密钥矩阵的大小根据纯文本的划分方式来确定, 比如, 选取如下对应上述文本 "OUR SECRET" 划分方式的 2×2 密钥矩阵,

$$A = \begin{bmatrix} 3 & 4 \\ 2 & 3 \end{bmatrix}$$

第四步, 对明文进行加密, 以上述文本 "OUR SECRET" 为例, 则一次加密是将密钥矩阵 A 与明文 $TEXT$ 各列相乘, 得到如下加密代码,

$$CODED\ TEXT1 = \begin{bmatrix} 129 \\ 93 \end{bmatrix}, \begin{bmatrix} 54 \\ 36 \end{bmatrix}, \begin{bmatrix} 77 \\ 53 \end{bmatrix}, \begin{bmatrix} 81 \\ 60 \end{bmatrix}, \begin{bmatrix} 95 \\ 70 \end{bmatrix}$$

将 $CODED\ TEXT\ 1$ 各个列向量的元素对 27 求余 (也可以被看作二次加密, 27 的选取是因为代码子表中有 27 个元素), 以获得位于代码子表中数值表示范围内的数字, 即密文对应的代码,

$$CODED\ TEXT\ 2 = \begin{bmatrix} 21 \\ 12 \end{bmatrix}, \begin{bmatrix} 0 \\ 9 \end{bmatrix}, \begin{bmatrix} 23 \\ 26 \end{bmatrix}, \begin{bmatrix} 0 \\ 6 \end{bmatrix}, \begin{bmatrix} 14 \\ 16 \end{bmatrix}$$

对应的密文为 "UL IWZ FNP".

第五步, 将密文解码, 同样地, 以上述文本为例, 求解密钥矩阵 A 的逆矩阵得 (逆矩阵的定义及求逆矩阵的数值算法可参考下文)

$$A^{-1} = \begin{bmatrix} 3 & -4 \\ -2 & 3 \end{bmatrix}$$

将 A^{-1} 各个元素对 27 求余, 得到解码矩阵,

$$A^{-1}_{\mathrm{mod}(27)} = \begin{bmatrix} 3 & 23 \\ 25 & 3 \end{bmatrix}$$

将解码矩阵左乘 $CODED\ TEXT2$ 各个列向量, 并将各个向量中元素对 27 求余, 即可得到明文对应代码列向量 $TEXT$.

由上述对希尔密码原理的简单介绍可以看出, 破解希尔密码至少需要突破三道关口, 第一, 正确猜出代码子表 (即字母符号与数字的对应关系); 第二, 正确猜测明文被转换为几维的列向量; 第三, 也是至关重要的一步, 获取正确的加密矩阵. 实际应用中, 为了增加密文被破解的难度, 人们通常会选取阶数 (上述例子中的加密矩阵是 2×2 的) 很高的加密矩阵, 而且现代的算法中不再要求矩阵 A 的行列式 $|A| = +1$ 或 -1 (这时, 在求得加密矩阵的逆矩阵之后, 需要利用与上述简介中稍微不同的方法确定解码矩阵, 具体细节涉及更深层数学知识, 这里不再展开). 在这种情况下, 借助高效可靠的数值算法求取加密矩阵的逆矩阵, 进而获得正确的解码矩阵, 在矩阵密码学中显得尤为重要.

问题 2.2　高速列车定位系统 (轨道交通领域问题)

随着铁路列车运营速度的不断提高, 对列车定位精度的要求也相应提高, 这是列车运营高效调控以及安全保障的前提. 目前, 我国 CTCS-3(集中式列车调度控制系统三级) 的列控系统采用的是里程计和查询应答器相结合的方式进行列车定位. 简单来说, 铁轨的沿途隔一段距离会安装里程计, 里程计记录着当前安装里程计的位置距离某个固定位置 (如始发站) 的绝对距离公里数. 因此, 只需要求出运行中的列车距某个里程计的相对距离公里数, 再获取了该里程计标记的绝对距离公里数, 两者相加即可得到列车的位置. 为了方便说明, 进一步对问题简化, 假设可以看作 "质点" 的高速列车在如图 2.1 所示的 "轨道" 运行, 该轨道范围内安装了两个里程计, 在这两个里程计之间运行时, 列车会在 $n+1$ 个点处确定并报告自己位置.

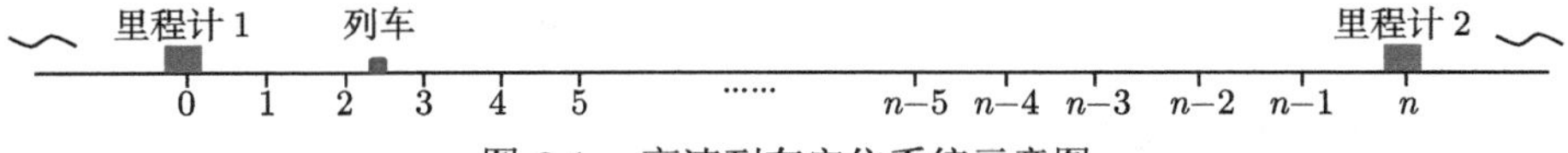

图 2.1　高速列车定位系统示意图

理想情况下, 列车在两个报告点之间做匀速运动. 因此, 列车运行到报告点 1 处时, 它距里程计 1 的相对距离可以方便计算出来: $D_1 = V_1 \Delta t_1$, 其中, V_1 表示列车在报告点 1 处的速度, Δt_1 表示列车从报告点 1 处运行至报告点 2 处需要的时间. 由此可知, 列车运行到报告点 1 处时, 列车离某个固定位置 (如始发站) 的绝对距离是 $L_1 + D_1$, 其中, L_1 表示里程计 1 标记的绝对距离公里数. 类推, 列

车运行到报告点 $i(i=1,2,\cdots,n)$ 处时, 它在报告点 $i-1$ 和 i 之间运行路程为 $D_i = V_i\Delta t_i$, 其中, V_i 表示列车在报告点 i 处的速度, Δt_i 表示列车从报告点 $i-1$ 处运行至报告点 i 处消耗的时间. 综上, 列车运行到报告点 i 处时, 列车离某个固定位置 (如始发站) 的绝对距离是 $L_1 + \sum\limits_{i=1}^{n} D_i$, 即完成了列车在里程计 1 和 2 之间的定位.

在实际情况下, 受天气和地理环境等因素的影响, 列车在两个报告点之间不可能保持匀速直线运动, 因此, 简单地通过上述匀速运动公式求出列车在报告点 $i-1$ 和 i 之间的运行距离会带来较大的定位误差. 从理论的角度, 如果要准确计算出列车在两个报告点之间的运行路程, 需要做积分计算, 即将列车在两个报告点之间的速度随时间变化曲线对时间轴积分. 虽然理论可行, 但是, 这会带来两个难点, 一是时间连续的速度曲线难以低成本获取, 二是速度曲线时间积分数值计算量较大. 工程实际中, 人们通常引入以下假设,

$$D_i = f(V_{i-1}, V_i, \Delta t_i), \quad i = 1, 2, \cdots, n$$

即列车在报告点 $i-1$ 和 i 之间运行路程是列车在报告点 $i-1$ 处的速度 V_{i-1}、列车在报告点 i 处的速度 V_i 和列车从报告点 $i-1$ 处运行至报告点 i 处消耗的时间 Δt_i 三者的函数. 进一步针对函数关系的形式引入假设, 如下所示:

$$D_i = (\alpha_1 V_{i-1} + \alpha_2 V_i)\Delta t_i, \quad i = 1, 2, \cdots, n$$

接下来的工作是确定系数 α_1 和 α_2. 将从 $i=1$ 到 $i=n$ 的 n 个报告点处的上述关系式均列出, 有

$$D_1 = (\alpha_1 V_0 + \alpha_2 V_1)\Delta t_1$$
$$D_2 = (\alpha_1 V_1 + \alpha_2 V_2)\Delta t_2$$
$$\cdots\cdots$$
$$D_n = (\alpha_1 V_{n-1} + \alpha_2 V_n)\Delta t_n$$

写成矩阵的形式为

$$V\alpha = D$$

其中,

$$V = \begin{bmatrix} V_0\Delta t_1 & V_1\Delta t_1 \\ V_1\Delta t_2 & V_2\Delta t_2 \\ \vdots & \vdots \\ V_{n-1}\Delta t_n & V_n\Delta t_n \end{bmatrix}, \quad \alpha = \begin{bmatrix} \alpha_1 \\ \alpha_2 \end{bmatrix}, \quad D = \begin{bmatrix} D_1 \\ D_2 \\ \vdots \\ D_n \end{bmatrix}$$

V_{i-1}, V_i 和 Δt_i 三个变量可以直接测出, 所以, 矩阵 V 可以直接确定, D 需要借助测量和数据处理技术获取.

此外, 可以看出, 线性方程组中方程的个数多于未知变量的数目, 方程大部分情况下是没有解的, 对它的求解涉及最小二乘问题, 即如何确定一组参数,

$$\tilde{\alpha} = \begin{bmatrix} \tilde{\alpha}_1 \\ \tilde{\alpha}_2 \end{bmatrix}$$

使得 $V\tilde{\alpha}$ 在满足误差平方和最小的条件下最接近 D.

根据线性代数理论, 上述最小二乘问题可以和线性空间的向量投影问题等价: 满足最小二乘条件的 $V\tilde{\alpha}$ 实际上是向量 D 在 V 的列向量子空间内的投影, 如果向量 D 在 V 的列向量子空间内 (此时, 方程组有唯一解), 则投影就是 D 自身. 本章以一个二维例子对此做简单说明. 假设求解如下线性方程组,

$$\begin{bmatrix} 1 \\ 3 \end{bmatrix} [x] = \begin{bmatrix} 5 \\ 6 \end{bmatrix}$$

上述方程组是没有解的, 因此, 按最小二乘规则求近似解, 这里在二维坐标系中用示意图对其进行表示, 如图 2.2 所示.

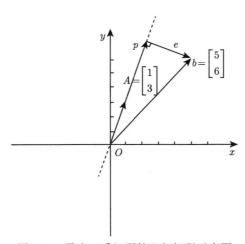

图 2.2　最小二乘问题的几何解释示意图

图 2.2 中的虚直线表示矩阵 $A = [1,3]^{\mathrm{T}}$ 的列向量子空间, 因为 $b = [5,6]^{\mathrm{T}}$ 不在虚直线上, 所以上述方程组无解. 由图 2.2 可以清晰看到, 矩阵 $A = [1,3]^{\mathrm{T}}$ 的列向量子空间内离向量 b 最近的向量是 b 在虚直线上的投影, 即向量 p (此时误差向量 $e = b - p$ 的长度最小, 即误差平方和最小). 因此, 上述求解无解的线性方程组

误差平方和最小条件下最佳近似解的问题, 转化为了求向量 b 在矩阵 $A = [1, 3]^{\mathrm{T}}$ 的列向量子空间内投影的问题, 即求 $p = A\tilde{x}$ 中的 $\tilde{x}$ 问题. 由 A 的列向量可以描述这个子空间 (因为这个子空间只有一个基, 且 A 的列向量不等于零向量), 又误差向量与矩阵 $A = [1, 3]^{\mathrm{T}}$ 的列向量子空间垂直的事实可知

$$A^{\mathrm{T}}(b - A\tilde{x}) = 0$$

由此求出 $\tilde{x} = 2.3$.

当把 A 拓展到 $m \times n (m \geqslant n)$ 阶矩阵时, 同理可得, 误差向量与矩阵 A 的列向量子空间垂直. 这种情况下, 如果 A 的各列向量线性无关, 则它们可以作为一组基对 A 的列向量子空间完整描述, 此时, 让列向量 $b - A\tilde{x}$ 与矩阵 A 各列向量内积等于 0 就可以求出近似解 $\tilde{x}$, 其中, b 是 m 维列向量, $\tilde{x}$ 是 n 维列向量. 对于上述高速列车定位问题, 用矩阵可以表示成如下的形式

$$\tilde{a} = (V^{\mathrm{T}}V)^{-1} V^{\mathrm{T}}D$$

可以证明, 如果 V 的各列向量线性无关 (大部分情形下, 这一条件是满足的), 则 $V^{\mathrm{T}}V$ 是可逆矩阵, 具体证明细节可以参考下文定义 2.4. 一些特殊情形下, V 的各列向量不满足线性无关的条件, 这时, 需要计算对于任意实矩阵定义的一般伪逆矩阵 (参考下文定义 2.4), 从而完成最小二乘问题的求解. 矩阵伪逆矩阵求解在列车高速定位系统中发挥着不可或缺的作用.

2.3 基础定义及定理

对于任意实矩阵 $A \in \mathbf{R}^{m \times n}$, 有如下定义及定理:

定义 2.1 左逆矩阵 如果存在一个矩阵 $B \in \mathbf{R}^{n \times m}$ 满足

$$BA = I \tag{2.3.1}$$

其中, $I \in \mathbf{R}^{n \times n}$ 是一个 n 阶单位矩阵, 则称 B 是 A 的左逆矩阵, A 是左可逆的.

定理 2.1 A 是左可逆矩阵的充分必要条件 A 的各列向量是线性无关的.

证明 先证明必要性, 假设 A 的各列向量是线性相关的, 那么存在非零向量 x 满足 $Ax = 0$, 等式两边同时乘以左逆矩阵 B 可得 $BAx = Ix = x = 0$, 与 x 是非零向量相矛盾. 这就决定了, 若 A 的维数满足 $m < n$, 则 A 必然是不可左逆的 (因为 A 的列向量有 m 个元素, 属于 $\mathbf{R}^m$ 空间, 描述 $\mathbf{R}^m$ 空间的基的数量是 m, 所以 n 个 A 的列向量必然是线性相关的).

再证明充分性, 假设 A 各列向量线性无关, 则存在可逆矩阵 P, 使得 $PA = \begin{pmatrix} A_1 \\ A_2 \end{pmatrix}$, 其中 A_1 可逆, 则可以选取 $B = (A_1^{-1}, 0)P$, 使得 $BA = I$, 即 A 是左可逆的.

定理 2.2　左逆矩阵数量定理　如果 A 是左可逆的, 则它的左逆矩阵要么是唯一确定的, 要么有无数多个.

证明　假设 A 有两个左逆矩阵 X 和 Y, 则 X 和 Y 的线性组合 $\alpha X + \beta Y$ 也是 A 的左逆, 其中, 系数 α 和 β 满足 $\alpha + \beta = 1$.

定义 2.2　右逆矩阵　如果存在一个矩阵 $B(\in \mathbf{R}^{n \times m})$ 满足

$$AB = I \tag{2.3.2}$$

其中, $I(\in \mathbf{R}^{m \times m})$ 是一个 m 阶单位矩阵, 则称 B 是 A 的右逆矩阵, A 是右可逆的.

定理 2.3　A 是右可逆的充分必要条件　A 的各行向量是线性无关的.

证明过程与左逆矩阵相似. 这就决定了, 若 A 的阶数满足 $m > n$, 则 A 必然是不可右逆的 (因为 A 的行向量有 n 个元素, 属于 $\mathbf{R}^n$ 空间, 描述 $\mathbf{R}^n$ 空间的基的数量是 n, 所以 m 个 A 的行向量必然是线性相关的).

定理 2.4　右逆矩阵数量定理　如果 A 是右可逆的, 则它的右逆矩阵要么是唯一确定的, 要么有无数多个.

证明　假设 A 有两个右逆矩阵 X 和 Y, 则 X 和 Y 的线性组合 $\alpha X + \beta Y$ 也是 A 的右逆, 其中, 系数 α 和 β 满足 $\alpha + \beta = 1$.

定义 2.3　逆矩阵　对于 n 阶实矩阵 A, 如果有一个 n 阶矩阵 B, 使得

$$AB = BA = I \tag{2.3.3}$$

则称矩阵 A 是可逆的, 并把 B 称为 A 的逆矩阵, 记作 A^{-1}, 其中, $I(\in \mathbf{R}^{n \times n})$ 是一个 n 阶单位矩阵. 还可以借助矩阵左右逆的概念对逆矩阵进行定义.

定理 2.5　左右可逆与可逆的关系　如果一个 n 阶方阵 A 既是左可逆的又是右可逆的, 那么它的左右逆矩阵是唯一且相等的, 即为它的逆矩阵 B.

证明　假设 n 阶方阵 A 有左逆矩阵 X 和右逆矩阵 Y, 且存在另外一个左逆矩阵 X_1, 那么可得 $X = XI = X(AY) = (XA)Y = Y$ 和 $X_1 = Y$, 即 $X = X_1$, 其中, $I(\in \mathbf{R}^{n \times n})$ 是一个 n 阶单位矩阵. 同理, Y 是唯一的.

定义 2.4　伪逆矩阵　如果矩阵 A 的各列向量线性无关, 则

$$B = \left(A^{\mathrm{T}} A\right)^{-1} A^{\mathrm{T}} \tag{2.3.4}$$

被称作矩阵 A 的伪逆矩阵, 也被称作摩尔–彭罗斯 (Moore-Penrose) 逆矩阵.

首先, 因为矩阵 A 的各列向量线性无关, $A^{\mathrm{T}} A$ 必然是可逆的. 证明如下, 假设 $A^{\mathrm{T}} A$ 是不可逆的, 则存在非零向量 x 使得 $A^{\mathrm{T}} A x = 0$, 两边同时乘以 x^{T} 得 $x^{\mathrm{T}} A^{\mathrm{T}} A x = 0$, 即 $(Ax)^{\mathrm{T}} Ax = 0$, 所以 $Ax = 0$, 即 A 的各列向量线性相关, 这与前提条件相矛盾. 其次, 可以看到 $BA = (A^{\mathrm{T}} A)^{-1} A^{\mathrm{T}} A = I$, 其中, I 为单位矩阵, 所以, 此种情况下, 伪逆矩阵 B 也是矩阵 A 的一个左逆矩阵.

如果矩阵 A 的各行向量线性无关, 则其伪逆矩阵被定义为

$$B = A^{\mathrm{T}} \left(AA^{\mathrm{T}} \right)^{-1} \tag{2.3.5}$$

类似地, 可以证明以下定理.

定理 2.6　AA^{T} 可逆的充分条件　若矩阵 A 的各行向量线性无关, AA^{T} 必然是可逆的. 此种情况下, 伪逆矩阵 B 也是矩阵 A 的一个右逆矩阵.

伪逆矩阵也被称作广义逆矩阵, 通常在矩阵不是方阵情况下使用. 如果 A 是 n 阶方阵, 且满足各列向量或行向量线性无关, 则 A 的伪逆矩阵就是它的逆矩阵自身.

在一些极端情形下, 如果矩阵 A 既不满足各列向量线性无关, 也不满足各行向量线性无关, 则其伪逆矩阵被定义为

$$B = \lim_{\lambda \to 0} \left(A^{\mathrm{T}} A + \lambda I \right)^{-1} A^{\mathrm{T}} \tag{2.3.6}$$

或者, 等价地, 有

$$B = \lim_{\lambda \to 0} A^{\mathrm{T}} \left(AA^{\mathrm{T}} + \lambda I \right)^{-1} \tag{2.3.7}$$

其中, $\lambda > 0$. 需要指出的是, 当矩阵 A 满足各列向量或各行向量线性无关时, 式 (2.3.6) 和式 (2.3.7) 相应地收敛到式 (2.3.4) 和式 (2.3.5).

定义 2.5　奇异矩阵　当 n 阶方阵 A 不可逆时, 称 A 为奇异矩阵, 否则称为非奇异矩阵. 奇异矩阵的行列式 $|A| = 0$.

对于 n 阶实方阵 A, 有如下定理.

定理 2.7　可逆矩阵的等价条件　结合方阵是否可左右逆的判定条件以及奇异矩阵的定义, 以下说法是等价的: ① A 是可逆的; ② A 是右可逆的; ③ A 是左可逆的; ④ A 的各列向量是线性无关的; ⑤ A 的各行向量是线性无关的; ⑥ A 的行列式 $|A| \neq 0$; ⑦ A 是非奇异矩阵.

定理 2.8　逆矩阵的运算规律　逆矩阵满足下述运算规律:

1. 若 A, B 为同阶矩阵且均可逆, 则 AB 也可逆, 且

$$(AB)^{-1} = B^{-1}A^{-1} \tag{2.3.8}$$

2. 若 A 可逆, 则 A^{T} 也可逆, 且

$$(A^{\mathrm{T}})^{-1} = (A^{-1})^{\mathrm{T}} \tag{2.3.9}$$

定理 2.9　逆矩阵的性质　单位下三角矩阵的逆矩阵仍然是单位下三角矩阵; 上三角矩阵的逆矩阵仍然是上三角矩阵.

2.4   基于 LU 分解的一般矩阵求逆算法

2.4.1   算法推导

将矩阵 A 分解为单位下三角矩阵 L 和上三角矩阵 U 的乘积, 即 $A = LU$. 因为三角矩阵的逆矩阵可以直接写出, 所以可以利用 $A^{-1} = (LU)^{-1} = U^{-1}L^{-1}$ 求得 A 的逆矩阵 $A^{-1} = U^{-1}L^{-1}$. 基于 LU 分解的求逆算法包括以下几个步骤.

步骤 1   对 n 阶方阵 A 进行列选主元 LU 分解 (详细过程见 1.4.2 节算法推导部分):

$$A = LU = \begin{bmatrix} 1 & & & \\ l_{21} & 1 & & \\ \vdots & \vdots & \ddots & \\ l_{n1} & l_{n2} & \cdots & 1 \end{bmatrix} \begin{bmatrix} u_{11} & u_{12} & \cdots & u_{1n} \\ & u_{22} & \cdots & u_{2n} \\ & & \ddots & \vdots \\ & & & u_{nn} \end{bmatrix} \tag{2.4.1}$$

步骤 2   根据逆矩阵的定义 (定义 2.3) 求得 L 和 U 的逆矩阵:

$$L^{-1} = \begin{bmatrix} 1 & & & \\ l'_{21} & 1 & & \\ \vdots & \vdots & \ddots & \\ l'_{n1} & l'_{n2} & \cdots & 1 \end{bmatrix}, \quad U^{-1} = \begin{bmatrix} u'_{11} & u'_{12} & \cdots & u'_{1n} \\ & u'_{22} & \cdots & u'_{2n} \\ & & \ddots & \vdots \\ & & & u'_{nn} \end{bmatrix} \tag{2.4.2}$$

L^{-1} 和 U^{-1} 中元素的计算公式为

$$l'_{ij} = -l_{ij} - \sum_{r=j+1}^{i-1} l_{ir}l'_{rj} \quad (j = 1, 2, \cdots, n \,;\, i = j+1, \cdots, n) \tag{2.4.3}$$

$$\begin{cases} u'_{ii} = 1/u_{ii} \quad (i = n, n-1, \cdots, 1) \\ u'_{ij} = -\sum_{r=i+1}^{j} u_{ir}u'_{rj} \Big/ u_{ii} \quad (j = i+1, \cdots, n) \end{cases} \tag{2.4.4}$$

步骤 3   利用矩阵的乘法运算法则计算 $A^{-1} = U^{-1}L^{-1}$.

2.4.2   算法流程

算法 2.1   基于 LU 分解的一般矩阵求逆算法

输入: n 阶方阵 A.
输出: 逆矩阵 A^{-1}.
流程:
1. 对矩阵 A 进行 LU 分解.

2.4 基于 LU 分解的一般矩阵求逆算法

2. 计算单位下三角矩阵的逆矩阵 L^{-1}:

for $j = 1 : n$

$$l'_{ij} = -l_{ij} - \sum_{r=j+1}^{i-1} l_{ir}l'_{rj} \quad (i = j+1, \cdots, n)$$

end for

3. 计算上三角矩阵的逆矩阵 U^{-1}:

for $i = n : -1 : 1$

$$\begin{cases} u'_{ii} = 1/u_{ii} \\ u'_{ij} = -\sum_{r=i+1}^{j} u_{ir}u'_{rj} \bigg/ u_{ii} \quad (j = i+1, \cdots, n) \end{cases}$$

end for

4. 计算 $A^{-1} = U^{-1}L^{-1}$.

2.4.3 算法特点

1. 使用公式 (2.4.3) 计算单位下三角矩阵的逆矩阵时, 从第 1 列开始依次向后计算, 直至第 $n-1$ 列; 使用公式 (2.4.4) 计算上三角矩阵的逆矩阵时, 从第 n 行开始依次向前计算, 直至第 1 行, 计算第 i ($i = n, n-1, \cdots, 1$) 行元素时, 先计算对角元素 u'_{ii}, 然后计算对角元右边的元素.

2. 为了节省存储空间, 可以将分解得到的上三角矩阵 U 和单位下三角矩阵 L 存入 A 中对应位置 (L 的对角元素默认为 1, 无需存储), 三角矩阵的逆矩阵 U^{-1} 和 L^{-1} 也可以按此规则进行压缩存储.

3. 若矩阵分解过程中出现 $u_{kk} = 0$ 的情况, 也说明待求逆矩阵 A 的 k 阶顺序主子式为 0.

2.4.4 适用范围

要求待求逆方阵非奇异, 且所有顺序主子式不等于 0.

例 2.1 求矩阵 A 的逆矩阵, A 的所有顺序主子式均不为 0,

$$A = \begin{bmatrix} 0.3 & 0.52 & 1 \\ 0.5 & 1 & 1.9 \\ 0.1 & 0.3 & 0.5 \end{bmatrix}$$

解 设置如下参数:

```
A = [0.3 0.52 1; 0.5 1 1.9; 0.1 0.3 0.5];
调用函数LU_inverse_output = LU_inverse(&A);
```

其中, &A 代表指向待分解矩阵的指针.

　　程序运行结果如图 2.3 所示.

图 2.3　例 2.1 矩阵求逆结果

2.5　基于列选主元 LU 分解的一般矩阵求逆算法

2.5.1　算法推导

　　将矩阵 A 进行行交换后, 分解为单位下三角矩阵 L 和上三角矩阵 U 的乘积, 即 $PA = LU$, 其中 P 是交换矩阵. 因为三角矩阵的逆矩阵可以直接写出, 所以可以利用 $(PA)^{-1} = A^{-1}P^{-1} = (LU)^{-1} = U^{-1}L^{-1}$ 求得 A 的逆矩阵 $A^{-1} = U^{-1}L^{-1}P$. 基于列选主元 LU 分解的求逆算法包括以下几个步骤.

　　步骤 1　对 n 阶方阵 A 进行列选主元 LU 分解 (详细推导过程见 1.5.2 节公式推导部分)

$$PA = LU = \begin{bmatrix} 1 & & & \\ l_{21} & 1 & & \\ \vdots & \vdots & \ddots & \\ l_{n1} & l_{n2} & \cdots & 1 \end{bmatrix} \begin{bmatrix} u_{11} & u_{12} & \cdots & u_{1n} \\ & u_{22} & \cdots & u_{2n} \\ & & \ddots & \vdots \\ & & & u_{nn} \end{bmatrix} \tag{2.5.1}$$

其中 P 为排列矩阵.

　　步骤 2　根据逆矩阵的定义 (定义 2.3) 求得 L 和 U 的逆矩阵

$$L^{-1} = \begin{bmatrix} 1 & & & \\ l'_{21} & 1 & & \\ \vdots & \vdots & \ddots & \\ l'_{n1} & l'_{n2} & \cdots & 1 \end{bmatrix}, \quad U^{-1} = \begin{bmatrix} u'_{11} & u'_{12} & \cdots & u'_{1n} \\ & u'_{22} & \cdots & u'_{2n} \\ & & \ddots & \vdots \\ & & & u'_{nn} \end{bmatrix} \tag{2.5.2}$$

L^{-1} 和 U^{-1} 中元素的计算公式为

$$l'_{ij} = -l_{ij} - \sum_{r=j+1}^{i-1} l_{ir} l'_{rj} \ (j = 1, 2, \cdots, n \ ; \ i = j+1, \cdots, n) \tag{2.5.3}$$

$$\begin{cases} u'_{ii} = 1/u_{ii} \quad (i = n, n-1, \cdots, 1) \\ u'_{ij} = - \sum_{r=i+1}^{j} u_{ir} u'_{rj} \bigg/ u_{ii} \quad (j = i+1, \cdots, n) \end{cases} \tag{2.5.4}$$

步骤 3 利用矩阵的乘法运算法则计算 $A^{-1} = U^{-1} L^{-1} P$.

2.5.2 算法流程

算法 2.2 基于列选主元 LU 分解的一般矩阵求逆算法

输入: n 阶方阵 A.

输出: 逆矩阵 A^{-1}.

流程:

1. 对矩阵 A 进行列选主元 LU 分解, 并将行交换的顺序记录在向量 p 中.
2. 计算单位下三角矩阵的逆矩阵 L^{-1}:

    for $j = 1 : n$

$$l'_{ij} = -l_{ij} - \sum_{r=j+1}^{i-1} l_{ir} l'_{rj} \quad (i = j+1, \cdots, n)$$

    end for

3. 计算上三角矩阵的逆矩阵 U^{-1}:

    for $i = n : -1 : 1$

$$\begin{cases} u'_{ii} = 1/u_{ii} \\ u'_{ij} = - \sum_{r=i+1}^{j} u_{ir} u'_{rj} \bigg/ u'_{ii} \quad (j = i+1, \cdots, n) \end{cases}$$

    end for

4. 计算 $A^{-1} = U^{-1} L^{-1}$.
5. 交换 A^{-1} 的列:

    for $i = n : -1 : 1$

        if $p(i) \neq i$, then 交换 A^{-1} 的第 $p(i)$ 列和第 i 列.

        end if

    end for

2.5.3 算法特点

1. 使用公式 (2.5.3) 计算单位下三角矩阵的逆矩阵时, 从第 1 列开始依次向后计算, 直至第 $n-1$ 列; 使用公式 (2.5.4) 计算上三角矩阵的逆矩阵时, 从第 n 行开始依次向前计算, 直至第 1 行, 计算第 i $(i=n, n-1, \cdots, 1)$ 行元素时, 先计算对角元素 u'_{ii}, 然后计算对角元右边的元素.

2. 根据线性代数理论, 矩阵 $U^{-1}L^{-1}$ 右乘排列矩阵 P 相当于对 $U^{-1}L^{-1}$ 施行列变换, 所以排列矩阵 P 的内容也无需全部存储 (P 由单位矩阵通过行排列而得), 只需开辟一个 n 维列向量 p 记录列选主元 LU 分解过程中行交换的顺序即可, 第 k $(k = 1, 2, \cdots, n)$ 步分解时, 将主元所在行的行标 i_k $(k \leqslant i_k \leqslant n)$ 记录在 $p(k)$ 中.

3. 为了节省存储空间, 可以将分解得到的上三角矩阵 U 和单位下三角矩阵 L 存入 A 中对应位置 (L 的对角元素默认为 1, 无需存储), 三角矩阵的逆矩阵 U^{-1} 和 L^{-1} 也可以按此规则进行压缩存储.

2.5.4 适用范围

要求待求逆方阵非奇异.

例 2.2 求方阵 A 的逆矩阵, A 的所有顺序主子式均不为 0,

$$A = \begin{bmatrix} 0.3 & 0.52 & 1 \\ 0.5 & 1 & 1.9 \\ 0.1 & 0.3 & 0.5 \end{bmatrix}$$

解　设置如下参数:

A = [0.3 0.52 1; 0.5 1 1.9; 0.1 0.3 0.5];
调用函数 column_PLU_inverse_output = Column_PLU_inverse(&A)

其中, &A 代表指向待分解矩阵的指针.

程序运行结果如图 2.4 所示.

图 2.4　例 2.2 矩阵求逆结果

例 2.3 求矩阵 A 的逆矩阵, A 非奇异, 但存在约等于 0 的顺序主子式,

$$A = \begin{bmatrix} -3 & 2.0999999 & 6 & 2 \\ 10 & -7 & 0 & 1 \\ 5 & -1 & 5 & -1 \\ 2 & 1 & 0 & 2 \end{bmatrix}$$

解 设置如下参数:

```
A = [-3 2.0999999 6 2; 10 -7 0 1; 5 -1 5 -1; 2 1 0 2];
```
调用函数 `column_PLU_inverse_output = Column_PLU_inverse(&A)`

其中, &A 代表指向待分解矩阵的指针.

程序运行结果如图 2.5 所示.

图 2.5 例 2.3 矩阵求逆结果

2.6 基于全选主元 LU 分解的一般矩阵求逆算法

2.6.1 算法推导

将矩阵 A 进行行列交换后, 分解为单位下三角矩阵 L 和上三角矩阵 U 的乘积, 即 $PAQ = LU$. 因为三角矩阵的逆矩阵可以直接写出, 所以可以利用 $(PAQ)^{-1} = Q^{-1}A^{-1}P^{-1} = (LU)^{-1} = U^{-1}L^{-1}$ 求得 A 的逆矩阵 $A^{-1} = QU^{-1}L^{-1}P$. 基于全选主元 LU 分解的求逆算法包括以下几个步骤.

步骤 1 对 n 阶方阵 A 进行全选主元 LU 分解 (详细推导过程见 1.6.2 节公式推导部分):

$$PAQ = LU = \begin{bmatrix} 1 & & & \\ l_{21} & 1 & & \\ \vdots & \vdots & \ddots & \\ l_{n1} & l_{n2} & \cdots & 1 \end{bmatrix} \begin{bmatrix} u_{11} & u_{12} & \cdots & u_{1n} \\ & u_{22} & \cdots & u_{2n} \\ & & \ddots & \vdots \\ & & & u_{nn} \end{bmatrix} \tag{2.6.1}$$

其中 P 为排列矩阵.

步骤 2　根据逆矩阵的定义 (定义 2.3) 求得 L 和 U 的逆矩阵

$$L^{-1} = \begin{bmatrix} 1 & & & \\ l'_{21} & 1 & & \\ \vdots & \vdots & \ddots & \\ l'_{n1} & l'_{n2} & \cdots & 1 \end{bmatrix}, \quad U^{-1} = \begin{bmatrix} u'_{11} & u'_{12} & \cdots & u'_{1n} \\ & u'_{22} & \cdots & u'_{2n} \\ & & \ddots & \vdots \\ & & & u'_{nn} \end{bmatrix} \tag{2.6.2}$$

L^{-1} 和 U^{-1} 中元素的计算公式为

$$l'_{ij} = -l_{ij} - \sum_{r=j+1}^{i-1} l_{ir} l'_{rj} \quad (j = 1, 2, \cdots, n \,;\, i = j+1, \cdots, n) \tag{2.6.3}$$

$$\begin{cases} u'_{ii} = 1/u_{ii} \quad (i = n, n-1, \cdots, 1) \\ u'_{ij} = -\sum_{r=i+1}^{j} u_{ir} u'_{rj} \Big/ u_{ii} \quad (j = i+1, \cdots, n) \end{cases} \tag{2.6.4}$$

步骤 3　利用矩阵的乘法运算法则计算 $A^{-1} = QU^{-1}L^{-1}P$.

2.6.2　算法流程

算法 2.3　基于全选主元 LU 分解的一般矩阵求逆算法

输入: n 阶方阵 A.

输出: 逆矩阵 A^{-1}.

流程:

1. 对矩阵 A 进行全选主元 LU 分解, 并将行交换的顺序记录在向量 p 中, 并将列交换的顺序记录在向量 q 中.

2. 计算单位下三角矩阵的逆矩阵 L^{-1}:

　　for $j = 1 : n$

$$l'_{ij} = -l_{ij} - \sum_{r=j+1}^{i-1} l_{ir} l'_{rj} \quad (i = j+1, \cdots, n)$$

　　end for

3. 计算上三角矩阵的逆矩阵 U^{-1}:

　　for $i = n : -1 : 1$

$$\begin{cases} u'_{ii} = 1/u_{ii} \\ u'_{ij} = -\sum_{r=i+1}^{j} u_{ir} u'_{rj} \Big/ u'_{ii} \quad (j = i+1, \cdots, n) \end{cases}$$

> end for
> 4. 计算 $A^{-1} = U^{-1}L^{-1}$.
> 5. 交换 A^{-1} 的列:
>
> > for $i = n : -1 : 1$
> >
> > > if $p(i) \neq i$, then 交换 A^{-1} 的第 $p(i)$ 列和第 i 列.
> > > end if
> >
> > end for
> > 同理, 交换 A^{-1} 的行.

2.6.3 算法特点

1. 使用公式 (2.6.3) 计算单位下三角矩阵的逆矩阵时, 从第 1 列开始依次向后计算, 直至第 $n-1$ 列; 使用公式 (2.6.4) 计算上三角矩阵的逆矩阵时, 从第 n 行开始依次向前计算, 直至第 1 行, 计算第 i $(i = n, n-1, \cdots, 1)$ 行元素时, 先计算对角元素 u'_{ii}, 然后计算对角元右边的元素.

2. 根据线性代数理论, 矩阵 $U^{-1}L^{-1}$ 右乘排列矩阵 P 相当于对 $U^{-1}L^{-1}$ 施行列变换, 所以排列矩阵 P 的内容也无需全部存储 (P 是由单位矩阵进行行排列而得), 只需开辟一个 n 维列向量 p 记录列选主元 LU 分解过程中行交换的顺序即可, 第 k $(k = 1, 2, \cdots, n)$ 步分解时, 将主元所在行的行标 i_k $(k \leqslant i_k \leqslant n)$ 记录在 $p(k)$ 中. 列交换同理.

3. 为了节省存储空间, 可以将分解得到的上三角矩阵 U 和单位下三角矩阵 L 存入 A 中对应位置 (L 的对角元素默认为 1, 无需存储), 三角矩阵的逆矩阵 U^{-1} 和 L^{-1} 也可以按此规则进行压缩存储.

2.6.4 适用范围

要求待求逆方阵非奇异.

2.7 基于 LDLT 分解的对称矩阵求逆算法

2.7.1 算法推导

对称矩阵可以被三角分解为单位下三角矩阵 L、对角矩阵 D 和单位上三角矩阵 L^{T} 的乘积, 即 $A = LDL^{\mathrm{T}}$. 利用 $A^{-1} = (LDL^{\mathrm{T}})^{-1} = (L^{\mathrm{T}})^{-1}D^{-1}L^{-1} = (L^{-1})^{\mathrm{T}}D^{-1}L^{-1}$ 求得 A 的逆矩阵. 基于 LDLT 分解的对称矩阵求逆算法包括以下几个步骤.

步骤 1 对 n 阶对称矩阵 A 进行 LDLT 分解 (详细推导过程见 1.7.2 节公式推导部分):

$$A = LDL^{\mathrm{T}} = \begin{bmatrix} 1 & & & \\ l_{21} & 1 & & \\ \vdots & \vdots & \ddots & \\ l_{n1} & l_{n2} & \cdots & 1 \end{bmatrix} \begin{bmatrix} d_{11} & & & \\ & d_{22} & & \\ & & \ddots & \\ & & & d_{nn} \end{bmatrix} \begin{bmatrix} 1 & l_{21} & \cdots & l_{n1} \\ & 1 & \cdots & l_{n2} \\ & & \ddots & \vdots \\ & & & 1 \end{bmatrix}$$

(2.7.1)

步骤 2　由公式 (2.5.3) 求得单位下三角矩阵的逆矩阵 L^{-1}, 写出对角矩阵 D 的逆矩阵:

$$D^{-1} = \begin{bmatrix} 1/d_{11} & & & \\ & 1/d_{22} & & \\ & & \ddots & \\ & & & 1/d_{nn} \end{bmatrix}$$

(2.7.2)

步骤 3　利用矩阵的乘法运算法则计算 $A^{-1} = (L^{-1})^{\mathrm{T}} D^{-1} L^{-1}$.

2.7.2　算法流程

算法 2.4　基于 LDLT 分解的对称矩阵求逆算法

输入: n 阶对称方阵 A.

输出: 逆矩阵 A^{-1}.

流程:

1. 对矩阵 A 进行 LDLT 分解.

2. 计算单位下三角矩阵的逆矩阵 L^{-1} 和对角矩阵的逆矩阵 D^{-1}:

　　for $j = 1 : n$

$$l'_{ij} = -l_{ij} - \sum_{r=j+1}^{i-1} l_{ir} l'_{rj} \quad (i = j+1, \cdots, n)$$
$$d'_{jj} = 1/d_{jj}$$

　　end for

3. 计算 $A^{-1} = (L^{-1})^{\mathrm{T}} D^{-1} L^{-1}$.

2.7.3　算法特点

1. 使用公式 (2.5.3) 计算单位下三角矩阵的逆矩阵时, 从第 1 列开始依次向后计算, 直至第 $n-1$ 列.

2. 为了节省存储空间, 可以将分解得到的单位下三角矩阵 L 和对角矩阵 D 存入 A 中对应位置 (L 的对角元素默认为 1, 无需存储), 它们的逆矩阵 L^{-1} 和 D^{-1} 也可以按此规则进行压缩存储.

2.7.4 适用范围

要求待求逆方阵对称且所有顺序主子式均不为 0.

例 2.4 求矩阵 A 的逆矩阵, A 对称非奇异, 且所有顺序主子式都不为 0.

$$A = \begin{bmatrix} 10 & 7 & 8 & 7 \\ 7 & 5 & 6 & 5 \\ 8 & 6 & 10 & 9 \\ 7 & 5 & 9 & 10 \end{bmatrix}$$

解 设置如下参数为

A = [10 7 8 7; 7 5 6 5; 8 6 10 9; 7 5 9 10];
调用函数 LDLT_inverse_output = LDLT_inverse(&A)

其中, &A 代表指向待分解矩阵的指针.

程序运行结果如图 2.6 所示.

图 2.6 例 2.4 矩阵求逆结果

2.8 基于选主元 LDLT 分解的对称矩阵求逆算法

2.8.1 算法推导

将矩阵 A 进行行列交换后, 分解为单位下三角矩阵 L、对角矩阵 D 和单位上三角矩阵 L^{T} 的乘积, 即 $PAP^{\mathrm{T}} = LDL^{\mathrm{T}}$. 利用

$$(PAP^{\mathrm{T}})^{-1} = (P^{\mathrm{T}})^{-1}A^{-1}P^{-1} = (LDL^{\mathrm{T}})^{-1} = (L^{\mathrm{T}})^{-1}D^{-1}L^{-1} = (L^{-1})^{\mathrm{T}}D^{-1}L^{-1}$$

求得 A 的逆矩阵 $A^{-1} = P^{\mathrm{T}}(L^{-1})^{\mathrm{T}}D^{-1}L^{-1}P$. 基于选主元 LDLT 分解的对称矩阵求逆算法包括以下几个步骤.

步骤 1 对 n 阶对称矩阵 A 进行选主元 LDLT 分解 (详细推导过程见 1.6.2 节公式推导部分):

$$PAP^{\mathrm{T}} = LDL^{\mathrm{T}} = \begin{bmatrix} 1 & & & \\ l_{21} & 1 & & \\ \vdots & \vdots & \ddots & \\ l_{n1} & l_{n2} & \cdots & 1 \end{bmatrix} \begin{bmatrix} d_{11} & & & \\ & d_{22} & & \\ & & \ddots & \\ & & & d_{nn} \end{bmatrix} \begin{bmatrix} 1 & l_{21} & \cdots & l_{n1} \\ & 1 & \cdots & l_{n2} \\ & & \ddots & \vdots \\ & & & 1 \end{bmatrix}$$

(2.8.1)

其中 P 为排列矩阵.

步骤 2 由公式 (2.5.3) 和 (1.8.3) 计算单位下三角矩阵 L 的逆矩阵 L^{-1}, 对角矩阵 D 的逆矩阵 D^{-1}.

步骤 3 利用矩阵的乘法运算法则计算 $A^{-1} = P^{\mathrm{T}}(L^{-1})^{\mathrm{T}}D^{-1}L^{-1}P$.

2.8.2 算法流程

算法 2.5 基于选主元 LDLT 分解的对称矩阵求逆算法

输入: n 阶对称方阵 A.

输出: 逆矩阵 A^{-1}.

流程:

1. 对矩阵 A 进行选主元 LDLT 分解, 并将行交换的顺序记录在向量 p 中.
2. 计算单位下三角矩阵的逆矩阵 L^{-1} 和对角矩阵的逆矩阵 D^{-1}:

    for $j = 1 : n$

    $$l'_{ij} = -l_{ij} - \sum_{r=j+1}^{i-1} l_{ir}l'_{rj} \quad (i = j+1, \cdots, n)$$
    $$d'_{jj} = 1/d_{jj}$$

    end for
3. 计算 $A^{-1} = (L^{-1})^{\mathrm{T}}D^{-1}L^{-1}$.
4. 交换 A^{-1} 的行和列:

    for $i = n : -1 : 1$

    if $p(i) \neq i$, then 交换 A^{-1} 的第 $p(i)$ 行和第 i 行、第 $p(i)$ 列和第 i 列.

```
            end if
        end for
```

2.8.3 算法特点

1. 基于选主元 LDLT 分解的矩阵求逆算法是基于 LDLT 分解算法的改进, 适用范围更广. 但是针对对称正定矩阵, 可以直接使用基于 LDLT 分解的矩阵求逆算法.

2. 使用公式 (2.5.3) 计算单位下三角矩阵的逆矩阵时, 从第 1 列开始依次向后计算, 直至第 $n-1$ 列.

3. 根据线性代数理论, 矩阵 $(L^{-1})^{\mathrm{T}}D^{-1}L^{-1}$ 左乘排列矩阵 P^{T} 相当于施行行变换, 右乘排列矩阵 P 相当于对 $U^{-1}L^{-1}$ 施行列变换, 所以排列矩阵 P 的内容也无需全部存储 (P 是由单位矩阵进行行排列而得) 只需开辟一个 n 维列向量 p 记录选主元 LU 分解过程中行交换的顺序即可, 第 k $(k=1,2,\cdots,n)$ 步分解时, 将主元所在行的行标 i_k $(k \leqslant i_k \leqslant n)$ 记录在 $p(k)$ 中 (因为在选主元 LDLT 分解算法中, 主元在对角位置上, 行标和列标相同).

4. 为了节省存储空间, 可以将分解得到的单位下三角矩阵 L 和对角矩阵 D 存入 A 中对应位置 (L 的对角元素默认为 1, 无需存储), 它们的逆矩阵 L^{-1} 和 D^{-1} 也可以按此规则进行压缩存储.

2.8.4 适用范围

要求待求逆方阵对称且非奇异.

例 2.5 求矩阵 A 的逆矩阵, A 对称非奇异, 且有顺序主子式等于 0.

$$A = \begin{bmatrix} 1 & 2 & 6 \\ 2 & 4 & -15 \\ 6 & -15 & 46 \end{bmatrix}$$

解 设置如下参数:

```
A = [1 2 6; 2 4 -15; 6 -15 46];
调用函数column_PLU_inverse_output = Column_PLU_inverse(&A)
PLDLT_inverse_output = PLDLT_inverse(&A)
```

其中, &A 代表指向待分解矩阵的指针.

程序运行结果如图 2.7 所示.

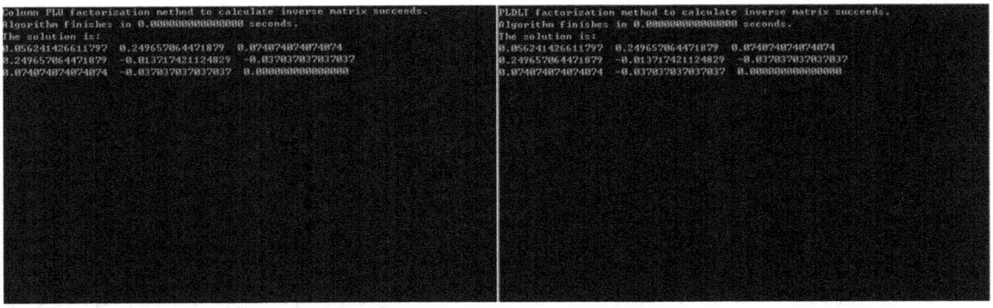

(a) 调用全选主元LU分解算法矩阵求逆结果　　　(b) 调用选主元LDLT分解算法矩阵求逆结果

图 2.7

2.9　基于 SVD 的求任意实矩阵伪逆矩阵算法

2.9.1　算法推导

对于任意实矩阵 A, 如果存在左逆矩阵, 右逆矩阵和伪逆矩阵, 则可以根据矩阵的奇异值分解进行求解. 假设矩阵 A 的奇异值分解形式如下 (参考 1.11.1 节):

$$A = U\Sigma V^{\mathrm{T}} \tag{2.9.1}$$

其中, $U(\in \mathbf{R}^{m\times m})$ 和 $V(\in \mathbf{R}^{n\times n})$ 是正交矩阵, $\Sigma(\in \mathbf{R}^{m\times n})$ 是对角阵, 具有如下形式:

$$\Sigma = \mathrm{diag}(\sigma_1, \sigma_2, \cdots, \sigma_r, 0, \cdots, 0), \quad \sigma_1 > \sigma_2 > \cdots > \sigma_r \tag{2.9.2}$$

其中 $\sigma_1, \cdots, \sigma_n$ 是矩阵 A 的 $r(r$ 是矩阵的秩) 个奇异值, 则可定义下述矩阵,

$$B = V\Sigma^{-1}U^{\mathrm{T}} \tag{2.9.3}$$

其中, $\Sigma^{-1}(\in \mathbf{R}^{n\times m})$ 的定义形式如下:

$$\Sigma^{-1} = \mathrm{diag}(1/\sigma_1, 1/\sigma_2, \cdots, 1/\sigma_r, 0, \cdots, 0). \tag{2.9.4}$$

现证明, 如果矩阵 A 的各列向量线性无关 (列满秩, $r = n$), 式 (2.9.3) 就是式 (2.3.4). 因为 A 的各列向量线性无关, 所以, $A^{\mathrm{T}}A$ 是可逆的, 其逆矩阵记作 $(A^{\mathrm{T}}A)^{-1}$, 根据式 (2.9.1), 则有

$$A^{\mathrm{T}}A = V\Sigma^{\mathrm{T}}\Sigma V^{\mathrm{T}}$$

$$(A^{\mathrm{T}}A)^{-1} = V(\Sigma^{\mathrm{T}}\Sigma)^{-1}V^{\mathrm{T}} \tag{2.9.5}$$

其中,

$$\Sigma^{\mathrm{T}}\Sigma = \mathrm{diag}(\sigma_1^2, \sigma_2^2, \cdots, \sigma_n^2)$$
$$(\Sigma^{\mathrm{T}}\Sigma)^{-1} = \mathrm{diag}(1/\sigma_1^2, 1/\sigma_2^2, \cdots, 1/\sigma_n^2) \tag{2.9.6}$$

所以, 有

$$(A^{\mathrm{T}}A)^{-1}A^{\mathrm{T}} = V(\Sigma^{\mathrm{T}}\Sigma)^{-1}\Sigma^{\mathrm{T}}U^{\mathrm{T}} \tag{2.9.7}$$

其中,

$$(\Sigma^{\mathrm{T}}\Sigma)^{-1}\Sigma^{\mathrm{T}} = \begin{bmatrix} 1/\sigma_1^2 & & & \\ & 1/\sigma_2^2 & & \\ & & \ddots & \\ & & & 1/\sigma_n^2 \end{bmatrix}_{n\times n} \begin{bmatrix} \sigma_1 & & & \\ & \sigma_2 & & \\ & & \ddots & \\ & & & \sigma_n & \cdots \end{bmatrix}_{n\times m}$$

$$= \begin{bmatrix} 1/\sigma_1 & & & \\ & 1/\sigma_2 & & \\ & & \ddots & \\ & & & 1/\sigma_n & \cdots \end{bmatrix}_{n\times m} = \Sigma^{-1} \tag{2.9.8}$$

即

$$(A^{\mathrm{T}}A)^{-1}A^{\mathrm{T}} = V\Sigma^{-1}U^{\mathrm{T}} = B \tag{2.9.9}$$

式 (2.9.3) 就是式 (2.3.4), 得证.

另外, 我们可以发现, 此时,

$$(A^{\mathrm{T}}A)^{-1}A^{\mathrm{T}}A = I_{n\times n} \tag{2.9.10}$$

即 $(A^{\mathrm{T}}A)^{-1}A^{\mathrm{T}}$ 是矩阵 A 的一个左逆矩阵. 无法证明 $(A^{\mathrm{T}}A)^{-1}A^{\mathrm{T}}$ 是右逆矩阵, 因为 A 不是方阵, 不存在逆矩阵, 也就是说, $(A^{\mathrm{T}}A)^{-1} \neq A^{-1}\left(A^{\mathrm{T}}\right)^{-1}$.

类似地, 可以证明, 如果矩阵 A 的各行向量线性无关 (行满秩, $r = m$), 式 (2.9.3) 就是式 (2.3.5), 且 $A^{\mathrm{T}}\left(AA^{\mathrm{T}}\right)^{-1}$ 是矩阵 A 的一个右逆矩阵.

如果矩阵 A 既不满足各列向量线性无关, 也不满足各行向量线性无关, 即秩亏损 ($r < m$ 且 $r < n$), 则 $A^{\mathrm{T}}A$ 和 AA^{T} 均是不可逆的, 此种情况下, 参考式 (2.9.6) 可以写出 $(A^{\mathrm{T}}A)^{-1}$ 和 $(AA^{\mathrm{T}})^{-1}$ 的表达式, 由此代入得到的式 (2.3.4) 和式 (2.3.5) 最终均等于式 (2.9.3), 此时的矩阵 B 满足

$$BA = \begin{bmatrix} I_{r \times r} & 0_{r \times (n-r)} \\ 0_{(n-r) \times r} & 0_{(n-r) \times (n-r)} \end{bmatrix}_{n \times n}, \quad AB = \begin{bmatrix} I_{r \times r} & 0_{r \times (m-r)} \\ 0_{(m-r) \times r} & 0_{(m-r) \times (m-r)} \end{bmatrix}_{m \times m}$$

$$(2.9.11)$$

其中, $I_{r \times r}$ 是 $r \times r$ 的单位矩阵, 其他都是零矩阵. 因此, 由式 (2.9.3) 定义的矩阵可以被称为矩阵 A 的广义逆矩阵.

由上述可知, 我们可以借助矩阵的奇异值分解确定任意实矩阵的左逆矩阵、右逆矩阵以及伪逆矩阵. 关于任意实矩阵的奇异值分解算法的推导可以参见 1.11.2 节.

2.9.2　算法流程

算法 2.6　基于奇异值分解的求任意实矩阵伪逆矩阵求解算法

输入: 任意实矩阵 $A(\in \mathbf{R}^{m \times n})$.

输出: 伪逆矩阵 $B(\in \mathbf{R}^{n \times m})$.

流程:

1. 将 A 进行奇异值分解, $A = U\Sigma V^{\mathrm{T}}$.
2. 根据 Σ 大于 0 的对角元个数确定矩阵 A 的秩 r.
3. 根据式 (2.9.4) 确定 Σ^{-1}.
4. 计算伪逆矩阵 $B = V\Sigma^{-1}U^{\mathrm{T}}$.
5. if $r = n$, then B 也是矩阵 A 的左逆矩阵.
   end if
   if $r = m$, then B 也是矩阵 A 的右逆矩阵.
   end if
   if $r = m = n$, then B 是矩阵 A 的逆矩阵.
   end if
   if $r < m$ 且 $r < n$, then B 是矩阵 A 的按式 (2.9.4) 定义的逆矩阵.
   end if

2.9.3　算法特点

基于矩阵 SVD 的求逆算法具有自适应性, 如果任意实矩阵是右可逆的, 则求出的是右逆矩阵; 如果任意实矩阵是左可逆的, 则求出的是左逆矩阵; 如果任意实矩阵是可逆的, 则求出的是逆矩阵.

2.9.4　适用范围

适用于任意实矩阵.

例 2.6　求例 2.3 中的矩阵的逆矩阵, 使用基于奇异值分解的算法.

解　设置如下参数:

```
A = [-3 2.0999999 6 2; 10 -7 0 1; 5 -1 5 -1; 2 1 0 2];
调用函数 SVD_inverse_output = SVD_inverse(&A)
```

其中, &A 代表指向待分解矩阵的指针.

程序运行结果如图 2.8 所示.

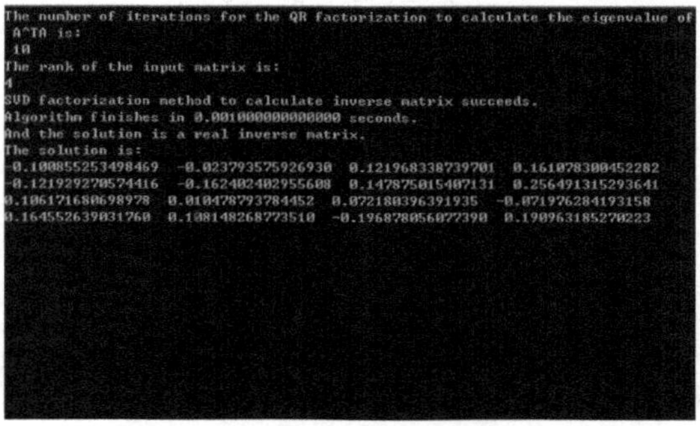

图 2.8　例 2.6 矩阵求逆结果

与图 2.5 对比, 可以看到, 基于列选主元 LU 分解的求逆算法结果与基于奇异值分解的求逆算法结果差别不大.

例 2.7 求矩阵 A 的伪逆矩阵, A 是行数小于列数的长方形矩阵,

$$A = \begin{bmatrix} -4 & -3 & -7 & 0 \\ 2 & 3 & 2 & 0 \end{bmatrix}$$

解 设置如下参数:

```
A = [-4 -3 -7 0; 2 3 2 0];
调用函数 SVD_inverse_output = SVD_inverse(&A)
```

其中, &A 代表指向待分解矩阵的指针.

程序运行结果如图 2.9 所示.

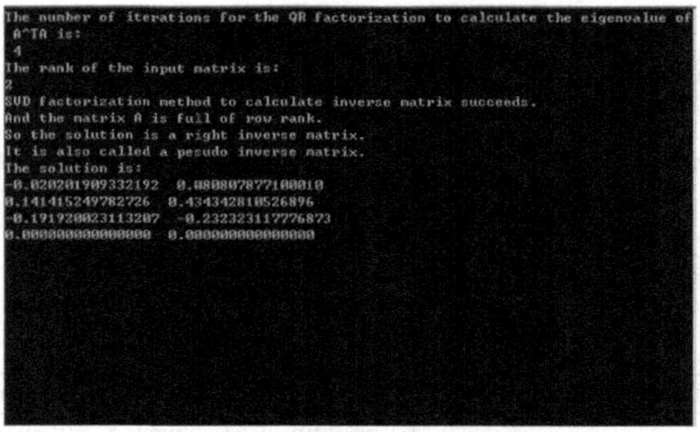

图 2.9　例 2.7 矩阵求逆结果

这里, 求出的是长方形矩阵的右逆矩阵.

例 2.8　求矩阵 A 的伪逆矩阵, A 是行数大于列数的长方形矩阵.

$$A = \begin{bmatrix} 2 & 3 & 4 & 5 \\ 4 & 4 & 5 & 6 \\ 8 & 6 & 10 & 9 \\ 7 & 5 & 9 & 10 \\ 0 & 0 & 2 & 8 \\ 0 & 0 & 0 & 1 \end{bmatrix}$$

解　设置如下参数:

A = [2 3 4 5; 4 4 5 6;8 6 10 9;7 5 9 10;0 0 2 8;0 0 0 1];
调用函数 SVD_inverse_output = SVD_inverse(&A)

其中, &A 代表指向待分解矩阵的指针.

程序运行结果如图 2.10 所示.

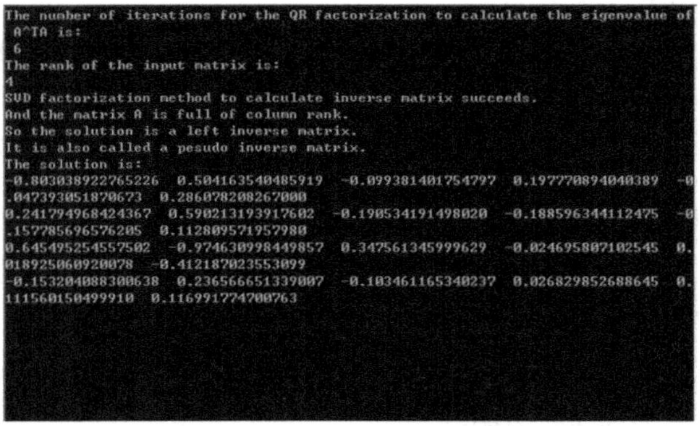

图 2.10　例 2.8 矩阵求逆结果

这里, 求出的是长方形矩阵的左逆矩阵.

2.10　Visual Studio 软件矩阵求逆算法调用说明

矩阵求逆算法基本调用方法及参数说明见表 2.2.

表 2.2　矩阵求逆算法基本调用方法及参数说明

基于 LU 分解的一般矩阵求逆算法	LU_ inverse _output = LU_inverse(&A)
基于列选主元LU 分解的一般矩阵求逆算法	column_PLU_inverse_output=Column_PLU_ inverse(&A)

续表

基于全选主元 LU 分解的一般矩阵求逆算法	complete_PLU_inverse_output=Complete_PLU_inverse(&A)
基于对称方阵 LDLT 分解的求逆算法	LDLT_inverse_output = LDLT_inverse(&A)
基于对称方阵选主元 LDLT 分解的求逆算法	PLDLT_inverse_output = PLDLT_inverse(&A)
基于 SVD 分解的一般矩阵求逆算法	SVD_inverse_output = SVD_inverse(&A)
输入参数说明	&A: 指向待分解矩阵的指针
输出参数说明	LU_inverse_output: 结构体变量, 包含求逆结果 column_PLU_inverse_output: 结构体变量, 包含求逆结果 complete_PLU_inverse_output: 结构体变量, 包含求逆结果 LDLT_inverse_output: 结构体变量, 包含求逆结果 PLDLT_inverse_output: 结构体变量, 包含求逆结果 SVD_inverse_output: 结构体变量, 包含求逆结果

2.11 小 结

本章讨论了各种形式实矩阵的数值求逆算法, 包括基于 LU 分解的一般矩阵求逆算法、基于列选主元 LU 分解的一般矩阵求逆算法、基于全选主元 LU 分解的一般矩阵求逆算法、基于 LDLT 分解的对称矩阵求逆算法、基于选主元 LDLT 分解的对称矩阵求逆算法以及基于 SVD 分解的一般矩阵求逆算法. 本章对每个算法进行了推导, 梳理了流程, 归纳了特点和适用范围; 此外, 还给出了 Visual Studio 软件中相关算法命令的调用方法.

参 考 文 献

王丽娟, 2015. 高速列车位置计算模型与算法 [D]. 北京: 北京交通大学.

Al-Khafaji A W, Tooley J R, 1986. Numerical Methods in Engineering Practice[M]. New York: Holt, Rinehart and Winston.

Boyd S P, Vandenberghe L, 2018. Introduction to Applied Linear Algebra: Vectors, Matrices and Least Squares[M]. Cambridge: Cambridge University Press.

Carnahan B, Luther H A, Wilkes J O, 1969. Applied Numerical Methods[M]. New York: Wiley.

Chapra S C, Canale R P, 1994. Introduction to Computing for Engineers[M]. 2nd ed. New York: McGraw-Hill.

Douglus R S, 2009. Cryptography Theory and Practice[M]. 3rd ed. 冯登国译. 北京: 电子工业出版社.

Gene H G, Charles F V, 2018. Matrix Computations[M]. Beijing: Post & Telecom Press.

Hamming R W, 1973. Numerical Methods for Scientists and Engineers[M]. 2nd ed. New York: McGraw-Hill.

Strang G, 2016. Introduction to Linear Algebra[M]. 5th ed. Cambridge: Cambridge Press.

习　　题

1. 将明文 "SEND ME A BILLION MONEY" 加密发送, 并在接收端将密文转为明文, 其中, 加密矩阵为

$$A = \begin{bmatrix} 1 & 2 & 2 \\ 1 & 2 & 1 \\ 1 & 1 & 2 \end{bmatrix}$$

代码子表参照 2.2 节.

2. 求下述方阵的逆矩阵, 并比较不同算法特点.

$$\begin{bmatrix} 1 & 2 & 3 \\ 2 & 3 & 4 \\ 3 & 4 & 5 \end{bmatrix}$$

3. 求下述方阵的逆矩阵, 并比较不同算法特点.

$$\begin{bmatrix} 1 & 1/2 & 1/3 & 1/4 \\ 1/2 & 1/3 & 1/4 & 1/5 \\ 1/3 & 1/4 & 1/5 & 1/6 \\ 1/4 & 1/5 & 1/6 & 1/7 \end{bmatrix}$$

4. 求下述方阵的逆矩阵, 并比较不同算法特点.

$$\begin{bmatrix} 1 & 2 & 3 & 4 \\ 3 & 5 & 7 & 9 \\ 8 & 12 & 16 & 17 \\ 2 & 6 & 3 & 6 \end{bmatrix}$$

5. 求下述方阵的逆矩阵, 并比较不同算法特点.

$$\begin{bmatrix} 1 & 1/2 & 1/3 & 1/4 \\ 1/2 & 2 & 1/4 & 1/5 \\ 1/3 & 1/4 & 3 & 1/6 \\ 1/4 & 1/5 & 1/6 & 4 \end{bmatrix}$$

6. 求下列矩阵的伪逆矩阵.

$$\begin{bmatrix} 1.5 & 2.2 & 3.1 \\ 1 & 1.4 & 2.3 \\ 3 & 3.8 & 7.1 \\ 2.4 & 4.2 & 5.5 \\ 3.5 & 5.3 & 3.2 \\ 2.1 & 6.2 & 0.8 \end{bmatrix}$$

第 3 章 线性方程组的直接求解算法

3.1 引 言

解线性方程组的直接法是经过有限步算术运算, 求得线性方程组精确解的算法, 可以分为代数法和矩阵三角分解法两大类. 对于系数矩阵相同, 而右侧向量不同的多个线性方程组的求解, 基于矩阵三角分解的算法比代数法效率高. 线性方程组广泛存在于工程领域, 比如, 化学/生物工程中的反应系统的稳态分析, 土木/环境工程中分析静止固定的支架受力情况, 电气工程中计算电阻电路中的电流电压, 机械/航空航天工程中的弹簧–质量块系统的稳态分析, 等等, 其中涉及的问题规模通常较大, 手工无法求解, 需要借助于数值算法, 在计算机上求解.

3.2 工 程 实 例

问题 3.1 支架受力分析 (土木/环境工程领域问题)

在结构工程领域中, 对静止固定的支架所受作用力和反作用力进行分析, 从而确定支架内部应力, 设计出强度合理 (结构、材料等方面) 的支架, 对于在保障工程安全前提下控制工程成本具有重要意义. 图 3.1 给出了这样一个支架的例子.

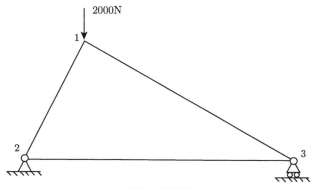

图 3.1 结构工程领域支架示例

假设在节点 1 处施加 2000N 的外力, 则问题是如何计算每个支架上承受的力 (支架 1-2、2-3 和 1-3 所受的拉力或者压力). 引入的假设, 一是, 支架 1-2、2-3 和 1-3 是刚性的, 只能承受平行于杆的作用力; 二是, 支架 1-2、2-3 之间夹角为 60°, 支架 1-2、1-3 之间夹角为 90°, 支架 1-3、2-3 之间夹角为 30°; 三是, 垂直向上的 和从左向右的力符号为正, 反之, 为负. 需要注意的是, 对于节点而言, 外部作用力 是支撑表面与支架之间的相互作用力, 节点 2 处的铰链能够承受水平的和垂直的 力, 而节点 3 处的转轴只能承受垂直力. 从数学的角度, 这种类型的结构能够描述 为方程之间相互耦合的线性方程组. 具体建模过程如下, 利用节点所受合力等于 0 的原则, 在水平和垂直方向上进行分析, 对于节点 1 有

$$\cos 30° F_{12} + \cos 60° F_{13} - 2000 = 0$$
$$\sin 30° F_{12} - \sin 60° F_{13} = 0$$

假设支架 1-2 所受的挤压力为正, 如果求解出来的结果为负数, 则说明支架 1-2 受 的是拉力, 以下同理. 对于节点 2 有

$$-\cos 30° F_{12} + F_v = 0$$
$$-\sin 30° F_{12} + F_h - F_{23} = 0$$

其中, F_v 是铰链对节点 2 垂直方向的作用力, F_h 是铰链对节点 2 水平方向的作 用力. 对于节点 3 有

$$-\sin 30° F_{13} + F'_v = 0$$
$$\cos 30° F_{13} + F_{23} = 0$$

将上述等式联立起来有

$$\cos 30° F_{12} + \cos 60° F_{13} = 2000$$
$$\sin 30° F_{12} - \sin 60° F_{13} = 0$$
$$-\cos 30° F_{12} + F_v = 0$$
$$-\sin 30° F_{12} + F_h - F_{23} = 0$$
$$-\sin 30° F_{13} + F'_v = 0$$
$$\cos 30° F_{13} + F_{23} = 0$$

写成矩阵的形式有

$$\begin{bmatrix} \cos 30° & \cos 60° & 0 & 0 & 0 & 0 \\ \sin 30° & -\sin 60° & 0 & 0 & 0 & 0 \\ -\cos 30° & 0 & 0 & 1 & 0 & 0 \\ -\sin 30° & 0 & -1 & 0 & 1 & 0 \\ 0 & -\sin 30° & 0 & 0 & 0 & 1 \\ 0 & \cos 30° & 1 & 0 & 0 & 0 \end{bmatrix} \begin{bmatrix} F_{12} \\ F_{13} \\ F_{23} \\ F_v \\ F_h \\ F'_v \end{bmatrix} = \begin{bmatrix} 2000 \\ 0 \\ 0 \\ 0 \\ 0 \\ 0 \end{bmatrix}$$

可以看到, 整个线性代数方程组中共有 6 个未知数和 6 个等式关系. 但是, 实际工程中的结构可能包含成百上千的支架、节点和不同的固定方式, 由此构造出的线性代数方程组包含成百上千的未知数和等式关系. 此种情况下, 必须借助于计算机和数值算法进行求解.

问题 3.2　电阻电路网络分析 (电气工程领域问题)

对于问题 1.1 中的电阻电路网络, 第 1 章已经建立如下数学模型:

$$
\begin{bmatrix}
1 & 1 & -1 & 0 & 0 & 0 \\
0 & 0 & 1 & -1 & 0 & 0 \\
0 & 0 & 0 & 1 & -1 & 0 \\
0 & -1 & 0 & 0 & 1 & 1 \\
R_{12} & -R_{25} & 0 & 0 & 0 & -R_{56} \\
0 & R_{25} & R_{23} & R_{34} & R_{45} & 0
\end{bmatrix}
\begin{bmatrix}
I_{12} \\ I_{25} \\ I_{23} \\ I_{34} \\ I_{45} \\ I_{56}
\end{bmatrix}
=
\begin{bmatrix}
0 \\ 0 \\ 0 \\ 0 \\ V \\ 0
\end{bmatrix}
$$

简写为

$$RI = V$$

实际工程应用中, 图 1.1 所示的电阻电路网络仅仅是大型电网中的一部分, 这意味着, 端点 1 和 6 之间的电压是随时变化的, 对应的数学模型是一系列的线性方程组:

$$RI_1 = V_1, \quad RI_2 = V_2, \quad RI_3 = V_3, \quad \cdots$$

此种情况下, 使用消元法求解每个支路上的电流, 将不会利用已经计算得到的数据, 造成资源的浪费, 而如果已经完成了对系数矩阵的一次三角分解:

$$R = LU$$

针对上述一系列的线性方程组, 每次只需进行回代即可. 在类似这种工程问题中, 基于系数矩阵的三角分解求解线性方程组的算法具有明显的优势.

3.3　基　础　定　义

有线性代数方程组相关定义如下.

定义 3.1　**方程**　含有未知数的等式称为方程.

定义 3.2　**线性方程**　未知数都是一次的方程称为线性方程.

定义 3.3　**线性方程组**　线性方程组的通用表达形式为

$$\begin{cases} a_{11}x_1 + a_{12}x_2 + \cdots + a_{1n}x_n = b_1 \\ a_{21}x_1 + a_{22}x_2 + \cdots + a_{2n}x_n = b_2 \\ \qquad\qquad \cdots\cdots \\ a_{n1}x_1 + a_{n2}x_2 + \cdots + a_{nn}x_n = b_n \end{cases} \tag{3.3.1}$$

或写成矩阵形式:

$$\begin{bmatrix} a_{11} & a_{12} & \cdots & a_{1n} \\ a_{21} & a_{22} & \cdots & a_{2n} \\ \vdots & \vdots & \ddots & \vdots \\ a_{n1} & a_{n2} & \cdots & a_{nn} \end{bmatrix} \begin{bmatrix} x_1 \\ x_2 \\ \vdots \\ x_n \end{bmatrix} = \begin{bmatrix} b_1 \\ b_2 \\ \vdots \\ b_n \end{bmatrix} \tag{3.3.2}$$

简记为 $Ax = b$, 其中 A 为系数矩阵, $a_{ij}(i, j = 1, 2, \cdots, n)$ 为常数系数, x 为解向量, b 为右端常数构成的列向量. 当系数矩阵的行列式不等于 0 时, 即 $|A| \neq 0$, 可以依据克拉默法则求解上述线性方程组, 这也被称为求解线性方程组的初等方法, 对于 n 维的线性代数方程组, 该方法的计算量 (乘法次数) 大概是 $(n - 1) \times (n + 1)! + n$, 由此可见, 当线性方程组的维数较高 ($n$ 很大) 时, 用初等方法求解线性代数方程组的计算量是目前的计算机无法承受的, 需要开发相应的数值算法.

3.4 Gauss 消去算法

3.4.1 算法推导

Gauss 消去算法用逐次消元的方法, 将原线性方程组 (3.3.1) 化为与其等价的三角形式, 然后采用回代的方法求解三角形线性方程组即可得到原线性方程组的解. 换句话说, 就是用行的初等变换将原线性方程组 (3.3.2) 的系数矩阵化为简单的上三角形式, 从而将求解原线性方程组的问题转化为求解简单线性方程组的问题.

将线性方程组 (3.3.1) 记为

$$\begin{cases} a_{11}^{(1)}x_1 + a_{12}^{(1)}x_2 + \cdots + a_{1n}^{(1)}x_n = b_1^{(1)} \\ a_{21}^{(1)}x_1 + a_{22}^{(1)}x_2 + \cdots + a_{2n}^{(1)}x_n = b_2^{(1)} \\ \qquad\qquad \cdots\cdots \\ a_{n1}^{(1)}x_1 + a_{n2}^{(1)}x_2 + \cdots + a_{nn}^{(1)}x_n = b_n^{(1)} \end{cases} \tag{3.4.1}$$

Gauss 消去算法包括以下几个步骤.

步骤 1　第 1 次消元, 首先设 $a_{11}^{(1)} \neq 0$, 计算乘数 $m_{i1} = a_{i1}^{(1)}/a_{11}^{(1)}$ $(i = 2, 3, \cdots, n)$, 然后用 $-m_{i1}$ 乘以线性方程组 (3.4.1) 中的第 1 个方程, 加到第 i $(i = 2, 3, \cdots, n)$ 个方程上, 消去从第 2 个方程到第 n 个方程中的未知数 x_1, 得到等价的线性方程组 $A^{(2)}x = b^{(2)}$:

$$\begin{cases} a_{11}^{(1)}x_1 + a_{12}^{(1)}x_2 + \cdots + a_{1n}^{(1)}x_n = b_1^{(1)} \\ \qquad\quad a_{22}^{(2)}x_2 + \cdots + a_{2n}^{(2)}x_n = b_2^{(2)} \\ \qquad\qquad\qquad \cdots\cdots \\ \qquad\quad a_{n2}^{(2)}x_2 + \cdots + a_{nn}^{(2)}x_n = b_n^{(2)} \end{cases} \tag{3.4.2}$$

其中 $a_{ij}^{(2)}$ 和 $b_i^{(2)}$ 的计算公式为

$$\begin{cases} a_{ij}^{(2)} = a_{ij}^{(1)} - m_{i1}a_{1j}^{(1)} & (i, j = 2, 3, \cdots, n) \\ b_i^{(2)} = b_i^{(1)} - m_{i1}b_1^{(1)} & (i = 2, 3, \cdots, n) \end{cases} \tag{3.4.3}$$

步骤 2　第 $k(k = 2, \cdots, n-1)$ 次消元, 设第 1 步到第 $k-1$ 步的消元计算已经完成, 即已经得到与线性方程组 (3.4.1) 等价的线性方程组 $A^{(k)}x = b^{(k)}$:

$$\begin{cases} a_{11}^{(1)}x_1 + a_{12}^{(1)}x_2 + \cdots + a_{1k}^{(1)}x_k + \cdots + a_{1n}^{(1)}x_n = b_1^{(1)} \\ \qquad\quad a_{22}^{(2)}x_2 + \cdots + a_{2k}^{(2)}x_k + \cdots + a_{2n}^{(2)}x_n = b_2^{(2)} \\ \qquad\qquad\qquad\qquad\qquad \cdots\cdots \\ \qquad\qquad\qquad\quad a_{kk}^{(k)}x_k + \cdots + a_{kn}^{(k)}x_n = b_k^{(k)} \\ \qquad\qquad\qquad\qquad\qquad \cdots\cdots \\ \qquad\qquad\qquad\quad a_{nk}^{(k)}x_k + \cdots + a_{nn}^{(k)}x_n = b_n^{(k)} \end{cases} \tag{3.4.4}$$

计算乘数 $m_{ik} = a_{ik}^{(k)}/a_{kk}^{(k)}$ $(i = k+1, \cdots, n)$, 用 $-m_{ik}$ 乘以线性方程组 (3.4.4) 中的第 k 个方程, 加到第 $i(i = k+1, \cdots, n)$ 个方程上, 消去从第 $k+1$ 个方程到第 n 个方程中的未知数 x_k, 得到等价的线性方程组 $A^{(k+1)}x = b^{(k+1)}$, 其中 $a_{ij}^{(k+1)}$ 和 $b_i^{(k+1)}$ 的计算公式为

$$\begin{cases} a_{ij}^{(k+1)} = a_{ij}^{(k)} - m_{ik}a_{kj}^{(k)} & (i, j = k+1, \cdots, n) \\ b_i^{(k+1)} = b_i^{(k)} - m_{ik}b_k^{(k)} & (i = k+1, \cdots, n) \end{cases} \tag{3.4.5}$$

步骤 3　循环执行上述消元过程, 直到完成第 $n-1$ 次消元计算, 最后得到与原线性方程组 (3.4.1) 等价的简单上三角形线性方程组 $A^{(n)}x = b^{(n)}$:

$$\begin{cases} a_{11}^{(1)}x_1 + a_{12}^{(1)}x_2 + \cdots + a_{1n}^{(1)}x_n = b_1^{(1)} \\ \qquad\quad a_{22}^{(2)}x_2 + \cdots + a_{2n}^{(2)}x_n = b_2^{(2)} \\ \qquad\qquad\qquad\qquad \cdots\cdots \\ \qquad\qquad\qquad\qquad\quad a_{nn}^{(n)}x_n = b_n^{(n)} \end{cases} \tag{3.4.6}$$

步骤 4 回代求解三角形线性方程组 (3.4.6), 得到求解公式:

$$\begin{cases} x_n = b_n^{(n)}/a_{nn}^{(n)} \\ x_k = \left(b_k^{(k)} - \displaystyle\sum_{j=k+1}^{n} a_{kj}^{(k)}x_j \right) \bigg/ a_{kk}^{(k)} \quad (k = n-1, \cdots, 1) \end{cases} \tag{3.4.7}$$

3.4.2 算法流程

算法 3.1 解线性方程组的 Gauss 消去算法

输入: $n \times n$ 阶系数矩阵 A, n 维列向量 b.

输出: 解向量 x.

流程:

1. 将线性方程组化为等价的简单上三角形线性方程组:

   for $k = 1 : n-1$

    (1) if $a_{kk}^{(k)} = 0$, then 计算停止;

     end if

    (2) for $i = k+1 : n$

     消元: $\begin{cases} m_{ik} = a_{ik}^{(k)}/a_{kk}^{(k)} \\ a_{ij}^{(k+1)} = a_{ij}^{(k)} - m_{ik}a_{kj}^{(k)}, \quad j = k+1, \cdots, n. \\ b_i^{(k+1)} = b_i^{(k)} - m_{ik}b_k^{(k)} \end{cases}$

     end for

    end for

2. 求解三角形线性方程组:

   回代: $\begin{cases} x_n = b_n^{(n)}/a_{nn}^{(n)} \\ x_k = \left(b_k^{(k)} - \displaystyle\sum_{j=k+1}^{n} a_{kj}^{(k)}x_j \right) \bigg/ a_{kk}^{(k)}, \quad k = n-1, \cdots, 1. \end{cases}$

3.4.3 算法特点

1. 使用 Gauss 消去算法解线性方程组时, 无论是消元计算还是回代计算都要除以 $a_{kk}^{(k)}$, 当 $a_{kk}^{(k)} = 0$ 时, 计算将无法进行; 当 $\left| a_{kk}^{(k)} \right|$ 较小时, 除法运算会产生较

大误差, 导致数值不稳定.

2. Gauss 消去算法中每一次计算的结果都依赖于前面的结果, 因此早期的舍入误差可能会被传播, 也有可能在后续计算过程中导致错误.

3. 为了节省存储空间, 第 k 次消元得到 $a_{ij}^{(k+1)}(k = 1, 2, \cdots, n-1)$ 存储在系数矩阵 A 的对应位置, 求得的解向量 $x_i(i = 1, 2, \cdots, n)$ 存储在右端向量 b 的对应位置.

3.4.4　适用范围

要求:

1. 线性方程组的系数矩阵为方阵;

2. 线性方程组的系数矩阵的所有顺序主子式均不为 0.

例 3.1　求解下列线性方程组:

$$\begin{cases} 3x_1 - 0.1x_2 - 0.2x_3 = 7.85 \\ 0.1x_1 + 7x_2 - 0.3x_3 = -19.3 \\ 0.3x_1 - 0.2x_2 + 10x_3 = 71.4 \end{cases}$$

解　设置如下参数:

```
A = [3 -0.1 -0.2; 0.1 7 -0.3; 0.3 -0.2 10];
b = [7.85; -19.3; 71.4];
调用函数direct_solver_output = Gauss_elimination(&A, &b)
```

其中, &A 代表指向系数矩阵的指针, &b 代表指向右端向量的指针.

程序运行结果如图 3.2 所示.

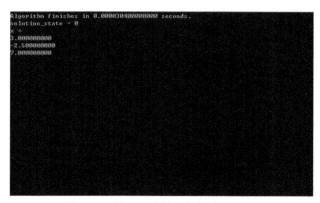

图 3.2　例 3.1 线性方程组求解结果

3.5 列选主元 Gauss 消去算法

3.5.1 算法推导

为了避免小主元带来的麻烦, 列选主元 Gauss 消去算法在 Gauss 消去算法的基础之上, 增加对前一次消元得到的低阶矩阵的第一列进行选取主元和行交换的步骤, 通过逐次消元得到与原线性方程组等价的上三角形线性方程组, 最后回代求得原线性方程组的解.

设线性方程组 (3.3.1) 的增广矩阵为

$$B^{(1)} = \left[A^{(1)} \,\middle|\, b^{(1)} \right] = \left[\begin{array}{cccc|c} a_{11}^{(1)} & a_{12}^{(1)} & \cdots & a_{1n}^{(1)} & b_1^{(1)} \\ a_{21}^{(1)} & a_{22}^{(1)} & \cdots & a_{2n}^{(1)} & b_2^{(1)} \\ \vdots & \vdots & & \vdots & \vdots \\ a_{n1}^{(1)} & a_{n2}^{(1)} & \cdots & a_{nn}^{(1)} & b_n^{(1)} \end{array} \right] \tag{3.5.1}$$

列选主元 Gauss 消去算法包括以下几个步骤.

步骤 1 第 1 次消元, 首先在系数矩阵 $A^{(1)}$ 的第 1 列中选择绝对值最大的元素作为主元:

$$\left| a_{i_1,1}^{(1)} \right| = \max_{1 \leqslant i \leqslant n} \left| a_{i1}^{(1)} \right| \tag{3.5.2}$$

如果 $i_1 > 1$, 则交换增广矩阵 $B^{(1)}$ 的第 1 行和主元所在行 (第 i_1 行) 的所有元素, 经第 1 次消元计算得到等价增广矩阵:

$$B^{(2)} = \left[A^{(2)} \,\middle|\, b^{(2)} \right] = \left[\begin{array}{cccc|c} a_{11}^{(1)} & a_{12}^{(1)} & \cdots & a_{1n}^{(1)} & b_1^{(1)} \\ & a_{22}^{(2)} & \cdots & a_{2n}^{(2)} & b_2^{(2)} \\ & \vdots & & \vdots & \vdots \\ & a_{n2}^{(2)} & \cdots & a_{nn}^{(2)} & b_n^{(2)} \end{array} \right] \tag{3.5.3}$$

步骤 2 第 $k(k = 2, \cdots, n-1)$ 次消元: 设第 1 步到第 $k-1$ 步的消元计算已经完成, 即已经得到与增广矩阵 (3.5.1) 等价的增广矩阵 $B^{(k)}$:

$$B^{(k)} = \left[A^{(k)} \,\middle|\, b^{(k)} \right] = \left[\begin{array}{cccccc|c} a_{11}^{(1)} & a_{12}^{(1)} & \cdots & a_{1k}^{(1)} & \cdots & a_{1n}^{(1)} & b_1^{(1)} \\ & a_{22}^{(2)} & \cdots & a_{2k}^{(2)} & \cdots & a_{2n}^{(2)} & b_2^{(2)} \\ & & \ddots & \vdots & & \vdots & \vdots \\ & & & a_{kk}^{(k)} & \cdots & a_{kn}^{(k)} & b_k^{(k)} \\ & & & \vdots & & \vdots & \vdots \\ & & & a_{nk}^{(k)} & \cdots & a_{nn}^{(k)} & b_n^{(k)} \end{array} \right] \tag{3.5.4}$$

在 $A^{(k)}$ 右下角方阵的第 1 列 (即 $\left[a_{kk}^{(k)}, a_{(k+1),k}^{(k)}, \cdots, a_{nk}^{(k)}\right]^{\mathrm{T}}$) 中选取绝对值最大的元素作为主元:

$$\left|a_{i_k,k}^{(k)}\right| = \max_{k \leqslant i \leqslant n} \left|a_{ik}^{(k)}\right| \tag{3.5.5}$$

如果 $i_k > k$, 则交换增广矩阵 $B^{(k)}$ 的第 k 行和主元所在行 (第 i_k 行) 的所有元素, 再按式 (3.4.5) 进行消元计算.

　　步骤 3　循环执行上述选主元、行交换、消元过程, 直到完成第 $n-1$ 次消元计算, 最后得到与原线性方程组 (3.4.1) 等价的简单上三角形线性方程组 (3.4.6), 再按照回代求解公式 (3.4.7) 计算得到线性方程组的解向量 x.

3.5.2　算法流程

　　算法 3.2　解线性方程组的列选主元 Gauss 消去算法

> 输入: $n \times n$ 阶系数矩阵 A, n 维列向量 b.
>
> 输出: 解向量 x.
>
> 流程:
>
> 1. 将线性方程组化为等价的简单上三角形线性方程组:
>
> 　　for $k = 1 : n-1$
>
> 　　　　(1) 列选主元:
> 　　　　　　确定 i_k, 使得 $\left|a_{i_k,k}^{(k)}\right| = \max\limits_{k \leqslant i \leqslant n} \left|a_{ik}^{(k)}\right|$;
>
> 　　　　(2) if $a_{i_k,k}^{(k)} = 0$, then 计算停止;
> 　　　　　　end if
>
> 　　　　(3) 行交换:
> 　　　　　　if $i_k \neq k$, then $a_{kj}^{(k)} \leftrightarrow a_{i_k,j}^{(k)}$ $(j = k, k+1, \cdots, n)$, $b_k^{(k)} \leftrightarrow b_{i_k}^{(k)}$;
> 　　　　　　end if
>
> 　　　　(4) for $i = k+1 : n$
> 　　　　　　消元: $\begin{cases} m_{ik} = a_{ik}^{(k)} / a_{kk}^{(k)} \\ a_{ij}^{(k+1)} = a_{ij}^{(k)} - m_{ik} a_{kj}^{(k)}, \quad j = k+1, \cdots, n. \\ b_i^{(k+1)} = b_i^{(k)} - m_{ik} b_k^{(k)} \end{cases}$
> 　　　　　　end for
>
> 　　end for
>
> 2. 求解三角形线性方程组:

$$回代: \begin{cases} x_n = b_n^{(n)} / a_{nn}^{(n)} \\ x_k = \left(b_k^{(k)} - \displaystyle\sum_{j=k+1}^{n} a_{kj}^{(k)} x_j \right) \Big/ a_{kk}^{(k)}, \quad k = n-1, \cdots, 1. \end{cases}$$

3.5.3 算法特点

1. 列选主元 Gauss 消去算法是 Gauss 消去算法的改进算法, 每一次消元时都进行了选主元的操作, 因此比 Gauss 消去算法具有更好的数值稳定性, 且适用范围更广 (Gauss 消去算法要求系数矩阵的所有顺序主子式均不为 0, 但是列选主元 Gauss 消去算法只要求系数矩阵的行列式不为 0, 即非奇异).

2. 对增广矩阵 B 进行行交换意味着改变线性方程组 (3.3.1) 中方程的顺序, 并不会改变原线性方程组的解的顺序, 消元之后得到的三角形线性方程组与原线性方程组等价.

3. 第 k 次消元交换系数矩阵 A 的第 k 行和第 i_k 行时, 因为第 $1, \cdots, k-1$ 列中的元素都为 0, 所以编程实现时只需交换第 $k, \cdots, n$ 列的元素.

4. 为了节省存储空间, 第 k 次消元得到 $a_{ij}^{(k+1)}(k = 1, 2, \cdots, n-1)$ 存储在系数矩阵 A 的对应位置, 求得的解向量 $x_i(i = 1, 2, \cdots, n)$ 存储在右端向量 b 的对应位置.

3.5.4 适用范围

要求:

1. 线性方程组的系数矩阵为方阵;

2. 线性方程组的系数矩阵可逆, 或者说系数矩阵非奇异.

例 3.2 求解下列线性方程组, 系数矩阵有顺序主子式约等于 0,

$$\begin{cases} -3x_1 + 2.099999x_2 + 6x_3 + 2x_4 = 5.900001 \\ 10x_1 - 7x_2 - x_4 = 8 \\ 5x_1 - x_2 + 5x_3 - x_4 = 5 \\ 2x_1 + x_2 + 2x_4 = 1 \end{cases}$$

解 设置如下参数:

```
A = [-3 2.0999999 6 2; 10 -7 0 1; 5 -1 5 -1; 2 1 0 2];
b = [5.900001; 8; 5;1];
调用函数 direct_solver_output = Gauss_column_pivot_elimination(&A, &
    b)
```

其中, &A 代表指向系数矩阵的指针, &b 代表指向右端向量的指针.

程序运行结果如图 3.3 所示,

图 3.3　例 3.2 线性方程组求解结果

3.6　全选主元 Gauss 消去算法

3.6.1　算法推导

为了避免小主元带来的麻烦, 全选主元 Gauss 消去算法在 Gauss 消去算法的基础之上, 增加对前一次消元得到的低阶矩阵进行选取主元和行列交换的步骤, 通过逐次消元得到易于求解的上三角形线性方程组, 使用回代公式求解得到三角形线性方程组的解之后, 最后对解进行重新排列得到原线性方程组的解.

全选主元 Gauss 消去算法包括以下几个步骤.

步骤 1　已知线性方程组 (3.3.1) 的增广矩阵为 (3.5.1), 第 1 次消元前, 在系数矩阵 $A^{(1)}$ 中选择绝对值最大的元素作为主元:

$$\left| a_{i_1,j_1}^{(1)} \right| = \max_{\substack{1 \leqslant i \leqslant n \\ 1 \leqslant j \leqslant n}} \left| a_{ij}^{(1)} \right| \tag{3.6.1}$$

如果 $i_1 > 1$, 则交换增广矩阵 $B^{(1)}$ 的第 1 行和主元所在行 (第 i_1 行) 的所有元素, 如果 $j_1 > 1$, 则交换系数矩阵 $A^{(1)}$ 的第 1 列和主元所在列 (第 j_1 列) 的所有元素, 经第 1 次消元计算得到增广矩阵 (3.5.3).

步骤 2　第 k ($k = 2, \cdots, n-1$) 次消元, 设第 1 步到第 $k-1$ 步的消元计算已经完成, 即已经得到增广矩阵 (3.5.4), 在 $A^{(k)}$ 的右下角方阵 (即 $\left[a_{ij}^{(k)} \right]$ ($i,j = k, k+1, \cdots, n$)) 中选取绝对值最大的元素作为主元:

$$\left| a_{i_k,j_k}^{(k)} \right| = \max_{\substack{k \leqslant i \leqslant n \\ k \leqslant j \leqslant n}} \left| a_{ij}^{(k)} \right| \tag{3.6.2}$$

如果 $i_k > k$, 则交换增广矩阵 $B^{(k)}$ 的第 k 行和主元所在行 (第 i_k 行) 的所有元素, 如果 $j_k > k$, 则交换系数矩阵 $A^{(k)}$ 的第 k 列和主元所在列 (第 j_k 列) 的所有元素, 再按式 (3.4.5) 进行消元计算.

步骤 3 循环执行上述选主元、行交换、消元过程, 直到完成第 $n-1$ 次消元计算, 最后得到易于求解的上三角形线性方程组 (3.4.6), 按照回代求解公式 (3.4.7) 计算得到三角形线性方程组的解向量 $\tilde{x}$.

步骤 4 对三角形线性方程组的解向量 $\tilde{x}$ 进行重新排列, 得到原线性方程组的解向量 x, 用公式表示为如下过程, $PAQx = Pb \rightarrow A(Qx) = b$, 即 $\tilde{x} = Qx$.

3.6.2 算法流程

算法 3.3 解线性方程组的全选主元 Gauss 消去算法

输入: $n \times n$ 阶系数矩阵 A, n 维列向量 b.

输出: 解向量 x.

流程:

1. 将线性方程组化为等价的简单上三角形线性方程组:

   for $k = 1 : n - 1$

   (1) 全选主元:

   确定 i_k 和 j_k, 使得 $\left| a_{i_k, j_k}^{(k)} \right| = \max\limits_{\substack{k \leqslant i \leqslant n \\ k \leqslant j \leqslant n}} \left| a_{ij}^{(k)} \right|$;

   (2) if $a_{i_k, j_k}^{(k)} = 0$, then 计算停止;

   end if

   (3) 行列交换:

   if $i_k \neq k$, then $a_{kj}^{(k)} \leftrightarrow a_{i_k, j}^{(k)}$ $(j = k, k+1, \cdots, n)$, $b_k^{(k)} \leftrightarrow b_{i_k}^{(k)}$;

   end if

   if $j_k \neq k$, then $a_{ik}^{(k)} \leftrightarrow a_{i, j_k}^{(k)}$ $(i = 1, 2, \cdots, n)$;

   end if

   (4) for $i = k + 1 : n$

   消元: $\begin{cases} m_{ik} = a_{ik}^{(k)} / a_{kk}^{(k)} \\ a_{ij}^{(k+1)} = a_{ij}^{(k)} - m_{ik} a_{kj}^{(k)}, \quad j = k+1, \cdots, n. \\ b_i^{(k+1)} = b_i^{(k)} - m_{ik} b_k^{(k)} \end{cases}$

   end for

   end for

2. 求解三角形线性方程组:

$$
回代: \begin{cases} \tilde{x}_n = b_n^{(n)}/a_{nn}^{(n)} \\ \tilde{x}_k = \left(b_k^{(k)} - \sum_{j=k+1}^{n} a_{kj}^{(k)} x_j \right) \Big/ a_{kk}^{(k)}, \quad k = n-1, \cdots, 1. \end{cases}
$$

3. 对解向量 $\tilde{x}$ 进行重新排列, 得到原线性方程组的解:

  for $k = n - 1 : 1$

    if $j_k \neq k$, then $\tilde{x}_k \leftrightarrow \tilde{x}_{j_k}$.

    end if

  end for

3.6.3　算法特点

1. 全选主元 Gauss 消去算法是 Gauss 消去算法的改进算法, 每一次消元时都进行了选主元的操作, 因此比 Gauss 消去算法具有更好的数值稳定性, 全选主元 Gauss 消去算法的适用范围与列选主元 Gauss 消去算法相同; 与列选主元 Gauss 消去法相比, 完全交换主元需要进行列交换, 但是列交换会改变解向量 x 的顺序, 因此明显地增加了程序的复杂性.

2. 对系数矩阵 A 进行列交换意味着解向量 x 的顺序发生了变化, 因此全选主元 Gauss 消去算法消元之后得到的上三角形线性方程组与原线性方程组并不等价, 为了得到原线性方程组的解, 需要对三角形线性方程组的解进行排列.

3. 为了节省存储空间, 第 k 次消元得到 $a_{ij}^{(k+1)}(k = 1, 2, \cdots, n-1)$ 存储在系数矩阵 A 的对应位置, 求得的解向量 $x_i(i = 1, 2, \cdots, n)$ 存储在右端向量 b 的对应位置.

3.6.4　适用范围

要求:

1. 线性方程组的系数矩阵为方阵;

2. 线性方程组的系数矩阵可逆, 或者说系数矩阵非奇异.

例 3.3　解例 3.2 中线性代数方程组, 使用全选主元 Gauss 消去算法.

解　设置如下参数:

```
A = [-3 2.0999999 6 2; 10 -7 0 1; 5 -1 5 -1; 2 1 0 2];
b = [5.900001; 8; 5;1];
调用函数 direct_solver_output = Gauss_complete_pivot_elimination(&A,
    &b)
```

其中, &A 代表指向系数矩阵的指针, &b 代表指向右端向量的指针.

程序运行结果如图 3.4 所示.

图 3.4 例 3.3 线性方程组求解结果

3.7 基于 LU 分解的线性方程组求解算法

3.7.1 算法推导

将系数矩阵 A 分解为单位下三角矩阵 L 和上三角矩阵 U 的乘积, 即 $A = LU$, 那么求解线性方程组 $Ax = b$ 的问题等价于求解两个三角形方程组:

(1) $Ly = b$, 求 y;

(2) $Ux = y$, 求 x.

基于 LU 分解的线性方程组求解算法包含以下几个步骤.

步骤 1 对 n 阶系数矩阵 A 进行 LU 分解 (详细推导过程见 1.4.2 节算法推导部分):

$$A = LU = \begin{bmatrix} 1 & & & \\ l_{21} & 1 & & \\ \vdots & \vdots & \ddots & \\ l_{n1} & l_{n2} & \cdots & 1 \end{bmatrix} \begin{bmatrix} u_{11} & u_{12} & \cdots & u_{1n} \\ & u_{22} & \cdots & u_{2n} \\ & & \ddots & \vdots \\ & & & u_{nn} \end{bmatrix} \tag{3.7.1}$$

步骤 2 求解下三角形方程组 $Ly = b$,

$$\begin{cases} y_1 = b_1 \\ y_k = b_k - \sum_{r=1}^{k-1} l_{kr} y_r \quad (k = 2, 3, \cdots, n) \end{cases} \tag{3.7.2}$$

步骤 3　求解上三角形方程组 $Ux=y$ 得到原线性方程组 $Ax=b$ 的解向量 x,

$$\begin{cases} x_n = y_n/u_{nn} \\ x_k = \left(y_k - \sum_{r=k+1}^{n} u_{kr}x_r \right) \bigg/ u_{kk} \quad (k=n-1,n-2,\cdots,1) \end{cases} \tag{3.7.3}$$

3.7.2　算法流程

算法 3.4　解线性方程组的 LU 分解算法

输入: $n \times n$ 阶系数矩阵 A, n 维列向量 b.

输出: 解向量 x.

流程:

1. 对系数矩阵 A 进行 LU 分解.

2. 求解下三角形方程组 $Ly=b$: $\begin{cases} y_1 = b_1 \\ y_k = b_k - \sum_{r=1}^{k-1} l_{kr}y_r \quad (k=2,\cdots,n). \end{cases}$

3. 求解上三角形方程组 $Ux=y$:

$$\begin{cases} x_n = y_n/u_{nn} \\ x_k = \left(y_k - \sum_{r=k+1}^{n} u_{kr}x_r \right) \bigg/ u_{kk} \quad (k=n-1,\cdots,1). \end{cases}$$

3.7.3　算法特点

1. LU 分解算法是 Gauss 消去算法的矩阵分解形式, 适用范围相同, 但是因为 Gauss 消去算法消去未知数 x_k 时, 要对右下角方阵 $A[k+1:n,k+1,n]$ 中的元素全部进行一次计算, 而 LU 分解算法每次分解时只计算上三角矩阵 U 的一行和单位下三角矩阵 L 的一列, 因此 LU 分解算法的求解效率高于 Gauss 消去算法.

2. LU 分解算法非常适合于求解系数矩阵 A 固定而右端向量 $\boldsymbol{b}$ 不断变化的情况.

3. 为了节省存储空间, 可以将分解得到的单位下三角矩阵 L 和上三角矩阵 U 存入 A 中对应位置 (L 的对角元素默认为 1, 无需存储), 求解得到的解向量 y 和 x 也可以存入 b 中.

3.7.4　适用范围

要求:

1. 线性方程组的系数矩阵为方阵;

2. 线性方程组的系数矩阵的所有顺序主子式均不为 0.

例 3.4 求解例 3.1 中线性方程组, 用解线性方程组的 LU 分解算法.

解 设置如下参数:

```
A = [3 -0.1 -0.2; 0.1 7 -0.3; 0.3 -0.2 10];
b = [7.85; -19.3; 71.4];
调用函数 direct_solver_output = LU_solve(&A, &b)
```

其中, &A 代表指向系数矩阵的指针, &b 代表指向右端向量的指针.

程序运行结果如图 3.5 所示.

图 3.5 例 3.4 线性方程组求解结果

3.8 基于列选主元 LU 分解的线性方程组求解算法

3.8.1 算法推导

将系数矩阵 A 进行行交换后, 分解为单位下三角矩阵 L 和上三角矩阵 U 的乘积, 即 $PA = LU$, 对线性方程组进行等价转换 $PAx = Pb$, 于是求解线性方程组 $Ax = b$ 的问题等价于求解两个三角形方程组:

(1) $Ly = Pb$, 求 y;

(2) $Ux = y$, 求 x.

基于列选主元 LU 分解的线性方程组求解算法包含以下几个步骤.

步骤 1 对 n 阶系数矩阵 A 进行列选主元 LU 分解 (详细推导过程见 1.5.2 节算法推导部分):

$$PA = LU = \begin{bmatrix} 1 & & & \\ l_{21} & 1 & & \\ \vdots & \vdots & \ddots & \\ l_{n1} & l_{n2} & \cdots & 1 \end{bmatrix} \begin{bmatrix} u_{11} & u_{12} & \cdots & u_{1n} \\ & u_{22} & \cdots & u_{2n} \\ & & \ddots & \vdots \\ & & & u_{nn} \end{bmatrix} \tag{3.8.1}$$

其中 P 为排列矩阵.

步骤 2 将右端向量 b 进行行交换, 即计算 Pb.

步骤 3 根据式 (3.7.2) 和 (3.7.3) 进行回代求解.

3.8.2 算法流程

算法 3.5 解线性方程组的列选主元 LU 分解算法

输入: $n \times n$ 阶系数矩阵 A, n 维列向量 b.

输出: 解向量 x.

流程:

1. 对矩阵 A 进行列选主元 LU 分解, 并将行交换的顺序记录在向量 p 中.

2. 对向量 b 进行行交换:

    for $k = 1 : n - 1$

        if $p(k) = i_k \neq k$, then 交换列向量 b 的第 k 行和第 i_k 行.

        end if

    end for

3. 求解下三角形方程组 $Ly = Pb$:
$$\begin{cases} y_1 = b_1 \\ y_k = b_k - \sum_{r=1}^{k-1} l_{kr} y_r \quad (k = 2, \cdots, n). \end{cases}$$

4. 求解上三角形方程组 $Ux = y$:

$$\begin{cases} x_n = y_n / u_{nn} \\ x_k = \left(y_k - \sum_{r=k+1}^{n} u_{kr} x_r \right) \Big/ u_{kk} \quad (k = n-1, \cdots, 1). \end{cases}$$

3.8.3 算法特点

1. 列选主元 LU 分解算法是 Gauss 列选主元消去算法的矩阵分解形式, 其适用范围与 Gauss 列选主元消去算法相同, 但计算速度较快.

2. 列选主元 LU 分解算法是 LU 分解算法的改进, 弥补了 LU 分解算法数值不稳定的缺点, 适用范围更广, 是用来求解中小规模线性方程组的最常用方法.

3. 排列矩阵 P 是由单位矩阵进行行排列所得到的, 是一个稀疏矩阵, 编程实现时, 无需全部存储, 只需开辟一个 n 维列向量 p 记录列选主元 LU 分解过程中行交换的顺序即可, 第 k $(k = 1, 2, \cdots, n)$ 步分解时, 将主元所在行的行标 i_k $(k \leqslant i_k \leqslant n)$ 记录在 $p(k)$ 中.

4. 为了节省存储空间, 可以将分解得到的单位下三角矩阵 L 和上三角矩阵 U 存入 A 中对应位置 (L 的对角元素默认为 1, 无需存储), 求解得到的解向量 y 和 x 也可以存入 b 中.

3.8.4　适用范围

要求:

1. 线性方程组的系数矩阵为方阵;

2. 线性方程组的系数矩阵可逆, 或者说系数矩阵非奇异.

例 3.5　求解例 3.2 中线性方程组, 用解线性方程组的列选主元 LU 分解算法.

解　设置如下参数:

```
A = [-3 2.0999999 6 2; 10 -7 0 1; 5 -1 5 -1; 2 1 0 2];
b = [5.900001; 8; 5;1];
```
调用函数 `direct_solver_output = Column_PLU_solve(&A, &b)`

其中, &A 代表指向系数矩阵的指针, &b 代表指向右端向量的指针.

程序运行结果如图 3.6 所示.

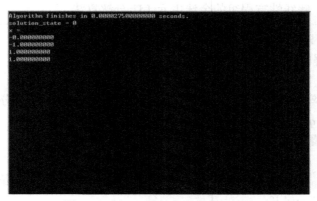

图 3.6　例 3.5 线性方程组求解结果

3.9　基于全选主元 LU 分解的线性方程组求解算法

3.9.1　算法推导

将系数矩阵 A 进行行列交换后, 分解为单位下三角矩阵 L 和上三角矩阵 U 的乘积, 即 $PAQ = LU$, 对线性方程组进行等价转换 $(PAQ)(Qx) = Pb$, 于是求解线性方程组 $Ax = b$ 的问题等价于求解两个三角形方程组:

(1) $Ly = Pb$, 求 y;

(2) $U(Qx) = y$, 求 Qx.

求得 $\tilde{x} = Qx$ 之后, 对 $\tilde{x}$ 进行行交换, 从而得到线性方程组 $Ax = b$ 的解向量 x.

　　基于全选主元 LU 分解的线性方程组求解算法包含以下几个步骤.

　　1. 对 n 阶系数矩阵 A 进行全选主元 LU 分解 (详细推导过程见 1.6.2 节算法推导部分):

$$PAQ = LU = \begin{bmatrix} 1 & & & \\ l_{21} & 1 & & \\ \vdots & \vdots & \ddots & \\ l_{n1} & l_{n2} & \cdots & 1 \end{bmatrix} \begin{bmatrix} u_{11} & u_{12} & \cdots & u_{1n} \\ & u_{22} & \cdots & u_{2n} \\ & & \ddots & \vdots \\ & & & u_{nn} \end{bmatrix} \tag{3.9.1}$$

其中 P, Q 为排列矩阵.

　　2. 将右端向量 b 进行行交换, 即计算 Pb.

　　3. 根据式 (3.7.2) 和 (3.7.3) 进行回代求解.

　　4. 对求得的 $\tilde{x}$ 进行行交换得到线性方程组 $Ax = b$ 的解向量 x.

3.9.2　算法流程

算法 3.6　解线性方程组的全选主元 LU 分解算法

输入: $n \times n$ 阶系数矩阵 A, n 维列向量 b.

输出: 解向量 x.

流程:

1. 对矩阵 A 进行全选主元 LU 分解, 并将行列交换的顺序分别记录在向量 p, q 中.

2. 对向量 b 进行行交换:

　　for $k = 1 : n-1$

　　　　if $p(k) = i_k \neq k$, then 交换列向量 b 的第 k 行和第 i_k 行.

　　　　end if

　　end for

3. 求解下三角形方程组 $Ly = Pb$: $\begin{cases} y_1 = b_1 \\ y_k = b_k - \displaystyle\sum_{r=1}^{k-1} l_{kr} y_r \quad (k = 2, \cdots, n). \end{cases}$

4. 求解上三角形方程组 $U\tilde{x} = y$:

$$\begin{cases} x_n = y_n / u_{nn} \\ x_k = \left(y_k - \displaystyle\sum_{r=k+1}^{n} u_{kr} x_r \right) \Big/ u_{kk} \quad (k = n-1, \cdots, 1). \end{cases}$$

---

5. 对向量 $\tilde{x}$ 进行行交换:

for $k = n : -1 : 1$
    if $q(k) = j_k \neq k$, then 交换列向量 $\tilde{x}$ 的第 k 行和第 j_k 行.
    end if
end for

3.9.3 算法特点

1. 全选主元 LU 分解算法是 Gauss 全主元消去算法的矩阵分解形式, 其适用范围与 Gauss 全主元消去算法相同, 但计算速度较快.

2. 全选主元 LU 分解算法是 LU 分解算法的改进, 弥补了 LU 分解算法数值不稳定的缺点, 适用范围更广.

3. 与列选主元 LU 分解算法相比, 全选主元 LU 分解算法选择主元的范围更大, 具有更高的数值稳定性, 但是需要对系数矩阵进行列排列, 对回代求解得到的解向量也要进行行排列, 计算量更大.

4. 排列矩阵 P 和 Q 分别是由单位矩阵进行行排列和列排列所得到的, 是一个稀疏矩阵, 编程实现时, 无需全部存储, 只需开辟 n 维列向量 p 和 q 分别记录全选主元 LU 分解过程中行交换和列交换的顺序即可, 第 k ($k = 1, 2, \cdots, n$) 步分解时, 将主元所在行的行标 i_k ($k \leqslant i_k \leqslant n$) 记录在 $p(k)$ 中, 所在列的列标 j_k ($k \leqslant j_k \leqslant n$) 记录在 $q(k)$ 中.

5. 为了节省存储空间, 可以将分解得到的单位下三角矩阵 L 和上三角矩阵 U 存入 A 中对应位置 (L 的对角元素默认为 1, 无需存储), 求解得到的解向量 y 和 x 也可以存入 b 中.

3.9.4 适用范围

要求:

1. 线性方程组的系数矩阵为方阵;

2. 线性方程组的系数矩阵可逆, 或者说系数矩阵非奇异.

例 3.6 求解例 3.2 中线性方程组, 用解线性方程组的全选主元 LU 分解算法.

解 设置如下参数:

```
A = [-3 2.0999999 6 2; 10 -7 0 1; 5 -1 5 -1; 2 1 0 2];
b = [5.900001; 8; 5;1];
调用函数direct_solver_output = Complete_PLU_solve(&A, &b)
```

其中, &A 代表指向系数矩阵的指针, &b 代表指向右端向量的指针.

程序运行结果如图 3.7 所示.

图 3.7   例 3.6 线性方程组求解结果

3.10   LDLT 分解算法

3.10.1   算法推导

若系数矩阵 A 对称, 则 A 可以被分解为单位下三角矩阵 L、对角矩阵 D 以及单位上三角矩阵 L^{T} 的乘积, 即 $A = LDL^{\mathrm{T}}$, 那么求解线性方程组 $Ax = b$ 的问题等价于求解两个三角形方程组:

(1) $Ly = b$, 求 y;

(2) $DL^{\mathrm{T}}x = y$, 求 x.

基于 LDLT 分解的线性方程组求解算法包含以下几个步骤.

步骤 1   对 n 阶对称系数矩阵 A 进行 LDLT 分解 (详细推导过程见 1.7.2 节算法推导部分):

$$A = LDL^{\mathrm{T}} = \begin{bmatrix} 1 & & & \\ l_{21} & 1 & & \\ \vdots & \vdots & \ddots & \\ l_{n1} & l_{n2} & \cdots & 1 \end{bmatrix} \begin{bmatrix} d_1 & & & \\ & d_2 & & \\ & & \ddots & \\ & & & d_n \end{bmatrix} \begin{bmatrix} 1 & l_{21} & \cdots & l_{n1} \\ & 1 & \cdots & l_{n2} \\ & & \ddots & \vdots \\ & & & 1 \end{bmatrix}$$

$$(3.10.1)$$

步骤 2   根据式 (3.7.2) 求解下三角形方程组 $Ly = b$.

步骤 3   求解上三角形方程组 $DL^{\mathrm{T}}x = y$ 得到原线性方程组 $Ax = b$ 的解向量 x,

$$\begin{cases} x_n = y_n/d_n \\ x_k = y_k/d_k - \sum_{r=k+1}^{n} l_{rk}x_r \quad (k = n-1, \cdots, 2, 1) \end{cases} \tag{3.10.2}$$

3.10.2 算法流程

算法 3.7 解对称线性方程组的 LDLT 分解算法

输入: $n \times n$ 阶对称系数矩阵 A, n 维列向量 b.

输出: 解向量 x.

流程:

1. 对对称系数矩阵 A 进行 LDLT 分解.

2. 求解下三角形方程组 $Ly = b$:
$$
\begin{cases}
y_1 = b_1 \\
y_k = b_k - \displaystyle\sum_{r=1}^{k-1} l_{kr} y_r \quad (k = 2, \cdots, n).
\end{cases}
$$

3. 求解上三角形方程组 $DL^{\mathrm{T}} x = y$:
$$
\begin{cases}
x_n = y_n / d_n \\
x_k = y_k / d_k - \displaystyle\sum_{r=k+1}^{n} l_{rk} x_r \quad (k = n-1, \cdots, 1)
\end{cases}
$$

3.10.3 算法特点

1. LDLT 分解算法是将 LU 分解算法应用于对称系数矩阵的特殊情况, 因此也要求系数矩阵的所有顺序主子式均不为 0.

2. 为了节省存储空间, 可以将分解得到的单位下三角矩阵 L 和对角矩阵 D 存入 A 中对应位置 (L 的对角元素默认为 1, 无需存储), 求解得到的解向量 y 和 x 也可以存入 b 中.

3.10.4 适用范围

要求:

1. 线性方程组的系数矩阵为对称方阵;

2. 线性方程组的系数矩阵的所有顺序主子式均不为 0.

例 3.7 求解如下线性方程组, 系数矩阵是对称的, 用 LDLT 分解算法,
$$
\begin{cases}
10x_1 + 7x_2 + 8x_3 + 7x_4 = 32 \\
7x_1 + 5x_2 + 6x_3 + 5x_4 = 23 \\
8x_1 + 6x_2 + 10x_3 + 9x_4 = 33 \\
7x_1 + 5x_2 + 9x_3 + 10x_4 = 31
\end{cases}
$$

解　设置如下参数:

```
A = [10 7 8 7; 7 5 6 5; 8 6 10 9; 7 5 9 10];
b = [32; 23 ;33;31];
调用函数direct_solver_output = LDLT_solve(&A, &b)
```

其中, &A 代表指向系数矩阵的指针, &b 代表指向右端向量的指针.

程序运行结果如图 3.8 所示.

图 3.8   例 3.7 线性方程组求解结果

3.11   选主元 LDLT 分解算法

3.11.1   算法推导

将系数矩阵 A 进行行列交换后, 分解为单位下三角矩阵 L、对角矩阵 D 和单位上三角矩阵 L^T 的乘积, 即 $PAQ = LDL^T$, 对线性方程组进行等价转换 $(PAQ)(Qx) = Pb$, 于是求解线性方程组 $Ax = b$ 的问题等价于求解两个三角形方程组:

(1) $Ly = Pb$, 求 y;

(2) $DL^T(Qx) = y$, 求 Qx.

求得 $\tilde{x} = Qx$ 之后, 对 $\tilde{x}$ 进行行交换, 从而得到线性方程组 $Ax = b$ 的解向量 x.

基于选主元 LDLT 分解的线性方程组求解算法包含以下几个步骤.

步骤 1   对 n 阶对称系数矩阵 A 进行选主元 LDLT 分解 (详细推导过程见 1.8.2 节算法推导部分):

$$PAP^T = LDL^T = \begin{bmatrix} 1 & & & \\ l_{21} & 1 & & \\ \vdots & \vdots & \ddots & \\ l_{n1} & l_{n2} & \cdots & 1 \end{bmatrix} \begin{bmatrix} d_1 & & & \\ & d_2 & & \\ & & \ddots & \\ & & & d_n \end{bmatrix} \begin{bmatrix} 1 & l_{21} & \cdots & l_{n1} \\ & 1 & \cdots & l_{n2} \\ & & \ddots & \vdots \\ & & & 1 \end{bmatrix}$$

(3.11.1)

步骤 2　将右端向量 b 进行行交换, 即计算 Pb.

步骤 3　根据式 (3.7.2) 和 (3.10.2) 进行回代求解.

步骤 4　对求得的 $\tilde{x}$ 进行行交换得到线性方程组 $Ax = b$ 的解向量 x.

3.11.2　算法流程

算法 3.8　解对称线性方程组的选主元 LDLT 分解算法

输入: $n \times n$ 阶对称系数矩阵 A, n 维列向量 b.

输出: 解向量 x.

流程:

1. 对矩阵 A 进行选主元 LDLT 分解, 并将行交换的顺序记录在向量 p 中.

2. 对向量 b 进行行交换:

　　for $k = 1 : n - 1$

　　　　if $p(k) = i_k \neq k$, then 交换列向量 b 的第 k 行和第 i_k 行.

　　　　end if

　　end for

3. 求解下三角形方程组 $Ly = b$:
$$
\begin{cases}
y_1 = b_1 \\
y_k = b_k - \displaystyle\sum_{r=1}^{k-1} l_{kr} y_r \quad (k = 2, \cdots, n).
\end{cases}
$$

4. 求解上三角形方程组 $DL^{\mathrm{T}} \tilde{x} = y$:

$$
\begin{cases}
x_n = y_n / d_n \\
x_k = y_k / d_k - \displaystyle\sum_{r=k+1}^{n} l_{rk} x_r \quad (k = n-1, \cdots, 1)
\end{cases}
$$

5. 对向量 $\tilde{x}$ 进行行交换:

　　for $k = n : -1 : 1$

　　　　if $p(k) = i_k \neq k$, then 交换列向量 $\tilde{x}$ 的第 k 行和第 i_k 行.

　　　　end if

　　end for

3.11.3　算法特点

1. 选主元 LDLT 分解算法其实就是选主元 LU 分解算法应用于系数矩阵对称的特殊线性方程组的情况, 但是因为系数矩阵的对称性质, 选主元 LDLT 分解算法只能在对角元素中选择主元, 所以没有列选主元和全选主元之分.

2. 选主元 LDLT 分解算法是 LDLT 分解算法的改进, 弥补了 LDLT 分解算法数值不稳定的缺点, 适用范围更广.

3. 排列矩阵 P 是由单位矩阵进行行排列得到的, 是一个稀疏矩阵, 编程实现时, 无需全部存储, 只需开辟一个 n 维列向量 p 记录列选主元 LU 分解过程中行交换的顺序即可, 第 $k\ (k = 1, 2, \cdots, n)$ 步分解时, 将主元所在行的行标 $i_k\ (k \leqslant i_k \leqslant n)$ 记录在 $p(k)$ 中.

4. 为了节省存储空间, 可以将分解得到的单位下三角矩阵 L 和对角矩阵 D 存入 A 中对应位置 (L 的对角元素默认为 1, 无需存储), 求解得到的解向量 y 和 x 也可以存入 b 中.

3.11.4　适用范围

要求:

1. 线性方程组的系数矩阵为对称方阵;

2. 线性方程组的系数矩阵可逆, 或者说系数矩阵非奇异.

例 3.8　求解例 3.7 中的线性方程组, 用解对称线性方程组的选主元 LDLT 分解算法.

解　设置如下参数:

```
A = [10 7 8 7; 7 5 6 5; 8 6 10 9; 7 5 9 10];
b = [32; 23;33;31];
调用函数 direct_solver_output = PLDLT_solve(&A, &b)
```

其中, &A 代表指向系数矩阵的指针, &b 代表指向右端向量的指针.

程序运行结果如图 3.9 所示.

图 3.9　例 3.8 线性方程组求解结果

3.12 LLT 分解算法

3.12.1 算法推导

若系数矩阵 A 对称正定, 则 A 可以被分解为下三角矩阵 L 和上三角矩阵 L^{T} 的乘积, 即 $A = LL^{\mathrm{T}}$, 那么求解线性方程组 $Ax = b$ 的问题等价于求解两个三角形方程组:

(1) $Ly = b$, 求 y;

(2) $L^{\mathrm{T}}x = y$, 求 x.

基于 LLT 分解的线性方程组求解算法包含以下几个步骤.

步骤 1　对 n 阶对称系数矩阵 A 进行 LLT 分解 (详细推导过程见 1.9.2 节算法推导部分):

$$A = LL^{\mathrm{T}} = \begin{bmatrix} l_{11} & & & \\ l_{21} & l_{22} & & \\ \vdots & \vdots & \ddots & \\ l_{n1} & l_{n2} & \cdots & l_{nn} \end{bmatrix} \begin{bmatrix} l_{11} & l_{21} & \cdots & l_{n1} \\ & l_{22} & \cdots & l_{n2} \\ & & \ddots & \vdots \\ & & & l_{nn} \end{bmatrix} \qquad (3.12.1)$$

步骤 2　求解下三角形方程组 $Ly = b$.

$$y_k = \left(b_k - \sum_{r=1}^{k-1} l_{kr} y_r \right) \Big/ l_{kk} \quad (k = 1, 2, \cdots, n) \qquad (3.12.2)$$

步骤 3　求解上三角形方程组 $L^{\mathrm{T}}x = y$ 得到原线性方程组 $Ax = b$ 的解向量 x,

$$x_k = \left(y_k - \sum_{r=k+1}^{n} l_{rk} x_r \right) \Big/ l_{kk} \quad (k = n, n-1, \cdots, 1) \qquad (3.12.3)$$

3.12.2 算法流程

算法 3.9　解对称正定线性方程组的 LLT 分解算法

输入: $n \times n$ 阶对称正定系数矩阵 A, n 维列向量 b.

输出: 解向量 x.

流程:

1. 对对称正定系数矩阵 A 进行 LLT 分解.

2. 求解下三角形方程组 $Ly = b$: $y_k = \left(b_k - \displaystyle\sum_{r=1}^{k-1} l_{kr} y_r \right) \Big/ l_{kk}$ ($k = 1, 2, \cdots, n$).

3. 求解上三角形方程组 $L^{\mathrm{T}}x = y$: $x_k = \left(y_k - \sum\limits_{r=k+1}^{n} l_{rk}x_r \right) \Big/ l_{kk}$ $(k = n, n-1, \cdots, 1)$.

3.12.3 算法特点

1. LLT 分解算法是将 LU 分解算法应用于对称正定系数矩阵的特殊情况.

2. LLT 分解算法与 LDLT 分解算法的比较: LDLT 分解算法的适用范围比 LLT 分解算法更广; 对于系数矩阵 A 对称正定的线性方程组, 两种算法的计算量差不多, 但是 LDLT 分解算法不需要开方计算.

3. 分解计算过程中, 下三角矩阵 L 中元素的数量级不会增长, 而且其对角元素恒为正数, 因此不选主元的 LLT 分解算法是一个数值稳定的算法.

4. 为了节省存储空间, 可以将分解得到的下三角矩阵 L 存入 A 中对应位置, 求解得到的解向量 y 和 x 也可以存入 b 中.

3.12.4 适用范围

要求线性方程组的系数矩阵为对称正定方阵.

例 3.9 求解如下线性方程组, 系数矩阵是对称正定的, 用解对称正定线性方程组的 LLT 分解算法.

$$\begin{cases} 1.0x_1 + 0.5x_2 + \dfrac{1}{3}x_3 + \dfrac{1}{4}x_4 = 1 \\[2mm] 0.5x_1 + 1.0x_2 + \dfrac{2}{3}x_3 + \dfrac{1}{2}x_4 = 2 \\[2mm] \dfrac{1}{3}x_1 + \dfrac{2}{3}x_2 + 1.0x_3 + \dfrac{3}{4}x_4 = 3 \\[2mm] \dfrac{1}{4}x_1 + \dfrac{1}{2}x_2 + \dfrac{3}{4}x_3 + 1.0x_4 = 4 \end{cases}$$

解 设置如下参数:

```
A = [1 0.5 1/3 1/4; 0.5 1 2/3 0.5; 1/3 2/3 1 3/4; 1/4 1/2 3/4 1];
b = [1; 2;3;4];
调用函数 direct_solver_output = LLT_solve(&A, &b)
```

其中, &A 代表指向系数矩阵的指针, &b 代表指向右端向量的指针.

程序运行结果如图 3.10 所示.

图 3.10 例 3.9 线性方程组求解结果

3.13 QR 分解算法

3.13.1 算法推导

将系数矩阵 A 分解为正交方阵 Q 和上三角矩阵 R 的乘积, 即 $A = QR$, 那么求解线性方程组 $Ax = b$ 的问题等价于求解一个上三角形方程组:

(1) 求 y, $y = Q^{\mathrm{T}}b$;

(2) $Rx = y$, 求 x.

基于 QR 分解的线性方程组求解算法包含以下几个步骤.

步骤 1 对 $m \times n$ 阶系数矩阵 A 进行 QR 分解 (详细推导过程见 1.10.2 节算法推导部分):

$$A = QR = \begin{bmatrix} q_{11} & q_{12} & \cdots & q_{1m} \\ q_{21} & q_{22} & \cdots & q_{2m} \\ \vdots & \vdots & \ddots & \vdots \\ q_{m1} & q_{m2} & \cdots & q_{mm} \end{bmatrix} \begin{bmatrix} r_{11} & r_{12} & \cdots & r_{1i} & \cdots & r_{1n} \\ & r_{22} & \cdots & r_{2i} & \cdots & r_{2n} \\ & & \ddots & \vdots & \cdots & \vdots \\ & & & r_{mi} & \cdots & r_{mn} \end{bmatrix}$$

(3.13.1)

步骤 2 Q 是正交方阵, 即 $Q' = Q^{\mathrm{T}}$, 求解得 $y = Q^{\mathrm{T}}b$.

步骤 3 根据上三角矩阵 R 和向量 y 的特征, 判断线性方程组是有唯一解, 无解或是有通解.

步骤 4 如果系数矩阵 A 是方阵, 且非奇异, 则可以求解上三角形方程组 $Rx = y$, 得到原线性方程组 $Ax = b$ 的解向量 x:

$$\begin{cases} x_n = y_n / r_{nn} \\ x_k = \left(y_k - \sum_{r=k+1}^{n} r_{kr} x_r \right) \Big/ r_{kk} \quad (k = n-1, n-2, \cdots, 1) \end{cases}$$

(3.13.2)

3.13.2　算法流程

算法 3.10　解线性方程组的 QR 分解算法

> 输入: $m \times n$ 阶系数矩阵 A, m 维列向量 b.
>
> 输出: 解向量 x.
>
> 流程:
>
> 1. 对系数矩阵 A 进行 QR 分解.
> 2. 求解: $y = Q^{\mathrm{T}}b$.
> 3. 根据上三角矩阵 R 和向量 y 的特征, 判断线性方程组是有唯一解, 无解或是有通解.
> 4. 如果系数矩阵 A 是方阵, 且非奇异, 则求解上三角形方程组 $Rx = y$.

3.13.3　算法特点

1. 与基于其他矩阵分解的算法不同, 基于 QR 分解的算法不局限于系数矩阵是方阵且非奇异.

2. 借助于 QR 分解算法, 可以判断线性方程组是否有解, 还可以求通解.

3. 相比于消去算法和基于矩阵 LU 分解的算法, 基于 QR 分解的算法比较简洁, 也更稳定.

4. 为了节省存储空间, 可以将分解得到的上三角矩阵 R 存入 A 中对应位置, 求解得到的解向量 y 和 x 也可以存入 b 中.

3.13.4　适用范围

适用于任意线性方程组.

3.14　追 赶 算 法

3.14.1　算法推导

在一些实际问题, 如解常微分方程边值问题、建立三次样条函数问题等, 需要求解系数矩阵为三对角方阵的线性方程组:

$$
\begin{bmatrix}
\beta_1 & \gamma_1 & & & \\
\alpha_2 & \beta_2 & \gamma_2 & & \\
& \ddots & \ddots & \ddots & \\
& & \alpha_{n-1} & \beta_{n-1} & \gamma_{n-1} \\
& & & \alpha_n & \beta_n
\end{bmatrix}
\begin{bmatrix}
x_1 \\
x_2 \\
\vdots \\
x_{n-1} \\
x_n
\end{bmatrix}
=
\begin{bmatrix}
b_1 \\
b_2 \\
\vdots \\
b_{n-1} \\
b_n
\end{bmatrix}
\tag{3.14.1}
$$

其中系数矩阵需要满足以下几个条件:

1. $|\beta_1| > |\gamma_1| > 0$;
2. $|\beta_i| \geqslant |\alpha_i| + |\gamma_i|$, $\alpha_i, \gamma_i \neq 0, i = 2, 3, \cdots, n - 1$;
3. $|\beta_n| > |\alpha_n| > 0$.

追赶法将三对角线性方程组 (3.14.1) 的系数矩阵进行 LU 分解, 然后运用回代方法求解 $Ly = b$ 和 $Ux = y$.

追赶法求解算法包含以下几个步骤.

步骤 1   由系数矩阵 A 的特点, 可以将其分解为下三角矩阵 L 和单位上三角矩阵 U 的乘积:

$$
A = \begin{bmatrix}
\beta_1 & \gamma_1 & & & \\
\alpha_2 & \beta_2 & \gamma_2 & & \\
& \ddots & \ddots & \ddots & \\
& & \alpha_{n-1} & \beta_{n-1} & \gamma_{n-1} \\
& & & \alpha_n & \beta_n
\end{bmatrix}
$$

$$
= \begin{bmatrix}
\beta_1' & & & \\
\alpha_2' & \beta_2' & & \\
& \ddots & \ddots & \\
& & \alpha_n' & \beta_n'
\end{bmatrix}
\begin{bmatrix}
1 & \gamma_1' & & \\
& 1 & \ddots & \\
& & \ddots & \gamma_{n-1}' \\
& & & 1
\end{bmatrix} = LU \quad (3.14.2)
$$

其中 $\alpha_i', \beta_i', \gamma_i'$ 为待定系数.

步骤 2   由矩阵乘法可以得到 $\alpha_i', \beta_i', \gamma_i'$ 的计算公式:

$$
\begin{cases}
\beta_1' = \beta_1 , \ \gamma_1' = \gamma_1/\beta_1' \\
\alpha_i' = \alpha_i , \ \beta_i' = \beta_i - \alpha_i'\gamma_{i-1}' , \ \gamma_i' = \gamma_i/\beta_i' , \quad i = 2, 3, \cdots, n-1 \\
\alpha_n' = \alpha_n , \ \beta_n' = \beta_n - \alpha_n'\gamma_{n-1}'
\end{cases} \quad (3.14.3)
$$

步骤 3   求解下三角形方程组 $Ly = b$:

$$
\begin{cases}
y_1 = b_1/\beta_1' \\
y_k = \left(b_k - \alpha_k' y_{k-1}\right)/\beta_k' \quad (k = 2, 3, \cdots, n)
\end{cases} \quad (3.14.4)
$$

步骤 4   求解上三角形方程组 $Ux = y$, 得到原线性方程组 $Ax = b$ 的解向量 x:

$$
\begin{cases}
x_n = y_n \\
x_k = y_k - \gamma_k' x_{k+1} \quad (k = n-1, \cdots, 2, 1)
\end{cases} \quad (3.14.5)
$$

3.14.2　算法流程

算法 3.11　解三对角线性方程组的追赶算法

输入: $n \times n$ 维系数矩阵的对角线 α, β, γ, n 维列向量 b.

输出: 解向量 x.

流程:

1. 对三对角系数矩阵 A 进行三角分解:

　　(1) $\beta_1' = \beta_1$, $\gamma_1' = \gamma_1/\beta_1'$.

　　for $i = 2 : n-1$

　　(2) $\alpha_i' = \alpha_i$, $\beta_i' = \beta_i - \alpha_i'\gamma_{i-1}'$, $\gamma_i' = \gamma_i/\beta_i'$.

　　end for

　　(3) $\alpha_n' = \alpha_n$, $\beta_n' = \beta_n - \alpha_n'\gamma_{n-1}'$.

2. 求解下三角形方程组 $Ly = b$: $\begin{cases} y_1 = b_1/\beta_1', \\ y_k = (b_k - \alpha_k'y_{k-1})/\beta_k' \quad (k=2,3,\cdots,n). \end{cases}$

3. 求解上三角形方程组 $Ux = y$: $\begin{cases} x_n = y_n, \\ x_k = y_k - \gamma_k'x_{k+1} \; (k=n-1,\cdots,2,1). \end{cases}$

3.14.3　算法特点

1. 追赶法其实就是将 LU 分解算法应用于三对角线性方程组的特殊情况.

2. 只需用三个列向量 α, β, γ 分别存储系数矩阵的三条对角线, α', β', γ' 分别使用 α, β, γ 的存储空间.

3.14.4　适用范围

要求:

1. 线性方程组的系数矩阵为三对角方阵;

2. 线性方程组的系数矩阵的所有顺序主子式均不为 0.

例 3.10　求解如下线性方程组, 系数矩阵为三对角方阵,

$$\begin{cases} -1.0x_1 + 1.0x_2 = 0 \\ 1.0x_1 - 2.0x_2 + 4.0x_3 = 3 \\ 2.0x_2 - 3.0x_3 + 9.0x_4 = 8 \\ 3.0x_3 - 4.0x_4 = -1 \end{cases}$$

解　设置如下参数:

```
alpha= [1;2;3]; beta=[-1;-2;-3;-4]; gamma= [1;4;9];
b = [0;3;8;-1];
调用函数direct_solver_output = Tridiagonal_solve(&alpha, &beta, &
    gamma, &b)
```

其中, &alpha, &beta 和 &gamma 分别代表指向向量 alpha, beta 和 gamma 的指针, &b 代表指向右端向量的指针.

程序运行结果如图 3.11 所示.

图 3.11　例 3.10 线性方程组求解结果

3.15　Visual Studio 软件解线性方程组直接算法调用说明

解线性方程组代数算法和矩阵三角分解算法的基本调用方法及参数说明分别见表 3.1 和表 3.2.

表 3.1　解线性方程组代数算法基本调用方法及参数说明

Gauss 消去算法	direct_solver_output = Gauss_elimination(&A, &b)
列选主元 Gauss 消去算法	direct_solver_output= Gauss_column_pivot_elimination(&A, &b)
全选主元 Gauss 消去算法	direct_solver_output=Gauss_complete_pivot_elimination(&A, &b)
输入参数说明	&A: 指向系数矩阵的指针 &b: 指向右端向量的指针

表 3.2　解线性方程组矩阵三角分解算法基本调用方法及参数说明

解线性方程组的 LU 分解算法	direct_solver_output = LU_solve (&A, &b)
解线性方程组的列选主元 LU 分解算法	direct_solver_output= Column_PLU_solve (&A, &b)
解线性方程组的全选主元 LU 分解算法	direct_solver_output= Complete_PLU_solve (&A, &b)
解对称线性方程组的 LDLT 分解算法	direct_solver_output = LDLT_solve(&A, &b)
解对称线性方程组的选主元 LDLT 分解算法	direct_solver_output = PLDLT_solve(&A, &b)
解对称正定线性方程组的 LLT 分解算法	direct_solver_output = LLT_solve(&A, &b)
解线性方程组的 QR 分解算法	direct_solver_output = QR_solve(&A, &b)
解三对角线性方程组的追赶算法	direct_solver_output=Tridiagonal_solve(&alpha, &beta, &gamma, &b)

续表

输入参数说明	&A: 指向系数矩阵的指针 &b: 指向右端向量的指针 &alpha: 指向包含系数矩阵第一条次对角线元素的向量 alpha 的指针 &beta: 指向包含系数矩阵主对角线元素的向量 beta 的指针 &gamma: 指向包含系数矩阵主对角线元素的向量 gamma 的指针
输出参数说明	direct_solver_output: 结构体变量, 包含未知数向量

3.16　小　　结

本章主要介绍了求解线性方程组直接算法, 其中, 代数法包括 Gauss 消去算法、列选主元 Gauss 消去算法、全选主元 Gauss 消去算法; 基于矩阵 LU 分解的算法包括基于一般矩阵的 LU 分解、列选主元 LU 分解和全选主元 LU 分解的算法, 基于对称矩阵的 LDLT 分解、选主元 LDLT 分解的算法, 基于对称正定矩阵的 LLT 分解的算法, 基于任意实矩阵 QR 分解的算法, 针对三对角矩阵的追赶算法. 本章对每个算法进行了推导, 梳理了流程, 归纳了特点和适用范围; 此外, 还给出了 Visual Studio 软件中相关算法命令的调用方法.

参 考 文 献

龚纯, 王正林, 2011. MATLAB 语言常用算法程序集[M]. 2 版. 北京: 电子工业出版社.

Al-Khafaji A W, Tooley J R, 1986. Numerical Methods in Engineering Practice[M]. New York: Holt, Rinehart and Winston.

Carnahan B, Luther H A, Wilkes J O, 1969. Applied Numerical Methods[M]. New York: Wiley.

Chapra S C, Canale R P, 1994. Introduction to Computing for Engineers[M]. 2nd ed. New York: McGraw-Hill.

Faddeev D K, Faddeeva V N, 1963. Computational Methods of Linear Algebra[M]. San Francisco: W.H. Freeman and Company.

Golub G H, Charles F V, 2018. Matrix Computations[M]. Beijing: POST & TELECOM Press.

Hamming R W, 1973. Numerical Methods for Scientists and Engineers[M]. 2nd ed. New York: McGraw-Hill.

Steven C C, Raymond P C, 2007. Numerical Methods for Engineers[M]. 5th ed. 唐玲艳, 田尊华, 刘齐军, 译. 北京: 清华大学出版社.

Steven J L, 2017. Linear Algebra with Applications[M]. 9th ed. Beijing: Mechanical Industry Press.

习　题

1. 求解如下线性方程组,

$$
\begin{bmatrix}
8 & 20 & 15 \\
20 & 80 & 50 \\
15 & 50 & 60
\end{bmatrix}
\begin{bmatrix}
x_1 \\
x_2 \\
x_3
\end{bmatrix}
=
\begin{bmatrix}
50 \\
250 \\
100
\end{bmatrix}
$$

2. 求解如下线性方程组,

$$
\begin{bmatrix}
6 & 15 & 55 \\
15 & 55 & 225 \\
55 & 225 & 979
\end{bmatrix}
\begin{bmatrix}
x_1 \\
x_2 \\
x_3
\end{bmatrix}
=
\begin{bmatrix}
152.6 \\
585.6 \\
2488.8
\end{bmatrix}
$$

3. 求解如下线性方程组,

$$
\begin{bmatrix}
0.8 & -0.4 & -0.4 \\
-0.4 & 0.8 & 0.8 \\
-0.4 & 0.8 & -0.4
\end{bmatrix}
\begin{bmatrix}
x_1 \\
x_2 \\
x_3
\end{bmatrix}
=
\begin{bmatrix}
41 \\
25 \\
105
\end{bmatrix}
$$

4. 求解如下线性方程组, 该方程组是求解偏微分方程组的克兰克–尼科尔森 (Crank-Nicolson) 算法的一部分,

$$
\begin{bmatrix}
2.01475 & -0.020875 & & \\
-0.020875 & 2.01475 & -0.020875 & \\
& -0.020875 & 2.01475 & -0.020875 \\
& & -0.020875 & 2.01475
\end{bmatrix}
\begin{bmatrix}
T_1 \\
T_2 \\
T_3 \\
T_4
\end{bmatrix}
=
\begin{bmatrix}
4.175 \\
0 \\
0 \\
2.0875
\end{bmatrix}
$$

第 4 章　线性方程组的间接求解算法

4.1　引　言

解线性方程组的间接算法, 又称为迭代算法, 是通过给定一个初始近似解不断迭代逼近线性方程组真解的算法, 主要有雅可比 (Jacobi) 迭代法、高斯-赛德尔 (Gauss-Seidel) 迭代法和超松弛 (SOR) 迭代法三大类. 与直接算法相比, 当系数矩阵稀疏时, 间接法可以有选择地不存储和不处理矩阵中的 0 元素, 从而节省空间和提高计算效率. 很多常见的工程问题抽象出的线性方程组的系数矩阵是稀疏的, 比如化学工程领域的化学反应系统设计问题. 迭代法在解决类似工程问题中具有广泛需求.

4.2　工　程　实　例

问题 4.1　化学工程反应系统设计 (化学工程领域问题)

在化学工程和石油工程中, 工程师常常需要设计一系列的化学反应来获取一定浓度的混合物. 假设有如下的反应系统, 如图 4.1.

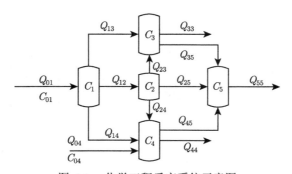

图 4.1　化学工程反应系统示意图

对应的问题是: 如何在确定的进料阀和出料阀开度 (因此, 体积流量 Q 是已知的) 和给定的进料阀物质浓度前提下, 确定五个反应器内的物质浓度. 这里, 为了简化问题, 引入两个假设, 一是, 反应已经达到平衡状态, 二是, 待分析的物质属于惰性成分, 即不参加化学反应. 根据质量守恒定律, 对于容器 1, 有

$$Q_{01}C_{01} = (Q_{13} + Q_{12} + Q_{14})C_1$$

对于容器 2 有
$$Q_{12}C_1 = (Q_{23} + Q_{24} + Q_{25})C_2$$

对于容器 3 有
$$Q_{13}C_1 + Q_{23}C_2 = (Q_{33} + Q_{35})C_3$$

对于容器 4 有
$$Q_{04}C_{04} + Q_{14}C_1 + Q_{24}C_2 = (Q_{44} + Q_{45})C_4$$

对于容器 5 有
$$Q_{25}C_2 + Q_{35}C_3 + Q_{45}C_4 = Q_{55}C_5$$

将上述五个方程联立, 并写成矩阵的形式, 有

$$
\begin{bmatrix}
(Q_{13} + Q_{12} + Q_{14}) & 0 & 0 & 0 & 0 \\
Q_{12} & -(Q_{23} + Q_{24} + Q_{25}) & 0 & 0 & 0 \\
Q_{13} & Q_{23} & -(Q_{33} + Q_{35}) & 0 & 0 \\
Q_{14} & Q_{24} & 0 & -(Q_{44} + Q_{45}) & 0 \\
0 & Q_{25} & Q_{35} & Q_{45} & -Q_{55}
\end{bmatrix}
$$

$$
\times
\begin{bmatrix}
C_1 \\
C_2 \\
C_3 \\
C_4 \\
C_5
\end{bmatrix}
=
\begin{bmatrix}
Q_{01}C_{01} \\
0 \\
0 \\
-Q_{04}C_{04} \\
0
\end{bmatrix}
$$

可见, 系数矩阵中存在大量的 0. 在工程实际中, 化学工程反应系统往往有成百上千的容器, 如果两个容器之间没有管道连通, 则相关的系数矩阵元素为 0. 即便对于参与化学反应发生的物质, 也只是右端向量发生改变, 对应的系数矩阵元素依然为 0. 在类似这种工程应用中, 迭代法具有代数法和基于矩阵分解的方法难以比拟的优势.

4.3 基础定义及定理

迭代法相关定义及定理如下.

定义 4.1 一阶定常迭代算法 设有线性方程组

$$Ax = b \tag{4.3.1}$$

其中 $A \in \mathbf{R}^{n \times n}$ 为非奇异矩阵. 将 A 分裂为

$$A = M - N \tag{4.3.2}$$

其中 M 为可选择的非奇异矩阵, M 称为 A 的分裂矩阵. 于是, 线性方程组 (4.3.1) 可以转化为 $Mx = Nx + b$, 此时线性方程组的解向量可以表示为

$$x = M^{-1}Nx + M^{-1}b \tag{4.3.3}$$

由式 (4.3.3) 构造一阶定常迭代公式:

$$\begin{cases} x^{(0)} & (\text{初始向量}) \\ x^{(k)} = Bx^{(k-1)} + f, & k = 1, 2, \cdots \end{cases} \tag{4.3.4}$$

其中 $B = M^{-1}N$ 为迭代矩阵, $f = M^{-1}b$. 选取不同的分裂矩阵 M, 就得到解线性方程组 (4.3.1) 的各种一阶定常迭代算法.

定理 4.1　迭代算法收敛的充要条件　给定线性方程组 (4.3.1) 和一阶定常迭代公式 (4.3.4), 对于任意选取的初始向量 $x^{(0)}$, 迭代算法收敛的充要条件是迭代矩阵 B 的谱半径 $\rho(B) < 1$ (谱半径定义为 $\rho(B) = \max\limits_{1 \leqslant i \leqslant n} \{|\lambda_i|\}$, λ_i 为 B 的特征值).

定理 4.2　迭代算法收敛的充分条件　给定线性方程组 (4.3.1) 和一阶定常迭代公式 (4.3.4), 如果 B 的某种算子范数 $\|B\| = q < 1$, 则

(1) 迭代法收敛, 即对任取 $x^{(0)}$ 有 $\lim\limits_{k \to \infty} x^{(k)} = x^*$, 且 $x^* = Bx^* + f$;

(2) $\|x^* - x^{(k)}\| \leqslant q^k \|x^* - x^{(0)}\|$;

(3) $\|x^* - x^{(k)}\| \leqslant \dfrac{q}{1-q} \|x^{(k)} - x^{(k-1)}\|$;

(4) $\|x^* - x^{(k)}\| \leqslant \dfrac{q^k}{1-q} \|x^{(1)} - x^{(0)}\|$.

4.4　Jacobi 迭代算法

4.4.1　算法推导

将线性方程组 (4.3.1) 中的系数矩阵 A 分裂成三部分:

$$A = \begin{bmatrix} a_{11} & & & \\ & a_{22} & & \\ & & \ddots & \\ & & & a_{nn} \end{bmatrix} - \begin{bmatrix} 0 & & & \\ -a_{21} & 0 & & \\ \vdots & \vdots & \ddots & \\ -a_{n1} & -a_{n2} & \cdots & 0 \end{bmatrix} - \begin{bmatrix} 0 & -a_{12} & \cdots & -a_{1n} \\ & 0 & \cdots & -a_{2n} \\ & & \ddots & \vdots \\ & & & 0 \end{bmatrix}$$

$$= D - L - U \tag{4.4.1}$$

设 $a_{ii} \neq 0$ $(i = 1, 2, \cdots, n)$, 选取分裂矩阵 M 为系数矩阵 A 的对角元素部分, 构造出的一阶定常迭代算法为 Jacobi 迭代算法. Jacobi 迭代算法包括以下几个步骤.

步骤 1 令 $M = D$, $N = L + U$, 由式 (4.3.4) 可以得到 Jacobi 迭代公式:

$$\begin{cases} x^{(0)} \quad (\text{初始向量}) \\ x^{(k)} = Jx^{(k-1)} + f, \quad k = 1, 2, \cdots \end{cases} \tag{4.4.2}$$

其中 $J = D^{-1}(L + U)$ 称为 Jacobi 迭代矩阵, $f = D^{-1}b$.

步骤 2 记 $x^{(k)} = \left[x_1^{(k)}, \cdots, x_i^{(k)}, \cdots, x_n^{(k)}\right]^{\mathrm{T}}$, 由 Jacobi 迭代公式 (4.4.2) 可得

$$Dx^{(k)} = (L + U)x^{(k-1)} + b \tag{4.4.3}$$

其分量计算形式为

$$a_{ii}x_i^{(k)} = -\sum_{j=1}^{i-1} a_{ij}x_j^{(k-1)} - \sum_{j=i+1}^{n} a_{ij}x_j^{(k-1)} + b_i, \ i = 1, 2, \cdots, n \tag{4.4.4}$$

步骤 3 由式 (4.4.4) 可以得到解 $Ax = b$ 的 Jacobi 迭代计算公式:

$$\begin{cases} x^{(0)} = \left(x_1^{(0)}, x_2^{(0)}, \cdots, x_n^{(0)}\right)^{\mathrm{T}} \\ x_i^{(k)} = \left(b_i - \sum_{j=1, j\neq i}^{n} a_{ij}x_j^{(k-1)}\right)\Big/a_{ii}, \ i = 1, 2, \cdots, n; \ k = 1, 2, \cdots, i; \ k\text{表示迭代次数} \end{cases}$$
$$\tag{4.4.5}$$

4.4.2 相关定理

定理 4.3 Jacobi 迭代法的收敛条件 设 $Ax = b$, 其中 $A = D - L - U$ 为非奇异矩阵, 且对角矩阵 D 也非奇异, 则 Jacobi 迭代法收敛的充要条件是谱半径 $\rho(J) < 1$, 充分条件是 $\|J\| < 1$.

定理 4.4 对角占优矩阵的 Jacobi 迭代法收敛条件 设 $Ax = b$, 如果 A 为严格对角占优矩阵或不可约弱对角占优矩阵, 则解 $Ax = b$ 的 Jacobi 迭代法收敛.

如果矩阵 A 不能通过行的次序的调换和相应列的次序的调换成为

$$\begin{bmatrix} A_{11} & A_{12} \\ 0 & A_{22} \end{bmatrix}$$

其中, A_{11}, A_{22} 为方阵, 则称 A 不可约.

对角占优是指矩阵 $A = (a_{ij})_{n \times n}$ 满足

$$|a_{ii}| \geqslant \sum_{j=1, i \neq j}^{n} |a_{ij}|, \quad i = 1, 2, \cdots, n$$

且至少有一个 i 值使上式中严格的不等式成立, 则称矩阵 A 具有对角占优. 特别地, 若所有 i 值上式中严格的不等式成立, 则称矩阵 A 具有严格对角占优.

定理 4.5　对称矩阵的 Jacobi 迭代法收敛条件　设 $Ax = b$, 其中系数矩阵 A 对称, 且对角元 $a_{ii} > 0 (i = 1, 2, \cdots, n)$, 则解 $Ax = b$ 的 Jacobi 迭代法收敛的充要条件是 A 及 $2D - A$ 均为正定矩阵.

4.4.3　算法流程

算法 4.1　解线性方程组的 Jacobi 迭代算法

输入: $n \times n$ 阶系数矩阵 A, n 维列向量 b, n 维初始解向量 $x^{(0)}$, 迭代误差限 ξ, 最大迭代次数 $k_{\max}$.

输出: 解向量 x, 迭代次数 k.

流程:

1. 线性方程组预处理:

　　for $i = 1 : n$

　　　　(1) if $a_{kk} = 0$, then 计算停止;

　　　　　　end if

　　　　(2) 将每个方程除以其对角元素:

$$\tilde{a}_{ij} = a_{ij}/a_{ii} \ (j = 1, 2, \cdots, n \,;\, j \neq i)$$
$$\tilde{b}_i = b_i/a_{ii}$$

　　end for

2. Jacobi 迭代:

　　for $k = 1 : k_{\max}$

　　　　(1) 计算本次迭代的解向量:

$$x_i^{(k)} = -\sum_{j=1}^{i-1} a_{ij} x_j^{(k-1)} - \sum_{j=i+1}^{n} a_{ij} x_j^{(k-1)} + b_i \ (i = 1, 2, \cdots, n)$$

　　　　(2) 计算解向量的误差: $e = \left\| x^{(k)} - x^{(k-1)} \right\|_2$.

　　　　(3) if $e < \xi$, then 输出解向量 $x^{(k)}$ 和迭代次数 k, 结束程序.

　　　　　　end if

　　end for

4.4.4　算法特点

1. Jacobi 迭代法计算公式简单, 每迭代一次只需计算一次矩阵和向量的乘法, 且计算过程中原始系数矩阵 A 始终不变.

2. Jacobi 迭代法在计算过程中只使用变量上一次迭代的信息 $x^{(k-1)}$ 来计算 $x^{(k)}$, 适合进行并行计算.

3. Jacobi 迭代法收敛的充要条件是迭代矩阵的谱半径小于 1, 但是计算矩阵的特征值 (谱半径等于特征值的绝对值的最大值) 比较麻烦, 所以, 加入最大迭代次数的限制.

4. 由 Jacobi 迭代计算公式 (4.4.5) 可知, 每次迭代计算解向量 $x^{(k)}$ 时都要除以对角元, 因此, 可以先对方程组进行预处理, 将每个方程除以对角元素后再进行迭代计算, 从而减少迭代计算的计算量.

4.4.5　适用范围

理论上, 解线性方程组 $Ax = b$ 的 Jacobi 迭代算法要求:

(1) 系数矩阵 A 非奇异;

(2) A 中所有对角线上的元素均不为 0;

(3) 迭代矩阵 J 的谱半径 $\rho(J) < 1$.

例 4.1　求解如下线性方程组.

$$\begin{cases} 3x_1 - 0.1x_2 - 0.2x_3 = 7.85 \\ 0.1x_1 + 7x_2 - 0.3x_3 = -19.3 \\ 0.3x_1 - 0.2x_2 + 10x_3 = 71.4 \end{cases}$$

解　设置如下参数:

```
A = [3 -0.1 -0.2; 0.1 7 -0.3; 0.3 -0.2 10];
b = [7.85; -19.3; 71.4];
x_initial= [0; 0; 0];
tolerance=1e-7;
k_max=1000;
调用函数iterative_solver_output = Jacobi_solve(&A, &b, &x_initial,
    tolerance, k_max)
```

其中, &A 代表指向系数矩阵的指针, &b 代表指向右端向量的指针, &x_initial 代表指向初始解向量的指针, tolerance 代表迭代误差限, k_max 代表最大迭代次数.

程序运行结果如图 4.2 所示.

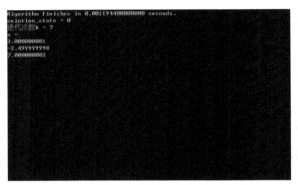

图 4.2　例 4.1 线性方程组求解结果

4.5　Gauss-Seidel 迭代算法

4.5.1　算法推导

选取分裂矩阵 M 为系数矩阵 A 的下三角部分, 构造出的一阶定常迭代算法为 Gauss-Seidel 迭代算法. Gauss-Seidel 迭代算法包括以下几个步骤.

步骤 1　将线性方程组 (4.3.1) 中的系数矩阵 A 分裂成三部分

$$A = \begin{bmatrix} a_{11} & & & \\ & a_{22} & & \\ & & \ddots & \\ & & & a_{nn} \end{bmatrix} - \begin{bmatrix} 0 & & & \\ -a_{21} & 0 & & \\ \vdots & \vdots & \ddots & \\ -a_{n1} & -a_{n2} & \cdots & 0 \end{bmatrix}$$

$$- \begin{bmatrix} 0 & -a_{12} & \cdots & -a_{1n} \\ & 0 & \cdots & -a_{2n} \\ & & \ddots & \vdots \\ & & & 0 \end{bmatrix} = D - L - U \tag{4.5.1}$$

步骤 2　令 $M = D - L$, $N = U$, 由式 (4.3.4) 可以得到 Gauss-Seidel 迭代公式

$$\begin{cases} x^{(0)} & (\text{初始向量}) \\ x^{(k)} = Gx^{(k-1)} + f, & k = 1, 2, \cdots \end{cases} \tag{4.5.2}$$

其中 $G = (D - L)^{-1}U$ 称为 Gauss-Seidel 迭代矩阵, $f = (D - L)^{-1}b$.

步骤 3　记 $x^{(k)} = \left[x_1^{(k)}, \cdots, x_i^{(k)}, \cdots, x_n^{(k)}\right]^{\mathrm{T}}$, 由 Gauss-Seidel 迭代公式 (4.5.2) 可得

$$Dx^{(k)} = Lx^{(k)} + Ux^{(k-1)} + b \tag{4.5.3}$$

其分量计算形式为

$$a_{ii}x_i^{(k)} = -\sum_{j=1}^{i-1} a_{ij}x_j^{(k)} - \sum_{j=i+1}^{n} a_{ij}x_j^{(k-1)} + b_i, \quad i = 1, 2, \cdots, n \tag{4.5.4}$$

步骤 4 由式 (4.5.4) 可以得到解 $Ax = b$ 的 Gauss-Seidel 迭代计算公式

$$\begin{cases} x^{(0)} = (x_1^{(0)}, x_2^{(0)}, \cdots, x_n^{(0)})^{\mathrm{T}} \\ x_i^{(k)} = \left(-\sum_{j=1}^{i-1} a_{ij}x_j^{(k)} - \sum_{j=i+1}^{n} a_{ij}x_j^{(k-1)} + b_i \right) \Big/ a_{ii}, \\ i = 1, 2, \cdots, n\,;\, k = 1, 2, \cdots, i; k\text{为迭代次数} \end{cases} \tag{4.5.5}$$

4.5.2 相关定理

定理 4.6 Gauss-Seidel 迭代法的收敛条件 设 $Ax = b$, 其中 $A = D - L - U$ 为非奇异矩阵, 且对角矩阵 D 也非奇异, 则 Gauss-Seidel 迭代法收敛的充要条件是 $\rho(G) < 1$, 充分条件是 $\|G\| < 1$.

定理 4.7 对角占优矩阵的 Gauss-Seidel 迭代法收敛条件 设 $Ax = b$, 如果 A 为严格对角占优矩阵或 A 为不可约弱对角占优矩阵, 则解 $Ax = b$ 的 Gauss-Seidel 迭代法收敛.

定理 4.8 对称矩阵的 Gauss-Seidel 迭代法收敛条件 设 $Ax = b$, 其中系数矩阵 A 对称, 且对角元 $a_{ii} > 0$ $(i = 1, 2, \cdots, n)$, 则解 $Ax = b$ 的 Gauss-Seidel 迭代法收敛的充分条件是 A 正定.

4.5.3 算法流程

算法 4.2 解线性方程组的 Gauss-Seidel 迭代算法

> 输入: $n \times n$ 维系数矩阵 A, n 维列向量 b, n 维初始解向量 $x^{(0)}$, 迭代误差限 ξ, 最大迭代次数 $k_{\max}$.
>
> 输出: 解向量 x, 迭代次数 k.
>
> 流程:
>
> 1. 线性方程组预处理:
>   for $i = 1 : n$
>   (1) if $a_{kk} = 0$, then 计算停止;
>   end if
>   (2) 将每个方程除以其对角元素:

$$\tilde{a}_{ij} = a_{ij}/a_{ii} \quad (j = 1, 2, \cdots, n\,;\ j \neq i)$$
$$\tilde{b}_i = b_i/a_{ii}$$

　　　　end for

　　2. Gauss-Seidel 迭代:

　　　　for $k = 1 : k_{\max}$

　　　　　　(1) 计算本次迭代的解向量:

$$x_i^{(k)} = -\sum_{j=1}^{i-1} a_{ij} x_j^{(k)} - \sum_{j=i+1}^{n} a_{ij} x_j^{(k-1)} + b_i \ (i = 1, 2, \cdots, n)$$

　　　　　　(2) 计算解向量的误差: $e = \left\| x^{(k)} - x^{(k-1)} \right\|_2$;

　　　　　　(3) if $e < \xi$, then 输出解向量 $x^{(k)}$ 和迭代次数 k, 结束程序.
　　　　　　　　 end if

　　　　end for

4.5.4　算法特点

　　1. Gauss-Seidel 迭代法可以看作 Jacobi 迭代法的一种改进. 因为 Gauss-Seidel 迭代公式计算 $x^{(k)}$ 的第 i 个分量 $x_i^{(k)}$ 时, 利用了已经计算出的最新分量 $x_j^{(k)}(j = 1, 2, \cdots, i - 1)$.

　　2. 通常情况下, 当 Jacobi 迭代法和 Gauss-Seidel 迭代法都收敛时, 后者收敛速度更快.

　　3. Gauss-Seidel 迭代法收敛的充要条件是迭代矩阵的谱半径小于 1, 但是计算矩阵的特征值 (谱半径等于特征值的绝对值的最大值) 比较麻烦, 所以, 加入最大迭代次数的限制.

　　4. 由 Gauss-Seidel 迭代计算公式 (4.5.5) 可知, 每次迭代计算解向量 $x^{(k)}$ 时都要除以对角元, 因此, 可以先对方程组进行预处理, 将每个方程除以对角元素后再进行迭代计算, 从而减少迭代计算的计算量.

4.5.5　适用范围

　　理论上, 解线性方程组 $Ax = b$ 的 Gauss-Seidel 迭代法要求:

　　(1) 系数矩阵 A 非奇异;

　　(2) A 中所有对角线上的元素均不为 0;

　　(3) 迭代矩阵 G 的谱半径 $\rho(G) < 1$.

　　例 4.2　求解例 4.1 中线性方程组.

　　解　设置如下参数:

```
A = [3 -0.1 -0.2; 0.1 7 -0.3; 0.3 -0.2 10];
b = [7.85; -19.3; 71.4];
x_initial= [0; 0; 0];
tolerance=1e-7;
k_max=1000;
调用函数iterative_solver_output = Gauss_Seidel_solve(&A, &b, &
    x_initial, tolerance, k_max)
```

其中, &A 代表指向系数矩阵的指针, &b 代表指向右端向量的指针, &x_initial 代表指向初始解向量的指针, tolerance 代表迭代误差限, k_max 代表最大迭代次数.

程序运行结果如图 4.3 所示.

图 4.3　例 4.2 线性方程组求解结果

4.6　SOR 迭代算法

4.6.1　算法推导

选取分裂矩阵 M 为带参数的下三角矩阵

$$M = \frac{1}{\omega}\left(D - \omega L\right) \tag{4.6.1}$$

其中 $\omega > 0$ 为可选择的松弛因子. 构造出的一阶定常迭代算法为超松弛 (successive over relaxation, SOR) 迭代算法. SOR 迭代算法包括以下几个步骤.

步骤 1　将线性方程组 (4.3.1) 中的系数矩阵 A 分裂成三部分

$$A = \begin{bmatrix} a_{11} & & & \\ & a_{22} & & \\ & & \ddots & \\ & & & a_{nn} \end{bmatrix} - \begin{bmatrix} 0 & & & \\ -a_{21} & 0 & & \\ \vdots & \vdots & \ddots & \\ -a_{n1} & -a_{n2} & \cdots & 0 \end{bmatrix} - \begin{bmatrix} 0 & -a_{12} & \cdots & -a_{1n} \\ & 0 & \cdots & -a_{2n} \\ & & \ddots & \vdots \\ & & & 0 \end{bmatrix}$$

$$= D - L - U \tag{4.6.2}$$

步骤 2　由式 (4.3.4) 可以得到 SOR 迭代公式:

$$\begin{cases} x^{(0)} \ (\text{初始向量}) \\ x^{(k)} = L_\omega x^{(k-1)} + f, \quad k = 1, 2, \cdots \end{cases} \tag{4.6.3}$$

其中 $L_\omega = (D - \omega L)^{-1} ((1 - \omega) D + \omega U)$ 称为 SOR 迭代矩阵, $f = \omega(D - \omega L)^{-1} b$.

步骤 3　记 $x^{(k)} = \left[x_1^{(k)}, \cdots, x_i^{(k)}, \cdots, x_n^{(k)} \right]^{\mathrm{T}}$, 由 SOR 迭代公式 (4.6.3) 可得

$$Dx^{(k)} = Dx^{(k-1)} + \omega \left(b + Lx^{(k)} + Ux^{(k-1)} - Dx^{(k-1)} \right) \tag{4.6.4}$$

其分量计算形式为

$$a_{ii} x_i^{(k)} = a_{ii}(1 - \omega) x_i^{(k-1)} + \omega \left(b_i - \sum_{j=1}^{i-1} a_{ij} x_j^{(k)} - \sum_{j=i}^{n} a_{ij} x_j^{(k-1)} \right) \tag{4.6.5}$$

步骤 4　由式 (4.6.5) 可以得到解 $Ax = b$ 的 SOR 迭代计算公式

$$\begin{cases} x^{(0)} = \left(x_1^{(0)}, \cdots, x_n^{(0)} \right)^{\mathrm{T}} \\ x_i^{(k)} = (1 - w) x_i^{(k-1)} + \omega \left(b_i - \sum_{j=1}^{i-1} a_{ij} x_j^{(k)} - \sum_{j=i}^{n} a_{ij} x_j^{(k-1)} \right) \Big/ a_{ii} \\ i = 1, 2, \cdots, n \, ; \ k = 1, 2, \cdots; k \text{为迭代次数}; \omega \text{为松弛因子} \end{cases} \tag{4.6.6}$$

4.6.2　相关定理

定理 4.9　SOR 迭代法收敛的充要条件　设 $Ax = b$, 其中 $A = D - L - U$ 为非奇异矩阵, 且对角矩阵 D 也非奇异, 则 SOR 迭代法收敛的充要条件是 $\rho(L_\omega) < 1$.

定理 4.10　SOR 迭代法收敛的必要条件　设解线性方程组 $Ax = b$ 的 SOR 迭代法收敛, 则松弛因子满足 $0 < \omega < 2$.

定理 4.11　对角占优矩阵的 SOR 迭代法收敛条件　设 $Ax = b$, 如果 A 为严格对角占优矩阵或 A 为不可约弱对角占优矩阵, 且 $0 < \omega \leqslant 1$, 则解 $Ax = b$ 的 SOR 迭代法收敛.

定理 4.12　对称正定矩阵的 SOR 迭代法收敛条件　设 $Ax = b$, 如果 A 为对称正定矩阵, 且 $0 < \omega < 2$, 则解 $Ax = b$ 的 SOR 迭代法收敛.

4.6.3 算法流程

算法 4.3 解线性方程组的 SOR 迭代算法

输入: $n \times n$ 阶系数矩阵 A, n 维列向量 b, n 维初始解向量 $x^{(0)}$, 迭代误差限 ξ, 松弛因子 ω, 最大迭代次数 $k_{\max}$.

输出: 解向量 x, 迭代次数 k.

流程:

1. 线性方程组预处理:

    for $i = 1 : n$

        (1) if $a_{kk} = 0$, then 计算停止;

            end if

        (2) 将每个方程除以其对角元素:

$$\tilde{a}_{ij} = a_{ij}/a_{ii}\ (j = 1, 2, \cdots, n\ ; \ j \neq i)$$
$$\tilde{b}_i = b_i/a_{ii}$$

    end for

2. SOR 迭代:

    for $k = 1 : k_{\max}$

        (1) 计算本次迭代的解向量:

$$x_i^{(k)} = (1-\omega)x_i^{(k-1)} + \omega\left(-\sum_{j=1}^{i-1} a_{ij}x_j^{(k)} - \sum_{j=i}^{n} a_{ij}x_j^{(k-1)} + b_i\right)\ (i = 1, 2, \cdots, n)$$

        (2) 计算解向量的误差: $e = \left\|x^{(k)} - x^{(k-1)}\right\|_2$;

        (3) if $e < \xi$, then 输出解向量 $x^{(k)}$ 和迭代次数 k, 结束程序.

            end if

    end for

4.6.4 算法特点

1. SOR 迭代法是 Gauss-Seidel 迭代法的一种修正, 可由下述思想得到.

(1) 首先由 Gauss-Seidel 迭代法定义辅助量 $\tilde{x}_i^{(k+1)}$,

$$\tilde{x}_i^{(k+1)} = \left(b_i - \sum_{j=1}^{i-1} a_{ij}x_j^{(k+1)} - \sum_{j=i}^{n} a_{ij}x_j^{(k)}\right)\Big/ a_{ii} \tag{4.6.7}$$

(2) 再由 $x_i^{(k)}$ 与 $\tilde{x}_i^{(k+1)}$ 加权平均定义 $x_i^{(k+1)}$,

$$x_i^{(k+1)} = (1 - \omega)\, x_i^{(k)} + \omega \tilde{x}_i^{(k+1)} = x_i^{(k)} + \omega \left(\tilde{x}_i^{(k+1)} - x_i^{(k)} \right) \qquad (4.6.8)$$

将 (4.6.7) 代入 (4.6.8), 即得 SOR 迭代计算公式 (4.6.6).

2. 当 $\omega = 1$ 时, SOR 迭代法就是 Gauss-Seidel 迭代法.

3. SOR 迭代法收敛的充要条件是迭代矩阵的谱半径小于 1, 但是计算矩阵的特征值 (谱半径等于特征值的绝对值的最大值) 比较麻烦, 所以, 加入最大迭代次数的限制.

4. 由 SOR 迭代计算公式 (4.6.6) 可知, 每次迭代计算解向量 $x^{(k)}$ 时都要除以对角元, 因此, 可以先对方程组进行预处理, 将每个方程除以对角元素后再进行迭代计算, 从而减少迭代计算的计算量.

4.6.5　适用范围

理论上, 解线性方程组 $Ax = b$ 的 SOR 迭代法要求:

(1) 系数矩阵 A 非奇异;

(2) A 中所有对角线上的元素均不为 0;

(3) 迭代矩阵 L_ω 的谱半径 $\rho(L_\omega) < 1$.

应用上, 通常考虑 SOR 迭代法收敛的必要条件:

(1) 松弛因子 $0 < \omega < 2$;

(2) 系数矩阵 A 非奇异;

(3) A 中所有对角线上的元素均不为 0.

例 4.3　求解例 4.1 中线性方程组.

解　设置如下参数:

```
A = [3 -0.1 -0.2; 0.1 7 -0.3; 0.3 -0.2 10];
b = [7.85; -19.3; 71.4];
x_initial= [0; 0; 0];
tolerance=1e-7;
k_max=1000;
调用函数iterative_solver_output = SOR_solve(&A, &b, &x_initial,
    tolerance, k_max)
```

其中, &A 代表指向系数矩阵的指针, &b 代表指向右端向量的指针, &x_initial 代表指向初始解向量的指针, tolerance 代表迭代误差限, k_max 代表最大迭代次数.

程序运行结果如图 4.4 所示.

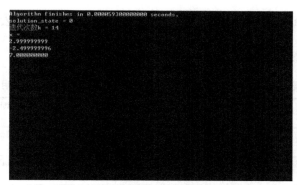

图 4.4 例 4.3 线性方程组求解结果

例 4.4 构造大型线性方程组, 对比 Jacobi 迭代法、Gauss-Seidel 迭代法和 SOR 迭代法的效率.

解 先构造对角系数矩阵,

$$A_{ii} = i + 1, \quad i = 0, 1, 2, \cdots, n-1$$
$$A_{ij} = 0, \quad i \neq j$$

构造右端向量,

$$b(i) = i + 1, \quad i = 0, 1, 2, \cdots, n-1$$

设置不同的 n, 设置如下参数:

```
x_initial= [0; 0; 0];
tolerance=1e-7;
k_max=1000;
调用函数 iterative_solver_output = Jacobi_solve(&A, &b, &x_initial,
    tolerance, k_max)
iterative_solver_output = Gauss_Seidel_solve(&A, &b, &x_initial,
    tolerance, k_max)
iterative_solver_output = SOR_solve(&A, &b, &x_initial, tolerance,
    k_max)
```

其中, &A 代表指向系数矩阵的指针, &b 代表指向右端向量的指针, &x_initial 代表指向初始解向量的指针, tolerance 代表迭代误差限, k_max 代表最大迭代次数. 耗时对比如表 4.1 所示.

表 4.1 Jacobi 迭代法、Gauss-Seidel 迭代法和 SOR 迭代法效率对比

系数矩阵阶数 ($n \times n$)	耗时/s		
	Jacobi 迭代法	Gauss-Seidel 迭代法	SOR 迭代法
$n = 100$	0.00023	0.00020	0.0068
$n = 500$	0.0030	0.034	0.014

4.7　Visual Studio 软件解线性方程组迭代算法调用说明

见表 4.2 解线性方程组迭代算法基本调用方法及参数说明.

表 4.2　解线性方程组迭代算法基本调用方法及参数说明

Jacobi 迭代法	iterative_solver_output=Jacobi_solve(&A,&b, &x_initial, tolerance, k_max)
Gauss-Seidel 迭代法	iterative_solver_output=Gauss_Seidel_solve(&A,&b,&x_initial,tolerance, k_max)
SOR 迭代法	iterative_solver_output=SOR_solve(&A,&b, &x_initial, tolerance, k_max)
输入参数说明	&A: 指向系数矩阵的指针 &b: 指向右端向量的指针 &x_initial: 指向初始解向量的指针 tolerance: 迭代误差限 k_max: 最大迭代次数
输出参数说明	iterative_solver_output: 结构体变量, 包含未知数向量

4.8　小　　结

本章主要介绍了解线性方程组的间接算法, 即迭代算法, 包括 Jacobi 迭代法、Gauss-Seidel 迭代法和 SOR 迭代法. 本章对每个算法进行了推导, 梳理了流程, 归纳了特点和适用范围; 此外, 还给出了 Visual Studio 软件中相关算法命令的调用方法.

参 考 文 献

龚纯, 王正林, 2011. MATLAB 语言常用算法程序集[M]. 2 版. 北京: 电子工业出版社.

Cheney W, Kincaid D, 1994. Numerical Mathematics and Computing[M]. 2nd ed. Monterey CA: Brooks/Cole.

Dennis J E, Schnabel R B, 1996. Numerical Methods for Unconstrained Optimization and Nonlinear Equations[M]. Philadelphia: Society for Industrial and Applied Mathematics.

Faddeev D K, Faddeeva V N, 1963. Computational Methods of Linear algebra[M]. San Francisco: W.H. Freeman and Company.

Ferziger J H, 1981. Numerical Methods for Engineering Application[M]. New York: Wiley.

Gene H G, Charles F V, 2018. Matrix Computations[M]. Beijing: POST & TELECOM Press.

Hamming R W, 1973. Numerical Methods for Scientists and Engineers[M]. 2nd ed. New York: McGraw-Hill.

Hoffman J, 1992. Numerical Methods for Engineers and Scientists[M]. New York: McGraw-Hill.

Steven C C, Raymond P C, 2007. Numerical Methods for Engineers[M]. 5th ed. 唐玲艳, 田尊华, 刘齐军, 译. 北京: 清华大学出版社.

Steven J L, 2017. Linear Algebra with Applications[M]. 9th ed. Beijing: Mechanical Industry Press.

习　题

1. 求解如下线性方程组, 使用 Jacobi 迭代法,

$$
\begin{bmatrix}
2.01475 & -0.020875 & & \\
-0.020875 & 2.01475 & -0.020875 & \\
& -0.020875 & 2.01475 & -0.020875 \\
& & -0.020875 & 2.01475
\end{bmatrix}
\begin{bmatrix}
T_1 \\ T_2 \\ T_3 \\ T_4
\end{bmatrix}
=
\begin{bmatrix}
4.175 \\ 0 \\ 0 \\ 2.0875
\end{bmatrix}
$$

2. 求解习题 1 中三对角线性方程组, 使用 Gauss-Seidel 迭代法.

3. 求解习题 1 中三对角线性方程组, 使用 SOR 迭代法, 设定松弛因子 $\omega = 1.2$.

4. 下面的方程组用来求浓度 (未知数 c_i, 单位为 $\mathrm{g/m^3}$), 这些浓度是耦合化学反应中反应物质量的函数 (右边常数, 单位为 $\mathrm{g/d}$).

$$
\begin{bmatrix}
15 & -3 & -1 \\
-3 & 18 & -6 \\
-4 & -1 & 12
\end{bmatrix}
\begin{bmatrix}
c_1 \\ c_2 \\ c_3
\end{bmatrix}
=
\begin{bmatrix}
3800 \\ 1200 \\ 2350
\end{bmatrix}
$$

使用 Jacobi 迭代法求解该线性方程组.

5. 求解习题 4 中线性方程组, 使用 Gauss-Seidel 迭代法.

6. 求解习题 4 中线性方程组, 使用 SOR 迭代法.

7. 求解如下线性方程组, 使用 Jacobi 迭代法.

$$
\begin{bmatrix}
8 & 20 & 15 \\
20 & 80 & 50 \\
15 & 50 & 60
\end{bmatrix}
\begin{bmatrix}
x_1 \\ x_2 \\ x_3
\end{bmatrix}
=
\begin{bmatrix}
50 \\ 250 \\ 100
\end{bmatrix}
$$

8. 求解习题 7 中线性方程组, 使用 Gauss-Seidel 迭代法.

9. 求解习题 7 中线性方程组, 使用 SOR 迭代法.

第 5 章　非线性方程的求解算法

5.1　引　　言

解非线性方程的数值算法, 是通过给定一个初始近似解不断迭代逼近非线性方程真解的算法, 主要有二分法、试位法和迭代法三大类. 非线性方程求解问题的应用需求是非常广泛的, 因为, 在很多工程问题中, 如果将由其归纳而来的数学模型简化为线性方程, 求解得到结果中包含的误差会带来严重的后果. 比如, 在化学工程领域, 理想气体状态方程是线性的, 但是这只在一定温度压力范围内针对某些气体适用, 超过此范畴, 则必须使用非线性方程对气体状态进行描述. 类似问题还包括电子电路瞬态特性分析、机械工程中的振动分析, 等等.

5.2　工　程　实　例

问题 5.1　电子电路瞬态特性分析 (电气工程领域问题)

在电气工程领域, 除了要研究电阻电路网络的稳定状态 (见第 1 章 1.2 节), 还需要研究电路的瞬时特性, 比如, 开关从一个位置切换到另一个位置时, 电路需要多少时间从原来状态变到新的状态. 为了在给定时间内完成电路状态切换, 需要电路中的元件相关参数满足哪些条件, 等等. 假设有如图 5.1 所示电子电路, 该电路由两个环路并联而成, 左边环路由电源和电容器连接构成, 右边环路由电容器、电阻和电感器三个元件连接构成, 两个环路由一个开关控制切换.

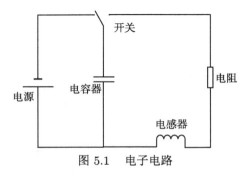

图 5.1　电子电路

将开关拨向左侧, 闭合左侧环路, 给电容器充电, 充满后, 将开关拨向右侧, 闭合右侧环路, 在一个较短时间内, 电容器存储的能量和电感器内存储的能量不断震荡. 随着一部分电能被电阻消耗, 震荡的振幅越来越小. 伴随震荡振幅趋于 0, 右侧环路渐进于一个新的平衡状态. 设电池输出电压为 U_0, 单位是 V, 则电容器充满电后, 两端电压也为 U_0, 且与电容器储存电荷满足如下关系:

$$U_0 = \frac{q}{C}$$

其中, q 表示储存的电荷量, 单位是 C, C 表示电容器电容大小, 单位为 F. 将开关拨向右侧, 闭合右侧环路后, 设 t 时刻右侧环路中电流是 $i(t)$, 电容器储存电荷为 $q(t)$, 则 t 时刻, 电阻两端电压是

$$U_R = Ri(t)$$

其中, R 是电阻大小, 单位为 Ω, 电容器两端电压为

$$U_q = \frac{q(t)}{C}$$

电感器两端电压为

$$U_L = L\frac{\mathrm{d}i(t)}{\mathrm{d}t}$$

其中 L 为电感器电感大小, 单位为 H. 根据基尔霍夫电压定律 (一个闭合环路上的电压代数和等于 0), 有

$$U_L + U_R + U_q = 0$$

即

$$L\frac{\mathrm{d}i(t)}{\mathrm{d}t} + Ri(t) + \frac{q(t)}{C} = 0$$

把电荷与电流之间关系:

$$i(t) = \frac{\mathrm{d}q(t)}{\mathrm{d}t}$$

代入上式, 并省去 "(t)", 可得

$$L\frac{\mathrm{d}^2q}{\mathrm{d}t^2} + R\frac{\mathrm{d}q}{\mathrm{d}t} + \frac{1}{C}q = 0$$

可以看到, 上述电子电路对应的数学模型是一个常微分方程, 利用初始值 $q_0 = q(t)|_{t=0} = CU_0$, 积分可得上述微分方程的解为

$$q(t) = q_0\mathrm{e}^{-Rt/(2L)}\cos\left[\sqrt{\frac{1}{LC} - \left(\frac{R}{2L}\right)^2}\,t\right]$$

需要求解的问题是: 在已知 L 和 C 的条件下, 如何选择电阻阻值大小, 以保证电容器的电荷数在 0.05s 内衰减为初始值 0.01. 将上述微分方程的解两边同时除以 q_0, 然后, 两边同时减去 0.01, 得

$$\frac{q(t)}{q_0} - 0.01 = \mathrm{e}^{-Rt/(2L)} \cos\left[\sqrt{\frac{1}{LC} - \left(\frac{R}{2L}\right)^2}\, t\right] - 0.01$$

因为其中的 t 等于 0.05, L 和 C 是已知常数, 上述等式右端可以看作是关于 R 的函数,

$$f(R) = \mathrm{e}^{-Rt/(2L)} \cos\left[\sqrt{\frac{1}{LC} - \left(\frac{R}{2L}\right)^2}\, t\right] - 0.01$$

需要求解的问题被转化为求解非线性方程

$$f(R) = 0$$

实际工程中遇到的非线性方程 (组) 往往比较复杂, 无法用解析法直接求解, 需要基于数值算法在计算机上求解.

5.3   基 础 定 义

解非线性方程 (组) 的数值算法相关的定义如下.

定义 5.1   非线性方程   考虑如下方程

$$f(x) = 0 \tag{5.3.1}$$

其中 $x \in \mathbf{R}$, $f(x) \in C[a,b]$ 为非线性函数, 则方程称为非线性方程.

定义 5.2   非线性方程组   考虑方程组

$$\begin{cases} f_1(x_1, x_2, \cdots, x_n) = 0 \\ f_2(x_1, x_2, \cdots, x_n) = 0 \\ \qquad\cdots\cdots \\ f_n(x_1, x_2, \cdots, x_n) = 0 \end{cases} \tag{5.3.2}$$

其中 $f_1, f_2, \cdots, f_n$ 均为 $(x_1, x_2, \cdots, x_n)$ 的多元函数. 记 $x = (x_1, x_2, \cdots, x_n)^{\mathrm{T}} \in \mathbf{R}^n$, $F = (f_1, f_2, \cdots, f_n)^{\mathrm{T}}$, 方程组 (5.3.2) 就可写成

$$F(x) = 0 \tag{5.3.3}$$

当 $n \geqslant 2$ 时, 且 $f_i(i = 1, 2, \cdots, n)$ 中至少有一个自变量 $x_i(i = 1, 2, \cdots, n)$ 的非线性函数时, 则称方程组 (5.3.2) 为非线性方程组.

定义 5.3 零点 如果实数 x^* 满足 $f(x^*) = 0$, 则称 x^* 是函数 $f(x)$ 的零点. 当 $f(x)$ 有多重零点时可分解为

$$f(x) = (x - x^*)^m g(x) \tag{5.3.4}$$

其中 m 为正整数, 且 $g(x^*) \neq 0$, 则称 x^* 为 $f(x)$ 的 m 重零点.

定义 5.4 连续函数 设向量函数 $F(x)$ 定义区域 D 上 $(0 \in \mathbf{R}^n), x^0 \in D$, 若 $\lim\limits_{x \to x^0} F(x) = F(x^0)$, 则称 $F(x)$ 在点 x^0 连续. 如果 $F(x)$ 在 D 上的每点都连续, 则称 $F(x)$ 在区域 D 上连续.

定义 5.5 Jacobi 矩阵 向量函数 $F(x)$ 的导函数 $F^{(1)}(x)$ 称为 $F(x)$ 的 Jacobi 矩阵,

$$F^{(1)}(x) = \begin{bmatrix} \dfrac{\partial f_1(x)}{\partial x_1} & \dfrac{\partial f_1(x)}{\partial x_2} & \cdots & \dfrac{\partial f_1(x)}{\partial x_n} \\ \dfrac{\partial f_2(x)}{\partial x_1} & \dfrac{\partial f_2(x)}{\partial x_2} & \cdots & \dfrac{\partial f_2(x)}{\partial x_n} \\ \vdots & \vdots & & \vdots \\ \dfrac{\partial f_n(x)}{\partial x_1} & \dfrac{\partial f_n(x)}{\partial x_2} & \cdots & \dfrac{\partial f_n(x)}{\partial x_n} \end{bmatrix} \tag{5.3.5}$$

5.4 二 分 算 法

5.4.1 算法推导

二分算法是非线性函数 $f(x)$ 在有零点区间 $[a, b]$ 内不断对区间 $[a, b]$ 等分的过程, 若无限等分下去, 区间必将收缩于一点 $x^*(f(x)$ 的零点). 二分算法包括以下几个步骤.

步骤 1 假设非线性函数 $f(x)$ 在区间 $[a, b]$ 上有零点且满足 $f(a)f(b) < 0$, 取中点 $x_0 = (a + b)/2$, 判断 $f(x_0)$ 是否为零. 若 $f(x_0) \neq 0$ 且满足 $f(a)f(x_0) > 0$, 说明零点 x^* 在 x_0 的右侧, 令 $a_1 = x_0, b_1 = b$; 否则 $f(a)f(x_0) < 0$, 说明零点 x^* 在 x_0 的左侧, 令 $a_1 = a, b_1 = x_0$, 进行下一次迭代.

步骤 2 对区间 $[a_1, b_1]$ 做同样的二分处理, 得到包含零点区间 $[a_2, b_2]$.

步骤 3 如此反复二分下去, 即可得出一系列包含零点的区间

$$[a, b] \supset [a_1, b_1] \supset [a_2, b_2] \supset \cdots \supset [a_k, b_k] \supset \cdots \tag{5.4.1}$$

步骤 4　当 $k \to \infty$ 时包含零点区间 $[a_k, b_k]$ 的长度

$$b_k - a_k = (b - a)/2^k \to 0 \tag{5.4.2}$$

步骤 5　当区间 $[a_k, b_k]$ 长度充分小时, 取 $[a_k, b_k]$ 的中点作为零点 x^* 的近似值

$$x^* \approx x_k = (a_k + b_k)/2 \tag{5.4.3}$$

步骤 6　收敛性分析, 若迭代 k 次后得到 x^* 的近似值 x_k, 则有

$$|x^* - x_k| \leqslant (b_k - a_k)/2 = (b - a)/2^{k+1} \tag{5.4.4}$$

设 $\varepsilon > 0$ 为设定的计算精度, 只要 k 充分大, 必然存在 $|x^* - x_k| < \varepsilon$, 即二分法是收敛的.

5.4.2　算法流程

算法 5.1　二分算法

输入: 函数 $f(x)$ 有零点区间左端点 a, 右端点 b, 数值误差 ε, 最大迭代次数 $k_{\max}$.

输出: $f(x)$ 的零点 x, 迭代的次数 k.

流程:

while $(b - a \geqslant \varepsilon)$

 $x_k = \dfrac{a + b}{2}$

 if $(|f(x_k)| < \varepsilon)$

  return x_k;

 end if

 if $(f(x_k) f(a) < 0)$

  $b = x_k$

 else

  $a = x_k$

 end if

end while

5.4.3　算法特点

1. 二分算法优点是算法简单, 且总是收敛的.

2. 二分算法缺点是收敛速度太慢.

3. 函数 $f(x)$ 在区间 $[a, b]$ 上有多个零点 (奇数个) 时, 二分算法只能求解其中一个零点.

5.4.4 适用范围

要求非线性函数 $f(x)$ 连续且在区间 $[a, b]$ 上存在零点 (奇数个零点), 即满足 $f(a)f(b) < 0$.

例 5.1 求解函数 $f(x) = xe^x - 1$ 在区间 $[1, 1.5]$ 上的零点.

解 设置如下参数:

```
a = 1;
b = 1.5;
tolerance = 1e-8;
k_max = 1000;
Bisection_solve_fun= x * exp(x) - 1;
调用函数Bisection_solve_output = Bisection_solve(a,b,tolerance,
    k_max)
```

其中, a 是函数有零点区间的左端点, b 是函数有零点区间的右端点, tolerance 是设定的允许误差, k_max 是最大迭代次数.

程序运行结果如图 5.2 所示.

图 5.2 例 5.1 求解结果

5.5 试 位 算 法

5.5.1 算法推导

试位算法是针对二分算法收敛较慢的一种改进, 不断对区间 $[a, b]$ 划分的过程, 考虑到函数在区间两端取值的大小, 比如, 如果 $f(a)$ 比 $f(b)$ 更接近于 0, 那么根可能更接近于 a 而不是 b. 因此, 一个可行的方法是, 连接通过 $(a, f(a))$ 和 $(b, f(b))$ 的一条直线, 这条直线与 x 轴的交点作为对根 x^* 的估计值. 另外, 考虑到一些函数曲率较大的极端情况, 如果函数在区间一端取值离 0 较远, 连续两次迭代保持不变, 则将该处的函数值取一半处理, 从而避免收敛过慢的问题. 该算法也被称为 "线性插值方法". 试位算法包括以下几个步骤.

步骤 1　假设非线性函数 $f(x)$ 在区间 $[a, b]$ 上有零点且满足 $f(a) f(b) < 0$, 取连接 $(a, f(a))$ 和 $(b, f(b))$ 的直线与 x 轴的交点 $x_0 = a - \dfrac{f(a)(b-a)}{f(b) - f(a)}$, 判断 $f(x_0)$ 是否为零. 若 $f(x_0) \neq 0$ 且满足 $f(a) f(x_0) > 0$ 说明零点 x^* 在 x_0 的右侧, 令 $a_1 = x_0, b_1 = b$, 如果 b_1 连续两次取 b, 则令 $f(b) = \dfrac{f(b)}{2}$; 否则 $f(a) f(x_0) < 0$ 说明零点 x^* 在 x_0 的左侧, 令 $a_1 = a, b_1 = x_0$, 如果 a_1 连续两次取 a, 则令 $f(a) = \dfrac{f(a)}{2}$, 进行下一次迭代.

步骤 2　对区间 $[a_1, b_1]$ 做同样处理, 得到包含零点区间 $[a_2, b_2]$.

步骤 3　如此反复进行下去, 即可得出一系列包含零点的区间

$$[a, b] \supset [a_1, b_1] \supset [a_2, b_2] \supset \cdots \supset [a_k, b_k] \supset \cdots \qquad (5.5.1)$$

步骤 4　当 $k \to \infty$ 时, 包含零点区间 $[a_k, b_k]$ 的长度

$$b_k - a_k \to 0 \qquad (5.5.2)$$

步骤 5　当区间 $[a_k, b_k]$ 长度充分小时, 零点 x^* 的近似值为

$$x^* \approx x_k = a_k - \frac{f(a_k)(b_k - a_k)}{f(b_k) - f(a_k)} \qquad (5.5.3)$$

5.5.2　算法流程

算法 5.2　试位算法

　　输入: 函数 $f(x)$ 有零点区间左端点 a, 右端点 b, 数值误差 ε, 最大迭代次数 $k_{\max}$.

　　输出: $f(x)$ 的零点 x, 迭代的次数 k.

　　流程:

　　while $(b - a \geqslant \varepsilon)$

　　　　$f_a = f(a)$

　　　　$f_b = f(b)$

　　　　$x_k = a - \dfrac{f_a(b-a)}{f_b - f_a}$

　　　　if $(|f(x_k)| < \varepsilon)$

　　　　　　return x_k;

```
        end if
        if (f (x_k) f_a < 0)
            b = x_k
            i_a = i_a + 1
            i_b = 0
            if (i_a >= 2)f_a = f_a/2
        else
            a = x_k
            i_b = i_b + 1
            i_a = 0
            if (i_b >= 2)f_b = f_b/2
        end if
    end while
```

5.5.3　算法特点

1. 试位算法优点是算法简单, 且比二分法收敛速度快.

2. 连续函数 $f(x)$ 在区间 $[a,b]$ 上有多个零点 (奇数个) 时, 试位算法只能求解其中一个零点.

5.5.4　适用范围

要求非线性连续函数 $f(x)$ 在区间 $[a,b]$ 上存在零点 (奇数个零点), 即满足 $f(a)f(b) < 0$.

例 5.2　求解函数 $f(x) = \dfrac{667.38}{x}\left(1 - e^{-0.146843x}\right) - 40$ 在区间 $[12,16]$ 上的零点, 分别使用二分算法和试位算法.

解　设置如下参数:

```
a = 12;
b = 16;
tolerance = 1e-8;
k_max = 1000;
Bisection_solve_fun= 667.38/x*(1-exp(-0.146843*x))-40;
调用函数Bisection_solve_output = Bisection_solve(a,b,tolerance,
    k_max)
```

其中, a 是函数有零点区间的左端点, b 是函数有零点区间的右端点, tolerance 是设定的允许误差, k_max 是最大迭代次数.

程序运行结果如图 5.3 所示.

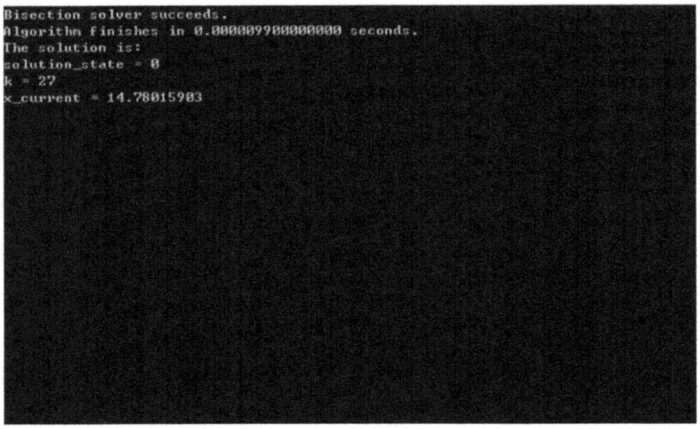

图 5.3　例 5.2 二分法的求解结果

设置如下参数:

```
a = 12;
b = 16;
tolerance = 1e-8;
k_max = 1000;
False_position_solve_fun= 667.38/x*(1-exp(-0.146843*x))-40;
调用函数False_position_solve_output = False_position_solve(a,b,
    tolerance,k_max)
```

其中, a 是函数有零点区间的左端点, b 是函数有零点区间的右端点, tolerance 是设定的允许误差, k_max 是最大迭代次数.

程序运行结果如图 5.4 所示.

图 5.4　例 5.2 试位法的求解结果

两种算法的近似相对误差比如图 5.5 所示, 试位算法比二分算法收敛速度快.

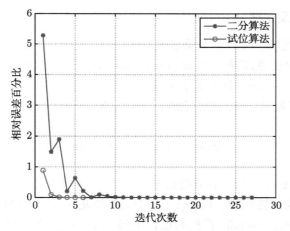

图 5.5　例 5.2 中二分算法和试位算法的收敛速度对比

5.6　不动点迭代算法

5.6.1　算法推导

不动点迭代算法的思想是: 针对非线性函数 $f(x)$, 寻找适当的迭代函数满足 $x = \varphi(x)$, 并不断迭代得到序列 $\{x_k\}$ 来逼近零点 x^*. 不动点迭代算法包括以下几个步骤.

步骤 1　若非线性方程 $f(x) = 0$ 可化为如下的等价形式:

$$x = \varphi(x) \tag{5.6.1}$$

设 x^* 为 $f(x)$ 的零点, 则 $x^* = \varphi(x^*)$; 若 x^* 满足 $x^* = \varphi(x^*)$, 则 x^* 为 $f(x)$ 的零点. 这样的函数 $\varphi(x)$ 称为**迭代函数**, 点 x^* 称为函数 $\varphi(x)$ 的一个**不动点**.

步骤 2　选择 x^* 的一个初始近似值 x_0, 代入式 (5.6.1) 右端, 即可求得

$$x_{k+1} = \varphi(x_k), \quad k = 0, 1, \cdots \tag{5.6.2}$$

步骤 3　如果由式 (5.6.2) 得到的序列 $\{x_k\}$ 的极限为

$$\lim_{k \to \infty} x_k = x^* \tag{5.6.3}$$

则称迭代公式 (5.6.2) 收敛, 且 $x^* = \varphi(x^*)$ 为 $\varphi(x)$ 的不动点, 称 (5.6.2) 为**不动点迭代算法**.

5.6.2　相关定义及定理

与不动点迭代法相关的定义及定理如下.

定理 5.1　存在性定理　设 $\varphi(x) \in C\,[a,b]$ 满足以下两个条件:

(1) 对任意 $x \in [a,b]$, 有 $a \leqslant \varphi(x) \leqslant b$;

(2) 存在正常数 $L < 1$, 使对任意 $x, y \in [a, b]$ 都有

$$|\varphi(x) - \varphi(y)| \leqslant L\,|x - y| \tag{5.6.4}$$

则 $\varphi(x)$ 在 $[a,b]$ 上存在唯一的不动点 x^*.

定理 5.2　收敛性定理　设 $\varphi(x) \in C\,[a,b]$ 满足定理 5.1 中的两个条件, 则对任意 $x_0 \in [a,b]$, 由式 (5.6.2) 得到的迭代序列 $\{x_k\}$ 收敛到 $\varphi(x)$ 的不动点 x^*, 并有误差估计:

$$|x_k - x^*| \leqslant \frac{L^k}{1 - L}\,|x_1 - x_0| \tag{5.6.5}$$

定义 5.6　局部收敛定义　设 $\varphi(x)$ 有不动点 x^*, 如果存在 x^* 的某个邻域 $R : |x - x^*| \leqslant \delta$, 对任意 $x_0 \in \mathbf{R}$, 迭代算法 (5.6.2) 产生的迭代序列 $\{x_k\} \in \mathbf{R}$, 且收敛到 x^*, 则称迭代算法 (5.6.2) **局部收敛**.

定理 5.3　局部收敛定理　设 x^* 为 $\varphi(x)$ 的不动点, $\varphi^{(1)}(x)$ 在 x^* 的某个邻域连续, 且 $\left|\varphi^{(1)}(x^*)\right| < 1$, 则迭代算法 (5.6.2) 局部收敛.

定义 5.7　p 阶收敛定义　设迭代过程 $x_{k+1} = \varphi(x_k)$ 收敛于方程 $x = \varphi(x)$ 的根 x^*, 如果当 $k \to \infty$ 时迭代误差 $e_k = x_k - x^*$ 满足渐近关系式:

$$\frac{e_{k+1}}{e_k^p} \to C, \quad 常数 \quad C \neq 0 \tag{5.6.6}$$

则称该迭代过程是 **p 阶收敛**的. 特别地, $p = 1\,(|C| < 1)$ 时称为**线性收敛**, $p > 1$ 时称为**超线性收敛**, $p = 2$ 时称为**平方收敛**.

定理 5.4　p 阶收敛定理　对于迭代过程 $x_{k+1} = \varphi(x_k)$ 及正整数 p, 如果 $\varphi^{(p)}(x)$ 在所求零点 x^* 的邻域连续, 并且

$$
\begin{aligned}
&\varphi^{(1)}(x^*) = \varphi^{(2)}(x^*) = \cdots = \varphi^{(p-1)}(x^*) = 0 \\
&\varphi^{(p)}(x^*) \neq 0
\end{aligned}
\tag{5.6.7}
$$

则该迭代过程在点 x^* 邻域是 p 阶收敛的.

5.6.3 算法流程

算法 5.3 不动点迭代算法

输入: 迭代函数 $\varphi(x)$, 初始估计值 x_0, 数值误差 ε, 最大迭代次数 $k_{\max}$.
输出: $f(x)$ 的零点 x, 迭代的次数 k.
流程:
while $|x_{k+1} - x_k| \geqslant \varepsilon$
    $x_{k+1} = \varphi(x_k)$
    if $k > k_{\max}$
      return;   (不收敛)
    end if
end while

5.6.4 算法特点

1. 获取满足收敛性要求的迭代函数 $\varphi(x)$ 难度较大.

2. 需要获得一个包含零点 x^* 的区间 $[a, b]$, 选择估计初始值 $x_0 \in [a, b]$, 初始估计值 x_0 越接近零点收敛性越好.

5.6.5 适用范围

要求选择的迭代函数的导函数 $\varphi^{(1)}(x)$ 在 x^* 的某个邻域连续, 且满足 $|\varphi^{(1)}(x^*)| < 1$.

例 5.3 求解非线性函数 $f(x) = (x+1)^{\frac{1}{3}} - x$ 的零点.

解 设置如下参数:

```
x0 = 1.5;
tolerance = 1e-8;
k_max = 1000;
Fixed_point_iteration_solve_fun = pow((x_previous + 1),(1.0/3));
调用函数 Fixed_point_iteration_solve_output =
Fixed_point_iteration_solve(x0,tolerance,k_max)
```

其中, x0 是非线性函数零点的一个初始近似值, tolerance 是设定的允许误差, k_max 是最大迭代次数.

程序运行结果如图 5.6 所示.

图 5.6　例 5.3 求解结果

5.7　迭代加速算法

5.7.1　算法推导

针对不动点迭代算法有时迭代速度缓慢、计算量变大的缺点, 采用迭代收敛的加速方法. 假定在 x^* 的邻域内迭代函数的导函数 $\varphi^{(1)}(x)$ 变化不大, 对 $\varphi(x)$ 利用微分中值定理得到的加速算法为艾特肯 (Aitken) 加速算法, 结合不动点迭代算法和 Aitken 加速算法来提高收敛速度的算法为斯特芬森 (Steffensen) 迭代加速算法.

5.7.1.1　Aitken 迭代加速算法

Aitken 迭代加速算法包括以下几个步骤.

步骤 1　设 x_0 是非线性函数 $f(x)$ 零点 x^* 的近似值, 采用不动点迭代算法 (5.6.2) 迭代两次可得

$$x_1 = \varphi(x_0) \tag{5.7.1}$$

$$x_2 = \varphi(x_1) \tag{5.7.2}$$

步骤 2　假定迭代时 $\varphi^{(1)}(x)$ 改变不大, 取近似值为 $\varphi^{(1)}(x) \approx L$, 则有

$$x_1 - x^* = \varphi(x_0) - \varphi(x^*) = \varphi^{(1)}(\xi_1)(x_0 - x^*) \approx L(x_0 - x^*), \quad \xi_1 \in (x_0, x^*) \tag{5.7.3}$$

$$x_2 - x^* = \varphi(x_1) - \varphi(x^*) = \varphi^{(1)}(\xi_2)(x_1 - x^*) \approx L(x_1 - x^*), \quad \xi_2 \in (x_1, x^*) \tag{5.7.4}$$

步骤 3　联立式 (5.7.3) 和式 (5.7.4), 消去 L 可求得 x^*:

$$x^* \approx \frac{x_0 x_2 - x_1^2}{x_2 - 2x_1 + x_0} = x_0 - \frac{(x_1 - x_0)^2}{x_2 - 2x_1 + x_0} \tag{5.7.5}$$

步骤 4 推广到一般情形, 由 x_k 计算 x_{k+1}, x_{k+2}, 再计算 x^* 新的近似值 $\overline{x}_{k+1}$:

$$\overline{x}_{k+1} = x_k - \frac{(x_{k+1} - x_k)^2}{x_{k+2} - 2x_{k+1} + x_k} = x_k - (\Delta x_k)^2/\Delta^2 x_k, \quad k = 0, 1, \cdots \quad (5.7.6)$$

式 (5.7.6) 称为 **Aitken Δ^2 迭代加速算法**, 其中 Δ 为前向差分算子, $\Delta x_k = x_{k+1} - x_k$, Δ^2 为二阶前向差分算子, $\Delta^2 x_k = \Delta x_{k+1} - \Delta x_k = x_{k+2} - 2x_{k+1} + x_k$.

5.7.1.2 Steffensen 迭代加速算法

Steffensen 迭代加速算法包括以下几个步骤.

步骤 1 将 Aitken Δ^2 加速算法与不动点迭代算法结合起来, 可得到如下的迭代算法:

$$\begin{cases} y_k = \varphi(x_k), \ z_k = \varphi(y_k), \\ x_{k+1} = x_k - \dfrac{(y_k - x_k)^2}{z_k - 2y_k + x_k}, \end{cases} \quad k = 0, 1, \cdots \quad (5.7.7)$$

称为 **Steffensen 迭代加速算法**.

步骤 2 将它写成另外一种不动点迭代形式:

$$x_{k+1} = \psi(x_k) \quad (5.7.8)$$

其中迭代函数为

$$\psi(x) = x - \frac{[\varphi(x) - x]^2}{\varphi(\varphi(x)) - 2\varphi(x) + x} \quad (5.7.9)$$

5.7.2 相关定理

定理 5.5 Steffensen 迭代加速算法二阶收敛定理 若 x^* 为迭代函数 $\psi(x)$ 的不动点, 则 x^* 为 $\varphi(x)$ 的不动点. 反之, 若 x^* 为 $\varphi(x)$ 的不动点, 设 $\varphi^{(2)}(x)$ 存在, $\varphi^{(1)}(x^*) \neq 1$, 则 x^* 为 $\psi(x)$ 的不动点, 且 Steffensen 迭代加速算法 (5.7.7) 是二阶收敛的.

5.7.3 算法流程

算法 5.4 Steffensen 迭代加速算法

輸入: 迭代函数 $\varphi(x)$, 初始估计值 x_0, 数值误差 ε, 最大迭代次数 $k_{\max}$.
輸出: $f(x)$ 的零点 x, 迭代的次数 k.
流程:
while $|x_{k+1} - x_k| \geqslant \varepsilon$
　　$y_k = \varphi(x_k)$
　　$z_k = \varphi(y_k)$
　　$x_{k+1} = x_k - \dfrac{(y_k - x_k)^2}{z_k - 2y_k + x_k}$
　　if $k > k_{\max}$
　　　return;　　　　　　　　　　　(不收敛)
　　end if
end while

5.7.4　算法特点

1. Steffensen 迭代加速算法是二阶收敛方法, 相比不动点迭代算法具有更快的收敛速度.

2. Steffensen 迭代加速算法需要获得一个包含零点 x^* 的区间 $[a,b]$, 选择初始估计值 $x_0 \in [a,b]$, 初始估计值 x_0 越接近零点收敛性越好.

5.7.5　适用范围

要求选择 $\varphi(x)$ 需要满足 $\varphi^{(2)}(x)$ 存在且 $\varphi^{(1)}(x^*) \neq 1$.

例 5.4　求解例 5.3 中函数的零点.

解　设置如下参数:

```
x0 = 1.5;
tolerance = 1e-8;
k_max = 1000;
Steffensen_solve_fun = pow((x_previous + 1),(1.0/3));
调用函数Steffensen_solve_output = Steffensen_slove(x0,tolerance,
    k_max)
```

其中, x0 是非线性函数零点的一个初始近似值, tolerance 是设定的允许误差, k_max 是最大迭代次数.

程序运行结果如图 5.7 所示.

由图 5.6, 不动点迭代算法迭代 10 步收敛, 由图 5.7, Steffensen 迭代加速算法迭代 2 步即收敛.

图 5.7 例 5.4 求解结果

5.8 Newton 算法

5.8.1 算法推导

牛顿 (Newton) 算法的思想是: 对非线性函数 $f(x)$ 在迭代点 x_k 处进行一阶泰勒 (Taylor) 展开, 将非线性方程 $f(x) = 0$ 逐步归结为某种线性方程求解. Newton 算法包括以下几个步骤.

步骤 1 x_k 为非线性函数 $f(x)$ 零点 x^* 的近似值且 $f^{(1)}(x_k) \neq 0$, 将函数 $f(x)$ 在点 x_k 处一阶泰勒展开:

$$f(x) \approx f(x_k) + f^{(1)}(x_k)(x - x_k) \tag{5.8.1}$$

步骤 2 $f(x) = 0$ 可近似表示为

$$f(x_k) + f^{(1)}(x_k)(x - x_k) = 0 \tag{5.8.2}$$

步骤 3 式 (5.8.2) 的解 x_{k+1} 作为零点 x^* 新的近似值, 则迭代公式为

$$x_{k+1} = x_k - \frac{f(x_k)}{f^{(1)}(x_k)}, \quad k = 0, 1, \cdots \tag{5.8.3}$$

以上称为 **Newton 算法**.

步骤 4 收敛性分析, Newton 算法迭代公式 (5.8.3) 的迭代函数为

$$\varphi(x) = x - \frac{f(x)}{f^{(1)}(x)} \tag{5.8.4}$$

$\varphi(x)$ 的一阶导函数为

$$\varphi^{(1)}(x) = \frac{f(x)f^{(2)}(x)}{\left[f^{(1)}(x)\right]^2} \tag{5.8.5}$$

由于 x^* 为 $f(x)$ 的零点 (单重零点), 即 $f(x^*) = 0, f^{(1)}(x^*) \neq 0$, 则 $\varphi^{(1)}(x^*) = 0$, Newton 算法在零点 x^* 附近是平方收敛的.

5.8.2　相关定理

定理 5.6　Newton 算法收敛定理　设函数 $f(x)$ 在 $[a, b]$ 上满足:

(1) $f(a)f(b) < 0$;

(2) $f^{(1)}(x)$ 在 $[a, b]$ 内存在不为零 (区间内不变符号);

(3) $f^{(2)}(x)$ 在 $[a, b]$ 内存在不为零 (区间内不变符号);

(4) 选取 $x_0 \in [a, b]$ 满足 $f^{(1)}(x_0)f^{(2)}(x_0) > 0$,

则 Newton 算法收敛到 $f(x)$ 在 $[a, b]$ 内唯一的零点 x^*.

5.8.3　算法流程

算法 5.5　Newton 算法

输入: 非线性函数 $f(x)$, 及其导函数 $f^{(1)}(x)$, 初始估计值 x_0, 数值精度误差 $\varepsilon_1, \varepsilon_2$, 最大迭代次数 $k_{\max}$.

输出: $f(x)$ 的零点 x, 迭代的次数 k.

流程:

while $(\delta > \varepsilon_1) \,\&\&\, (|f_{k+1}| > \varepsilon_2)$　　　(k 表示迭代的次数)

　　if $(k > k_{\max}) \,||\, (|f^{(1)}(x_k)| < EPSILON)$

　　　　　　　　　　　　　　　　　　($k_{\max}$ 为最大迭代次数, $EPSILON$

　　　　　　　　　　　　　　　　　　为计算平台精度)

　　　　return;　　　　　　　　　　　　(不收敛)

　　end if

　　$x_{k+1} = x_k - \dfrac{f(x_k)}{f^{(1)}(x_k)}$

　　if $|x_{k+1}| < C$　　　　　　　　　(C 为设定控制常数)

　　　　$\delta = |x_{k+1} - x_k|$

　　else

　　　　$\delta = \dfrac{|x_{k+1} - x_k|}{|x_{k+1}|}$

　　end if

end while

5.8.4　算法特点

1. Newton 算法实质上是一种线性化方法, 其基本思想是将非线性方程 $f(x) = 0$ 逐步归结为某种线性方程求解.

2. Newton 算法在零点 x^* 附近是平方收敛的.

3. Newton 算法需要获得一个包含零点 x^* 的区间 $[a,b]$, 选择初始估计值 $x_0 \in [a,b]$, 初始估计值 x_0 越接近零点收敛性越好.

4. Newton 算法每次迭代需要计算迭代点处的导数值 $f^{(1)}(x_k)$.

5.8.5 适用范围

要求函数 $f(x)$ 在 $[a,b]$ 上满足:

1. $f(a)f(b) < 0$;

2. $f^{(1)}(x)$ 在 $[a,b]$ 内存在不为零 (区间内不变符号);

3. $f^{(2)}(x)$ 在 $[a,b]$ 内存在不为零 (区间内不变符号).

例 5.5　求解函数 $f(x) = x^4 - 4x^2 + 4$ 的零点.

解　设置如下参数:

```
x0 = 1.5;
tolerance1 = 1e-8;
tolerance2 = 1e-8;
k_max = 1000;
Newton_solve_fun = x * x * x * x - 4 * x * x + 4;
```
调用函数 Newton_solve_output=Newton_solve(x0,tolerance1,tolerance2,
　　k_max)

其中, x0 是非线性函数零点的一个初始近似值, tolerance1 和 tolerance2 是设定的允许误差, k_max 是最大迭代次数.

程序运行结果如图 5.8 所示.

图 5.8　例 5.5 求解结果

5.9   求平方根的 Newton 算法

5.9.1   算法推导

针对如下的二次方程:

$$x^2 - C = 0 \tag{5.9.1}$$

C 为给定的正数, 应用 Newton 算法求平方根 $\sqrt{C}$.

Newton 算法求平方根包括以下几个步骤.

步骤 1   对式 (5.9.1) 应用 Newton 算法迭代公式 (5.8.3), 设 x_k 为第 k 次的迭代点, x_{k+1} 为第 $k+1$ 次迭代点, 则

$$x_{k+1} = \frac{1}{2}\left(x_k + \frac{C}{x_k}\right) \tag{5.9.2}$$

步骤 2   由式 (5.9.2) 等号左侧部分分别 $-\sqrt{C}$ 和 $+\sqrt{C}$, 整理得

$$x_{k+1} - \sqrt{C} = \frac{1}{2x_k}\left(x_k - \sqrt{C}\right)^2 \tag{5.9.3}$$

$$x_{k+1} + \sqrt{C} = \frac{1}{2x_k}\left(x_k + \sqrt{C}\right)^2 \tag{5.9.4}$$

步骤 3   式 (5.9.3) 和式 (5.9.4) 相除有

$$\frac{x_{k+1} - \sqrt{C}}{x_{k+1} + \sqrt{C}} = \left(\frac{x_k - \sqrt{C}}{x_k + \sqrt{C}}\right)^2 \tag{5.9.5}$$

步骤 4   依据式 (5.9.5) 进行反复递推:

$$\frac{x_k - \sqrt{C}}{x_k + \sqrt{C}} = \left(\frac{x_0 - \sqrt{C}}{x_0 + \sqrt{C}}\right)^{2^k} \tag{5.9.6}$$

步骤 5   记 $q = \dfrac{x_0 - \sqrt{C}}{x_0 + \sqrt{C}}$, 整理式 (5.9.6) 可得

$$x_k - \sqrt{C} = 2\sqrt{C}\frac{q^{2^k}}{1 - q^{2^k}} \tag{5.9.7}$$

对任意 $x_0 > 0$, 总有 $|q| < 1$, 故由式 (5.9.7) 知, 当 $k \to \infty$ 时 $x_k \to \sqrt{C}$, 即迭代过程必然收敛.

5.9.2 算法流程

算法 5.6 求平方根的 Newton 算法

输入: 待求平方根的正常数 C, 初始估计值 x_0, 数值误差 ε, 最大迭代次数 $k_{\max}$.

输出: $\sqrt{C}$ 的近似值 x, 迭代的次数 k.

流程:

while $|x_{k+1} - x_k| \geqslant \varepsilon$

    if $(k > k_{\max})$

      return;   (不收敛)

    end if

    $x_{k+1} = \dfrac{1}{2}\left(x_k + \dfrac{C}{x_k}\right)$

end while

5.9.3 算法特点

1. 求平方根的 Newton 算法是 Newton 算法应用的一个特例.
2. 求平方根的 Newton 算法对于任意初值 $x_0 > 0$ 都是收敛的.
3. 求平方根的 Newton 算法不需要计算函数的导数值.

5.9.4 适用范围

要求待求解实数为非负数.

例 5.6 求 115.28 的平方根.

解 设置如下参数:

```
C=115.28;
x0 = 10;
tolerance = 1e-8;
k_max = 1000;
调用函数Square_root_solve_output=Square_root_solve(C,x0,tolerance,
    k_max)
```

其中, C 是待求平方根的实数, x0 是初始估计值, tolerance 是设定的允许误差, k_max 是最大迭代次数.

程序运行结果如图 5.9 所示.

图 5.9　例 5.6 求解结果

5.10　求非线性函数多重零点的 Newton 算法

5.10.1　算法推导

若非线性函数 $f(x) = (x - x^*)^m g(x)$, 整数 $m \geqslant 2, g(x^*) \neq 0$, 则 x^* 为非线性函数 $f(x)$ 的 m 重零点, 此时有

$$f(x^*) = f^{(1)}(x^*) = \cdots = f^{(m-1)}(x^*), \quad f^{(m)}(x^*) \neq 0 \tag{5.10.1}$$

对方程 (5.10.1) 可以利用 Newton 算法求解. 求非线性函数多重零点的 Newton 算法包括以下几个步骤.

步骤 1　采用 Newton 算法的迭代公式 (5.8.3), 则迭代函数为

$$\varphi(x) = x - \frac{f(x)}{f^{(1)}(x)} \tag{5.10.2}$$

导函数 $\varphi^{(1)}(x)$ 在 x^* 处满足 $\varphi^{(1)}(x^*) = 1 - \dfrac{1}{m} \neq 0$, 且满足 $\left| \varphi^{(1)}(x^*) \right| < 1$, 此时 Newton 算法求非线性函数的多重零点是**线性收敛**的.

步骤 2　为了提高收敛的速度, 选取如下的迭代函数:

$$\varphi(x) = x - m\frac{f(x)}{f^{(1)}(x)} \tag{5.10.3}$$

则 $\varphi^{(1)}(x^*) = 0$, 此时算法是**二阶收敛**的, 但需要零点 x^* 的重数 m.

步骤 3　设 x_k 为第 k 次的迭代点, x_{k+1} 为第 $k+1$ 次迭代点, 则相应的迭代公式为

$$x_{k+1} = x_k - m\frac{f(x_k)}{f^{(1)}(x_k)}, \quad k = 0, 1, \cdots \tag{5.10.4}$$

5.10.2   算法流程

算法 5.7   求非线性函数多重零点的 Newton 算法

输入: 非线性函数 $f(x)$ 及其导函数 $f^{(1)}(x)$, 初始值 x_0, 零点重数 m, 数值精度误差 $\varepsilon_1, \varepsilon_2$, 最大迭代次数 $k_{\max}$.

输出: $f(x)$ 的零点 x, 迭代的次数 k.

流程:

while $(\delta > \varepsilon_1)\,\&\&\,(|f_{k+1}| > \varepsilon_2)$

  if $(k > k_{\max})\,||\,(|f^{(1)}(x_k)| < EPSILON)$

    ($EPSILON$ 为计算平台精度)

    return;   (不收敛)

  end if

  $$x_{k+1} = x_k - m\frac{f(x_k)}{f^{(1)}(x_k)}$$

  if $|x_{k+1}| < C$ (C 为设定控制常数)

    $\delta = |x_{k+1} - x_k|$

  else

    $$\delta = \frac{|x_{k+1} - x_k|}{|x_{k+1}|}$$

  end if

end while

5.10.3   算法特点

1. Newton 算法 (5.10.2) 求非线性函数的多重零点是线性收敛的.

2. 采用迭代公式 (5.10.4) 求非线性函数的多重零点是二阶收敛性的.

3. 求非线性函数多重零点的 Newton 算法需要获得一个包含零点 x^* 的区间 $[a, b]$, 选择初始估计值 $x_0 \in [a, b]$, 初始估计值 x_0 越接近零点收敛性越好.

5.10.4   适用范围

要求非线性函数 $f(x)$ 在零点 x^* 邻域的一阶导数不为 0.

例 5.7   求解函数 $f(x) = x^4 - 4x^2 + 4$ 的二重零点.

解   设置如下参数:

```
x0 = 1.5;
m=2;
tolerance1 = 1e-8;
tolerance2 = 1e-8;
k_max = 1000;
```

```
Newton_repeated_roots_solve_fun = x * x * x * x - 4 * x * x + 4;
调用函数Newton_repeated_roots_solve_output=
    Newton_repeated_roots_solve(x0,tolerance1,tolerance2,k_max)
```

其中, x0 是非线性函数零点的一个初始近似值, m 是零点重数, tolerance1 和 tolerance2 是设定的允许误差, k_max 是最大迭代次数. 结果如图 5.10 所示.

图 5.10　例 5.7 求解结果

5.11　简化 Newton 算法

5.11.1　算法推导

由于 Newton 算法在每次迭代中都要计算迭代点 x_k 处的 $f(x_k)$ 及 $f^{(1)}(x_k)$, 计算量较大且有时 $f^{(1)}(x_k)$ 计算较困难, 在迭代公式 (5.8.3) 中采用 $f^{(1)}(x_0)$ 来代替 $f^{(1)}(x)$. 简化 Newton 算法包括以下几个步骤.

步骤 1　对非线性方程 (5.3.1) 采用如下的迭代公式:

$$x_{k+1} = x_k - Cf(x_k), \quad C \neq 0, \quad k = 0, 1, \cdots \tag{5.11.1}$$

步骤 2　相应的迭代函数为

$$\varphi(x) = x - Cf(x) \tag{5.11.2}$$

步骤 3　对 C 作如下取值

$$C = \frac{1}{f^{(1)}(x_0)} \tag{5.11.3}$$

以上称为**简化 Newton 算法**.

步骤 4 收敛性分析, 迭代函数 $\varphi(x)$ 的一阶导数值为

$$\varphi^{(1)}(x) = 1 - \frac{f^{(1)}(x)}{f^{(1)}(x_0)} \tag{5.11.4}$$

设 x^* 为 $f(x)$ 的一个零点, 由定理 5.3 的收敛性条件可知, 在零点 x^* 邻域的 $\left|\varphi^{(1)}(x)\right| < 1$, 故 $f^{(1)}(x)$ 需要满足 $0 < \dfrac{f^{(1)}(x)}{f^{(1)}(x_0)} < 2$.

5.11.2 算法流程

算法 5.8 简化 Newton 算法

输入: 非线性函数 $f(x)$, 初始值 x_0, 初始点导数值 $f^{(1)}(x_0)$, 数值精度误差 $\varepsilon_1, \varepsilon_2$, 最大迭代次数 $k_{\max}$.

输出: $f(x)$ 的零点 x, 迭代的次数 k.

流程:

while $(\delta > \varepsilon_1) \,\&\& \,(|f_{k+1}| > \varepsilon_2)$

  if $(k > k_{\max})$

    return;   (不收敛)

  end if

  $x_{k+1} = x_k - \dfrac{f(x_k)}{f^{(1)}(x_0)}$

  if $|x_{k+1}| < C$ (C 为设定控制常数)

    $\delta = |x_{k+1} - x_k|$

  else

    $\delta = \dfrac{|x_{k+1} - x_k|}{|x_{k+1}|}$

  end if

end while

5.11.3 算法特点

1. 简化 Newton 算法与 Newton 算法相比减少了计算量, 函数的一阶导数值只需计算初始点处的 $f^{(1)}(x_0)$.

2. 简化 Newton 算法具有**线性收敛性**, 慢于 Newton 算法的二阶收敛速度.

3. 简化 Newton 算法需要获得一个包含零点 x^* 的区间 $[a, b]$, 选择初始估计值 $x_0 \in [a, b]$, 初始估计值 x_0 越接近零点收敛性越好.

5.11.4   适用范围

要求非线性函数 $f(x)$ 的一阶导数在零点 x^* 邻域满足 $0 < \dfrac{f^{(1)}(x)}{f^{(1)}(x_0)} < 2$.

例 5.8   求解函数 $f(x) = x^4 - 4x^2 + 4$ 的零点.

解   设置如下参数:

```
x0 = 1.5;
tolerance1 = 1e-8;
tolerance2 = 1e-8;
k_max = 1000;
Newton_simple_solve_fun = x * x * x * x - 4 * x * x + 4;
调用函数 Newton_simple_solve_output = Newton_simple_solve(x0,
    tolerance1,tolerance2,k_max)
```

其中, x0 是非线性函数零点的一个初始近似值, tolerance1 和 tolerance2 是设定的允许误差, k_max 是最大迭代次数.

程序运行结果如图 5.11 所示.

图 5.11   例 5.8 求解结果

5.12   Newton 下降算法

5.12.1   算法推导

Newton 算法选择的迭代初始点 x_0 需要在非线性函数 $f(x)$ 的一个零点 x^* 附近, 对初始点的要求较高就限制了 Newton 算法的应用. 为了克服这个缺点, 在迭代公式 (5.8.3) 中引入因子 λ. 由此形成了 Newton 下降算法, 该算法包括以下几个步骤.

步骤 1   设 x_k 为非线性函数 $f(x)$ 的第 k 次迭代点, x_{k+1} 为第 $k+1$ 次迭代点. 为了防止 Newton 算法迭代发散, 对迭代过程做如下限制:

$$|f(x_{k+1})| < |f(x_k)| \tag{5.12.1}$$

步骤 2   将 Newton 算法的计算结果 $\bar{x}_{k+1} = x_k - \dfrac{f(x_k)}{f^{(1)}(x_k)}$ 与 x_k 的适当加权平均作为新的迭代点:

$$x_{k+1} = \lambda \bar{x}_{k+1} + (1-\lambda)x_k \tag{5.12.2}$$

其中 $0 < \lambda \leqslant 1$.

步骤 3   式 (5.12.2) 的迭代公式为

$$x_{k+1} = x_k - \lambda \frac{f(x_k)}{f^{(1)}(x_k)}, \quad k = 0, 1, \cdots \tag{5.12.3}$$

称为 **Newton 下降算法**. 开始取 $\lambda = 1$, 逐次将 λ 减半进行试算, 直到能使下降条件 (5.12.1) 成立为止.

步骤 4   收敛性分析, 式 (5.12.3) 的迭代函数为

$$\varphi(x) = x - \lambda \frac{f(x)}{f^{(1)}(x)} \tag{5.12.4}$$

$\varphi(x)$ 的一阶导函数为

$$\varphi^{(1)}(x) = 1 - \lambda + \lambda \frac{f(x)f^{(2)}(x)}{\left[f^{(1)}(x)\right]^2} \tag{5.12.5}$$

那么在零点 x^* 处有 $\varphi^{(1)}(x^*) = 1 - \lambda$, 满足 $\left|\varphi^{(1)}(x^*)\right| < 1$. 由定理 5.3 可知迭代算法 (5.12.3) 是收敛的.

5.12.2   算法流程

算法 5.9   Newton 下降算法

输入: 非线性函数 $f(x)$ 及其导函数 $f^{(1)}(x)$, 初始估计值 x_0, 数值精度误差 $\varepsilon_1, \varepsilon_2$, 最大迭代次数 $k_{\max}$.

输出: $f(x)$ 的零点 x, 迭代的次数 k.

流程:

while $(\delta > \varepsilon_1) \,\&\&\, (|f_{k+1}| > \varepsilon_2)$

　　if $(k > k_{\max}) \,|\, (\left|f^{(1)}(x_k)\right| < EPSILON)$

$$(EPSILON \text{ 为计算平台精度})$$

return;   (不收敛)
          end if
$$\lambda = 1$$
$$x_{k+1} = x_k - \lambda \frac{f(x_k)}{f^{(1)}(x_k)}$$
$$\text{while } |f(x_{k+1})| \geqslant |f(x_k)|$$
$$\lambda = \frac{\lambda}{2}$$
$$x_{k+1} = x_k - \lambda \frac{f(x_k)}{f^{(1)}(x_k)}$$
end while
$$\text{if } |x_{k+1}| < C \qquad\qquad (C \text{ 为设定控制常数})$$
$$\delta = |x_{k+1} - x_k|$$
else
$$\delta = \frac{|x_{k+1} - x_k|}{|x_{k+1}|}$$
end if
end while

5.12.3 算法特点

1. 当迭代过程中的 λ 值一直为 1 时, Newton 下降算法就是 Newton 算法.

2. Newton 下降算法与 Newton 算法相比, 在一定程度上降低了对初始点 x_0 的要求.

5.12.4 适用范围

要求非线性函数 $f(x)$ 在零点 x^* 邻域的一阶导函数值不为 0.

例 5.9   求解函数 $f(x) = x^4 - 4x^2 + 4$ 的零点.

解   设置如下参数为

```
x0 = 0.5;
tolerance1 = 1e-8;
tolerance2 = 1e-8;
k_max = 1000;
Newton_decent_solve_fun = x * x * x * x - 4 * x * x + 4;
调用函数Newton_decent_solve_output = Newton_decent_solve(x0,
    tolerance1,tolerance2,k_max)
```

其中, x0 是非线性函数零点的一个初始近似值, tolerance1 和 tolerance2 是设定的允许误差, k_max 是最大迭代次数.

程序运行结果如图 5.12 所示.

图 5.12　例 5.9 求解结果

5.13　弦　截　算　法

5.13.1　算法推导

由于 Newton 算法求非线性函数 $f(x)$ 的零点时, 在每步迭代中都要计算迭代点 x_k 处的 $f(x_k)$ 及 $f^{(1)}(x_k)$, 计算量较大且有时 $f^{(1)}(x_k)$ 计算较困难, 因此可以利用已知的函数值 $f(x_k)$, $f(x_{k-1})$ 来近似 $f^{(1)}(x_k)$. 由此形成了弦截算法, 该算法包括以下几个步骤.

步骤 1　设 x_k, x_{k-1} 是非线性函数 $f(x)$ 零点 x^* 的两个近似值, 利用 $f(x_k)$, $f(x_{k-1})$ 构造一次插值多项式 $p_1(x)$:

$$p_1(x) = f(x_k) + \frac{f(x_k) - f(x_{k-1})}{x_k - x_{k-1}}(x - x_k) \tag{5.13.1}$$

步骤 2　用 $p_1(x)$ 的零点作为 x^* 的新的近似值, 则有

$$x_{k+1} = x_k - \frac{f(x_k)}{f(x_k) - f(x_{k-1})}(x_k - x_{k-1}) \tag{5.13.2}$$

5.13.2　相关定理

定理 5.7　弦截算法收敛定理　假设 $f(x)$ 在零点 x^* 的邻域 $\Delta : |x - x^*| \leqslant \delta$ 内具有二阶连续导数, 且对任意 $x \in \Delta$ 有 $f^{(1)}(x) \neq 0$, 若初值 $x_0, x_1 \in \Delta$, 那么当邻域 Δ 充分小时, 弦截算法 (5.13.2) 将按阶 $p = \dfrac{1+\sqrt{5}}{2} \approx 1.618$ 收敛到 x^*.

5.13.3　算法流程

算法 5.10　弦截算法

输入: 非线性函数 $f(x)$, 初始估计值 x_0, x_1, 数值精度误差 $\varepsilon_1, \varepsilon_2$, 最大迭代次数 $k_{\max}$.

输出: $f(x)$ 的零点 x, 迭代的次数 k.

流程:

while $(\delta > \varepsilon_1) \,\&\&\, (|f_{k+1}| > \varepsilon_2)$　　　　(k 表示迭代的次数)

$$x_{k+1} = x_k - \frac{f(x_k)}{f(x_k) - f(x_{k-1})}(x_k - x_{k-1})$$

if $(k > k_{\max})$　　　　　　　($k_{\max}$ 为最大迭代次数)

　　return;　　　　　　　　　(不收敛)

end if

if $|x_{k+1}| < C$　　　　　　　(C 为设定控制常数)

　　$\delta = |x_{k+1} - x_k|$

else

　　$\delta = \dfrac{|x_{k+1} - x_k|}{|x_{k+1}|}$

end if

end while

5.13.4　算法特点

1. 弦截算法是基于插值原理实现的.

2. 弦截算法采用两点差商 $\dfrac{f(x_k) - f(x_{k-1})}{x_k - x_{k-1}}$ 来代替 Newton 算法迭代公式中的 $f^{(1)}(x_k)$, 降低了求 $f^{(1)}(x_k)$ 的复杂性.

3. 弦截算法 ($p \approx 1.618$ 阶收敛) 收敛速度慢于 Newton 算法 (二阶收敛).

4. 弦截算法需要两个初始值 x_0, x_1 (在零点 x^* 附近).

5.13.5　适用范围

要求非线性函数 $f(x)$ 在零点 x^* 的邻域内具有二阶连续导数, 且导函数满足 $f^{(1)}(x) \neq 0$.

例 5.10　求解函数 $f(x) = x^4 - 4x^2 + 4$ 的零点.

解　设置如下参数:

```
x0 = 0.8;
x1 = 0.9;
tolerance = 1e-8;
```

```
k_max = 1000;
Secant_solve_fun = x * x * x * x - 4 * x * x + 4;
调用函数 Secant_solve_output = Secant_solve(x0,x1,tolerance,k_max)
```

其中, x0 和 x1 是非线性函数零点的两个初始近似值, tolerance 是设定的允许误差, k_max 是最大迭代次数.

程序运行结果如图 5.13 所示.

图 5.13　例 5.10 求解结果

5.14　抛物线算法

5.14.1　算法推导

由于 Newton 算法求非线性函数 $f(x)$ 的零点时, 在每步迭代中都要计算迭代点 x_k 处的 $f(x_k)$ 及 $f^{(1)}(x_k)$ 来求下一次迭代点 x_{k+1}, 计算量较大且有时 $f^{(1)}(x_k)$ 计算较困难, 因此可以利用已知的函数值 $f(x_k)$, $f(x_{k-1})$, $f(x_{k-2})$ 构造抛物线函数, 求下一次迭代点 x_{k+1}. 由此形成了抛物线算法, 该算法包括以下几个步骤.

步骤 1　设 x_k, x_{k-1}, x_{k-2} 为非线性函数 $f(x)$ 零点 x^* 的三个近似值, 以这三点为节点构造二次插值多项式 $p_2(x)$, 参考 7.5 节,

$$p_2(x) = f(x_k) + f[x_k, x_{k-1}](x - x_k) + f[x_k, x_{k-1}, x_{k-2}](x - x_k)(x - x_{k-1}) \quad (5.14.1)$$

步骤 2　选择 $p_2(x)$ 的一个零点 x_{k+1} 作为 x^* 新的近似值, 则有

$$x_{k+1} = x_k - \frac{2f(x_k)}{\omega \pm \sqrt{\omega^2 - 4f(x_k)f[x_k, x_{k-1}, x_{k-2}]}} \quad (5.14.2)$$

式中

$$\omega = f[x_k, x_{k-1}] + f[x_k, x_{k-1}, x_{k-2}](x_k - x_{k-1}) \quad (5.14.3)$$

该迭代过程称为**抛物线算法**. 由于插值多项式 $p_2(x)$ 有两个零点, 为了保证精度, 选取式 (5.14.2) 中比较接近 x_k 的一个值作为 x^* 新的近似值 x_{k+1}(取根式前的符号与 ω 的符号相同).

5.14.2　算法流程

算法 5.11　抛物线算法

输入: 非线性函数 $f(x)$, 初始估计值 x_0, x_1, x_2, 数值精度误差 $\varepsilon_1, \varepsilon_2$, 最大迭代次数 $k_{\max}$.

输出: $f(x)$ 的零点 x, 迭代的次数 k.

流程:

while $(\delta > \varepsilon_1)\,\&\&\,(|f_{k+1}| > \varepsilon_2)$　　(k 表示迭代的次数)

　　$\omega = f[x_k, x_{k-1}] + f[x_k, x_{k-1}, x_{k-2}](x_k - x_{k-1})$

　　if $\omega > 0$

$$x_{k+1} = x_k - \frac{2f(x_k)}{\omega + \sqrt{\omega^2 - 4f(x_k)f[x_k, x_{k-1}, x_{k-2}]}}$$

　　else

$$x_{k+1} = x_k - \frac{2f(x_k)}{\omega - \sqrt{\omega^2 - 4f(x_k)f[x_k, x_{k-1}, x_{k-2}]}}$$

　　end if

　　if $(k > k_{\max})$

　　　　return;　　　　　　　　　　(不收敛)

　　end if

　　if $|x_{k+1}| < C$　　　　　　　(C 为设定控制常数)

　　　　$\delta = |x_{k+1} - x_k|$

　　else

　　　　$\delta = \dfrac{|x_{k+1} - x_k|}{|x_{k+1}|}$

　　end if

end while

5.14.3　算法特点

1. 抛物线算法是基于插值原理实现的.
2. 抛物线算法不需要计算迭代点处的导数值.
3. 抛物线算法的收敛速度快于弦截算法, 慢于 Newton 算法.
4. 抛物线算法需要三个初始值 x_0, x_1, x_2.

5.14.4 适用范围

不明确.

例 5.11 求解函数 $f(x) = x^4 - 4x^2 + 4$ 的零点.

解 设置如下参数:

```
x0 = 0.8;
x1 = 0.9;
x2 = 1.0;
tolerance = 1e-8;
k_max = 1000;
Parabolic_solve_fun = x * x * x * x - 4 * x * x + 4;
调用函数 Parabolic_solve_output=Parabolic_solve(x0,x1,x2,tolerance,
    k_max)
```

其中, x0, x1, x2 是非线性函数零点的两个初始近似值, tolerance 是设定的允许误差, k_max 是最大迭代次数.

程序运行结果如图 5.14 所示.

图 5.14 例 5.11 求解结果

5.15 Visual Studio 软件解非线性方程的数值算法调用说明

解非线性方程的数值算法基本调用方法及参数说明见表 5.1.

表 5.1 解非线性方程的数值算法基本调用方法及参数说明

二分算法	Bisection_solve_output = Bisection_solve(a, b, tolerance, k_max)
试位算法	false_position_solve_output = false_position_solve(a, b, tolerance, k_max)
不动点 迭代算法	Fixed_point_iteration_solve_output= Fixed_point_iteration_solve(x0, tolerance, k_max)
Steffensen 加速迭代算法	Steffensen_solve_output = Steffensen_slove(x0, tolerance, k_max)

续表

Newton 算法	Newton_solve_output = Newton_solve(x0, tolerance1, tolerance2, k_max)
求平方根的 Newton 算法	Square_root_solve_output = Square_root_solve(C, x0, tolerance, k_max)
求非线性函数多重零点的 Newton 算法	Newton_repeated_roots_solve_output= Newton_repeated_roots_solve(x0, tolerance1, tolerance2, k_max)
简化 Newton 算法	Newton_simple_solve_output=Newton_simple_solve(x0, tolerance1, tolerance2, k_max)
Newton 下降算法	Newton_decent_solve_output=Newton_decent_solve(x0, tolerance1, tolerance2, k_max)
弦截算法	Secant_solve_output = Secant_solve(x0, x1, tolerance, k_max)
抛物线算法	Parabolic_solve_output = Parabolic_solve(x0, x1, x2, tolerance, k_max)
输入参数说明	x0,x1,x2: 初始近似值 C: 待求平方根的实数 vector_x0: 初始解向量 tolerance, tolerance1, tolerance2: 迭代误差限 k_max: 最大迭代次数
输出参数说明	Bisection_solve_output: 结构体变量, 包含求解结果 false_position_solve_output: 结构体变量, 包含求解结果 Fixed_point_iteration_solve_output: 结构体变量, 包含求解结果 Steffensen_solve_output: 结构体变量, 包含求解结果 Newton_solve_output: 结构体变量, 包含求解结果 Square_root_solve_output: 结构体变量, 包含求解结果 Newton_repeated_roots_solve_output: 结构体变量, 包含求解结果 Newton_simple_solve_output: 结构体变量, 包含求解结果 Newton_decent_solve_output: 结构体变量, 包含求解结果 Secant_solve_output: 结构体变量, 包含求解结果 Parabolic_solve_output: 结构体变量, 包含求解结果

5.16 小　结

本章介绍了求解非线性方程的数值算法, 主要有二分算法、试位法、不动点迭代算法、加速的不动点迭代算法 (Aitken 迭代加速算法、Steffensen 迭代加速法)、Newton 算法、求平方根的 Newton 算法、求非线性函数多重零点的 Newton 算法、简化 Newton 算法、Newton 下降算法、弦截算法、抛物线算法. 本章对每个算法进行了推导, 梳理了流程, 归纳了特点和适用范围; 此外, 还给出了 Visual Studio 软件中相关算法命令的调用方法.

参 考 文 献

龚纯, 王正林, 2011. MATLAB 语言常用算法程序集 [M]. 2 版. 北京: 电子工业出版社.
李庆扬, 莫孜中, 祁力群, 1987. 非线性方程组的数值解法 [M]. 北京: 科学出版社.

李庆扬, 王能超, 易大义, 2008. 数值分析 [M]. 5 版. 北京: 清华大学出版社.

Atkinson K E, 1978. An Introduction to Numerical Analysis[M]. New York: Wiley.

Burden R L, Faires J D, 1993. Numerical Analysis[M]. 5th ed. Boston: PWS Publishing.

Gerald C F, Wheatley P O, 1989. Applied Numerical Analysis[M]. 3rd ed. Reading MA: Addison-Wesley.

Guest P G, 1961. Numerical Methods of Curve Fitting[M]. Cambridge: Cambridge University Press.

Hamming R W, 1973. Numerical Methods for Scientists and Engineers[M]. 2nd ed. New York: McGraw-Hill.

Hartley H O, 1961. The modified Gauss-Newton method for the fitting of non-linear regression functions by least squares[J]. Technometrics, 3(2): 269-280.

Henrici P H, 1964. Elements of Numerical Analysis[M]. New York: Wiley.

Hildebrand F B, 1974. Introduction to Numerical Analysis[M]. 2nd ed. New York: McGraw-Hill.

Hoffman J, 1992. Numerical Methods for Engineers and Scientists[M]. New York: McGraw-Hill.

Householder A S, 1953. Principles of Numerical Analysis[M]. New York: McGraw-Hill.

Householder A S, 1964. The Theory of Matrices in Numerical Analysis[M]. New York: Blaisdell Pub. Co.

Ortega J M, Rheinboldt W C, 1970. Iterative Solution of Nonlinear Equations in Several Variables[M]. New York: Academic Press.

Steven C C, Raymond P C, 2007. Numerical Methods for Engineers[M]. 5th ed. 唐玲艳, 田尊华, 刘齐军, 译. 北京: 清华大学出版社.

习　　题

1. 求方程 $x^3 - 3x + 1 = 0$ 在区间 $[0, 1]$ 上的一个根.

2. 求方程 $\dfrac{1}{\sqrt{x}} + x - 2 = 0$ 的一个根, 迭代初始值为 0.5.

3. 求方程 $\lg x + \sqrt{x} = 2$ 在区间 $[1, 4]$ 上的一个根.

4. 求方程 $\dfrac{1}{\sqrt{x}} + x - 2 = 0$ 的一个根, 求解区间分别为 $[0.5, 1.5]$ 和 $[0.1, 1]$.

5. 求方程 $x^2 - 3x + 2 = 0$ 在区间 $[0, 1.8]$ 上的一个根.

6. 求方程 $\sqrt{x} - x^3 + 2 = 0$ 在区间 $[0, 5.2]$ 上的一个根.

7. 求方程 $\sqrt{x} - x^3 + 2 = 0$ 在区间 $[1.2, 2]$ 上的一个根.

8. 求方程 $x^4 + 4x^3 + 2x^2 - 4x - 3 = 0$ 的全部实根.

9. 求方程 $x^2(\sin x - x + 2) = 0$ 在区间 $[-2, 3]$ 上的一个根.

10. 下降降落伞的速率可如下计算:

$$v = \frac{gm}{c} \left(1 - e^{-(c/m)t} \right)$$

其中 $g = 9.8\,\text{m/s}^2$, 对于一个阻力系数为 $c = 15\,\text{kg/s}$ 的降落伞, 计算其在 $t = 9\,\text{s}$ 时的速度为 $v = 35\,\text{m/s}$ 的质量, 误差限为 $\varepsilon = 0.1\%$.

11. 水在一个梯形管道中的流率为 $Q = 20\,\text{m}^3/\text{s}$, 每个管道的临界深度必须满足方程:

$$0 = 1 - \frac{Q^2}{gA_c^3}B$$

其中 $g = 9.8\,\text{m/s}^2$, A_c 表示水流剖面面积 (m^2), B 表示管道表面宽度. 宽度和剖面面积与深度 y 的关系如下:

$$B = 3 + y$$
$$A_c = 3y + \frac{y^2}{2}$$

初始估计值为 $x_l = 0.5$ 和 $x_u = 2.5$, 求解临界深度.

12. 设计一个球形容器, 作为一个盛水装置. 容积可以如下计算:

$$V = \pi h^2 \frac{3R - h}{3}2$$

其中, V 表示水的体积 (单位为 m^3), h 是容器中水的高度 (单位为 m), R 表示容器的半径 (单位为 m). 如果 $R = 3\,\text{m}$, 那么水的高度为多少时容器中水的体积为 $30\,\text{m}^3$?

第 6 章 非线性方程组的求解算法

6.1 引　言

解非线性方程组的算法, 主要有不动点迭代算法和最优化算法, 其中, 最优化算法是将非线性方程组转化为无约束的非线性最小二乘问题并使用解无约束非线性优化问题的算法求解, 获得非线性方程组的解或者近似解的算法.

6.2 基 础 定 义

与解非线性方程组的最优化算法相关的定义如下.

定义 6.1 非线性方程组的最小二乘形式　对于非线性方程组:

$$
\begin{cases}
f_1(x_1, x_2, \cdots, x_n) = 0 \\
f_2(x_1, x_2, \cdots, x_n) = 0 \\
\qquad \cdots\cdots \\
f_m(x_1, x_2, \cdots, x_n) = 0
\end{cases}
\tag{6.2.1}
$$

记 $x = [x_1, x_2, \cdots, x_n]^{\mathrm{T}}$, $f(x) = [f_1(x), f_2(x), \cdots, f_m(x)]^{\mathrm{T}}$, 可以将式 (6.2.1) 转化为最小二乘形式

$$
\min\ F(x) = \frac{1}{2}[f_1^2(x) + f_2^2(x) + \cdots + f_m^2(x)] = \frac{1}{2}f^{\mathrm{T}}(x)f(x).
\tag{6.2.2}
$$

也就是说求解非线性方程组 (6.2.1) 与寻找非线性最小二乘问题 (6.2.2) 的最优解 x^* 等价. 如果 $F(x^*) = 0$, 那么求得的 x^* 即为非线性方程组的解; 如果 $F(x^*) > 0$, 则说明非线性方程组无理论解, 求得的 x^* 为非线性方程组的近似解.

定义 6.2 解最小二乘问题的最优化算法　最小二乘问题 (6.2.2) 实际上是一个无约束的非线性优化问题, 可以使用迭代式的数值最优化算法进行求解. 假设当前迭代点为 x_k, 最优化算法利用目标函数值、一阶梯度向量或二阶黑塞 (Hessian) 矩阵计算搜索方向 d_k 和搜索步长 α_k, 从而获得新的迭代点:

$$
x_{k+1} = x_k + \alpha_k d_k
\tag{6.2.3}
$$

重复这一迭代过程直至算法收敛. 常用的收敛准则包括

$$\|x_{k+1} - x_k\| \leqslant \varepsilon \tag{6.2.4}$$

$$|F(x_{k+1}) - F(x_k)| \leqslant \varepsilon \tag{6.2.5}$$

其中 ε 为算法指定的精度要求, 通常为一个充分小的正数.

定义 6.3　梯度向量　若非线性函数 $F(x)$ 关于 x 各分量的一阶偏微分 $\dfrac{\partial F(x)}{\partial x_i}$ $(i = 1, 2, \cdots, n)$ 均存在, 那么 $F(x)$ 在点 x 处的梯度向量 $G(x) \in \mathbf{R}^n$ 定义为

$$G(x) = \left[\begin{array}{cccc} \dfrac{\partial F(x)}{\partial x_1}, & \dfrac{\partial F(x)}{\partial x_2}, & \cdots, & \dfrac{\partial F(x)}{\partial x_n} \end{array} \right]^{\mathrm{T}} \tag{6.2.6}$$

定义 6.4　Hessian 矩阵　若非线性函数关于 x 各分量的二阶偏微分 $\dfrac{\partial^2 F(x)}{\partial x_i \partial x_j}$ $(i, j = 1, 2, \cdots, n)$ 均存在, 那么 $F(x)$ 在点 x 处的 Hessian 矩阵 $H(x) \in \mathbf{R}^{n \times n}$ 定义为

$$H(x) = \left[\begin{array}{cccc} \dfrac{\partial^2 F(x)}{\partial x_1^2} & \dfrac{\partial^2 F(x)}{\partial x_1 \partial x_2} & \cdots & \dfrac{\partial^2 F(x)}{\partial x_1 \partial x_n} \\ \dfrac{\partial^2 F(x)}{\partial x_2 \partial x_1} & \dfrac{\partial^2 F(x)}{\partial x_2^2} & \cdots & \dfrac{\partial^2 F(x)}{\partial x_2 \partial x_n} \\ \vdots & \vdots & \ddots & \vdots \\ \dfrac{\partial^2 F(x)}{\partial x_n \partial x_1} & \dfrac{\partial^2 F(x)}{\partial x_n \partial x_2} & \cdots & \dfrac{\partial^2 F(x)}{\partial x_n^2} \end{array} \right] \tag{6.2.7}$$

定义 6.5　Jacobi 矩阵　若非线性方程组 (6.2.1) 中所有非线性方程的梯度向量均存在, 那么非线性方程组的 Jacobi 矩阵 $J(x) \in \mathbf{R}^{m \times n}$ 定义为

$$J(x) = \left[\begin{array}{cccc} \dfrac{\partial f_1(x)}{\partial x_1} & \dfrac{\partial f_1(x)}{\partial x_2} & \cdots & \dfrac{\partial f_1(x)}{\partial x_n} \\ \dfrac{\partial f_2(x)}{\partial x_1} & \dfrac{\partial f_2(x)}{\partial x_2} & \cdots & \dfrac{\partial f_2(x)}{\partial x_n} \\ \vdots & \vdots & \ddots & \vdots \\ \dfrac{\partial f_m(x)}{\partial x_1} & \dfrac{\partial f_m(x)}{\partial x_2} & \cdots & \dfrac{\partial f_m(x)}{\partial x_n} \end{array} \right] \tag{6.2.8}$$

6.3 非线性方程组的不动点迭代算法

6.3.1 算法推导

将非线性方程 $f(x)=0$ 的不动点迭代算法推广应用于求解非线性方程组 $F(x)=0$. 非线性方程组的不动点迭代算法包括以下几个步骤.

步骤 1 假设非线性方程组 $F(x)=0$ 可化为如下的等价形式

$$x=\varPhi(x), \tag{6.3.1}$$

其中向量函数 $\varPhi \in D \subset \mathbf{R}^n$, 称为**迭代函数**, 且在定义域 D 上连续, 如果 $x^* \in D$, 满足 $x^*=\varPhi(x^*)$, 称 x^* 为函数 $\varPhi$ 的**不动点**, x^* 也是 $F(x)=0$ 的一个解.

步骤 2 选择 x^* 的一个初始近似值 x^0, 代入式 (6.3.1) 得到的迭代公式为

$$x^{k+1}=\varPhi\left(x^k\right), \quad k=0,1,\cdots \tag{6.3.2}$$

步骤 3 如果由式 (6.3.2) 得到的序列 $\{x^k\}$ 的极限为

$$\lim_{k\to\infty} x^k = x^* \tag{6.3.3}$$

则称迭代方程 (6.3.2) 收敛, x^* 为 $\varPhi(x)$ 的不动点, 称式 (6.3.2) 为**非线性方程组的不动点迭代公式**.

6.3.2 相关定理

定理 6.1 非线性方程组的不动点迭代算法存在性定理 函数 $\varPhi(x)$ 定义在区域 $D \subset \mathbf{R}^n$, 假设:

(1) 存在闭集 $D_0 \subset D$ 及实数 $L \in (0,1)$, 使

$$\|\varPhi(x)-\varPhi(y)\| \leqslant L\|x-y\|, \quad \forall x,y \in D_0 \tag{6.3.4}$$

(2) 对任意 $x^0 \in D$ 有 $\varPhi(x) \in D_0$,

则 $\varPhi$ 在 D_0 有唯一不动点 x^*, 且对任意 $x^0 \in D_0$, 由迭代算法 (6.3.2) 生成的序列 $\{x^k\}$ 收敛到 x^*, 并有误差估计

$$\left\|x^*-x^k\right\| \leqslant \frac{L^k}{1-L}\left\|x^1-x^0\right\| \tag{6.3.5}$$

定理 6.2 非线性方程组的不动点迭代算法收敛性定理 设 $\varPhi$ 在定义域有不动点 x^*, $\varPhi$ 的分量函数有连续偏导数且

$$\rho\left[\varPhi^{(1)}\left(x^*\right)\right] < 1 \tag{6.3.6}$$

则存在 x^* 的一个邻域 S, 对任意 $x^0 \in S$, 迭代算法 (6.3.2) 产生的序列 $\{x^k\}$ 收敛到 x^*. $\rho\left[\varPhi^{(1)}\left(x^*\right)\right]$ 为函数 $\varPhi$ 的 Jacobi 矩阵的谱半径.

6.3.3　算法流程

算法 6.1　非线性方程组的不动点迭代算法

输入: 迭代函数 $\Phi(x)$, 初始估计值 x^0, 数值误差 ε, 最大迭代次数 $k_{\max}$.

输出: $F(x) = 0$ 的解 x, 迭代的次数 k.

流程:

while $\left\| x^{k+1} - x^k \right\|_2 \geqslant \varepsilon$

　$x^{k+1} = \Phi\left(x^k\right)$

　if $k > k_{\max}$

　　return;　　　　　　(不收敛)

　end if

end while

6.3.4　算法特点

1. 获取满足收敛性要求的迭代函数 Φ 难度较大.
2. 初始点 x^0 在不动点 x^* 的邻域内 (对初始点要求较高, 不容易选择).

6.3.5　适用范围

要求迭代函数 $\Phi(x)$ 在不动点 x^* 处的 Jacobi 矩阵满足 $\rho\left[\Phi^{(1)}\left(x^*\right)\right] < 1$.

例 6.1　求解下述函数组的零点.

$$F(x) = \left[\begin{array}{c} x_1^2 + x_2^2 + 8 - 10x_1 \\ x_1 x_2^2 + x_1 + 8 - 10x_2 \end{array} \right]$$

解　设置如下参数为

```
n = 2;
vector_x0[0]=0;
vector_x0[1]=0;
tolerance = 1e-8;
k_max = 1000;
Nonlinear_eqs_Newton_solve_Fun[0] = x1 * x1 - 10*x1 + x2 * x2 + 8;
Nonlinear_eqs_Newton_solve_Fun[1] = x1 * x2 * x2 + x1 - 10*x2 + 8;
调用函数Nonlinear_eqs_fixed_point_solve_output=
    Nonlinear_eqs_fixed_point_solve(vector_x0,tolerance,k_max)
```

其中, vector_x0 是非线性函数零点初始向量, n 是初始向量维数, tolerance 是设定的允许误差, k_max 是最大迭代次数.

程序运行结果如图 6.1 所示.

图 6.1 例 6.1 求解结果

6.4 最速下降算法

6.4.1 算法推导

最速下降算法将当前迭代点处的负梯度方向作为搜索方向, 使用非精确一维搜索条件确定步长, 从而获得下一个迭代点.

将目标函数 $F(x)$ 在当前迭代点 x_k 处进行一阶 Taylor 展开:

$$F(x_k + d_k) = F(x_{k+1}) = F(x_k) + G^{\mathrm{T}}(x_k)d_k + o\left(\|d_k\|\right) \tag{6.4.1}$$

如果 $\|d_k\|$ 足够小, 那么两次迭代的目标函数值的变化为

$$F(x_{k+1}) - F(x_k) \approx G^{\mathrm{T}}(x_k)d_k = \|G(x_k)\|\,\|d_k\|\cos\theta \tag{6.4.2}$$

其中 θ 为梯度向量 G 和方向向量 d 之间的夹角.

如果要使目标函数值下降得尽可能大, 使迭代点尽可能地向最小值逼近, 则取 $\cos\theta = -1$, 即选择搜索方向为当前迭代点处梯度向量的负方向:

$$d_k = -G(x_k) \tag{6.4.3}$$

式 (6.4.3) 称为目标函数在点 x_k 处的最速下降方向. 在迭代过程中, 使用最速下降方向作为搜索方向的方法就是最速下降算法.

确定搜索方向之后, 还需要进一步获得搜索步长 α_k. 为了使目标函数在搜索方向上有足够多的下降, 最理想的是选择一维优化问题

$$\min_{\alpha}\quad \phi(\alpha) = F(x_k + \alpha d_k) \tag{6.4.4}$$

的最优解 α^* 作为搜索步长. 但是因为求取最优解的计算量较大, 更加常用的方法是进行非精确一维搜索以最小的计算成本获得使目标函数有一定下降的可接受步长.

可接受步长 α_k 需要满足的条件称为测试条件, 最常用的测试条件为沃尔夫 (Wolfe) 条件:

$$F(x_k + \alpha_k d_k) \leqslant F(x_k) + c_1 \alpha_k G^{\mathrm{T}}(x_k) d_k \tag{6.4.5}$$

$$G^{\mathrm{T}}(x_k + \alpha_k d_k) d_k \geqslant c_2 G^{\mathrm{T}}(x_k) d_k \tag{6.4.6}$$

其中 $0 < c_1 < c_2 < 1$. 式 (6.4.5) 保证目标函数有一定量的下降, 式 (6.4.6) 避免可接受步长的值过小而导致目标函数的下降量很小.

非精确一维搜索先找到一个包含可接受步长的区间, 然后采用二分法或者插值法不断缩减步长区间, 直至找到满足 Wolfe 条件的可接受步长. 由于计算最速下降方向和 Wolfe 条件都要求已知目标函数的梯度, 可以使用两点抛物线插值来缩减区间.

假设包含可接受步长的区间为 $[\alpha_{\mathrm{L}}, \alpha_{\mathrm{U}}]$, 当前试探步长为 α_{M}, 利用内插公式可以更新步长区间的上边界, 获得新的试探步长:

$$\alpha_{\mathrm{new}} = \alpha_{\mathrm{L}} + \frac{(\alpha_{\mathrm{M}} - \alpha_{\mathrm{L}})^2 G^{\mathrm{T}}(x_k + \alpha_{\mathrm{L}} d_k) d_k}{2[f(x_k + \alpha_{\mathrm{L}} d_k) - f(x_k + \alpha_{\mathrm{M}} d_k) + (\alpha_{\mathrm{M}} - \alpha_{\mathrm{L}}) G^{\mathrm{T}}(x_k + \alpha_{\mathrm{L}} d_k) d_k]} \tag{6.4.7}$$

利用外插公式可以更新步长区间的下边界, 获得新的试探步长:

$$\alpha_{\mathrm{new}} = \alpha_{\mathrm{M}} + \frac{(\alpha_{\mathrm{M}} - \alpha_{\mathrm{L}}) G^{\mathrm{T}}(x_k + \alpha_{\mathrm{M}} p_k) d_k}{G^{\mathrm{T}}(x_k + \alpha_{\mathrm{L}} p_k) d_k - G^{\mathrm{T}}(x_k + \alpha_{\mathrm{M}} \boldsymbol{p}_k) d_k} \tag{6.4.8}$$

6.4.2 算法流程

算法 6.2 解非线性方程组的最速下降算法

输入: 非线性方程组的最小二乘形式 $F(x)$ 及其梯度 $G(x)$, 初始解 x_0, 精度 ε.

输出: 非线性方程组的解 x^*.

流程:

1. 令迭代次数 $k = 0$.

2. 使用最速下降法进行迭代计算:

do

(1) 计算当前迭代点 x_k 处的目标函数 $F(x_k)$ 和梯度 $G(x_k)$;

(2) 计算最速下降方向 $d_k = -G(x_k)$;

(3) 选取步长区间 $[\alpha_{\mathrm{L}}, \alpha_{\mathrm{U}}]$, 使用内插公式 (6.4.7) 或者外插公式 (6.4.8) 缩减区间, 直至找到满足 Wolfe 条件 (6.4.5) 和 (6.4.6) 的可接受步长 α_k;

(4) 计算下一个迭代点 $x_{k+1} = x_k + \alpha_k d_k$;

(5) 令迭代次数 $k = k + 1$.

while $(\|x_k - x_{k-1}\| > \varepsilon)$

3. 输出满足收敛条件的迭代点作为非线性方程组的解 $x^* = x_k$.

6.4.3 算法特点

1. 最速下降法具有全局收敛性, 但仅具有线性收敛速度.

2. 使用非精确一维搜索方法获得可接受步长时, 除了 Wolfe 条件之外, 还可以使用其他测试条件如戈尔德施泰因 (Goldstein) 条件、强 Wolfe 条件等; 同样, 缩减步长区间的方法除两点抛物线插值之外, 也可以使用其他的插值方法.

6.4.4 适用范围

要求非线性方程组中所有非线性方程的一阶梯度均存在.

例 6.2 使用最速下降算法求解非线性方程组的解.

$$\begin{cases} \mathrm{e}^{-x_1 - x_2} - x_2(1 + x_1^2) = 0 \\ x_1 \cos x_2 + x_2 \sin x_1 = 0.5 \end{cases}$$

解 设置如下参数:

```
x_initial[0] = 0; x_initial[1] = 0;
tolerance = 1e-6;
k_max = 1000;
c1 = 0.1;
c2 = 0.7;
k_max_line_search = 100;
调用函数Steepest_descent_output = Steepest_descent(x_initial,
    tolerance,k_max,c1,c2,k_max_line_search);
```

其中, x_initial 是非线性方程组的初始猜测解, tolerance 是设定的误差限, k_max 是允许的最大迭代次数, c1 和 c2 分别是 Wolfe 条件中的常量, k_max_line_search 是非精确一维搜索算法允许的最大迭代次数.

待求解的非线性方程组的最小二乘形式及其梯度以函数形式输入,

```
double F_test(const double *x)
{
        double F = pow((exp(-x[0] - x[1]) - x[1] * (1 + x[0] * x
            [0])), 2) + pow((x[0] * cos(x[1]) + x[1] * sin (x[0])
            - 0.5), 2);
        return F;
}
Vector_Info G_test(const double *x)
{
        Vector_Info G;
        G.n = 2;
        G.arr[0] = 2 * (exp(-x[0] - x[1]) - x[1] * (1 + x[0] * x
            [0])) * (-exp(-x[0] - x[1]) - 2 * x[0] * x[1]) + 2 *
            (x[0] * cos(x[1]) + x[1] * sin(x[0]) - 0.5) * (cos(x
            [1]) + x[1] * cos(x[0]));
        G.arr[1] = 2 * (exp(-x[0] - x[1]) - x[1] * (1 + x[0] * x
            [0])) * (-exp(-x[0] - x[1]) - 1 - x[0] * x[0]) + 2 *
             (x[0] * cos(x[1]) + x[1] * sin(x[0]) - 0.5) * (sin(x
            [0]) - x[0] * sin(x[1]));
        return G;
}
```

其中 Vector_Info 为一维向量结构体, 其成员包括向量维数 n 和一维数组 arr.
程序运行结果如图 6.2 所示.

图 6.2　例 6.2 的求解结果

6.5 Newton 算法

6.5.1 算法推导

Newton 算法使用目标函数的二阶 Taylor 展开式对其进行近似, 通过求解近似二阶 Taylor 展开式取极小值的必要条件获得搜索方向.

将目标函数 $F(x)$ 在当前迭代点 x_k 处进行二阶 Taylor 展开:

$$F(x_k + d_k) = F(x_k) + G^{\mathrm{T}}(x_k)d_k + \frac{1}{2}d_k^{\mathrm{T}}H(x_k)d_k + o\left(\|d_k\|^2\right) \tag{6.5.1}$$

如果 $\|d_k\|$ 足够小, 那么

$$F(x_k + d_k) \approx F(x_k) + G^{\mathrm{T}}(x_k)d_k + \frac{1}{2}d_k^{\mathrm{T}}H(x_k)d_k \tag{6.5.2}$$

假设下一个迭代点 $x_{k+1} = x_k + d_k$, 可以得到目标函数在点 x_{k+1} 处取极小值的必要条件:

$$\frac{\partial F(x_k + d_k)}{\partial d_k} = G(x_k) + H(x_k)d_k = 0 \tag{6.5.3}$$

即

$$d_k = -H^{-1}(x_k)G(x_k) \tag{6.5.4}$$

式 (6.5.4) 称为目标函数在点 x_k 处的 Newton 方向, 它是使得目标函数在点 x_{k+1} 处取极小值的搜索方向. 在迭代过程中, 使用 Newton 方向作为搜索方向的方法就是 Newton 算法.

6.5.2 算法流程

算法 6.3 解非线性方程组的 Newton 算法

输入: 非线性方程组的最小二乘形式 $F(x)$ 及其梯度 $G(x)$ 和 Hessian 矩阵 $H(x)$, 初始解 x_0, 精度 ε.

输出: 非线性方程组的解 x^*.

流程:

1. 令迭代次数 $k = 0$.

2. 使用 Newton 算法进行迭代计算:

    do

       (1) 计算当前迭代点 x_k 处的目标函数 $F(x_k)$、梯度 $G(x_k)$ 和 Hessian 矩阵 $H(x_k)$;

       (2) 计算 Newton 方向 $d_k = -H^{-1}(x_k)G(x_k)$;

(3) 使用非精确一维搜索获得满足 Wolfe 条件的可接受步长 α_k;

(4) 计算下一个迭代点 $x_{k+1} = x_k + \alpha_k d_k$;

(5) 令迭代次数 $k = k + 1$.

while ($\|x_k - x_{k-1}\| > \varepsilon$)

3. 输出满足收敛条件的迭代点作为非线性方程组的解 $x^* = x_k$.

6.5.3　算法特点

1. 当 Hessian 矩阵 $H(x_k)$ 不正定时, 其逆矩阵可能不存在; 或者逆矩阵即使存在, Newton 方向也并非下降方向. 在这种情况下, 需要对 Hessian 矩阵进行一定的修正, 使其保持正定.

2. Newton 算法具有局部的二阶收敛性, 收敛速度较最速下降算法更快.

3. 当 Newton 算法产生的迭代点逐渐逼近最优解时, 搜索步长 $\alpha_k = 1$ 总是满足 Wolfe 条件, 因此在算法实现时可以优先将其作为搜索步长.

6.5.4　适用范围

要求:

1. 非线性方程组中所有非线性方程的一阶梯度均存在;

2. 非线性方程组的最小二乘形式目标函数的 Hessian 矩阵存在且正定.

例 6.3　使用 Newton 算法求解例 6.2 中的非线性方程组.

解　设置如下参数:

```
x_initial[0] = 0; x_initial[1] = 0;
tolerance = 1e-6;
k_max = 1000;
c1 = 0.1;
c2 = 0.7;
k_max_line_search = 100;
调用函数Newton_output = Newton(x_initial,tolerance,k_max,c1,c2,
    k_max_line_search);
```

其中, x_initial 是非线性方程组的初始猜测解, tolerance 是设定的误差容限, k_max 是允许的最大迭代次数, c1 和 c2 分别是 Wolfe 条件中的常量, k_max_line_search 是非精确一维搜索算法允许的最大迭代次数. 待求解的非线性方程组的最小二乘形式及其梯度以函数形式输入, 与例 6.2 一致.

程序运行结果如图 6.3 所示.

图 6.3   例 6.3 的求解结果

6.6   共轭梯度算法

6.6.1   相关定义

定义 6.6   向量组共轭   对于非零向量组 $\{d_1, d_2, \cdots, d_n\}$ 和对称正定矩阵 A, 若

$$d_i^{\mathrm{T}} A d_j = 0 \tag{6.6.1}$$

对任意 $i, j = 1, 2, \cdots, n$ 且 $i \neq j$ 均成立, 那么称向量组 $\{d_1, d_2, \cdots, d_n\}$ 关于矩阵 A 共轭.

6.6.2   算法推导

共轭梯度算法利用梯度向量构造一组共轭向量作为搜索方向.

共轭梯度算法最早是用于求解大规模线性方程组的迭代方法, 之后被推广为非线性无约束优化问题的求解. 共轭梯度算法在迭代过程中, 利用当前迭代点处的梯度 $\boldsymbol{G}(\boldsymbol{x}_k)$ 和上一次迭代的搜索方向 d_{k-1} 构造本次迭代的搜索方向:

$$d_k = -G(x_k) + \beta_k d_{k-1} \tag{6.6.2}$$

其中 β_k 称为修正系数. 新的搜索方向 d_k 必须与之前的搜索方向 $d_0, d_1, \cdots, d_{k-1}$ 共轭.

由共轭需满足的关系可以计算得到修正系数 β_k, 而根据不同的 β_k 计算公式形成了多种共轭梯度算法, 目前用得最多的两种计算公式为

$$\beta_k = \frac{G^{\mathrm{T}}(x_k) G(x_k)}{[G(x_k) - G(x_{k-1})]^{\mathrm{T}} d_{k-1}} \tag{6.6.3}$$

$$\beta_k = \left(r_{k-1} - 2d_{k-1}\frac{r_{k-1}^{\mathrm{T}}r_{k-1}}{r_{k-1}^{\mathrm{T}}d_{k-1}}\right)^{\mathrm{T}}\frac{G(x_k)}{r_{k-1}^{\mathrm{T}}d_{k-1}}, \quad r_{k-1} = G(x_k) - G(x_{k-1}) \quad (6.6.4)$$

式 (6.6.3) 称为 Dai-Yuan 公式, 式 (6.6.4) 称为 Hager-Zhang 公式.

6.6.3　算法流程

算法 6.4　解非线性方程组的共轭梯度算法

输入: 非线性方程组的最小二乘形式 $F(x)$ 及其梯度 $G(x)$, 初始解 x_0, 精度 ε.

输出: 非线性方程组的解 x^*.

流程:

1. 设置初始搜索方向为负梯度方向 $d_0 = -G(x_0)$, 使用非精确一维搜索方法获得满足 Wolfe 条件的步长 α_0, 计算得到下一个迭代点 $x_1 = x_0 + \alpha_0 d_0$, 令迭代次数 $k = 1$.

2. 使用共轭梯度法进行迭代计算:

　　while ($\|x_k - x_{k-1}\| > \varepsilon$)

　　　　(1) 计算当前迭代点 x_k 处的目标函数 $F(x_k)$、梯度 $G(x_k)$;

　　　　(2) 使用式 (6.6.3) 或 (6.6.4) 计算修正系数 β_k;

　　　　(3) 计算共轭梯度方向 $d_k = -G(x_k) + \beta_k d_{k-1}$;

　　　　(4) 使用非精确一维搜索获得满足 Wolfe 条件的可接受步长 α_k;

　　　　(5) 计算下一个迭代点 $x_{k+1} = x_k + \alpha_k d_k$;

　　　　(6) 令迭代次数 $k = k + 1$.

　　end while

3. 输出满足收敛条件的迭代点作为非线性方程组的解 $x^* = x_k$.

6.6.4　算法特点

1. 共轭梯度算法可以视为梯度下降算法的一种修正, 比梯度下降算法更有效; 尽管共轭梯度算法的收敛速度不及 Newton 算法快, 但它无需对 Hessian 矩阵进行存储和计算.

2. 在共轭梯度算法中, 若搜索步长选择不合适, 可能导致迭代非下降; 对于式 (6.6.3) 和式 (6.6.4) 两种共轭梯度算法, 满足 Wolfe 条件的可接受步长都可以保证迭代是下降的.

6.6.5　适用范围

要求:

1. 非线性方程组中所有非线性方程的一阶梯度均存在;

2. 共轭梯度法更加适用于大型非线性方程组.

例 6.4 使用共轭梯度算法求解例 6.2 中的非线性方程组.

解 使用式 (6.6.4) 计算每次迭代时的修正系数, 设置如下参数:

```
x_initial[0] = 0; x_initial[1] = 0;
tolerance = 1e-6;
k_max = 1000;
c1 = 0.1;
c2 = 0.7;
k_max_line_search = 100;
调用函数Conjugate_gradient_output = Conjugate_gradient(x_initial,
    tolerance,k_max,c1,c2,k_max_line_search);
```

其中, x_initial 是非线性方程组的初始猜测解, tolerance 是设定的误差容限, k_max 是允许的最大迭代次数, c1 和 c2 分别是 Wolfe 条件中的常量, k_max_line_search 是非精确一维搜索算法允许的最大迭代次数.

待求解的非线性方程组的最小二乘形式及其梯度以函数形式输入, 与例 6.2 一致.

程序运行结果如图 6.4 所示.

图 6.4 例 6.4 的求解结果

6.7 拟 Newton 算法

6.7.1 算法推导

Newton 算法具有较快的收敛速度, 但是 Hessian 矩阵的逆矩阵计算量很大, 而且 Hessian 矩阵并不能保证在每次迭代时都正定, 这导致 Newton 法需要引入额外的修正策略来保证求得的搜索方向为下降方向. 拟 Newton 算法就是用来克服这些缺点的, 它在每次迭代时构造一个对称正定矩阵代替 Hessian 矩阵来计算 Newton 方向.

在当前迭代点 x_k 的邻域内使用一个二次模型来近似目标函数:

$$m(x_k + p) = F(x_k) + G^{\mathrm{T}}(x_k)p + \frac{1}{2}p^{\mathrm{T}}Q_k p \tag{6.7.1}$$

其中 Q_k 就是未知的拟 Newton 矩阵.

为了得到拟 Newton 矩阵 Q_k, 可以令近似二次模型 $m(x_k + p)$ 在 x_k 和 x_{k-1} 处的一阶梯度与目标函数 $F(x)$ 的一阶梯度相等. 在点 x_k 处, $p = 0$, $\left.\dfrac{\partial m(x_k + p)}{\partial p}\right|_{p=0} = G(x_k)$ 显然满足; 在点 x_{k-1} 处, $p = -\alpha_{k-1}d_{k-1}$, $\left.\dfrac{\partial m(x_k + p)}{\partial p}\right|_{p=-\alpha_{k-1}d_{k-1}} = G(x_k) - \alpha_{k-1}Q_k d_{k-1} = G(x_{k-1})$ 必须满足, 因此可以得到拟 Newton 矩阵必须满足的条件:

$$\alpha_{k-1}Q_k d_{k-1} = G(x_k) - G(x_{k-1}) \tag{6.7.2}$$

但事实上, 满足式 (6.7.2) 的对称正定矩阵并不唯一, 为了求得唯一的 Q_k, 对其施加一个条件: 使 Q_k 在某种意义上最接近上一次迭代计算得到的 Q_{k-1}, 转化成数学描述为

$$\begin{aligned}&\min_{Q}\ \ \|Q - Q_{k-1}\| \\ &\text{s.t.}\ \ \ Q = Q^{\mathrm{T}},\ \alpha_{k-1}Q d_{k-1} = G(x_k) - G(x_{k-1})\end{aligned} \tag{6.7.3}$$

目标函数可以使用不同的范数来描述 "接近" 的概念, 而不同的范数会得到不同的拟 Newton 矩阵的计算方法.

拟 Newton 算法中比较有效的方法之一是 DFP 算法, 它采用加权弗罗贝尼乌斯 (Frobenius) 范数来衡量接近程度, 从而可以得到式 (6.7.3) 的唯一解

$$Q_k = \left(I - \frac{p_{k-1}r_{k-1}^{\mathrm{T}}}{r_{k-1}^{\mathrm{T}}p_{k-1}}\right)Q_{k-1}\left(I - \frac{r_{k-1}p_{k-1}^{\mathrm{T}}}{r_{k-1}^{\mathrm{T}}p_{k-1}}\right) + \frac{r_{k-1}r_{k-1}^{\mathrm{T}}}{r_{k-1}^{\mathrm{T}}p_{k-1}} \tag{6.7.4}$$

其中 $r_{k-1} = G(x_k) - G(x_{k-1})$, $p_{k-1} = \alpha_{k-1}d_{k-1}$.

由于 Newton 方向 (6.5.4) 中实际使用 Hessian 矩阵的逆矩阵进行计算, 所以写出式 (6.7.4) 的逆矩阵形式:

$$H_k = Q_k^{-1} = H_{k-1} - \frac{H_{k-1}r_{k-1}r_{k-1}^{\mathrm{T}}H_{k-1}}{r_{k-1}^{\mathrm{T}}H_{k-1}r_{k-1}} + \frac{p_{k-1}p_{k-1}^{\mathrm{T}}}{r_{k-1}^{\mathrm{T}}p_{k-1}} \tag{6.7.5}$$

另一种被认为是目前最有效的拟 Newton 算法是 BFGS 算法, 与 DFP 算法不同, 它直接求解拟 Newton 矩阵的逆矩阵 H_k.

由式 (6.7.2) 可以得到 H_k 需要满足的条件为

$$H_k r_{k-1} = p_{k-1} \tag{6.7.6}$$

与 DFP 算法类似, 通过求解以下问题获得 H_k:

$$\begin{aligned} \min_H \quad & \|H - H_{k-1}\|_F \\ \text{s.t.} \quad & H = H^{\mathrm{T}},\ H r_{k-1} = p_{k-1} \end{aligned} \tag{6.7.7}$$

式 (6.7.7) 的解为

$$H_k = \left(I - \frac{r_{k-1} p_{k-1}^{\mathrm{T}}}{r_{k-1}^{\mathrm{T}} p_{k-1}}\right) H_{k-1} \left(I - \frac{p_{k-1} r_{k-1}^{\mathrm{T}}}{r_{k-1}^{\mathrm{T}} p_{k-1}}\right) + \frac{p_{k-1} p_{k-1}^{\mathrm{T}}}{r_{k-1}^{\mathrm{T}} p_{k-1}} \tag{6.7.8}$$

6.7.2 算法流程

算法 6.5 解非线性方程组的拟 Newton 算法

输入: 非线性方程组的最小二乘形式 $F(x)$ 及其梯度 $G(x)$, 初始解 x_0, 精度 ε.

输出: 非线性方程组的解 x^*.

流程:

1. 令迭代次数 $k = 0$, 选取初始拟 Newton 矩阵为单位矩阵 $H_0 = I$.
2. 使用拟 Newton 算法进行迭代计算:

   do

   (1) 计算当前迭代点 x_k 处的目标函数 $F(x_k)$、梯度 $G(x_k)$;

   (2) 计算拟 Newton 方向 $d_k = -H_k G(x_k)$;

   (3) 使用非精确一维搜索获得满足 Wolfe 条件的可接受步长 α_k;

   (4) 计算下一个迭代点 $x_{k+1} = x_k + \alpha_k d_k$;

   (5) 使用式 (6.7.4) 或者 (6.7.8) 计算拟 Newton 矩阵的逆矩阵 H_{k+1};

   (6) 令迭代次数 $k = k + 1$.

   while $(\|x_k - x_{k-1}\| > \varepsilon)$
3. 输出满足收敛条件的迭代点作为非线性方程组的解 $x^* = x_k$.

6.7.3 算法特点

1. BFGS 更新公式 (6.7.8) 是 DFP 更新公式 (6.7.4) 的对偶形式, 但是 BFGS 公式具有更好的自校正特性.

2. 拟 Newton 算法具有超线性的收敛速度, 尽管不如 Newton 算法收敛快, 但拟 Newton 算法每次迭代时的计算量更小, 效率更高.

3. 满足 Wolfe 条件的搜索步长可以保证拟 Newton 算法的迭代始终是下降的; 与 Newton 算法一样, 在算法实现时可以优先将 $\alpha_k = 1$ 作为搜索步长.

6.7.4　适用范围

要求非线性方程组中所有非线性方程的一阶梯度均存在.

例 6.5　使用拟 Newton 算法求解例 6.2 中的线性方程组.

解　使用 (6.7.8) 计算每次迭代时拟 Newton 矩阵的逆矩阵, 设置如下参数:

```
x_initial[0] = 0; x_initial[1] = 0;
tolerance = 1e-6;
k_max = 1000;
c1 = 0.1;
c2 = 0.7;
k_max_line_search = 100;
调用函数 Quasi_Newton_output = Quasi_Newton(x_initial,tolerance,
    k_max,c1,c2,k_max_line_search);
```

其中, x_initial 是非线性方程组的初始猜测解, tolerance 是设定的误差容限, k_max 是允许的最大迭代次数, c1 和 c2 分别是 Wolfe 条件中的常量, k_max_line_search 是非精确一维搜索算法允许的最大迭代次数.

待求解的非线性方程组的最小二乘形式及其梯度以函数形式输入, 与例 6.2 一致.

程序运行结果如图 6.5 所示.

图 6.5　例 6.5 的求解结果

6.8 Gauss-Newton 算法

6.8.1 算法推导

Gauss-Newton 算法使用非线性方程组的 Jacobi 矩阵来表示或近似表示目标函数的梯度向量和 Hessian 矩阵, 从而计算 Newton 方向.

对目标函数 (6.2.2) 求一阶偏微分可得

$$\frac{\partial F(x)}{\partial x_i} = \sum_{p=1}^{n} f_p(x)\frac{\partial f_p(x)}{\partial x_i}, \quad i = 1, 2, \cdots, n \tag{6.8.1}$$

根据 Jacobi 矩阵的定义 (6.2.8) 可以得到目标函数一阶梯度向量:

$$G(x) = J^{\mathrm{T}}(x)\boldsymbol{f}(x) \tag{6.8.2}$$

对目标函数继续求二阶偏微分可得

$$\frac{\partial^2 F(x)}{\partial x_i \partial x_j} = \sum_{p=1}^{n} \frac{\partial f_p(x)}{\partial x_i}\frac{\partial f_p(x)}{\partial x_j} + \sum_{p=1}^{n} f_p(x)\frac{\partial^2 f_p(x)}{\partial x_i \partial x_j}, \quad i, j = 1, 2, \cdots, n \tag{6.8.3}$$

忽略等号右边的第二项可以得到目标函数的 Hessian 矩阵的近似表达式:

$$H(x) \approx J^{\mathrm{T}}(x)J(x) \tag{6.8.4}$$

将式 (6.8.2) 和 (6.8.4) 代入 (6.5.4) 可以计算得到 Gauss-Newton 方向:

$$p = -\left[J^{\mathrm{T}}(x)J(x)\right]^{-1}J^{\mathrm{T}}(x)f(x) \tag{6.8.5}$$

6.8.2 算法流程

算法 6.6 解非线性方程组的 Gauss-Newton 算法

输入: 非线性方程组 $f(x)$ 及其 Jacobi 矩阵 $J(x)$, 初始解 x_0, 精度 ε.

输出: 非线性方程组的解 x^*.

流程:

1. 令迭代次数 $k = 0$.

2. 使用 Gauss-Newton 法进行迭代计算:

    do

      (1) 计算当前迭代点 x_k 处的非线性方程值 $f(x_k)$ 和 Jacobi 矩阵 $J(x_k)$;

      (2) 计算 Gauss-Newton 方向 $d_k = -\left[J^{\mathrm{T}}(x_k)J(x_k)\right]^{-1}J^{\mathrm{T}}(x_k)f(x_k)$;

(3) 使用非精确一维搜索获得满足 Wolfe 条件的可接受步长 α_k;

(4) 计算下一个迭代点 $x_{k+1} = x_k + \alpha_k d_k$;

(5) 令迭代次数 $k = k + 1$.

while ($\|x_k - x_{k-1}\| > \varepsilon$)

3. 输出满足收敛条件的迭代点作为非线性方程组的解 $x^* = x_k$.

6.8.3　算法特点

1. Gauss-Newton 算法可以视为 Newton 算法针对最小二乘形式目标函数的一种特殊应用, 与 Newton 算法直接使用 Hessian 矩阵进行计算不同, Gauss-Newton 算法使用 Jacobi 矩阵近似 Hessian 矩阵来计算 Newton 方向, 可以减少计算量, 但仍然具有与 Newton 算法相近的收敛速度.

2. 当 Jacobi 矩阵满秩且非线性方程的梯度向量非零时, Gauss-Newton 算法计算得到的搜索方向始终是下降的.

6.8.4　适用范围

要求:

1. 非线性方程组中所有非线性方程的一阶梯度均存在;

2. 非线性方程组的 Jacobi 矩阵满秩;

3. 需 $f(x^*)$ 的值比较小, 使得 $J^{\mathrm{T}} J$ 更换的近似 $\nabla^2 f(x^*)$.

例 6.6　使用 Gauss-Newton 算法求解例 6.2 中的非线性方程组.

解　设置如下参数:

```
x_initial[0] = 0; x_initial[1] = 0;
tolerance = 1e-6;
k_max = 1000;
c1 = 0.1;
c2 = 0.7;
k_max_line_search = 100;
调用函数Gauss_Newton_output = Gauss_Newton(x_initial,tolerance,
    k_max,c1,c2,k_max_line_search);
```

其中, x_initial 是非线性方程组的初始猜测解, tolerance 是设定的误差容限, k_max 是允许的最大迭代次数, c1 和 c2 分别是 Wolfe 条件中的常量, k_max_line_search 是非精确一维搜索算法允许的最大迭代次数.

待求解的非线性方程组及其 Jacobi 矩阵以函数形式输入,

```
void f_test(const double *x, double *f)
{
        f[0] = exp(-x[0] - x[1]) - x[1] * (1 + x[0] * x[0]);
```

```
        f[1] = x[0] * cos(x[1]) + x[1] * sin (x[0]) - 0.5;
}
Matrix_Info Jacobian_test(const double *x)
{
        Matrix_Info J;
        J.m = 2; J.n = 2;
        J.arr[0][0] = -exp(-x[0] - x[1]) - 2 * x[0] * x[1];
        J.arr[0][1] = -exp(-x[0] - x[1]) - 1 - x[0] * x[0];
        J.arr[1][0] = cos(x[1]) + x[1] * cos(x[0]);
        J.arr[1][1] = -x[0] * sin(x[1]) + sin(x[0]);
        return J;
}
```

其中 Matrix_Info 为二维矩阵结构体, 其成员包括矩阵行数 m、列数 n 和二维数组 arr.

程序运行结果如图 6.6 所示.

图 6.6　例 6.6 的求解结果

6.9　Levenberg-Marquardt 算法

6.9.1　算法推导

之前介绍的几种算法都属于线搜索类方法, 它们的基本思想都是在每次迭代时先确定搜索方向, 再寻找可接受步长; 而利文贝格–马夸特 (Levenberg-Marquardt) 算法属于信赖域类算法, 它的基本思想是在当前迭代点的邻域内使用一个二阶模型近似目标函数, 并使用这个近似模型的最优解作为本次迭代的位移, 即同时确定了搜索方向和步长. Levenberg-Marquardt 算法采用与 Gauss-Newton 算法相同的 Hessian 矩阵近似.

假设当前迭代点为 x_k, 在其邻域范围内使用二阶模型来近似目标函数:

$$F(x) \approx m(p) = F(x_k) + G^{\mathrm{T}}(x_k)p + \frac{1}{2}p^{\mathrm{T}}B_k p \tag{6.9.1}$$

其中 B_k 为对称矩阵, 可以取为 Hessian 矩阵或其近似. Levenberg-Marquardt 法与 Gauss-Newton 法类似, 使用非线性方程组的 Jacobi 矩阵来近似 B_k.

然后使用近似模型 (6.9.1) 的最优解作为本次迭代的搜索位移 p_k, 即求解优化子问题:

$$\begin{aligned} \min_{p} \quad & m(p) = \frac{1}{2}\left\| f(x_k) \right\|^2 + p^{\mathrm{T}}J^{\mathrm{T}}(x_k)f(x_k) + \frac{1}{2}p^{\mathrm{T}}J^{\mathrm{T}}(x_k)J(x_k)p \\ \text{s.t.} \quad & \|p\| \leqslant \Delta_k \end{aligned} \tag{6.9.2}$$

其中 Δ_k 称为信赖域半径, 它的大小对于每一次迭代的有效性至关重要, 当信赖域太小时, 可能导致本次搜索没有太多实质性的进展, 无法获得快速收敛; 当信赖域太大时, 选择的模型对目标函数的近似程度太低, 可能导致迭代点难以逼近目标函数的最优解.

为了在每次迭代时选择合适的信赖域大小, 定义下降率 ρ_k:

$$\rho_k = \frac{F(x_k) - F(x_k + p_k)}{m(0) - m(p_k)} \tag{6.9.3}$$

其中分子为目标函数的实际下降量, 分母为预测下降量, 即由近似模型计算得到的下降量. 实际算法中可以根据每次迭代时的下降率来对信赖域大小进行动态调整. 当 ρ_k 较小时, 说明目标函数的实际下降量较小, 模型对目标函数的近似程度太低, 应该缩小信赖域半径; 当 ρ_k 较大时, 说明模型对目标函数近似比较有效, 可以考虑增大信赖域半径.

下面考虑求解子问题 (6.9.2). 当 Gauss-Newton 方向 $p_k = -\left[J^{\mathrm{T}}(x_k)J(x_k)\right]^{-1} \cdot J^{\mathrm{T}}(x_k)f(x_k)$ 在信赖域内 (即 $\|p_k\| < \Delta_k$) 时, 显然问题 (6.9.1) 的解就是 Gauss-Newton 方向; 否则, 存在 $\lambda > 0$ 使得

$$\left[J^{\mathrm{T}}(x_k)J(x_k) + \lambda I\right]p_k = -J^{\mathrm{T}}(x_k)f(x_k), \quad \|p_k\| = \Delta_k \tag{6.9.4}$$

根据上式可以求得 λ 的值, 这实际上是非线性方程 $\phi(\lambda) = \|p_k\| - \Delta_k = 0$ 的求根问题, 可以采用 Newton 迭代公式进行求解

$$\lambda_{l+1} = \lambda_l - \frac{\phi(\lambda_l)}{\phi^{(1)}(\lambda_l)} \tag{6.9.5}$$

求得 λ 之后就可以最终得到搜索位移

$$p_k = -\left[J^{\mathrm{T}}(x_k)J(x_k) + \lambda I\right]^{-1}J^{\mathrm{T}}(x_k)f(x_k) \tag{6.9.6}$$

6.9.2 算法流程

算法 6.7 解非线性方程组的 Levenberg-Marquardt 算法

输入: 非线性方程组 $f(x)$ 及其 Jacobi 矩阵 $J(x)$, 初始解 $\boldsymbol{x}_0$, 精度 ε, 最大信赖域半径 $\Delta_{\max}$.

输出: 非线性方程组的解 x^*.

流程:

1. 令迭代次数 $k = 0$, 选择初始信赖域半径 $\Delta_0 < \Delta_{\max}$.

2. 使用 Levenberg-Marquardt 法进行迭代计算:

   do

   (1) 计算当前迭代点 x_k 处的非线性方程值 $f(x_k)$ 和 Jacobi 矩阵 $J(x_k)$;

   (2) 判断 Gauss-Newton 方向 $p_k = -\left[J^{\mathrm{T}}(x_k)J(x_k)\right]^{-1} J^{\mathrm{T}}(x_k)f(x_k)$ 是否在信赖域内, 若是则执行第 (4) 步, 否则继续;

   (3) 使用 Newton 迭代公式 (6.9.5) 求解得到 λ, 并使用式 (6.9.6) 计算得到 p_k;

   (4) 计算下一个迭代点 $x_{k+1} = x_k + p_k$;

   (5) 计算下降率 (6.9.3) 并调整信赖域大小: 若 $\rho_k < \dfrac{1}{4}$, 则令 $\Delta_{k+1} = \dfrac{1}{4}\Delta_k$; 若 $\rho_k > \dfrac{3}{4}$ 且 $\|p_k\| = \Delta_k$, 则令 $\Delta_{k+1} = \min(2\Delta_k, \Delta_{\max})$; 否则保持 $\Delta_{k+1} = \Delta_k$ 不变;

   (6) 令迭代次数 $k = k + 1$.

   while $(\|x_k - x_{k-1}\| > \varepsilon)$

3. 输出满足收敛条件的迭代点作为非线性方程组的解 $x^* = x_k$.

6.9.3 算法特点

1. Levenberg-Marquardt 算法可以被认为是最速下降算法和 Gauss-Newton 算法的结合, 当 λ 很小时, 搜索方向靠近 Gauss-Newton 方向; 当 λ 很大时, 搜索方向靠近最速下降方向.

2. Levenberg-Marquardt 算法使用与 Gauss-Newton 算法相同的 Hessian 矩阵近似, 因此两种算法的收敛特性也是类似的; 但是 Levenberg-Marquardt 算法可以避免 Gauss-Newton 算法的缺点, 即并不要求 Jacobi 矩阵满秩.

6.9.4 适用范围

要求非线性方程组中所有非线性方程的一阶梯度均存在.

例 6.7　使用 Levenberg-Marquardt 算法求解例 6.2 中的非线性方程组.

解　设置如下参数:

```
x_initial[0] = 0; x_initial[1] = 0;
tolerance = 1e-6;
k_max = 1000;
radius_max = 1;
调用函数Levenberg_Marquardt_output = Levenberg_Marquardt(x_initial,
    tolerance,k_max, radius_max);
```

其中, x_initial 是非线性方程组的初始猜测解, tolerance 是设定的误差容限, k_max 是允许的最大迭代次数, radius_max 为最大信赖域半径.

待求解的非线性方程组及其 Jacobi 矩阵以函数形式输入, 与例 6.6 一致.

程序运行结果如图 6.7 所示.

图 6.7　例 6.7 的求解结果

6.10　Visual Studio 软件解非线性方程组的最优化 算法调用说明

解非线性方程组的最优化算法基本调用方法及参数说明见表 6.1.

表 6.1　解非线性方程组的最优化算法基本调用方法及参数说明

不动点迭代 算法	Nonlinear_eqs_fixed_point_solve_output=Nonlinear_eqs_fixed_point_solve (vector_x0, tolerance, k_max)
最速下降算法	Steepest_descent_output=Steepest_descent(x_initial, tolerance, k_max, c1, c2, k_max_line_search)
Newton 算法	Newton_output=Newton(x_initial, tolerance, k_max, c1, c2, k_max_line_search)
共轭梯度算法	Conjugate_gradient_output=Conjugate_gradient(x_initial, tolerance, k_max, c1, c2, k_max_line_search)

续表

拟 Newton 算法	Quasi_Newton_output=Quasi_Newton(x_initial, tolerance, k_max, c1, c2, k_max_line_search)
Gauss-Newton 算法	Gauss_Newton_output=Gauss_Newton(x_initial, tolerance, k_max, c1, c2, k_max_line_search)
Levenberg-Marquardt 算法	Levenberg_Marquardt_output=Levenberg_Marquardt (x_initial, tolerance, k_max, radius_max)
输入参数说明	vector_x0, x_initial: 初始猜测解 tolerance: 非线性方程组解的误差容限 k_max: 最大迭代次数 c1: 非精确一维搜索算法中的步长可接受系数 c2: 非精确一维搜索算法中可接受步长处的切线斜率大于初始步长处切线斜率的倍数 k_max_line_search: 非精确一维搜索算法的最大迭代次数 radius_max: 最大信赖域半径
输出参数说明	输出参数为结构体变量, 包含: x_optimal: 非线性方程组的解 f_optimal: 非线性方程组的最小二乘形式的目标函数值 k: 算法迭代次数 solution_state: 算法返回的状态字

6.11 小　　结

本章介绍了求解非线性方程组的算法, 主要有最速下降算法、Newton 算法、Gauss-Newton 算法和 Levenberg-Marquardt 算法. 本章对每个算法进行了推导, 梳理了流程, 归纳了特点和适用范围; 此外, 还给出了 Visual Studio 软件中相关算法命令的调用方法.

参 考 文 献

刘兴高, 胡云卿, 2014. 应用最优化方法及 MATLAB 实现 [M]. 北京: 科学出版社.

Antoniou A, Lu W S, 2007. Practical Optimization: Algorithms and Engineering Applications[M]. New York: Springer.

Dai Y H, Yuan Y X, 1999. A nonlinear conjugate gradient method with a strong global convergence property[J]. SIAM Journal on Optimization, 10(1): 177-182.

Fletcher R, Powell M J D, 1963. A rapidly convergent descent method for minimization[J]. The Computer Journal, 6(2): 163-168.

Hager W W, Zhang H C, 2005. A new conjugate gradient method with guaranteed descent and an efficient line search[J]. SIAM Journal on Optimization, 16(1): 170-192.

More J J, 1990. A Collection of Nonlinear Model Problems[C]. Lectures in Applied Mathematics, American Mathematical Society: 726-762.

Nocedal J, Wright S J, 2006. Numerical optimization[M]. 2nd ed. New York: Springer.

Shanno D F, 1970. Conditioning of quasi-Newton methods for function minimization[J]. Mathematics of Computation, 24(111): 647-656.

Wright S J, Holt J N, 1985. An Inexact Levenberg-Marquardt method for large sparse nonlinear least square[J]. Journal of the Australian Mathematical Society, Series B, 26(4): 387-403.

<h1 style="text-align:center">习　　题</h1>

1. 求解下述非线性方程组:

$$\begin{cases} x_1^2 - 10x_1 + x_2^2 + 8 = 0 \\ x_1 x_2^2 + x_1 - 10x_2 + 8 = 0 \end{cases}$$

2. 求解下述非线性方程组:

$$\begin{cases} (x_1 + 3)(x_2^3 - 7) + 18 = 0 \\ \sin(x_2 e^{x_1} - 1) = 0 \end{cases}$$

3. 求解下述非线性方程组:

$$\begin{cases} e^{-e^{-x_1 - x_2}} - x_2(1 + x_1^2) = 0 \\ x_1 \cos x_2 + x_2 \sin x_1 = 0.5 \end{cases}$$

4. 求解下述非线性方程组:

$$\begin{cases} 2x_1 - x_2 - e^{-x_1} = 0 \\ -x_1 + 2x_2 - e^{-x_2} = 0 \\ e^{x_1 x_3} + 20x_3 = 1 - \dfrac{10\pi}{3} \end{cases}$$

5. 求解下述非线性方程组:

$$\begin{cases} x_1^2 + x_2 = 11 \\ x_1 + x_2^2 = 7 \\ (x_1^2 - 2x_1)e^{-x_1^2 - x_2^2 - x_1 x_2} = 0 \end{cases}$$

6. 求解下述非线性方程组:

$$\begin{cases} x_1^3 + 10x_2 = -2 \\ x_1 - 10x_4^2 = 3 \\ e^{-x_2^2 - 6x_1^2 - x_1 x_2 x_3 x_4} = 0 \\ x_3 \sin x_4 - x_4 \sin x_3 = 0 \end{cases}$$

7. 求解下述非线性方程组:

$$\begin{cases} \sqrt{x_1^2 - x_3^2 + 10} + x_3(1 + x_4^2) = -1 \\ x_1 \cos(x_3 + x_4) + x_2 \sin(x_3 - x_4) = 0.5 \\ (x_1 + x_2 - 1)\mathrm{e}^{-x_3 - x_4 + 1} = 0 \\ (x_3^2 - x_4^2 + 1)\mathrm{e}^{-\frac{1}{x_1^2 + x_2^2 + 3}} = 0 \end{cases}$$

第 7 章　数据插值算法

7.1　引　　言

插值算法是指利用已有精确数据来获取已知数据点附近信息的一种算法, 主要有多项式插值算法、Hermite 插值算法和样条插值算法三大类. 插值算法还是其他高级数值算法的基础, 比如可以用来逼近复杂函数, 求积分或微分的近似解. 插值算法在工程实际中具有广泛的应用需求. 比如, 根据工程经济学中的利息表估计利息值, 根据热力学中的蒸汽值表估计蒸汽状态参数, 根据测量的温度值研究湖泊温度突变层的位置等.

7.2　工 程 实 例

问题 7.1　湖泊温度突变层位置研究 (环境工程领域问题)

在夏天, 地处温带的湖泊中湖水的温度可能是分层的, 温暖的、浮力大的湖水处于较凉湖水的上面. 这种湖水分层有效地将湖水在垂直方向上分为两个部分: 变温层和均温层, 它们被一个称为温度突变层的面分隔开. 温度突变层极大地减小了上下两层之间的混合, 所以, 在分离的湖水底部, 有机物的分解可能造成大量氧气的消耗. 对于研究类似系统的环境工程师来说, 较准确地确定温度突变层的深度位置具有重要的意义. 假设, 已经测量了一个湖泊在深度方向上一些离散点上的温度值, 如表 7.1 所示.

表 7.1　湖水温度测量值

$T/^\circ C$	22.8	22.8	22.8	20.6	13.9	11.7	11.1	11.1
H/m	0	2.3	4.9	9.1	13.7	18.3	22.9	27.2

要确定该湖泊温度突变层的深度位置, 就需要使用插值算法. 如果把温度 T 看作深度 H 的函数, 则温度突变层位置可以被定义为温度–深度曲线 $T(H)$ 的拐点, 即在该点处

$$\mathrm{d}^2 T / \mathrm{d} H^2 = 0$$

所以, 为了确定温度突变层位置, 需要求解逼近温度–深度曲线的简单函数. 根据数据特点, 选取三次样条插值算法对上述表格数据进行插值处理, 其中, 插值函数

在两端满足 "自然样条" 条件, 即在数据两端, 插值函数的二阶导数等于 0. 根据本章 7.8 节三次样条插值算法, 插值结果如图 7.1 所示, 由此确定的温度突变层位置大约是 11.35m 处.

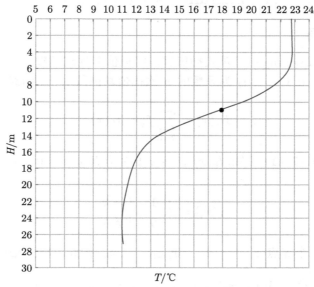

图 7.1　湖水温度的三次样条插值曲线

7.3　基础定义及定理

插值算法相关的定义如下.

定义 7.1　插值　设函数 $y = f(x)$ 在区间 $[a, b]$ 上有定义, 已知在点 $a \leqslant x_0 < x_1 < \cdots < x_n \leqslant b$ 上的函数值 $f(x_0), f(x_1), \cdots, f(x_n)$, 若存在一个简单函数 $P(x)$, 使

$$P(x_i) = f(x_i) \quad (i = 0, 1, \cdots, n) \tag{7.3.1}$$

成立, 则称 $P(x)$ 为 $f(x)$ 的**插值函数**, 点 $x_i \ (i = 0, 1, \cdots, n)$ 为**插值节点**, 包含插值节点 x_i 的区间 $[a, b]$ 称为插值区间, 求插值函数 $P(x)$ 的方法称为**插值算法**.

定义 7.2　多项式插值　若 $P(x)$ 是次数不超过 n 的一般多项式, 即

$$P(x) = a_0 + a_1 x + \cdots + a_n x^n \tag{7.3.2}$$

其中 a_i 为实数, 则称 $P(x)$ 为插值多项式函数, 相应的插值算法称为**多项式插值算法**.

定理 7.1 多项式插值唯一性   满足条件 (7.3.1) 的 n 次插值多项式 $P(x)$ 是存在且唯一的.

7.4   Lagrange 多项式插值算法

7.4.1 算法推导

拉格朗日 (Lagrange) 多项式插值算法将插值多项式函数 (7.3.2) 表示为以函数值 $f(x_k)\,(k=0,1,\cdots,n)$ 为系数的 n 次插值基函数 $l_k(x)$ 的线性组合:

$$P_n(x) = \sum_{k=0}^{n} f(x_k) l_k(x) \tag{7.4.1}$$

由插值条件 (7.3.1) 可知, $l_k(x)$ 在 $n+1$ 个节点 $x_i(i=0,1,\cdots,n)$ 上需满足以下条件:

$$l_k(x_i) = \begin{cases} 1, & i = k \\ 0, & i \neq k \end{cases} \tag{7.4.2}$$

可知 $l_k(x)$ 有 n 个零点 $x_0,\cdots,x_{k-1},x_{k+1},\cdots,x_n$, 因此可将 $l_k(x)$ 表示为

$$l_k(x) = A(x-x_0)\cdots(x-x_{k-1})(x-x_{k+1})\cdots(x-x_n) \tag{7.4.3}$$

再由条件 $l_k(x_k)=1$, 求解式 (7.4.3) 可得

$$A = \frac{1}{(x_k-x_0)\cdots(x_k-x_{k-1})(x_k-x_{k+1})\cdots(x_k-x_n)} \tag{7.4.4}$$

将 A 的表达式代入式 (7.4.3), 可以求得插值基函数 $l_k(x)$:

$$l_k(x) = \frac{(x-x_0)\cdots(x-x_{k-1})(x-x_{k+1})\cdots(x-x_n)}{(x_k-x_0)\cdots(x_k-x_{k-1})(x_k-x_{k+1})\cdots(x_k-x_n)} \tag{7.4.5}$$

将 $l_k(x)$ 的表达式代入式 (7.4.1), 即可得 Lagrange 插值多项式.

7.4.2 算法流程

算法 7.1 Lagrange 多项式插值算法   输入: 插值节点 $x_i\,(i=0,1,\cdots,n)$, 节点对应的函数值 $f(x_i)\,(i=0,1,\cdots,n)$, 待求节点 x.

输出: 待求节点处的函数值 y.

流程:

1. for $k = 0:n$

求节点 x_k 的 n 次插值基函数

$$l_k(x) = \frac{(x-x_0)\cdots(x-x_{k-1})(x-x_{k+1})\cdots(x-x_n)}{(x_k-x_0)\cdots(x_k-x_{k-1})(x_k-x_{k+1})\cdots(x_k-x_n)}$$

end for

2. 构造 n 次 Lagrange 插值多项式 $P_n(x) = \sum_{k=0}^{n} f(x_k)l_k(x).$

3. 获得待求节点处的函数值 $y = P_n(x).$

7.4.3 算法特点

1. 利用插值基函数可以很容易地得到 Lagrange 插值多项式, 公式结构紧凑. 但是当插值节点增减时, 计算要全部重新进行.

2. 如果 Lagrange 插值多项式的次数过高 (或者说插值节点的个数过多), 可能会在插值点之间产生振荡现象.

7.4.4 适用范围

要求待求节点在插值区间 $[x_0, x_n]$ 内, 不要求插值节点等距.

例 7.1　对表 7.2 的数据进行插值, 已知 $f(x) = 5\mathrm{e}^{-2x}\sin(x).$

表 7.2　例 7.1 的插值节点数据

x	1.2	1.5	1.6	1.8	2.0	2.2	2.4	2.5
$f(x)$	0.42	0.25	0.20	0.13	0.083	0.050	0.028	0.020

解　设置如下参数:

```
x_interpolation = [1.2 1.5 1.6 1.8 2.0 2.2 2.4 2.5];
y_interpolation = [0.42 0.25 0.2 0.13 0.083 0.05 0.028 0.02];
x_lower = 1.2;
x_upper = 2.5;
n = 100;
h = (x_upper - x_lower) / (n - 1);
for(index1 = 0; index1 < n; index1++)
{
x[index1] = x_lower + index1 * h;
}
调用函数interpolation_output =
    Lagrange_interpolation(&x_interpolation, &y_interpolation, &x)
```

其中, &x_interpolation 是指向插值节点向量的指针, &y_interpolation 是指向插值节点函数值向量的指针, &x 是指向待求函数值的节点 x 坐标向量的指针, x_upper 是待求函数值的节点 x 坐标上限, x_lower 是待求函数值的节点 x 坐标下限, n 是待求函数值的节点个数.

将程序运行结果与原函数绘制在同一坐标系中, 如图 7.2 所示.

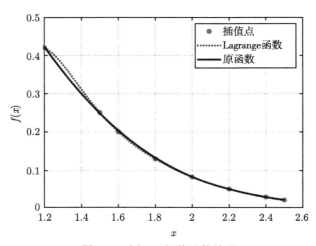

图 7.2　例 7.1 插值计算结果

7.5　Newton 均差插值算法

7.5.1　相关定义

定义 7.3　均差　函数 $f(x)$ 关于点 x_0, x_1 的一阶均差 (或差商) 定义为

$$f[x_0, x_1] = \frac{f(x_1) - f(x_0)}{x_1 - x_0} \tag{7.5.1}$$

$f(x)$ 关于点 $x_0, x_1, \cdots, x_k$ 的 k 阶均差定义为

$$f[x_0, x_1, \cdots, x_k] = \frac{f[x_1, \cdots, x_{k-1}, x_k] - f[x_0, x_1, \cdots, x_{k-1}]}{x_k - x_0} \tag{7.5.2}$$

定义 7.4　差分　设 x_k 点的函数值为 $f(x_k)$ $(k = 0, 1, \cdots, n)$, 称 $\Delta f_k = f(x_{k+1}) - f(x_k)$ 为 x_k 处以 $h = x_{k+1} - x_k$ 为步长的一阶 (向前) 差分. 一般地, 称

$$\Delta^n f_k = \Delta^{n-1} f_{k+1} - \Delta^{n-1} f_k \tag{7.5.3}$$

为 x_k 处的 n 阶 (向前) 差分.

7.5.2   算法推导

Newton 插值算法首先求得关于插值节点的各阶均差, 然后通过均差与基函数集 $\{1, x-x_0, \cdots, (x-x_0)\cdots(x-x_{n-1})\}$ 中对应阶基函数的乘积累加得到 Newton 均差插值多项式. 若插值节点等距分布, 可以用 Newton 差分插值多项式进行简化. Newton 多项式插值算法有 Newton 均差插值算法和 Newton 差分插值算法两种.

根据均差的定义, 可以得到

$$
\begin{aligned}
f(x) &= f(x_0) + f[x, x_0](x-x_0) \\
f[x, x_0] &= f[x_0, x_1] + f[x, x_0, x_1](x - x_1) \\
&\qquad\qquad \cdots\cdots \\
f[x, x_0, \cdots, x_{n-1}] &= f[x_0, x_1, \cdots, x_n] + f[x, x_0, x_1, \cdots, x_n](x - x_n)
\end{aligned}
\tag{7.5.4}
$$

把后式依次代入前式, 可以得到

$$
\begin{aligned}
f(x) =& f(x_0) + f[x_0, x_1](x-x_0) + \cdots \\
& + f[x_0, x_1, \cdots, x_n](x - x_0)\cdots(x - x_{n-1}) \\
& + f[x, x_0, \cdots, x_n](x - x_0)(x - x_1)\cdots(x - x_n) \\
=& P_n(x) + R_{n+1}(x)
\end{aligned}
\tag{7.5.5}
$$

其中 $R_{n+1}(x)$ 称为插值余项, $P_n(x)$ 称为 Newton 均差插值多项式:

$$
P_n(x) = f(x_0) + f[x_0, x_1](x-x_0) + \cdots + f[x_0, x_1, \cdots, x_n](x-x_0)(x-x_1)\cdots(x-x_{n-1})
\tag{7.5.6}
$$

7.5.3   算法流程

算法 7.2   Newton 均差多项式插值算法

输入: 插值节点 x_i $(i = 0, 1, \cdots, n)$, 节点对应的函数值 $f(x_i)$ $(i = 0, 1, \cdots, n)$, 待求节点 x.

输出: 待求节点处的函数值 y.

流程:

1. for $k = 1 : n$

   求 k 阶均差

   $$
   f[x_0, x_1, \cdots, x_k] = \frac{f[x_1, x_2, \cdots, x_k] - f[x_0, x_1, \cdots, x_{k-1}]}{x_k - x_0}
   $$

   end for

2. 构造 n 次 Newton 均差插值多项式

$$P_n(x) = f(x_0) + \sum_{k=1}^{n} f[x_0, x_1, \cdots, x_k](x - x_0)(x - x_1) \cdots (x - x_{k-1})$$

3. 获得待求节点处的函数值 $y = P_n(x)$.

7.5.4　算法特点

1. Newton 均差多项式插值算法是一种逐次生成插值多项式的方法, 当插值节点增加时, 只需在原来的插值多项式基础之上增加几项即可, 无需重新计算.

2. 因为满足条件 (7.3.1) 的 n 次插值多项式是存在且唯一的, 可知求得的 Newton 均差插值多项式与 Lagrange 插值多项式是一样的.

3. 如果 Newton 均差多项式插值多项式的次数过高 (或者说插值节点的个数过多), 可能会在插值点之间产生振荡现象.

7.5.5　适用范围

要求待求节点在插值区间 $[x_0, x_n]$ 内, 不要求节点等距分布.

7.6　Newton 差分插值算法

7.6.1　算法推导

对于节点等距分布的情况, 即 $x_k = x_0 + kh$ $(k = 0, 1, \cdots, n)$, 其中 h 为步长, 插值公式 (7.5.6) 可以得到简化. 根据均差和差分的定义, 可以导出两者之间的关系:

$$f[x_0, x_1] = \frac{f(x_1) - f(x_0)}{x_1 - x_0} = \frac{\Delta f_0}{h}$$

$$f[x_0, x_1, x_2] = \frac{f[x_1, x_2] - f[x_0, x_1]}{x_2 - x_0} = \frac{\Delta f_1/h - \Delta f_0/h}{2h} = \frac{\Delta^2 f_0}{2h^2} \quad (7.6.1)$$

$$\cdots\cdots$$

$$f[x_0, x_1, \cdots, x_n] = \frac{\Delta^n f_k}{n! h^n}$$

用式 (7.6.1) 的差分代替 Newton 插值多项式 (7.5.6) 中的均差, 并令 $x = x_0 + th$, 即 $t = \dfrac{x - x_0}{h}$, 可以得到等距节点的 Newton 差分插值多项式:

$$P_n(t) = f(x_0) + t\Delta f_0 + \frac{t(t-1)}{2}\Delta^2 f_0 + \cdots + \frac{t(t-1)\cdots(t-n+1)}{n!}\Delta^n f_0 \quad (7.6.2)$$

7.6.2 算法流程

算法 7.3 Newton 差分多项式插值算法

输入: 插值节点 x_i $(i = 0, 1, \cdots, n)$, 节点对应的函数值 $f(x_i)$ $(i = 0, 1, \cdots, n)$, 待求节点 x.

输出: 待求节点处的函数值 y.

流程:

1. for $k = 1 : n$

   求 k 阶差分 $\Delta^k f_0 = \Delta^{k-1} f_1 - \Delta^{k-1} f_0$.

   end for

2. 构造 n 次 Newton 差分插值多项式

$$P_n(t) = f(x_0) + \sum_{k=1}^{n} \frac{t(t-1)\cdots(t-k+1)}{k!} \Delta^k f_0$$

3. 计算待求节点 x 对应的 $t = (x - x_0)/h$.

4. 获得待求节点处的函数值 $y = P_n(t)$.

7.6.3 算法特点

1. Newton 差分多项式插值算法是一种逐次生成插值多项式的方法, 当插值节点增加时, 只需在原来的插值多项式基础之上增加几项即可, 无需重新计算. Newton 差分多项式插值算法是求函数近似值常用的方法.

2. 因为满足条件 (7.3.1) 的 n 次插值多项式是存在且唯一的, 可知求得的 Newton 插值多项式与 Lagrange 插值多项式是一样的.

3. 如果 Newton 差分多项式插值多项式的次数过高 (或者说插值节点的个数过多), 可能会在插值节点之间产生振荡现象.

7.6.4 适用范围

要求待求节点在插值区间 $[x_0, x_n]$ 内, 并且节点等距分布.

例 7.2 通过实验来确定使某类不锈钢断裂所需施加的力与时间的关系, 表 7.3 是实验结果.

表 7.3　例 7.2 的插值节点数据

外作用力/(kg/mm²)	5	10	15	20	25	30	35	40
断裂时间/h	40	30	25	40	18	20	22	15

预测施加一个大小为 23kg/mm² 的力时, 使该类不锈钢断裂所需的时间.

解　设置如下参数:

```
x_interpolation = [5 10 15 20 25 30 35 40];
y_interpolation = [40 30 25 40 18 20 22 15];
x= 23;
调用函数interpolation_output=Newton_difference_interpolation(&
    x_interpolation, &y_interpolation, &x)
```

其中, &x_interpolation 是指向插值节点向量的指针, &y_interpolation 是指向插值节点函数值向量的指针, &x 是指向待求函数值的节点 x 坐标的指针.

程序运行结果如图 7.3 所示.

图 7.3　例 7.2 插值计算结果

求得: 作用力为 23kg/mm^2 时, 使该类不锈钢断裂大约需要 27.78 小时.

7.7　三次 Hermite 插值算法

7.7.1　算法推导

埃尔米特 (Hermite) 插值算法要求原函数与插值函数在插值节点上的函数值和导数值相等. 三次 Hermite 插值算法的思想是在每两个插值节点构成的子区间 $[x_k, x_{k+1}](k = 0, 1, \cdots, n-1)$ 内构造三次多项式进行插值. 该算法包括以下几个步骤.

步骤 1　取插值节点 x_k 和 $x_{k+1}(k = 0, 1, \cdots, n-1)$, Hermite 插值多项式 $P(x)$ 需满足条件:

$$P(x_k) = f(x_k) , \ P(x_{k+1}) = f(x_{k+1}), \ P'(x_k) = f'(x_k) , \ P'(x_{k+1}) = f'(x_{k+1})$$

$$(7.7.1)$$

步骤 2 采用基函数方法, 构造如下形式的三次插值多项式:

$$P_3(x) = \alpha_k(x)f(x_k) + \alpha_{k+1}(x)f(x_{k+1}) + \beta_k(x)f'(x_k) + \beta_{k+1}(x)f'(x_{k+1}) \quad (7.7.2)$$

其中 $\alpha_k(x), \alpha_{k+1}(x), \beta_k(x), \beta_{k+1}(x)$ 是关于节点 x_k, x_{k+1} 的三次 Hermite 插值基函数, 根据条件 (7.7.1) 可知, 它们需要满足

$$
\begin{cases}
\alpha_k(x_k) = 1 , \ \alpha_k(x_{k+1}) = \alpha_k'(x_k) = \alpha_k'(x_{k+1}) = 0 \\
\alpha_{k+1}(x_{k+1}) = 1 , \ \alpha_{k+1}(x_k) = \alpha_{k+1}'(x_k) = \alpha_{k+1}'(x_{k+1}) = 0 \\
\beta_k'(x_k) = 1 , \ \beta_k(x_k) = \beta_k(x_{k+1}) = \beta_k'(x_{k+1}) = 0 \\
\beta_{k+1}'(x_{k+1}) = 1 , \ \beta_{k+1}(x_k) = \beta_{k+1}(x_{k+1}) = \beta_{k+1}'(x_k) = 0
\end{cases}
\quad (7.7.3)
$$

步骤 3 构造如下表达式:

$$\alpha_k(x) = (ax + b)\left(\frac{x - x_{k+1}}{x_k - x_{k+1}}\right)^2 \quad (7.7.4)$$

显然 $\alpha_k(x_{k+1}) = \alpha_k'(x_{k+1}) = 0$, 再利用

$$
\begin{cases}
\alpha_k(x_k) = ax_k + b = 1 \\
\alpha_k'(x_k) = a + 2 \times \dfrac{ax_k + b}{x_k - x_{k+1}} = 0
\end{cases}
\quad (7.7.5)
$$

求解得到待定系数 a, b 代入 (7.7.4) 可以得到 $\alpha_k(x)$ 的表达式:

$$\alpha_k(x) = \frac{(-2x + 3x_k - x_{k+1})(x - x_{k+1})^2}{(x_k - x_{k+1})^3} \quad (7.7.6)$$

同理可求得

$$\alpha_{k+1}(x) = \frac{(-2x - x_k + 3x_{k+1})(x - x_k)^2}{(x_{k+1} - x_k)^3} \quad (7.7.7)$$

步骤 4 构造如下表达式:

$$\beta_k(x) = a(x - x_k)\left(\frac{x - x_{k+1}}{x_k - x_{k+1}}\right)^2 \quad (7.7.8)$$

直接由 $\beta_k'(x_k) = a = 1$ 可以得到 $\beta_k(x)$ 的表达式:

$$\beta_k(x) = (x - x_k)\left(\frac{x - x_{k+1}}{x_k - x_{k+1}}\right)^2 \quad (7.7.9)$$

同理可求得

$$\beta_{k+1}(x) = (x - x_{k+1})\left(\frac{x - x_k}{x_{k+1} - x_k}\right)^2 \quad (7.7.10)$$

步骤 5　将 $\alpha_k(x), \alpha_{k+1}(x), \beta_k(x), \beta_{k+1}(x)$ 的表达式代入式 (7.7.2) 可得三次 Hermite 插值多项式:

$$
P_3(x) = \left(\frac{x - x_{k+1}}{x_k - x_{k+1}}\right)^2 \left[f(x_k)\left(1 + 2\frac{x - x_k}{x_{k+1} - x_k}\right) + f'(x_k)(x - x_k)\right]
$$

$$
+ \left(\frac{x - x_k}{x_{k+1} - x_k}\right)^2 \left[f(x_{k+1})\left(1 + 2\frac{x - x_{k+1}}{x_k - x_{k+1}}\right) + f'(x_{k+1})(x - x_{k+1})\right]
$$

$$(7.7.11)$$

7.7.2　算法流程

算法 7.4　三次 Hermite 插值算法

　　输入: 插值节点 x_i $(i = 0, 1, \cdots, n)$, 节点对应的函数值 $f(x_i)$ $(i = 0, 1, \cdots, n)$, 节点对应的一阶导数值 $f'(x_i)$ $(i = 0, 1, \cdots, n)$, 待求节点 x.

　　输出: 待求节点处的函数值 y.

　　流程:

　　1. 确定待求节点 x 所在子区间 $[x_k, x_{k+1}]$ $(0 \leqslant k \leqslant n - 1)$.

　　2. 构造子区间 $[x_k, x_{k+1}]$ 上的三次 Hermite 插值多项式 (7.7.11).

　　3. 获得待求节点处的函数值 $y = P_3(x)$.

7.7.3　算法特点

　　1. 相比于多项式插值, 三次 Hermite 插值算法可以指定插值节点上的一阶导数值.

　　2. 如果做分段插值, 可以保证分段处一阶导数连续.

7.7.4　适用范围

　　要求待求节点在插值区间 $[x_0, x_n]$ 内. 不要求插值节点等距.

　　例 7.3　对如下函数,

$$
f(x) = \frac{1}{1 + x^2}
$$

在区间 $[-1, 1]$ 上用三次 Hermite 插值多项式近似.

　　解　设置如下参数:

```
x_lower = -1;
x_upper = 1;
n = 9;
h = (x_upper - x_lower) / (n - 1);
```

```
for(index1 = 0; index1 < n; index1++)
{
        x_interpolation [index1] = x_lower + index1 * h;
        y_interpolation [index1] = 1.0 / (1.0 + pow(x_interpolation
            [index1], 2.0));
dy_interpolation[index1]=-2.0*x_interpolation[index1]/pow((1.0+
    pow(x_interpolation[index1], 2.0)), 2.0);
}
n_x = 100;
h = (x_upper - x_lower) / (n_x - 1);
for(index1 = 0; index1 < n_x; index1++)
{
x[index1] = x_lower + index1 * h;
}
调用函数interpolation_output = Cubic_Hermite_interpolation(&x_
    interpolation,&y_interpolation,&dy_interpolation, &x)
```

其中, &x_interpolation 是指向插值节点向量的指针, &y_interpolation 是指向插值节点函数值向量的指针, &dy_interpolation 是指向插值节点函数导数值向量的指针, &x 是指向待求函数值的节点 x 坐标向量的指针, x_upper 是待求函数值的节点 x 坐标上限, x_lower 是待求函数值的节点 x 坐标下限, n 是插值节点个数, n_x 是待求函数值的节点个数.

将程序运行结果与原函数绘制在同一坐标系中, 如图 7.4 所示.

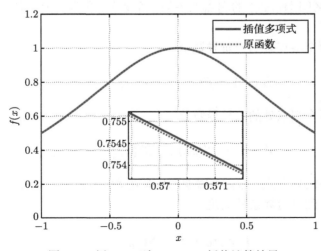

图 7.4   例 7.3 三次 Hermite 插值计算结果

7.8   三次样条插值算法

7.8.1   相关定义

定义 7.5   三次样条函数   若函数 $S(x) \in C^2[a,b]$, 且在每个子区间 $[x_k, x_{k+1}]$ $(k = 0, 1, \cdots, n-1)$ 上是三次多项式, 其中 $a = x_0 < x_1 < \cdots < x_n = b$ 是给定节点, 则称 $S(x)$ 是节点 x_k $(k = 0, 1, \cdots, n)$ 上的三次样条函数.

7.8.2   算法推导

三次样条插值算法的思想是在每两个插值节点构成的子区间 $[x_k, x_{k+1}]$ $(k = 0, 1, \cdots, n-1)$ 内构造三次样条函数进行插值.

由定义 7.5 可知, 三次样条插值函数 $S(x)$ 在区间 $[x_k, x_{k+1}]$ $(k = 0, 1, \cdots, n-1)$ 具有二阶导数连续性, 因此在节点 $x_k(k = 1, \cdots, n-1)$ 上应满足连续性条件

$$\begin{cases} S(x_k - 0) = S(x_k + 0) \\ S'(x_k - 0) = S'(x_k + 0) \\ S''(x_k - 0) = S''(x_k + 0) \end{cases} \tag{7.8.1}$$

为了求出 $S(x)$, 每个子区间 $[x_k, x_{k+1}]$ 上的三次样条函数需要确定 4 个待定系数, 因此 n 个插值子区间一共应确定 $4n$ 个参数. 由插值条件 (7.3.1) 和连续性条件 (7.8.1) 共已知 $4n - 2$ 个条件, 因此只需再加上 2 个条件就能确定 $S(x)$. 通常可以在插值区间 $[x_0, x_n]$ 的端点上各加一个条件, 称为边界条件, 常见的有以下三种:

(1) 已知两个端点处的一阶导数值:

$$S'(x_0) = f'(x_0), \quad S'(x_n) = f'(x_n) \tag{7.8.2}$$

(2) 已知两个端点处的二阶导数值:

$$S''(x_0) = f''(x_0), \quad S''(x_n) = f''(x_n) \tag{7.8.3}$$

(3) 当 $f(x)$ 是以 $x_n - x_0$ 为周期的周期函数 $(f(x_0) = f(x_n))$ 时, $S(x)$ 也应该是周期函数, 此时边界条件满足

$$\begin{cases} S(x_0 + 0) = S(x_n - 0) \\ S'(x_0 + 0) = S'(x_n - 0) \\ S''(x_0 + 0) = S''(x_n - 0) \end{cases} \tag{7.8.4}$$

三次样条插值算法包括以下几个步骤.

步骤 1 引入待定系数 $M_k = S''(x_k)$ $(k = 0, 1, \cdots, n)$, 由 $S(x)$ 在区间 $[x_k, x_{k+1}]$ $(k = 0, 1, \cdots, n - 1)$ 上是三次多项式, 可知 $S''(x)$ 在 $[x_k, x_{k+1}]$ 上是线性函数, 将其表示为

$$S''(x) = M_k \frac{x_{k+1} - x}{x_{k+1} - x_k} + M_{k+1} \frac{x - x_k}{x_{k+1} - x_k} \quad (k = 0, 1, \cdots, n - 1) \quad (7.8.5)$$

对 $S''(x)$ 积分两次, 利用插值条件 $S(x_k) = f(x_k)$ 和 $S(x_{k+1}) = f(x_{k+1})$ 定出积分常数, 从而得到 $S(x)$ 在区间 $[x_k, x_{k+1}]$ 上的表达式:

$$
\begin{aligned}
S(x) =& M_k \frac{(x_{k+1} - x)^3}{6(x_{k+1} - x_k)} + M_{k+1} \frac{(x - x_k)^3}{6(x_{k+1} - x_k)} \\
&+ \left(f(x_k) - \frac{M_k (x_{k+1} - x_k)^2}{6} \right) \frac{x_{k+1} - x}{x_{k+1} - x_k} \\
&+ \left(f(x_{k+1}) - \frac{M_{k+1} (x_{k+1} - x_k)^2}{6} \right) \frac{x - x_k}{x_{k+1} - x_k}
\end{aligned}
\quad (7.8.6)
$$

步骤 2 将式 (7.8.6) 两端同时对 x 求导:

$$
\begin{aligned}
S'(x) =& -M_k \frac{(x_{k+1} - x)^2}{2(x_{k+1} - x_k)} + M_{k+1} \frac{(x - x_k)^2}{2(x_{k+1} - x_k)} \\
&+ \frac{f(x_{k+1}) - f(x_k)}{x_{k+1} - x_k} - \frac{M_{k+1} - M_k}{6}(x_{k+1} - x_k)
\end{aligned}
\quad (7.8.7)
$$

由此可得

$$
\begin{aligned}
S'(x_k + 0) =& -\frac{x_{k+1} - x_k}{3} M_k - \frac{x_{k+1} - x_k}{6} M_{k+1} \\
&+ \frac{f(x_{k+1}) - f(x_k)}{x_{k+1} - x_k} \quad (k = 0, 1, \cdots, n - 1)
\end{aligned}
\quad (7.8.8)
$$

按照同样的方法构造 $S(x)$ 在区间 $[x_{k-1}, x_k]$ 上的表达式, 进而求得

$$
\begin{aligned}
S'(x_k - 0) =& \frac{x_k - x_{k-1}}{6} M_{k-1} + \frac{x_k - x_{k-1}}{3} M_k \\
&+ \frac{f(x_k) - f(x_{k-1})}{x_k - x_{k-1}} \quad (k = 1, 2, \cdots, n)
\end{aligned}
\quad (7.8.9)
$$

步骤 3 利用一阶导数连续条件 $S'(x_k - 0) = S'(x_k + 0)$ 可得

$$\mu_k M_{k-1} + 2M_k + \lambda_k M_{k+1} = d_k \quad (k = 1, 2, \cdots, n - 1) \quad (7.8.10)$$

其中 $\lambda_k, \mu_k, d_k\ (k=1,2,\cdots,n-1)$ 的表达式如下:

$$\mu_k = \frac{x_k - x_{k-1}}{x_{k+1} - x_{k-1}}\ , \quad \lambda_k = \frac{x_{k+1} - x_k}{x_{k+1} - x_{k-1}}\ , \quad d_k = 6f[x_{k-1}, x_k, x_{k+1}] \quad (7.8.11)$$

对于第一种边界条件 (7.8.2), 分别由式 (7.8.8) 和 (7.8.9) 得到两个方程:

$$\begin{cases} 2M_0 + M_1 = 6 \times \dfrac{(f[x_0, x_1] - f'(x_0))}{x_1 - x_0} \\ M_{n-1} + 2M_n = 6 \times \dfrac{(f'(x_n) - f[x_{n-1}, x_n])}{x_n - x_{n-1}} \end{cases} \quad (7.8.12)$$

联立 (7.8.10) 和 (7.8.12) 可得到 $n+1$ 阶线性方程组:

$$\begin{bmatrix} 2 & \lambda_0 & & & \\ \mu_1 & 2 & \lambda_1 & & \\ & \ddots & \ddots & \ddots & \\ & & \mu_{n-1} & 2 & \lambda_{n-1} \\ & & & \mu_n & 2 \end{bmatrix} \begin{bmatrix} M_0 \\ M_1 \\ \vdots \\ M_{n-1} \\ M_n \end{bmatrix} = \begin{bmatrix} d_0 \\ d_1 \\ \vdots \\ d_{n-1} \\ d_n \end{bmatrix} \quad (7.8.13)$$

其中 $\lambda_k, \mu_k, d_k\ (k=0,1,\cdots,n-1)$ 的表达式为

$$\begin{cases} \lambda_0 = 1\ , \ \lambda_k = \dfrac{x_{k+1} - x_k}{x_{k+1} - x_{k-1}} \\ \mu_k = \dfrac{x_k - x_{k-1}}{x_{k+1} - x_{k-1}}\ , \ \mu_n = 1 \\ d_0 = 6 \times \dfrac{(f[x_0, x_1] - f'(x_0))}{x_1 - x_0} \\ d_k = 6f[x_{k-1}, x_k, x_{k+1}] \\ d_n = 6 \times \dfrac{(f'(x_n) - f[x_{n-1}, x_n])}{x_n - x_{n-1}} \end{cases} \quad (7.8.14)$$

对于第二种边界条件 (7.8.3), 可以直接由式 (7.8.3) 得到两个方程:

$$M_0 = f''(x_0), \quad M_n = f''(x_n) \quad (7.8.15)$$

联立式 (7.8.12) 和 (7.8.15) 得到线性方程组 (7.8.13), 其中 $\lambda_k, \mu_k, d_k\ (k=0,1,\cdots,$ $n-1)$ 的表达式为

$$\begin{cases} \lambda_0 = 0\ , \ \lambda_k = \dfrac{x_{k+1} - x_k}{x_{k+1} - x_{k-1}} \\ \mu_k = \dfrac{x_k - x_{k-1}}{x_{k+1} - x_{k-1}}\ , \ \mu_n = 0 \\ d_0 = 2f''(x_0)\ , \ d_k = 6f[x_{k-1}, x_k, x_{k+1}]\ , \ d_n = 2f''(x_n) \end{cases} \quad (7.8.16)$$

对于第三种边界条件 (7.8.4), 由式 (7.8.5)~(7.8.7) 得到 $S(x_0 + 0), S'(x_0 + 0), S''(x_0 + 0)$ 和 $S(x_n - 0), S'(x_n - 0), S''(x_n - 0)$, 并代入式 (7.8.4) 可得

$$
\begin{cases}
M_0 = M_n \\
\dfrac{x_1 - x_0}{x_n - x_{n-1} + x_1 - x_0} M_1 + \dfrac{x_n - x_{n-1}}{x_n - x_{n-1} + x_1 - x_0} M_{n-1} + 2M_n \\
= 6 \times \dfrac{f[x_0, x_1] - f[x_{n-1}, x_n]}{x_n - x_{n-1} + x_1 - x_0}
\end{cases}
\tag{7.8.17}
$$

联立式 (7.8.10) 和 (7.8.17) 可得到 n 阶线性方程组:

$$
\begin{bmatrix}
2 & \lambda_1 & & & \mu_1 \\
\mu_2 & 2 & \lambda_2 & & \\
& \ddots & \ddots & \ddots & \\
& & \mu_{n-1} & 2 & \lambda_{n-1} \\
\lambda_n & & & \mu_n & 2
\end{bmatrix}
\begin{bmatrix}
M_1 \\
M_2 \\
\vdots \\
M_{n-1} \\
M_n
\end{bmatrix}
=
\begin{bmatrix}
d_1 \\
d_2 \\
\vdots \\
d_{n-1} \\
d_n
\end{bmatrix}
\tag{7.8.18}
$$

其中 $\lambda_k, \mu_k, d_k \ (k = 0, 1, \cdots, n - 1)$ 的表达式如下:

$$
\begin{cases}
\mu_k = \dfrac{x_k - x_{k-1}}{x_{k+1} - x_{k-1}} \ , \ \mu_n = \dfrac{x_n - x_{n-1}}{x_n - x_{n-1} + x_1 - x_0} \\
\lambda_k = \dfrac{x_{k+1} - x_k}{x_{k+1} - x_{k-1}} \ , \ \lambda_n = \dfrac{x_1 - x_0}{x_n - x_{n-1} + x_1 - x_0} \\
d_k = 6 f[x_{k-1}, x_k, x_{k+1}] \ , \ d_n = 6 \times \dfrac{f[x_0, x_1] - f[x_{n-1}, x_n]}{x_n - x_{n-1} + x_1 - x_0}
\end{cases}
\tag{7.8.19}
$$

步骤 4 求解线性方程组 (7.8.13) 或者 (7.8.18) 后可以得到 $M_k (k = 0, 1, \cdots, n)$ 的值, 将其代入式 (7.8.6) 即可得到三次样条插值函数 $S(x)$ 在区间 $[x_k, x_{k+1}]$ $(k = 0, 1, \cdots, n - 1)$ 上的表达式.

7.8.3 算法流程

算法 7.5 已知两端点一阶导数值的三次样条插值算法

输入: 插值节点 $x_i \ (i = 0, 1, \cdots, n)$, 节点对应的函数值 $f(x_i) \ (i = 0, 1, \cdots, n)$, 插值区间两端点的一阶导数值 $f'(x_0)$ 和 $f'(x_n)$, 待求节点 x.

输出: 待求节点处的函数值 y.

流程:

1. 构造关于二阶导数值 $M_k \ (k = 0, 1, \cdots, n)$ 的 $n + 1$ 阶线性方程组 (7.8.13), 并使用追赶法求解.

2. 确定待求节点 x 所在插值子区间 $[x_k, x_{k+1}]$ $(0 \leqslant k \leqslant n-1)$.

3. 构造区间 $[x_k, x_{k+1}]$ 上的三次样条插值函数 $S(x)$.

4. 获得待求节点处的函数值 $y = S(x)$.

算法 7.6　已知两端点二阶导数值的三次样条插值算法

输入: 插值节点 x_i $(i = 0, 1, \cdots, n)$, 节点对应的函数值 $f(x_i)$ $(i = 0, 1, \cdots, n)$, 插值区间两端点的二阶导数值 $f''(x_0)$ 和 $f''(x_n)$, 待求节点 x.

输出: 待求节点处的函数值 y.

流程:

1. 构造关于二阶导数值 M_k $(k = 0, 1, \cdots, n)$ 的 $n + 1$ 阶线性方程组 (7.8.13), 并使用追赶法求解.

2. 确定待求节点 x 所在插值子区间 $[x_k, x_{k+1}]$ $(0 \leqslant k \leqslant n-1)$.

3. 构造区间 $[x_k, x_{k+1}]$ 上的三次样条插值函数 $S(x)$.

4. 获得待求节点处的函数值 $y = S(x)$.

算法 7.7　三次周期样条插值算法

输入: 插值节点 x_i $(i = 0, 1, \cdots, n)$, 节点对应的函数值 $f(x_i)$ $(i = 0, 1, \cdots, n)$, 待求节点 x.

输出: 待求节点处的函数值 y.

流程:

1. 构造关于二阶导数值 M_k $(k = 0, 1, \cdots, n)$ 的 $n + 1$ 阶线性方程组 (7.8.18) 并求解.

2. 确定待求节点 x 所在插值子区间 $[x_k, x_{k+1}]$ $(0 \leqslant k \leqslant n-1)$.

3. 构造区间 $[x_k, x_{k+1}]$ 上的三次样条插值函数 $S(x)$.

4. 获得待求节点处的函数值 $y = S(x)$.

7.8.4　算法特点

1. 对于不同的边界条件, 构造三次样条插值函数 $S(x)$ 可以有多种方法, 本节只针对三种常见的边界条件 (7.8.2)~(7.8.4) 给出了利用二阶导数值的构造方法.

2. 线性方程组 (7.8.13) 是关于 M_k 的三对角线性方程组, 可采用追赶法求解.

3. 与分段三次 Hermite 插值算法相比, 三次样条插值算法同样是在每两个插值节点构成的子区间 $[x_k, x_{k+1}]$ $(k = 0, 1, \cdots, n-1)$ 内构造三次多项式进行插值, 但是具有二阶导数连续性.

4. 三次样条插值算法具有良好的收敛性和稳定性, 又有二阶光滑度, 因此理论上和应用上都有重要意义, 在计算机图形学中具有重要应用.

7.8.5 适用范围

适用于要求有二阶光滑度的插值. 要求待求节点在插值区间 $[x_0, x_n]$ 内.

例 7.4 对如下函数,

$$f(x) = 2\sin x + 5(\cos x)^2$$

在区间 $[0,1]$ 上用三次样条插值多项式近似.

解 设置如下参数:

```
x_lower = 0;
x_upper = 1;
n = 9;
h = (x_upper - x_lower) / (n - 1);
for(index1 = 0; index1 < n; index1++)
{
        x_interpolation[index1] = x_lower + index1 * h;
y_interpolation[index1]=2.0*sin(x_interpolation[index1])+5.0*pow(
    cos(x_interpolation[index1]), 2);
}
dy_interpolation[0] = 2.0 * cos(x_interpolation [0]) * (1.0 - 5.0 *
        sin(x_interpolation [0]));
dy_interpolation[1]=2.0* cos(x_interpolation [n - 1]) * (1.0 - 5.0
    * sin(x_interpolation [n - 1]));
n_x = 100;
h = (x_upper - x_lower) / (n_x - 1);
for(index1 = 0; index1 < n_x; index1++)
{
x[index1] = x_lower + index1 * h;
}
调用函数interpolation_output=Cubic_spline_interpolation1(&x_
    interpolation,&y_interpolation,&dy_interpolation, &x)
```

其中, &x_interpolation 是指向插值节点向量的指针, &y_interpolation 是指向插值节点函数值向量的指针, &dy_interpolation 是指向插值节点函数导数值向量的指针, &x 是指向待求函数值的节点 x 坐标向量的指针, x_upper 是待求函数值的节点 x 坐标上限, x_lower 是待求函数值的节点 x 坐标下限, n 是插值节点个数, n_x 是待求函数值的节点个数.

将程序运行结果与原函数绘制在同一坐标系中, 如图 7.5 所示.

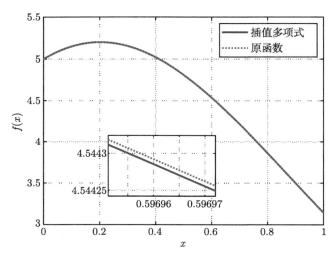

图 7.5　例 7.4 三次样条插值计算结果

7.9　Chebyshev 多项式零点插值算法

7.9.1　相关定义

定义 7.6　权函数　设 $[a, b]$ 是有限或无限区间, 在 $[a, b]$ 上的非负函数 $\rho(x)$ 满足条件:

(1) $\displaystyle\int_a^b x^k \rho(x)\mathrm{d}x$ 存在且为有限值 $(k = 0, 1, \cdots)$;

(2) 对 $[a, b]$ 上的非负连续函数 $g(x)$, 如果 $\displaystyle\int_a^b g(x)\rho(x)\mathrm{d}x = 0$, 则 $g(x) = 0$, 则称 $\rho(x)$ 为 $[a, b]$ 上的一个权函数.

定义 7.7　带权函数 $\rho(x)$ 正交, 设 $f(x), g(x) \in C[a, b]$, $\rho(x)$ 为 $[a, b]$ 上的权函数且满足

$$(f(x), g(x)) = \int_a^b \rho(x)f(x)g(x)\mathrm{d}x = 0$$

则称 $f(x)$ 与 $g(x)$ 在 $[a, b]$ 上带权函数 $\rho(x)$ 正交.

定义 7.8　切比雪夫 (Chebyshev) 多项式　当权函数 $\rho(x) = \dfrac{1}{\sqrt{1 - x^2}}$, 区间为 $[-1, 1]$ 时, 由函数集 $\{1, x, \cdots, x^n, \cdots\}$ 正交得到的多项式就是 Chebyshev 多项式:

$$T_n(x) = \cos(n\arccos x), \quad |x| \leqslant 1 \tag{7.9.1}$$

Chebyshev 多项式 $T_{n+1}(x)$ 在区间 $[-1,1]$ 内有 $n+1$ 个零点:

$$x_k = \cos\frac{2k-1}{2(n+1)}\pi \quad (k=0,1,\cdots,n) \tag{7.9.2}$$

7.9.2 算法推导

Chebyshev 多项式零点插值算法是对连续函数 $f(x)$ 进行逼近的一种方法, 其思想是使用 Chebyshev 多项式的零点对插值区间进行离散后进行 Lagrange 多项式插值. 该算法包括以下几个步骤.

步骤 1 由于 Chebyshev 多项式是在区间 $[-1,1]$ 上定义的, 对于一般区间 $[a,b]$, 令

$$x = \frac{1}{2}[(b-a)t + a + b] \tag{7.9.3}$$

将 $x \in [a,b]$ 变换到 $t \in [-1,1]$.

步骤 2 计算区间 $[a,b]$ 上的 $n-1$ 个 Chebyshev 多项式零点, 与区间端点 a,b 一起构成 $n+1$ 个插值节点:

$$\begin{cases} x_0 = a \\ x_k = \dfrac{b-a}{2}\cos\dfrac{2k-1}{2(n-1)}\pi + \dfrac{a+b}{2} \quad (k=1,2,\cdots,n-1) \\ x_n = b \end{cases} \tag{7.9.4}$$

步骤 3 在 $n+1$ 个插值节点 $x_k \ (k=0,1,\cdots,n)$ 上使用 n 次 Lagrange 多项式进行插值.

7.9.3 算法流程

算法 7.8 Chebyshev 多项式零点插值算法

输入: 连续函数 $f(x)$, 插值区间 $[a,b]$, 插值多项式次数 n, 待求节点 x.

输出: 待求节点处的函数值 y.

流程:

1. 计算 $n+1$ 个插值节点 (7.9.4), 并获得 $f(x)$ 在这 $n+1$ 个节点上的函数值.

2. 构造 n 次 Lagrange 插值多项式 $P_n(x)$.

3. 获得待求节点处的函数值 $y = P_n(x)$.

7.9.4　算法特点

1. Chebyshev 多项式的零点恰好是单位圆周上等距分布点的横坐标, 这些点的横坐标在接近区间 $[-1,1]$ 的端点处是密集的. 与等距分布节点相比, 用 Chebyshev 多项式零点插值可以避免龙格 (Runge) 现象, 保证整个区间上的收敛性.

2. Chebyshev 多项式零点插值算法是对连续函数 $f(x)$ 进行逼近的一种方法, 而 Lagrange 多项式插值算法是对离散点 $\{(x_k, f(x_k)), k = 0, 1, \cdots, n\}$ 进行插值的一种方法.

7.9.5　适用范围

要求:

1. 已知 Chebyshev 多项式的零点上的函数值被插值函数 $f(x)$ 表达式已知;

2. 待求节点在插值区间 $[x_0, x_n]$ 内.

例 7.5　对如下函数,

$$f(x) = \frac{x^2 \mathrm{e}^x}{\sqrt{x+3}}$$

在区间 $[-1,1]$ 上用 Chebyshev 多项式近似.

解　设置如下参数:

```
x_lower = 0;
x_upper = 1;
n = 9;
h = (x_upper - x_lower) / (n - 1);
for(index1 = 0; index1 < n; index1++)
{
        x_interpolation[index1] = x_lower + index1 * h;
y_interpolation[index1]=pow(x_interpolation[index1], 2) * exp(
    x_interpolation[index1]) / sqrt(3.0 + x_interpolation[index1]);
}
n_x = 100;
h = (x_upper - x_lower) / (n_x - 1);
for(index1 = 0; index1 < n_x; index1++)
{
x[index1] = x_lower + index1 * h;
}
调用函数interpolation_output =
    Chebyshev_polynominal_zeros_interpolation(&x_interpolation,
    &y_interpolation, &x)
```

其中, &x_interpolation 是指向插值节点向量的指针, &y_interpolation 是指向插值节点函数值向量的指针, &x 是指向待求函数值的节点 x 坐标向量的指针, x_upper 是待求函数值的节点 x 坐标上限, x_lower 是待求函数值的节点 x 坐标下限, n 是插值节点个数, n_x 是待求函数值的节点个数.

将程序运行结果与原函数绘制在同一坐标系中, 如图 7.6 所示.

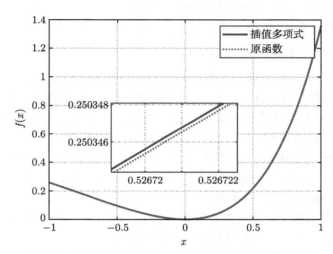

图 7.6　例 7.5 Chebyshev 多项式零点插值计算结果

7.10　分段多项式插值算法

7.10.1　算法推导

根据插值区间 $[a, b]$ 上给出的节点构造插值多项式 $P_n(x)$ 近似 $f(x)$ 时, 一般总认为 $P_n(x)$ 的次数 n 越高, 逼近 $f(x)$ 的精度越高, 但实际上, 对任意的插值节点, 当 $n \to \infty$ 时, $P_n(x)$ 不一定收敛于 $f(x)$. 分段多项式插值算法的思想是对插值节点进行分段, 构造低次 Lagrange 插值多项式或者 Newton 插值多项式, 分段方法有选取分段和连续分段两种.

7.10.1.1　选取分段多项式插值算法

对于给定的 $n+1$ 个插值节点 x_i $(i = 0, 1, \cdots, n)$, 选取分段多项式插值算法根据待求节点 x 在插值区间内的位置, 在其前后选择 $m+1$ $(m < n)$ 个节点, 构造 m 次 Lagrange 或 Newton 插值多项式 $P_m(x)$. 确定待求节点所在插值子区间 $[x_k, x_{k+1}]$ $(k = 0, 1, \cdots, n-1)$ 后, $m+1$ 个低次插值节点的选取规则如下:

1. 若 m 为奇数, 则在 x 的两侧分别选取 $(m+1)/2$ 个插值节点.

2. 若 m 为偶数, 则进一步判断 x 在插值子区间上的位置:

(1) 若 x 靠近 x_k, 在 x 的左侧选择 $m/2+1$ 个插值节点, 右侧选择 $m/2$ 个插值节点;

(2) 若 x 靠近 x_{k+1}, 在 x 的左侧选择 $m/2$ 个插值节点, 右侧选择 $m/2+1$ 个插值节点;

3. 选择插值节点时, 如果左侧点不足, 则选择 $\{x_0, x_1, \cdots, x_m\}$ 作为低次插值节点, 如果右侧点不足, 则选择 $\{x_{n-m}, \cdots, x_{n-1}, x_n\}$ 作为低次插值节点.

7.10.1.2　连续分段多项式插值算法

对于给定的 $n+1$ 个插值节点 $x_i \ (i = 0, 1, \cdots, n)$, 连续分段多项式插值算法从 x_0 开始依次选取 $m+1 \ (m < n)$ 个节点进行分段, 分别在每一段内构造 m 次 Lagrange 或 Newton 插值多项式 $P_m(x)$. 分段构造插值多项式的步骤如下:

步骤 1　求取分段数 $p = n/m$ 向下取整, 并获得余数 r;

步骤 2　依次选取 $m+1$ 个插值节点, 将所有节点分为 p 段 $\{x_0, x_1, \cdots, x_m\}$, $\{x_m, x_{m+1}, \cdots, x_{2m}\}, \cdots, \{x_{(p-1)m}, x_{(p-1)m+1}, \cdots, x_{pm}\}$, 并在每一段内构造 m 次 Lagrange 或 Newton 插值多项式;

步骤 3　当余数 $r \neq 0$ 即第 p 段的右端点 $x_{pm} = x_n$ 时, 选取最后的 $r+1$ 个节点 $\{x_{n-r}, x_{n-r+1}, \cdots, x_n\}$ 构造 r 次插值多项式.

7.10.2　算法流程

算法 7.9　选取分段多项式插值算法

输入: 插值节点 $x_i \ (i = 0, 1, \cdots, n)$, 节点对应的函数值 $f(x_i) \ (i = 0, 1, \cdots, n)$, 待求节点 x, 插值多项式次数 m.

输出: 待求节点处的函数值 y.

流程:

1. 确定待求节点 x 所在插值子区间 $[x_k, x_{k+1}] \ (0 \leqslant k \leqslant n-1)$.

2. 选取 $m+1$ 个插值节点:

　　if m 为奇数.

　　　　if x 左侧点不足 $(m+1)/2$ 个, then 选取 $\{x_0, x_1, \cdots, x_m\}$ 作为插值节点.

　　　　else if x 右侧点不足 $(m+1)/2$ 个, then 选取 $\{x_{n-m}, \cdots, x_{n-1}, x_n\}$ 作为插值节点.

　　　　else 在 x 的左右两侧各选取 $(m+1)/2$ 个插值节点.

　　　　end if

　　else

---

if x 靠近 x_k.

if x 左侧点不足 $m/2 + 1$ 个, then 选取 $\{x_0, x_1, \cdots, x_m\}$ 作为插值
节点.

else if x 右侧点不足 $m/2$ 个, then 选取 $\{x_{n-m}, \cdots, x_{n-1}, x_n\}$ 作为
插值节点.

else 在 x 的左侧选取 $m/2 + 1$ 个插值节点, 右侧选取 $m/2$ 个插值
节点.

end if

else

if x 左侧点不足 $m/2$ 个, then 选取 $\{x_0, x_1, \cdots, x_m\}$ 作为插值节点.

else if x 右侧点不足 $m/2 + 1$ 个, then 选取 $\{x_{n-m}, \cdots, x_{n-1}, x_n\}$
作为插值节点.

else 在 x 的左侧选取 $m/2$ 个插值节点, 右侧选取 $m/2 + 1$ 个插值
节点.

end if

end if

end if

3. 构造 m 次插值多项式 $P_m(x)$.

4. 获得待求节点处的函数值 $y = P_m(x)$.

算法 7.10 连续分段多项式插值算法

输入: 插值节点 x_i $(i = 0, 1, \cdots, n)$, 节点对应的函数值 $f(x_i)$ $(i = 0, 1, \cdots, n)$, 待求节点 x, 插值多项式次数 m.

输出: 待求节点处的函数值 y.

流程:

1. 求取分段数 $p = n/m$ 向下取整, 并获得余数 r.

2. 确定待求节点 x 所在段 $\{x_{(k-1)m}, \cdots, x_{km}\}$ $(1 \leqslant k \leqslant p)$ 或 $\{x_{n-r}, \cdots, x_n\}$ (if $r \neq 0$).

3. 构造 m 次或 r 次插值多项式 $P_m(x)$ 或 $P_r(x)$.

4. 获得待求节点处的函数值 $y = P_m(x)$ 或 $y = P_r(x)$.

7.10.3 算法特点

1. 选取分段插值算法根据待求节点 x 的位置选取 $m + 1$ 个插值节点, 连续分段插值算法依次选取 $m + 1$ 个插值节点, 与待求节点 x 无关.

2. 构造 m 次插值多项式时可以选择 Lagrange 插值多项式或者 Newton 插值多项式, 当插值节点等距分布时, 建议选择 Newton 差分插值多项式.

3. 分段多项式插值算法不仅可以避免高次插值时可能出现的病态现象 (Runge 现象), 而且可以减少计算量和误差累积.

7.10.4　适用范围

要求:

1. 插值多项式次数 m 小于等于插值节点个数 n;

2. 待求节点在插值区间 $[x_0, x_n]$ 内.

例 7.6　使用分段多项式插值算法求例 7.2 中问题.

解　设置如下参数:

```
x_interpolation = [5 10 15 20 25 30 35 40];
y_interpolation = [40 30 25 40 18 20 22 15];
x = 23;
m = 4;
```

调用函数 `interpolation_output =`
`Chosen_piecewise_Newton_difference_interpolation(&x_`
`interpo lation, &y_interpolation, &x, m)`

其中, &x_interpolation 是指向插值节点向量的指针, &y_interpolation 是指向插值节点函数值向量的指针, &x 是指向待求函数值的节点 x 坐标的指针, m 是插值多项式次数.

程序运行结果如图 7.7 所示.

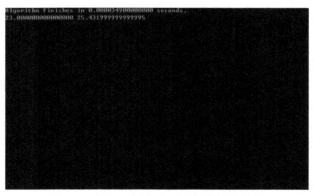

图 7.7　例 7.6 四次多项式插值计算结果

设置如下参数:

```
x_interpolation = [5 10 15 20 25 30 35 40];
y_interpolation = [40 30 25 40 18 20 22 15];
x = 23;
m = 5;
调用函数 interpolation_output =
    Chosen_piecewise_Newton_difference_interpolation(&x_
    interpo lation, &y_interpolation, &x, m)
```

程序运行结果如图 7.8 所示.

图 7.8 例 7.6 五次多项式插值计算结果

设置如下参数:

```
x_interpolation = [5 10 15 20 25 30 35 40];
y_interpolation = [40 30 25 40 18 20 22 15];
x = 23;
m = 6;
调用函数 interpolation_output =
    Chosen_piecewise_Newton_difference_interpolation(&
    x_interpolation, &y_interpolation, &x, m)
```

程序运行结果如图 7.9 所示.

图 7.9 例 7.6 六次多项式插值计算结果

设置如下参数:

```
x_interpolation = [5 10 15 20 25 30 35 40];
y_interpolation = [40 30 25 40 18 20 22 15];
x = 23;
m = 7;
调用函数interpolation_output =
    Chosen_piecewise_Newton_difference_interpolation(&
    x_interpolation, &y_interpolation, &x, m)
```

程序运行结果如图 7.10 所示.

图 7.10   例 7.6 七次多项式插值计算结果

7.11   Visual Studio 软件插值算法调用说明

插值算法基本调用方法及参数说明见表 7.4.

表 7.4   插值算法基本调用方法及参数说明

Lagrange 多项式 插值算法	interpolation_output=Lagrange_interpolation(&x_interpolation, &y_interpolation, &x)
Newton 均差多 项式插值算法	interpolation_output=Newton_mean_deviation_interpolation(&x_ interpolation, &y_interpolation, &x)
Newton 差分多 项式插值算法	interpolation_output=Newton_difference_interpolation(&x_interpolation, &y_interpolation, &x)
三次 Hermite 插值算法	interpolation_output=Cubic_Hermite_interpolation(&x_interpolation, &y_interpolation, &dy_interpolation, &x)

续表

已知两端点一阶导数值的三次样条插值算法	interpolation_output=Cubic_spline_interpolation1(&x_interpolation, &y_interpolation, &dy_interpolation, &x)
已知两端点二阶导数值的三次样条插值算法	interpolation_output=Cubic_spline_interpolation2(&x_interpolation, &y_interpolation, &d2y_interpolation, &x)
三次周期样条插值算法	interpolation_output=Cubic_spline_interpolation3(&x_interpolation, &y_interpolation, &x)
Chebyshev 多项式零点插值算法	interpolation_output=Chebyshev_polynominal_zeros_interpolation(&x_interpolation, &y_interpolation, &x)
选取分段多项式插值算法	interpolation_output=Chosen_piecewise_Lagrange_interpolation(&x_interpolation, &y_interpolation, &x, m) interpolation_output=Chosen_piecewise_Newton_mean_deviation_interpolation (&x_interpolation, &y_interpolation, &x, m) interpolation_output=Chosen_piecewise_Newton_difference_interpolation (&x_interpolation, &y_interpolation, &x, m)
连续分段多项式插值算法	interpolation_output=Continuous_piecewise_Lagrange_interpolation(&x_interpolation, &y_interpolation, &x, m) interpolation_output=Continuous_piecewise_Newton_mean_deviation_interpolation (&x_interpolation, &y_interpolation, &x, m) interpolation_output=Continuous_piecewise_Newton_difference_interpolation(&x_interpolation, &y_interpolation, &x, m)
输入参数说明	&x_interpolation: 指向插值节点向量的指针 &y_interpolation: 指向插值节点函数值向量的指针 &dy_interpolation: 指向插值节点函数导数值向量的指针 &d2y_interpolation: 指向插值节点函数二阶导数值向量的指针 &x: 指向待求函数值的节点 x 坐标向量的指针 n: 插值节点个数 m: 插值多项式次数
输出参数说明	interpolation_output: 结构体变量, 包含求解结果

7.12　小　　结

本章介绍了插值算法, 主要有 Lagrange 多项式插值算法、Newton 多项式插值算法、分段多项式插值算法、三次样条插值算法、Chebyshev 多项式零点插值算法等. 本章对每个算法进行了推导, 梳理了流程, 归纳了特点和适用范围; 此外, 还给出了 Visual Studio 软件中相关算法命令的调用方法.

参 考 文 献

黄铎, 陈兰平, 王凤, 2000. 数值分析 [M]. 北京: 科学出版社.
李庆扬, 王能超, 易大义, 2001. 数值分析 [M]. 4 版. 北京: 清华大学出版社.

沈燮昌, 1984. 多项式最佳逼近的实现 [M]. 上海: 上海科学技术出版社.

杨士俊, 王兴华, 2006. Hermite 插值多项式的差商表示及其应用 [J]. 高校应用数学学报 A 辑 (中文版), 21(1): 70-78.

Afonso M, Bioucas-Dias J B, Figueiredo M, 2010. An augmented lagrangian approach to the constrained optimization formulation of imaging inverse problems[J]. IEEE Transactions on Image Processing, 20 (3): 681-695.

Stoer J, Bulirsch R, 1980. Introduction to Numerical Analysis[M]. New York: Springer-Verlag.

Takeda H, Farsiu S, Milanfar P, 2007. Kernel regression for image processing and reconstruction[J]. IEEE Transactions on Image Processing: a Publication of the IEEE Signal Processing Society, 16(2): 349-366.

习　　题

1. 给定数据如表 7.5

表 7.5　习题 1 的插值节点数据

x	0.25	0.30	0.39	0.45	0.53
y	0.5000	0.5477	0.6425	0.6708	0.7280

对其进行三次样条插值.

2. 给定数据如表 7.6.

表 7.6　习题 2 的插值节点数据

x	0.2	0.40	0.6	0.8	1.0
y	0.98	0.92	0.81	0.64	0.38

分别用四次 Newton 插值多项式算法和三次样条插值算法对其进行插值.

3. 给定数据如表 7.7.

表 7.7　习题 3 的插值节点数据

x	0	1	4	9	16	25	36	49	64
y	0	1	2	3	4	5	6	7	8

(1) 对其进行 8 次 Lagrange 多项式插值;

(2) 对其进行三次样条插值.

4. 将区间 $[0, \pi/2]$ n 等分, 用 $y = f(x) = \cos x$ 产生 $n + 1$ 个节点, 然后对其进行 Lagrange 多项式插值, 并用插值多项式计算 $\cos(\pi/6)$, 取四位有效数字.

5. 已知函数 $y = 1/(1 + x^2)$ 的一组数据 $(0, 1)$, $(1, 1/2)$ 和 $(2, 1/5)$, 对其进行分段线性插值, 并用插值多项式计算 $f(1.5)$ 的近似值.

6. 用次数小于等于 4 的多项式 $p(x)$, 满足条件 $p(0) = -1$, $p'(0) = -2$, $p(1) = 0$, $p'(1) = 10$, $p''(1) = 40$.

7. 已知连续函数 $p(x)$ 的函数值如表 7.8.

表 7.8　习题 7 的插值节点数据

x	−1.0	0.0	1.0	2.0
$p(x)$	−2.0	−1.0	1.0	2.0

求方程 $p(x) = 0$ 在 $[-1,2]$ 内的根的近似值, 要求误差尽量地小.

8. 给出 $f(x) = \ln x$ 的数值表 7.9.

表 7.9　习题 8 的插值节点数据

x	0.4	0.5	0.6	0.7	0.8
$\ln x$	−0.916291	−0.693147	−0.510826	−0.356675	−0.223144

用线性插值多项式及二次插值多项式计算 $\ln 0.54$ 的近似值.

9. 弹簧在力 F 的作用下伸长, 一定范围内服从胡克 (Hooke) 定律: F 与 x 成正比, 即 $F = kx$, k 为弹性系数. 现在得到如表 7.10 的一组 x, F 数据, 作图后就可看出, 当 F 大到一定数值后, 就不服从这个定律了. 试由表 7.10 中的数据确定 k, 并给出不服从 Hooke 定律时的近似公式.

表 7.10　习题 9 的插值节点数据

x	1	2	4	7	9	12	13	15	17
F	1.5	3.9	6.6	11.7	15.6	18.8	19.6	20.6	21.1

第 8 章 数据拟合与函数逼近算法

8.1 引   言

数据拟合与函数逼近算法是一种求解近似多项式来对离散数据的分布形状和趋势进行估计的算法, 主要有一般多项式拟合算法、正交多项式拟合算法和指数拟合算法三大类. 与插值算法的区别在于, 拟合算法不要求多项式曲线精确穿越每个数据点, 而是寻求数据的整体趋势描述. 拟合算法在实验研究和工程设计中具有广泛的应用需求, 如生物工程中预测种群数量变化的增长模型, 航空航天工程中的流体实验数据分析等.

8.2 工 程 实 例

问题 8.1 流体力学实验数据分析 (航空航天工程领域问题)

航空航天工程相关研究表明, 通过管道的液体流量与管道的直径和斜率相关. 为了获得更好的设计, 工程师常常需要利用实验测量的数据定量地确定这一关系. 假设, 已有实验数据如表 8.1 所示.

表 8.1　流体力学实验数据

实验编号	直径/m	斜率	流量/(m³/s)
1	1	0.001	1.4
2	2	0.001	8.3
3	3	0.001	24.2
4	1	0.01	4.7
5	2	0.01	28.9
6	3	0.01	84.0
7	1	0.05	11.1
8	2	0.05	69.0
9	3	0.05	200.0

根据已有的流体力学相关原理, 可以采用如下形式的函数对表 8.1 中数据进行拟合:

$$Q = a_0 D^{a_1} S^{a_2}$$

其中, Q 为流量, 单位是 $\mathrm{m^3/s}$, S 为斜率, D 为管道直径, 单位是 m, a_0, a_1, a_2 是系数. 对上述方程两边取以 10 为底的对数可得

$$\log Q = \log a_0 + a_1 \log D + a_2 \log S$$

可以看到, 流量的对数是关于直径对数和斜率对数的线性函数, 把表 8.1 中的数据代入上式, 可以得到关于系数的一组线性方程

$$\begin{bmatrix} 9 & 2.334 & -18.903 \\ 2.334 & 0.954 & -4.903 \\ -18.903 & -4.903 & 44.079 \end{bmatrix} \begin{bmatrix} \log a_0 \\ a_1 \\ a_2 \end{bmatrix} = \begin{bmatrix} 11.691 \\ 3.945 \\ -22.207 \end{bmatrix}$$

使用基于矩阵 LDLT 分解的线性方程组求解算法, 可求得结果如下:

$$a_0 = 55.9, \quad a_1 = 2.62, \quad a_2 = 0.54$$

最终的拟合公式是

$$Q = 55.9 D^{2.62} S^{0.54}$$

工程中类似问题有很多, 即: 不知道 $y = f(x)$ 精确表达式, 此时, 需要拟合算法对离散的实验数据进行处理. 在另外一些情况下, 虽然知道 $y = f(x)$ 表达式, 但该表达式非常复杂, 也需要使用拟合算法对其简化.

8.3 基础定义及定理

拟合算法相关的定义与定理如下.

定义 8.1 最佳平方逼近多项式 函数逼近是指对于给定的函数 $f(x) \in C\,[a, b]$, 求它的最佳逼近多项式. 若多项式函数 $P^*(x) \in H_n$ 使误差满足

$$\|f(x) - P^*(x)\|_2^2 = \min_{P \in H_n} \|f(x) - P(x)\|_2^2$$

$$= \min_{P \in H_n} \int_a^b [f(x) - P(x)]^2 \mathrm{d}x \tag{8.3.1}$$

其中 H_n 为次数不超过 n 的多项式构成的多项式空间, 则称 $P^*(x)$ 为 $f(x)$ 在区间 $[a, b]$ 上的**最佳平方逼近多项式**.

定义 8.2 最小二乘拟合多项式 设 $f(x)$ 是区间 $[a, b]$ 上一个列表函数, 在离散点 $a \leqslant x_0 < x_1 < \cdots < x_m \leqslant b$ 上给出函数值 $f(x_i)\ (x = 0, 1, \cdots, m)$, 若函数 $P^*(x) \in \Phi$ 使误差满足

$$\|f(x) - P^*(x)\|_2^2 = \min_{P \in \Phi} \|f(x) - P(x)\|_2^2$$

$$= \min_{P \in \Phi} \sum_{i=0}^{m} [f(x_i) - P(x_i)]^2 \tag{8.3.2}$$

其中 Φ 为一组在 $C[a,b]$ 上线性无关的基函数集 $\{\varphi_0(x), \varphi_1(x), \cdots, \varphi_n(x)\}$ 构成的线性空间, 则称 $P^*(x)$ 为 $f(x)$ 的**最小二乘拟合多项式**.

定义 8.3   正交多项式   设 $\varphi_n(x)$ 是区间 $[a,b]$ 上首项系数 $a_n \neq 0$ 的 n 次多项式, $\rho(x)$ 是 $[a,b]$ 上的权函数, 如果多项式集 $\{\varphi_1(x), \varphi_2(x), \cdots, \varphi_n(x), \cdots\}$ 满足

$$(\varphi_j, \varphi_k) = \int_a^b \rho(x)\varphi_j(x)\varphi_k(x)\mathrm{d}x = \begin{cases} 0, & j \neq k \\ A_k > 0, & j = k \end{cases} \tag{8.3.3}$$

则称多项式集 $\{\varphi_1(x), \varphi_2(x), \cdots, \varphi_n(x), \cdots\}$ 在区间 $[a,b]$ 上带权 $\rho(x)$ 正交, 称 $\varphi_n(x)$ 是 $[a,b]$ 上带权 $\rho(x)$ 的 n 次正交多项式.

定义 8.4   勒让德 (Legendre) 多项式   当区间为 $[-1,1]$, 权函数 $\rho(x) = 1$ 时, 由函数集 $\{1, x, x^2, \cdots, x^n, \cdots\}$ 正交得到的多项式 $L_n(x)$ 称为 Legendre 多项式:

$$\begin{cases} L_0(x) = 1 \\ L_n(x) = \dfrac{1}{2^n n!} \dfrac{\mathrm{d}^n (x^2 - 1)^n}{\mathrm{d}x^n} \end{cases} \quad (n = 1, 2, \cdots) \tag{8.3.4}$$

Legendre 多项式满足正交性:

$$(L_j, L_k) = \int_{-1}^{1} L_j(x)L_k(x)\mathrm{d}x = \begin{cases} 0, & j \neq k \\ \dfrac{2}{2k+1}, & j = k \end{cases} \tag{8.3.5}$$

Legendre 多项式的递推关系式为

$$\begin{aligned} L_0(x) &= 1, \quad L_1(x) = x \\ L_n(x) &= \frac{2n-1}{n} x L_{n-1}(x) - \frac{n-1}{n} L_{n-2}(x) \quad (n = 2, 3, \cdots) \end{aligned} \tag{8.3.6}$$

8.4   函数的一般多项式最佳平方逼近算法

8.4.1   算法推导

已知函数 $f(x) \in C[a,b]$ 以及由一组线性无关的基函数集 $\{\varphi_0(x), \varphi_1(x), \cdots, \varphi_n(x)\}$ 构成的线性空间 Φ, 最佳平方逼近算法是指获取 $f(x)$ 的最佳平方逼近函

数 $P^*(x) \in \varPhi$, 使误差的加权平方和最小

$$\|f(x) - P^*(x)\|_2^2 = \min_{P(x) \in \varPhi} \|f(x) - P(x)\|_2^2$$

$$= \min_{P(x) \in \varPhi} \int_a^b \rho(x)[f(x) - P(x)]^2 \mathrm{d}x \tag{8.4.1}$$

一般多项式最佳平方逼近算法包括以下几个步骤.

步骤 1 由线性代数相关理论可知, 逼近函数 $P(x)$ 可以表示为基函数集 $\{\varphi_0(x), \varphi_1(x), \cdots, \varphi_n(x)\}$ 的线性组合:

$$P(x) = \sum_{j=0}^n a_j \varphi_j(x) \tag{8.4.2}$$

因此求最佳平方逼近函数 $P^*(x)$ 等价于求多元函数:

$$I(a_0, a_1, \cdots, a_n) = \int_a^b \rho(x)[f(x) - P(x)]^2 \mathrm{d}x$$

$$= \int_a^b \rho(x) \left[\sum_{j=0}^n a_j \varphi_j(x) - f(x) \right]^2 \mathrm{d}x \tag{8.4.3}$$

的极小值问题.

步骤 2 利用多元函数求极值的必要条件 $\dfrac{\partial I}{\partial a_k} = 0 \ (k = 0, 1, \cdots, n)$ 可得

$$\frac{\partial I}{\partial a_k} = 2 \int_a^b \rho(x) \left[\sum_{j=0}^n a_j \varphi_j(x) - f(x) \right] \varphi_k(x) \mathrm{d}x = 0 \quad (k = 0, 1, \cdots, n) \tag{8.4.4}$$

记

$$(\varphi_j, \varphi_k) = \int_a^b \rho(x) \varphi_j(x) \varphi_k(x) \mathrm{d}x$$

$$\tag{8.4.5}$$

$$(f, \varphi_k) = \int_a^b \rho(x) f(x) \varphi_k(x) \mathrm{d}x = d_k$$

将式 (8.4.5) 代入式 (8.4.4) 整理可得线性方程组:

$$\sum_{j=0}^n (\varphi_j, \varphi_k) a_j = d_k \quad (k = 0, 1, \cdots, n) \tag{8.4.6}$$

其矩阵表达形式为

$$Ga = \begin{bmatrix} (\varphi_0,\varphi_0) & (\varphi_0,\varphi_1) & \cdots & (\varphi_0,\varphi_n) \\ (\varphi_1,\varphi_0) & (\varphi_1,\varphi_1) & \cdots & (\varphi_1,\varphi_n) \\ \vdots & \vdots & \ddots & \vdots \\ (\varphi_n,\varphi_0) & (\varphi_n,\varphi_1) & \cdots & (\varphi_n,\varphi_n) \end{bmatrix} \begin{bmatrix} a_0 \\ a_1 \\ \vdots \\ a_n \end{bmatrix} = \begin{bmatrix} d_0 \\ d_1 \\ \vdots \\ d_n \end{bmatrix} = d \quad (8.4.7)$$

步骤 3　求解线性方程组 (8.4.6) 可得解 a_j^* $(j = 0, 1, \cdots, n)$, 代入式 (8.4.2) 可以得到最佳平方逼近函数:

$$P^*(x) = a_0^*\varphi_0(x) + a_1^*\varphi_1(x) + \cdots + a_n^*\varphi_n(x) \quad (8.4.8)$$

步骤 4　取基函数集为 $\{1, x, \cdots, x^n\}$, 权函数 $\rho(x) = 1$, 由式 (8.4.5) 可得

$$\begin{cases} (\varphi_j,\varphi_k) = \displaystyle\int_a^b x^{k+j}\mathrm{d}x = \frac{b^{k+j+1} - a^{k+j+1}}{k+j+1} \\ d_k = \displaystyle\int_a^b f(x)x^k\mathrm{d}x \end{cases} \quad (8.4.9)$$

将式 (8.4.9) 代入式 (8.4.7) 求解线性方程组可得到 a_j^* $(j = 0, 1, \cdots, n)$, 则构造的一般最佳平方逼近多项式为

$$P^*(x) = a_0^* + a_1^*x + \cdots + a_n^*x^n \quad (8.4.10)$$

8.4.2　算法流程

算法 8.1　函数的一般多项式最佳平方逼近算法

输入: 被逼近函数 $f(x)$, 逼近区间 $[a,b]$, 逼近多项式次数 n.
输出: 最佳平方逼近多项式.
流程:
1. 构造线性方程组 $\displaystyle\sum_{j=0}^n (\varphi_j,\varphi_k)a_j = d_k$ $(k = 0, 1, \cdots, n)$, 其中 $(\varphi_j,\varphi_k) = \dfrac{b^{k+j+1} - a^{k+j+1}}{k+j+1}$, $d_k = \displaystyle\int_a^b f(x)x^k\mathrm{d}x$.
2. 求解线性方程组获得最佳平方逼近多项式的系数 $a^* = (a_0^* \ a_1^* \ \cdots \ a_n^*)^{\mathrm{T}}$.

3. 获得最佳平方逼近多项式 $P^*(x) = a_0^* + a_1^* x + \cdots + a_n^* x^n$.

8.4.3 算法特点

1. 由于基函数 $\varphi_0(x), \varphi_1(x), \cdots, \varphi_n(x)$ 线性无关, 因此系数矩阵 G 非奇异, 线性方程组 (8.4.6) 有唯一解.

2. 取基函数集为 $\{1, x, \cdots, x^n\}$ 时, 系数矩阵 G 对称, 采用 LDLT 分解法求解效率最高, 但是当拟合次数 n 较大时, 系数矩阵高度病态, 求解相当困难.

3. 计算线性方程组的右端向量 d 时需要采用数值积分算法.

8.4.4 适用范围

适用于所需的逼近多项式次数 n 不是太大的情况.

例 8.1 已知函数 $f(x) = \sqrt{1+x^2}$, 求函数 $f(x)$ 在 $[0, 1]$ 上的二次多项式最佳平方逼近函数.

解 设置如下参数:

```
x_lower = 0;
x_upper = 1;
n = 7;
m = 2;
h = (x_upper - x_lower) / (n - 1);
for(index1 = 0; index1 < n; index1++)
{
x_fitting [index1] = x_lower + index1 * h;
y_fitting [index1] = sqrt(pow((1+ x_fitting [index1]* x_fitting
    [index1]),2));
}
调用函数General_polynominal_output = General_polynominal_fitting
    (x_fitting,y_fitting,m)
```

其中, x_fitting 是拟合节点 x 坐标向量, y_fitting 是拟合节点函数值向量, n 是拟合数据节点个数, m 是拟合多项式的次数.

将程序运行结果与原实际函数绘制在同一坐标系中, 如图 8.1 所示.

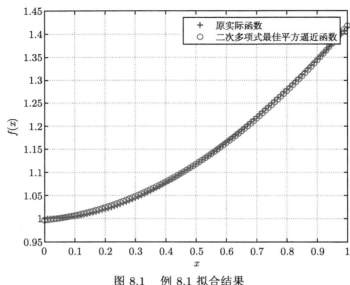

图 8.1   例 8.1 拟合结果

8.5   函数的正交多项式最佳平方逼近算法

8.5.1   算法推导

Legendre 多项式最佳平方逼近算法采用 Legendre 多项式 (8.3.4) 作为基函数集进行最佳平方逼近, 该算法包括以下几个步骤.

步骤 1   如果基函数 $\varphi_0(x), \varphi_1(x), \cdots, \varphi_n(x)$ 是满足条件 (8.3.3) 的正交多项式集, 那么线性方程组 (8.4.6) 的系数矩阵 G 为非奇异对角阵, 且方程组的解为

$$a_k^* = \frac{(f, \varphi_k)}{(\varphi_k, \varphi_k)} \quad (k = 0, 1, \cdots, n) \tag{8.5.1}$$

于是 $f(x)$ 的最佳平方逼近多项式为

$$P^*(x) = \sum_{k=0}^{n} a_k^* \varphi_k(x) \tag{8.5.2}$$

步骤 2   如果被逼近函数 $f(x) \in C[-1, 1]$, 那么取基函数集为 Legendre 多项式 (8.3.4), 根据 Legendre 多项式的正交性 (8.3.5) 可得

$$a_k^* = \frac{(f, L_k)}{(L_k, L_k)} = \frac{\displaystyle\int_{-1}^{1} f(x) L_k(x) \mathrm{d}x}{\displaystyle\int_{-1}^{1} L_k^2(x) \mathrm{d}x} = \frac{2k+1}{2} \int_{-1}^{1} f(x) L_k(x) \mathrm{d}x \quad (k = 0, 1, \cdots, n)$$

$$\tag{8.5.3}$$

于是 $f(x)$ 的最佳平方逼近多项式为

$$P^*(x) = \sum_{k=0}^{n} \left[\frac{2k+1}{2} \int_{-1}^{1} f(x) L_k(x) \mathrm{d}x \right] L_k(x) \tag{8.5.4}$$

步骤 3 如果被逼近函数 $f(x) \in C[a,b]$, 那么做变换:

$$x = \frac{b-a}{2} t + \frac{a+b}{2} \quad (-1 \leqslant t \leqslant 1, a \leqslant x \leqslant b) \tag{8.5.5}$$

此时令 $F(t) = f(x) = f\left(\dfrac{b-a}{2} t + \dfrac{a+b}{2} \right)$, 对 $F(t)$ 在区间 $[-1,1]$ 上采用 Legendre 多项式的最佳平方逼近算法, 可以得到区间 $[a,b]$ 上的最佳平方逼近多项式为 $P^*\left(\dfrac{2x-a-b}{b-a} \right)$.

8.5.2 算法流程

算法 8.2 函数的正交多项式最佳平方逼近算法

输入: 被逼近函数 $f(x)$, 逼近区间 $[a,b]$, 逼近多项式次数 n.

输出: 最佳平方逼近多项式.

流程:

1. 对被逼近函数进行坐标变换: $F(t) = f\left(\dfrac{b-a}{2} t + \dfrac{b+a}{2} \right)$.

2. 获得逼近多项式的系数: $a_k^* = \dfrac{2k+1}{2} \displaystyle\int_{-1}^{1} F(t) L_k(t) \mathrm{d}t \ (k = 0, 1, \cdots, n)$.

3. 构造最佳平方逼近多项式: $\tilde{P}^*(t) = a_0^* L_0(t) + a_1^* L_1(t) + \cdots + a_n^* L_n(t)$.

4. 进行坐标变换获得最佳平方逼近多项式: $P^*(x) = \tilde{P}^*(t) = \tilde{P}^*\left(\dfrac{2x-a-b}{b-a} \right)$.

8.5.3 算法特点

1. 由于 Legendre 多项式是由基函数集 $\{1, x, \cdots, x^n\}$ 正交化得到的, 因此利用 Legendre 多项式作为基函数集的最佳平方逼近与利用 $\{1, x, \cdots, x^n\}$ 作为基函数集求解线性方程组 (8.4.6) 得到的最佳平方逼近多项式是一致的.

2. 在以 Legendre 多项式作为基函数的最佳平方逼近算法中, 每当逼近多项式的次数增加 1 时, 只需将程序中递推的次数增加 1, 其他无需改变. 而在以 $\{1, x, \cdots, x^n\}$ 作为基函数的最佳平方逼近算法中, 逼近多项式的次数每增加 1 时, 需要重新计算线性方程组 (8.4.7) 的系数矩阵 G 并求解线性方程组, 计算量较大.

3. 当逼近多项式的次数 n 较大时, 线性方程组 (8.4.6) 出现病态, 计算误差较大, 而以 Legendre 多项式作为基函数的最佳平方逼近算法不用求解线性方程组, 计算公式比较方便, 因此通常都采用这种方法求最佳平方逼近多项式.

4. 计算 $\displaystyle\int_{-1}^{1} f(x) L_k(x)\mathrm{d}x$ 时需要采用数值积分算法.

8.5.4　适用范围

无特殊要求.

8.6　一般多项式最小二乘拟合算法

8.6.1　算法推导

函数 $y = f(x)$ 在区间 $[a,b]$ 上有定义, 且已知其在离散点 $a \leqslant x_0 < x_1 < \cdots < x_n \leqslant b$ 上的函数值 $y_0, y_1, \cdots, y_n$, 设 $\varPhi$ 是由一组线性无关的基函数集 $\{\varphi_0(x), \varphi_1(x), \cdots, \varphi_n(x)\}$ 构成的线性空间, 一般多项式的最小二乘拟合是指获取 $f(x)$ 的最小二乘逼近函数 $P^*(x) \in \varPhi$, 使误差的加权平方和最小:

$$\|\delta\|_2^2 = \sum_{i=0}^{m} \rho(x_i)[P^*(x_i) - y_i]^2 = \min_{P(x)\in\varPhi} \sum_{i=0}^{m} \rho(x_i)[P(x_i) - y_i]^2 \tag{8.6.1}$$

一般多项式的最小二乘拟合算法包括以下几个步骤.

步骤 1　由线性代数相关理论可知, 拟合函数 $P(x)$ 可以表示为基函数集 $\{\varphi_0(x), \varphi_1(x), \cdots, \varphi_n(x)\}$ 的线性组合:

$$P(x) = \sum_{j=0}^{n} a_j \varphi_j(x) \quad (n < m) \tag{8.6.2}$$

因此求最小二乘拟合函数 $P^*(x)$ 等价于求多元函数:

$$I(a_0, a_1, \cdots, a_n) = \sum_{i=0}^{m} \rho(x_i)[P(x_i) - y_i]^2$$

$$= \sum_{i=0}^{m} \rho(x_i)\left[\sum_{j=0}^{n} a_j\varphi_j(x_i) - y_i\right]^2 \tag{8.6.3}$$

的极小值问题.

步骤 2 利用多元函数求极值的必要条件 $\dfrac{\partial I}{\partial a_k} = 0$ $(k = 0, 1, \cdots, n)$ 可得

$$\frac{\partial I}{\partial a_k} = 2 \sum_{i=0}^{m} \rho(x_i) \left[\sum_{j=0}^{n} a_j \varphi_j(x_i) - y_i \right] \varphi_k(x_i) = 0 \quad (k = 0, 1, \cdots, n) \quad (8.6.4)$$

记

$$\begin{cases} (\varphi_j, \varphi_k) = \displaystyle\sum_{i=0}^{m} \rho(x_i) \varphi_j(x_i) \varphi_k(x_i) \\ (f, \varphi_k) = \displaystyle\sum_{i=0}^{m} \rho(x_i) y_i \varphi_k(x_i) = d_k \end{cases} \quad (8.6.5)$$

将式 (8.6.5) 代入式 (8.6.4) 整理可得线性方程组:

$$\sum_{j=0}^{n} (\varphi_j, \varphi_k) a_j = d_k \quad (k = 0, 1, \cdots, n) \quad (8.6.6)$$

其矩阵表达形式为

$$Ga = \begin{bmatrix} (\varphi_0, \varphi_0) & (\varphi_0, \varphi_1) & \cdots & (\varphi_0, \varphi_n) \\ (\varphi_1, \varphi_0) & (\varphi_1, \varphi_1) & \cdots & (\varphi_1, \varphi_n) \\ \vdots & \vdots & \ddots & \vdots \\ (\varphi_n, \varphi_0) & (\varphi_n, \varphi_1) & \cdots & (\varphi_n, \varphi_n) \end{bmatrix} \begin{bmatrix} a_0 \\ a_1 \\ \vdots \\ a_n \end{bmatrix} = \begin{bmatrix} d_0 \\ d_1 \\ \vdots \\ d_n \end{bmatrix} = d \quad (8.6.7)$$

步骤 3 求解线性方程组 (8.6.7) 可得解 a_j^* $(j = 0, 1, \cdots, n)$, 代入式 (8.6.2) 可以得到最小二乘拟合函数:

$$P^*(x) = a_0^* \varphi_0(x) + a_1^* \varphi_1(x) + \cdots + a_n^* \varphi_n(x) \quad (8.6.8)$$

步骤 4 取基函数集为 $\{1, x, \cdots, x^n\}$, 由式 (8.6.5) 可得

$$\begin{cases} (\varphi_j, \varphi_k) = \displaystyle\sum_{i=0}^{m} \rho(x_i) \varphi_j(x_i) \varphi_k(x_i) = \sum_{i=0}^{m} \rho(x_i) x_i^{j+k} \\ d_k = (f, \varphi_k) = \displaystyle\sum_{i=0}^{m} \rho(x_i) y_i \varphi_k(x_i) = \sum_{i=0}^{m} \rho(x_i) y_i x_i^k \end{cases} \quad (8.6.9)$$

将式 (8.6.9) 代入式 (8.6.7) 求解线性方程组得到 a_j^* $(j = 0, 1, \cdots, n)$, 则构造的一般最小二乘拟合多项式为

$$P^*(x) = a_0^* + a_1^* x + \cdots + a_n^* x^n \quad (8.6.10)$$

8.6.2　算法流程

算法 8.3　一般多项式的最小二乘拟合算法

输入: 离散数据点 (x_i, y_i) $(i = 0, 1, \cdots, m)$, 权函数值 $\rho(x_i)$, 拟合多项式次数 n.

输出: 最小二乘拟合多项式.

流程:

1. 构造线性方程组 $\sum\limits_{j=0}^{n} (\varphi_j, \varphi_k) a_j = d_k$ $(k = 0, 1, \cdots, n)$, 其中 $(\varphi_j, \varphi_k) = \sum\limits_{i=0}^{m} \rho(x_i) x_i^{j+k}$, $d_k = \sum\limits_{i=0}^{m} \rho(x_i) y_i x_i^k$.

2. 求解线性方程组获得最小二乘拟合多项式的系数 a^*.

3. 获得最小二乘拟合多项式 $P^*(x) = a_0^* + a_1^* x + \cdots + a_n^* x^n$.

8.6.3　算法特点

1. 使用最小二乘算法求拟合曲线时, 首先要确定拟合函数 $P(x)$ 的形式, 通常要依研究问题的运动规律或给定离散数据点 (x_i, y_i) 描图, 并根据实际计算选出较好的结果.

2. 权函数 $\rho(x) \geqslant 0$ 表示在不同点 (x_i, y_i) 处的数据比例不同, 例如 $\rho(x_i)$ 可以表示点 (x_i, y_i) 处重复观测的次数等, 但是 $\rho(x_i)$ 不能全为 0, 如果没有特殊要求, 在实际计算时令 $\rho(x) = 1$.

3. 要使线性方程组 (8.6.7) 有唯一解, 就要求其系数矩阵 G 非奇异, 但是由基函数 $\varphi_0(x), \varphi_1(x), \cdots, \varphi_n(x)$ 并不能推导出矩阵 G 非奇异, 还必须满足哈尔 (Haar) 条件: $\varphi_0(x), \varphi_1(x), \cdots, \varphi_n(x)$ 的任意线性组合在点集 $\{x_i , i = 0, 1, \cdots, m\}$ $(m \geqslant n)$ 上至多有 n 个不同的零点.

4. 基函数集 $\{1, x, \cdots, x^n\}$ 满足 Haar 条件, 根据式 (8.4.7) 确定的线性方程组有唯一解. 但是与连续函数的最佳平方逼近一样, 当 $n \geqslant 3$ 时系数矩阵 G 高度病态, 求解相当困难.

5. 取基函数集为 $\{1, x, \cdots, x^n\}$ 时, 系数矩阵 G 对称, 采用 LDLT 分解法求解效率最高.

8.6.4　适用范围

适用于所需的拟合多项式次数 n 不是太大的情况.

例 8.2　对如下表征电导材料延展性百分比和温度关系的实验数据进行二次多项式拟合 (表 8.2).

表 8.2 例 8.2 实验数据

温度/℃	200	250	300	375	425	475	600
延展性/%	7.5	8.6	8.7	10	11.3	12.7	15.3

解 设置如下参数:

```
m = 2;
x_fitting =[200 250 300 375 425 475 600];
y_fitting = [7.5 8.6 8.7 10 11.3 12.7 15.3];
调用函数General_polynominal_output = General_polynominal_fitting(
    x_fitting,y_fitting,m)
```

其中, x_fitting 是拟合节点 x 坐标向量, y_fitting 是拟合节点函数值向量, m 是拟合多项式的次数.

程序运行结果如图 8.2 所示.

图 8.2 例 8.2 拟合结果

8.7 正交多项式最小二乘拟合算法

8.7.1 算法推导

正交多项式最小二乘拟合算法采用正交多项式作为基函数集进行最小二乘拟合. 该算法包括以下几个步骤.

步骤 1 若基函数 $\varphi_0(x), \varphi_1(x), \cdots, \varphi_n(x)$ 是关于点集 $\{x_i, \ i = 0, 1, \cdots, m\}$ 带权 $\rho(x_i)$ 正交的多项式集, 那么线性方程组 (8.6.6) 的解为

$$a_k^* = \frac{(f, \varphi_k)}{(\varphi_k, \varphi_k)} = \frac{\displaystyle\sum_{i=0}^{m} \rho(x_i)y_i\varphi_k(x_i)}{\displaystyle\sum_{i=0}^{m} \rho(x_i)\varphi_k^2(x_i)} \quad (k = 0, 1, \cdots, n) \tag{8.7.1}$$

步骤 2　根据给定节点 $\{x_i,\ i=0,1,\cdots,m\}$ 以及权函数 $\rho(x)$, 可以构造正交多项式集 $\{P_0(x),P_1(x),\cdots,P_n(x)\}$ $(n\leqslant m)$, 其递推公式为

$$\begin{cases} P_0(x)=1 \\ P_1(x)=(x-\alpha_1)P_0(x)=x-\alpha_1 \\ P_k(x)=(x-\alpha_k)P_{k-1}(x)-\beta_{k-1}P_{k-2}(x) \quad (k=2,3,\cdots,n) \end{cases} \tag{8.7.2}$$

其中, $\rho_k(x)$ 为最高次项系数为 1 的 k 次多项式, 递推系数 α_k,β_{k-1} 为

$$\begin{cases} \alpha_k=\dfrac{\sum\limits_{i=0}^{m}P(x_i)x_iP_{k-1}^2(x_i)}{\sum\limits_{i=0}^{m}P(x_i)P_{k-1}^2(x_i)}=\dfrac{(xP_{k-1},P_{k-1})}{(P_{k-1},P_{k-1})} \quad (k=1,2,\cdots,n) \\[4mm] \beta_{k-1}=\dfrac{\sum\limits_{i=0}^{n}P(x_i)P_{k-1}^2(x_i)}{\sum\limits_{i=0}^{m}P(x_i)P_{k-2}^2(x_i)}=\dfrac{(P_{k-1},P_{k-1})}{(P_{k-2},\phi_{k-2})} \quad (k=2,3,\cdots,n) \end{cases} \tag{8.7.3}$$

步骤 3　由式 (8.7.1) 可得

$$a_k^*=\frac{(f,P_k)}{(P_k,P_k)}=\frac{\sum\limits_{i=0}^{m}P(x_i)y_iP_k(x_i)}{\sum\limits_{i=0}^{m}P(x_i)\phi_k^2(x_i)} \quad (k=0,1,\cdots,n) \tag{8.7.4}$$

于是可得基于正交多项式的最小二乘拟合多项式:

$$P^*(x)=a_0^*P_0(x)+a_1^*P_1(x)+\cdots+a_n^*P_n(x) \tag{8.7.5}$$

当拟合次数 m 较低时, 可通过合并同类项得到式 (8.7.5) 等价的 m 次拟合多项式, 包括以下几种情况.

情况 1　当 $m=1$ 时, 合并同类项后得到的线性拟合多项式为

$$S_1(x)=a_0P_0(x)+a_1P_1(x)$$
$$=c_0+c_1x \tag{8.7.6}$$

其中

$$\begin{aligned} c_0&=-a_1\alpha_1+a_0 \\ c_1&=a_1 \end{aligned} \tag{8.7.7}$$

情况 2 当 $m = 2$ 时, 合并同类项后得到的二次拟合多项式为

$$
\begin{aligned}
S_2(x) &= a_0 P_0(x) + a_1 P_1(x) + a_2 P_2(x) \\
&= c_0 + c_1 x + c_2 x^2
\end{aligned}
\tag{8.7.8}
$$

其中

$$
\begin{aligned}
c_0 &= a_2(\alpha_1\alpha_2 - \beta_1) - a_1\alpha_1 + a_0 \\
c_1 &= -a_2(\alpha_1 + \alpha_2) + a_1 \\
c_2 &= a_2
\end{aligned}
\tag{8.7.9}
$$

情况 3 $m = 3$ 时, 合并同类项后得到的三次拟合多项式为

$$
\begin{aligned}
S_3(x) &= a_0 P_0(x) + a_1 P_1(x) + a_2 P_2(x) + a_3 P_3(x) \\
&= c_0 + c_1 x + c_2 x^2 + c_3 x^3
\end{aligned}
\tag{8.7.10}
$$

其中,

$$
\begin{aligned}
c_0 &= a_3[\beta_2\alpha_1 - \alpha_3(\alpha_1\alpha_2 - \beta_1)] + a_2(\alpha_1\alpha_2 - \beta_1) - a_1\alpha_1 + a_0 \\
c_1 &= a_3[\alpha_1\alpha_2 - \beta_1 + \alpha_3(\alpha_1 + \alpha_2) - \beta_2] - a_2(\alpha_1 + \alpha_2) + a_1 \\
c_2 &= -a_3(\alpha_1 + \alpha_2 + \alpha_3) + a_2 \\
c_3 &= a_3
\end{aligned}
\tag{8.7.11}
$$

当拟合次数 m 较高时, 通过应用递推关系式 (8.7.2) 并合并同类项, 可以推导出与式 (8.7.5) 等价的 m 次拟合多项式, 包括以下几个步骤.

步骤 1 令 $C_k \in \mathbf{R}^{m+1}$, $k = 0, 1, 2, \cdots, m$ 表示正交多项式 $P_k(x)$ 的系数, 合并同类项后由低次到高次排列, 有

$$
C_0 = [1 \ \ 0 \ \ 0 \ \ \cdots \ \ 0]
\tag{8.7.12}
$$

$$
C_1 = [0 \ \ 1 \ \ 0 \ \ \cdots \ \ 0]
\tag{8.7.13}
$$

步骤 2 由式 (8.7.2) 的递推公式可知正交多项式 $P_{k+1}(x)$ 的系数:

$$
C_{k+1} = \bar{C}_k - \alpha_{k+1} C_k - \beta_k C_{k-1}
\tag{8.7.14}
$$

其中

$$
C_k = [c_{k0} \ \ c_{k1} \ \ \cdots \ \ c_{kk} \ \ 0 \ \ \cdots \ \ 0]
\tag{8.7.15}
$$

$$
\bar{C}_k = [0 \ \ c_{k0} \ \ c_{k1} \ \ \cdots \ \ c_{kk} \ \ 0 \ \ \cdots \ \ 0] \in \mathbf{R}^{m+1}
\tag{8.7.16}
$$

步骤 3 令 $C \in \mathbf{R}^{m+1}$ 表示通过同类项合并后拟合多项式 $S_m(x)$ 的系数, 由式 (8.7.5) 可得

$$
C = \sum_{k=0}^{m} a_k C_k
\tag{8.7.17}
$$

8.7.2 算法流程

算法 8.4 正交多项式的最小二乘拟合算法

输入: 离散数据点的自变量 x, 因变量 y, 拟合多项式最高次数 m.

输出: 拟合函数值 S, 拟合多项式的系数 c.

流程:

1. $P_0 = 1$, 计算 a_0.

2. $S = S + a_0 * P_0$.

3. 计算 P_1, a_1.

4. $S = S + a_1 * P_1$.

for $k = 2 : m$

$\quad$ 计算 P_k, a_k.

$\quad$ $S = S + a_k * P_k$

end for

5. 计算拟合多项式的系数 c.

8.7.3 算法特点

1. 一般多项式的最小二乘拟合算法需要求解线性方程组, 而当拟合次数较高时, 系数矩阵容易出现病态现象, 相比之下, 正交多项式的最小二乘拟合算法则能通过递推方式求解更高次的拟合曲线.

2. 正交多项式的最小二乘拟合算法中拟合次数增加 1 时, 只需将程序中递推的次数增加 1, 其他不用改变. 而一般多项式的最小二乘拟合算法拟合次数增加 1 时, 需要重新计算系数矩阵 G 并求解线性方程组, 计算量较大.

3. 权函数 $\rho(x_i), i = 0, 1, \cdots, n$ 不全为零, 如无特殊要求在计算时取为 1.

8.7.4 适用范围

无特殊要求.

例 8.3 对例 8.2 中实验数据进行正交多项式最小二乘拟合.

解 设置如下参数:

```
m = 2;
x_fitting =[200 250 300 375 425 475 600];
y_fitting = [7.5 8.6 8.7 10 11.3 12.7 15.3];
调用函数Orthogonal_polynominal_output =
    Orthogonal_polynominal_fitting(x_fitting,y_fitting,m)
```

其中, x_fitting 是拟合节点 x 坐标向量, y_fitting 是拟合节点函数值向量, m 是拟合多项式的次数.

程序运行结果如图 8.3 所示.

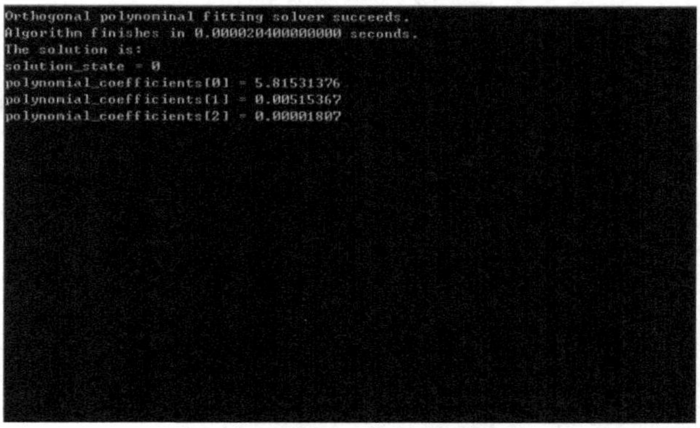

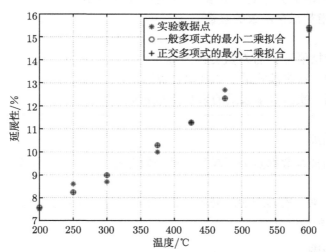

图 8.3 例 8.3 拟合结果

将例 8.2、例 8.3 程序运行结果和原实验数据绘制在同一坐标系中, 如图 8.4 所示.

图 8.4 一般多项式最小二乘拟合结果、正交多项式最小二乘拟合结果和原实验数据对比

8.8 指数拟合算法

8.8.1 算法推导

函数 $y = f(x)$ 在区间 $[a, b]$ 上有定义, 且已知在点 $a \leqslant x_0 < x_1 < \cdots < x_n \leqslant b$ 上的值为 $y_0, \cdots, y_n$, 若 $(x_i, y_i), i = 0, 1, \cdots, n$ 的分布近似于指数函数

$y = de^{cx}$, 则可采用指数函数拟合. 指数拟合算法包括以下几个步骤.

步骤 1　对指数函数 $y = de^{cx}$ 两边同时取对数得

$$\ln y = \ln d + cx \tag{8.8.1}$$

相应地将数据 $(x_i, y_i), i = 0, 1, \cdots, n$ 转化为 $(x_i, \ln y_i), i = 0, 1, \cdots, n$.

步骤 2　针对数据 $(x_i, \ln y_i), i = 0, 1, \cdots, n$ 采用一次多项式最小二乘拟合方法得到的拟合函数为

$$\tilde{y} = a_0 + a_1 x \tag{8.8.2}$$

步骤 3　令 $\tilde{y} = \ln y$, 通过对比常数项和一次项系数有

$$\begin{cases} d = e^{a_0} \\ c = a_1 \end{cases} \tag{8.8.3}$$

8.8.2　算法流程

算法 8.5　指数拟合算法

输入: 离散数据点的自变量 x, 因变量 y, 数值误差 ε.

输出: 指数拟合函数的参数 c, d.

流程:

1. 将数据值 y 进行对数变换为 $\tilde{y}$.

2. 采用一次多项式最小二乘拟合算法.

3. 根据一次拟合多项式的系数计算 c, d.

8.8.3　算法特点

1. 获取的拟合数据点需要满足指数函数分布, 否则采用指数拟合将产生较大的误差.

2. 需要计算一次多项式的最小二乘拟合, 通过一次拟合多项式的系数计算指数拟合函数的参数 c, d.

8.8.4　适用范围

适用于离散数据点近似满足指数函数分布的情况.

例 8.4　在 20 年内, 某个城市郊区中一个小型社区人口 (p) 快速增长, 数据如表 8.3 所示.

表 8.3　例 8.4 采样数据

t/年	0	5	10	15	20
p/人	100	200	450	950	2000

用指数拟合算法对其进行拟合.

解 设置如下参数:

```
x_fitting =[0 5 10 15 20];
y_fitting = [100 200 450 950 2000];
调用函数Exponent_output = Exponent_fitting(x_fitting,y_fitting)
```

其中, x_fitting 是拟合节点 x 坐标向量, y_fitting 是拟合节点函数值向量.

程序运行结果如图 8.5 所示.

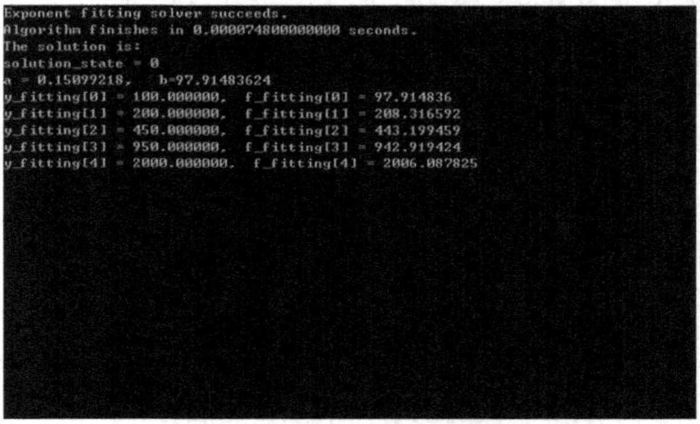

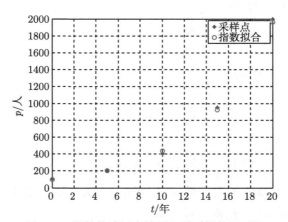

图 8.5   例 8.4 的拟合结果

将程序运行结果和原采样数据绘制在同一坐标系中, 如图 8.6 所示.

图 8.6   指数算法拟合结果和原采样数据对比

8.9 分段一般多项式最小二乘拟合算法

8.9.1 算法推导

函数 $y=f(x)$ 在区间 $[a,b]$ 上有定义, 且已知在点 $a\leqslant x_0<x_1<\cdots<x_n\leqslant b$ 上的值为 $y_0,\cdots,y_n$, 当 n 比较大时, 可以采用分段拟合的方法得到 $f(x)$ 在各分段子区间内的低次一般多项式的最小二乘拟合.

1. 假设对函数 $f(x)$ 采用 m 次多项式拟合, 依次选取 $q+1$ 个节点将所有节点 $\{x_0,x_1,\cdots,x_n\}$ 分为 $p+1$ 段 $\{x_0,x_1,\cdots,x_q\},\{x_q,x_{q+1},\cdots,x_{2q}\},\cdots$, 先求取分段数 $p=n/q$ 向下取整, 并获得余数 r.

2. 选取基函数集为 $\{1,x,\cdots,x^m\}$.

3. 前 p 个子区间采用 m 次一般多项式的最小二乘拟合算法可得

$$S_j(x)=a_{j0}+a_{j1}x+\cdots+a_{jm}x^m, x\in\left[x_{(j-1)q},x_{jq}\right],\quad j=1,\cdots,p \quad (8.9.1)$$

4. 最后一个子区间节点为 $\{x_{pq},x_{pq+1},\cdots,x_{pq+r}\}$, 若 $m\leqslant r$, 采用 m 次一般多项式的最小二乘拟合算法有

$$S_{p+1}(x)=a_{p+1,0}+a_{p+1,1}x+\cdots+a_{p+1,m}x^m,\quad x\in[x_{pq},x_n] \quad (8.9.2)$$

若 $m>r$, 采用 r 次一般多项式的最小二乘拟合算法有

$$S_{p+1}(x)=a_{p+1,0}+a_{p+1,1}x+\cdots+a_{p+1,r}x^r,\quad x\in[x_{pq},x_n] \quad (8.9.3)$$

5. 由各子区间拟合多项式 $S_j(x),j=1,2,\cdots,p+1$ 组成的 $f(x)$ 在区间 $[a,b]$ 上的分段拟合函数 $S(x)$ 为

$$S(x)=\begin{cases} S_1(x), & x\in[x_0,x_q] \\ \quad\cdots\cdots \\ S_j(x), & x\in\left[x_{(j-1)q},x_{jq}\right] \\ \quad\cdots\cdots \\ S_{p+1}(x), & x\in[x_{pq},x_n] \end{cases} \quad (8.9.4)$$

8.9.2 算法流程

算法 8.6 分段一般多项式的最小二乘拟合算法

输入: 离散数据点的自变量 x, 因变量 y, 拟合多项式最高次数 m, 离散点数 n, 分段区间长度 q, 数值误差 ε.

输出: 拟合多项式的系数 a($m+1$ 行 $p+1$ 列矩阵).

流程:

1. 计算分段区间数和最后一个区间的长度 r.

2. 采用一般多项式的最小二乘拟合算法计算 $a_j, 1 \leqslant j \leqslant p$.

3. 判断 m 和 r 的大小, 采用一般多项式的最小二乘拟合算法计算 a_{p+1}.

8.9.3 算法特点

1. 分段一般多项式最小二乘拟合算法能够处理大量数据的曲线拟合, 一般多项式的最小二乘拟合算法只适合处理数据量不大的曲线拟合.

2. 其他算法特点与一般多项式的最小二乘拟合算法的算法特点相同.

8.9.4 适用范围

适用于所需的拟合多项式次数 n 不是太大的情况.

例 8.5 用分段多项式最小二乘拟合算法对例 8.2 中数据进行拟合.

解 设置如下参数:

```
m = 2;
x_queue = [200 250 300 375 425 475 600];
y_ queue = [7.5 8.6 8.7 10 11.3 12.7 15.3];
调用函数Piecewise_General_polynominal_output =
    Piecewise_general_polynominal_fitting(x_queue,y_queue,m,
    n_fitting)
```

其中, x_ queue 是拟合节点 x 坐标向量, y_ queue 是拟合节点函数值向量, m 是拟合多项式的次数, n_fitting 是每个分段具有的节点数.

程序运行结果如图 8.7 所示.

图 8.7 例 8.5 的拟合结果

8.10　分段正交多项式最小二乘拟合算法

8.10.1　算法推导

函数 $y = f(x)$ 在区间 $[a,b]$ 上有定义, 且已知在点 $a \leqslant x_0 < x_1 < \cdots < x_n \leqslant b$ 上的值为 $y_0, \cdots, y_n$, 当 n 比较大时, 可以采用分段拟合的方法, 得到 $f(x)$ 在各分段子区间内的低次正交多项式的最小二乘拟合. 由此形成的是分段正交多项式的最小二乘拟合算法, 该算法包括以下几个步骤.

步骤 1　假设对函数 $f(x)$ 采用 m 次多项式拟合, 依次选取 $q+1$ 个节点将所有节点 $\{x_0, x_1, \cdots, x_n\}$ 分为 $p+1$ 段 $\{x_0, x_1, \cdots, x_q\}, \{x_q, x_{q+1}, \cdots, x_{2q}\}, \cdots$, 先对分段数 $p = n/q$ 向下取整, 并获得余数 r.

步骤 2　前 p 个子区间采用 m 次正交多项式的最小二乘拟合算法可得

$$S_j(x) = a_{j0} + a_{j1}x + \cdots + a_{jm}x^m, \quad x \in \left[x_{(j-1)q}, x_{jq}\right], \quad j = 1, \cdots, p \quad (8.10.1)$$

步骤 3　最后一个子区间节点为 $\{x_{pq}, x_{pq+1}, \cdots, x_{pq+r}\}$, 若 $m \leqslant r$, 采用 m 次正交多项式的最小二乘拟合算法有

$$S_{p+1}(x) = a_{p+1,0} + a_{p+1,1}x + \cdots + a_{p+1,m}x^m, \quad x \in [x_{pq}, x_n] \quad (8.10.2)$$

若 $m > r$, 采用 r 次正交多项式的最小二乘拟合算法有

$$S_{p+1}(x) = a_{p+1,0} + a_{p+1,1}x + \cdots + a_{p+1,r}x^r, \quad x \in [x_{pq}, x_n] \quad (8.10.3)$$

步骤 4　由各子区间拟合多项式 $S_j(x), j = 1, 2, \cdots, p+1$ 组成的 $f(x)$ 在区间 $[a,b]$ 上的分段拟合函数 $S(x)$ 为

$$S(x) = \begin{cases} S_1(x), & x \in [x_0, x_q] \\ \quad \cdots\cdots \\ S_j(x), & x \in \left[x_{(j-1)q}, x_{jq}\right] \\ \quad \cdots\cdots \\ S_{p+1}(x), & x \in [x_{pq}, x_n] \end{cases} \quad (8.10.4)$$

8.10.2　算法流程

算法 8.7　分段正交多项式的最小二乘拟合算法

输入: 离散数据点的自变量 x, 因变量 y, 拟合多项式最高次数 m, 离散点数 n, 分段区间长度 q, 数值误差 ε.

输出: 拟合函数值 S, 拟合多项式的系数 a($(m+1)$ 行 $(p+1)$ 列矩阵).

流程:

1. 计算分段区间数和最后一个区间的长度 r.

2. 采用正交多项式的最小二乘拟合算法计算 $a_j, 1 \leqslant j \leqslant p$.

3. 判断 m 和 r 的大小, 采用正交多项式的最小二乘拟合算法计算 a_{p+1}.

4. 计算拟合函数值 S.

8.10.3 算法特点

1. 分段正交多项式最小二乘拟合算法能够处理大量数据的曲线拟合, 正交多项式的最小二乘拟合算法只适合处理数据量不大的曲线拟合.

2. 其他算法特点与正交多项式的最小二乘拟合算法的算法特点相同.

8.10.4 适用范围

适用范围无特殊要求.

例 8.6 采用分段正交多项式最小二乘拟合算法对例 8.2 中数据进行拟合.

解 设置如下参数:

```
m = 2;
x_queue = [200 250 300 375 425 475 600];
y_queue = [7.5 8.6 8.7 10 11.3 12.7 15.3];
调用函数 Piecewise_Orthogonal_polynominal_output =
    Piecewise_orthogonal_polynominal_fitting(x_queue,y_queue,m,
    n_fitting)
```

其中, x_queue 是拟合节点 x 坐标向量, y_queue 是拟合节点函数值向量, m 是拟合多项式的次数, n_fitting 是每个分段具有的节点数.

程序运行结果如图 8.8 所示.

图 8.8 例 8.6 的拟合结果

将例 8.5、例 8.6 程序运行结果和原实验数据绘制在同一坐标系中, 如图 8.9 所示.

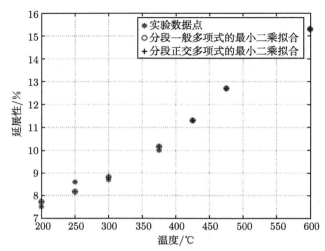

图 8.9　分段多项式最小二乘拟合结果、分段正交多项式最小二乘拟合结果和原实验数据对比

8.11　Visual Studio 软件拟合算法调用说明

拟合算法基本调用方法及参数说明见表 8.4.

表 8.4　拟合算法基本调用方法及参数说明

一般多项式的最小二乘拟合算法	General_polynominal_output=General_polynominal_fitting(x_fitting, y_fitting, m)
正交多项式的最小二乘拟合算法	Orthogonal_polynominal_output=Orthogonal_polynominal_fitting(x_fitting, y_fitting, m)
指数拟合算法	Exponent_output = Exponent_fitting(x_fitting,y_fitting)
分段一般多项式的最小二乘拟合算法	Piecewise_General_polynominal_output=Piecewise_general_polynominal_ fitting (x_queue, y_queue, m, n_fitting)
分段正交多项式的最小二乘拟合算法	Piecewise_Orthogonal_polynominal_output=Piecewise_orthogonal_ polynominal_ fitting(x_queue, y_queue, m, n_fitting)
输入参数说明	x_fitting、x_ queue: 拟合节点 x 坐标向量 y_fitting、y_ queue: 拟合节点函数值向量 m: 拟合多项式的次数 n_fitting: 每个分段具有的节点数
输出参数说明	General_polynominal_output: 结构体变量, 包含求解结果 Orthogonal _polynominal_output: 结构体变量, 包含求解结果 Exponent _output: 结构体变量, 包含求解结果 Piecewise_General_polynominal_output: 结构体变量, 包含求解结果 Piecewise_Orthogonal_polynominal_output: 结构体变量, 包含求解结果

8.12　小　结

本章介绍了最佳平方逼近算法和最小二乘拟合算法. 最佳平方逼近算法主要有一般多项式最佳平方逼近算法和函数的正交多项式最佳平方逼近算法. 最小二乘拟合算法主要有一般多项式最小二乘拟合算法、正交多项式最小二乘拟合算法、指数拟合算法、分段一般多项式最小二乘拟合算法、分段正交多项式最小二乘拟合算法. 本章对每个算法进行了推导, 梳理了流程, 归纳了特点和适用范围; 此外, 还给出了 Visual Studio 软件中相关算法命令的调用方法.

参 考 文 献

陈基明, 2007. 数值计算方法 [M]. 上海: 上海大学出版社.

沈燮昌, 1984. 多项式最佳逼近的实现 [M]. 上海: 上海科学技术出版社.

王能超, 2010. 计算方法: 算法设计及其 MATLAB 实现 [M]. 2 版. 武汉: 华中科技大学出版社.

Crimins F, 2003. Numerical recipes in C++: the art of scientific computing[J]. Applied Biochemistry and Biotechnology, 104: 95-96.

Kiusalaas J, 2010. Numerical Methods in Engineering with Python[M]. 2nd ed. Cambridge: Cambridge University Press.

William H P, Saul A T, William T V, 2007. Numerical Recipes[M]. 3rd ed: Cambridge: Cambridge University Press.

习　题

1. 弹簧受力 F 的作用伸长 x, F 与 x 在一定范围内服从 Hooke 定律: $F = kx(k$ 为弹性系数), 呈线性关系; 但当 F 增加到一定值后, 不再服从 Hooke 定律. 一次试验测得的数据如表 8.5 所示.

表 8.5　习题 1 的实验数据

x/cm	1	3	5	7	9	11	12	14	16	18
F/N	1.9	5.3	8.6	12.1	15.7	16.8	19.2	20.7	21.4	21.8

对上述数据, 前 5 个点用线性拟合, 后 5 个点作二次多项式拟合.

2. 已知观测数据点如表 8.6 所示.

表 8.6　习题 2 的实验数据

x	0	0.1	0.2	0.3	0.4	0.5	0.6	0.7	0.8	0.9	1
y	-0.447	1.978	3.28	6.16	7.08	7.34	7.66	9.56	9.48	9.3	11.2

分别用 3 次和 6 次多项式曲线拟合这些数据点.

3. 用切削机床进行金属品加工时, 为了适当调整机床, 需要测定刀具的磨损速度. 在一定的时间测量刀具的厚度, 得数据如表 8.7 所示.

表 8.7　习题 3 的实验数据

切削时间 t/h	0	1	2	3	4	5	6	7	8
刀具厚度 y/cm	30.0	29.1	28.4	28.1	28.0	27.7	27.5	27.2	27.0
切削时间 t/h	8	9	10	11	12	13	14	15	16
刀具厚度 y/cm	27.0	26.8	26.5	26.3	26.1	25.7	25.3	24.8	24.0

采用合适的多项式对上述数据进行拟合.

4. 一个 15.4 cm×30.48 cm 的混凝土柱在加压实验中的应力–应变关系测试点的数据如表 8.8 所示,

表 8.8　习题 4 的实验数据

应力/(N/m^2)	1.55	2.47	2.93	3.03	2.89
应变/$(\times 10^{-6})$	500	1000	1500	2000	2375

已知应力–应变关系可用指数关系来描述, 对上述数据进行拟合.

5. 设有某实验数据如表 8.9 所示. 对其用一次多项式最小二乘拟合算法进行拟合.

表 8.9　习题 5 的实验数据

x	1.36	1.73	1.95	2.28
y	14.094	16.844	18.475	20.963

6. 一矿脉有 13 个相邻样本点, 人为地设定一原点, 现测得各样本点对原点的距离 x, 与样本点处某种金属含量 y 的一组数据见表 8.10. 试在直角坐标系中画出散点图观察二者的关系, 再根据散点图建立合适的多项式来对 x, y 进行拟合.

表 8.10　习题 6 的采样数据

x	2	3	4	5	7	8	10
y	106.42	109.20	109.58	109.50	110.00	109.93	110.49
x	11	14	15	15	18	19	
y	110.59	110.60	110.90	110.76	111.00	111.20	

7. 表 8.11 为美国人口两个世纪以来的统计数据, 试依此建立美国人口增长的数学模型, 并预测 2010 年和 2020 年的美国人口 (表中最后一行给出了 2010 年和 2020 年的美国人口数据, 可与预测数据比较).

表 8.11　习题 7 的采样数据

年份	1800	1810	1820	1830	1840	1850	1860
人口/百万	5.3	7.2	9.6	12.9	17.1	23.2	31.4
年份	1870	1880	1890	1900	1910	1920	1930
人口/百万	38.6	50.2	62.9	76.0	92.0	106.5	123.2
年份	1940	1950	1960	1970	1980	1990	2000
人口/百万	131.7	150.7	179.3	204.0	226.5	251.4	275.0
年份	2010	2020					
人口/百万	308.7	331.4					

第 9 章　数值微分算法

9.1　引　　言

数值微分算法是用函数的值以及其他已知信息来估计函数导数的算法, 主要有插值型算法、展开型算法和外推型算法三大类. 工程中经常会出现变化的系统和过程, 与之对应的数学模型无可避免地会包含函数的变化率, 即导数项, 也叫微分项. 微分求解在工程中具有广泛的应用需求. 比如, 牛顿第二定律中需要求解物体位置随时间的变化率微分项; 傅里叶热传导定律包含了温度随位置的变化率微分项; 利用离散数据进行数学建模需要求解每个离散点处的微分项. 对于简单函数, 可以解析地求出它在定义域各处的微分, 但是, 对于复杂形式的函数, 或者离散数据点表示的函数关系, 微分计算需要借助数值算法.

9.2　工　程　实　例

问题 9.1　软组织应力–应变分析 (医学领域问题)

已有的医学测量数据表明, 在生理性或常规性拉伸范围内, 软组织在单轴向张力的作用下具有指数性变形, 具体形式如下:

$$\sigma = E_0(e^{a\varepsilon} - 1)$$

其中, σ 为应力, ε 为应变, E_0 和 a 均为由实验确定的物质常数, 只由给定组织决定. 为了预测在给定拉力下的组织应变, 或者说, 预测软组织的应变极限, 医生需要知道给定组织的 E_0 和 a 的值. 考虑上述方程对应变 ε 的微分, 有关系式:

$$\frac{\mathrm{d}\sigma}{\mathrm{d}\varepsilon} = (aE_0 + a\sigma)$$

由此关系式可知, 根据应力–应变数据, 以 σ 为横坐标, 以 $\dfrac{\mathrm{d}\sigma}{\mathrm{d}\varepsilon}$ 为纵坐标画图, 根据该图的斜率和截距, 就可确定两个物质常数. 但是, 利用现有的技术手段, 实验仪器只能测量获取到应力 σ-应变 ε 相对应的数据, 如表 9.1 所示, 而很难直接测量到应力对应变的微分值. 这种情形下, 就需要借助于数值微分算法求取与每个应变值对应的应力对应变的微分项, 再利用拟合算法, 确定上述两个物质常数. 类似的案例在工程实际中还有很多.

表 9.1　软组织应力–应变数据

$\sigma/(\times 10^3 \mathrm{N/m^2})$	87.8	96.6	176	263	350	569	833	1227	1623	2105	2677	3378	4257
$\varepsilon/(\times 10^{-3}\mathrm{m/m})$	153	198	270	320	355	410	460	512	562	614	664	716	766

9.3　Lagrange 插值型一阶微分算法

9.3.1　算法推导

对于给定的一组节点 $a = x_0 < x_1 < \cdots < x_n = b$, 已知函数 $f(x)$ 在这些离散节点上的值, 运用 Lagrange 插值, 可以建立插值多项式 $L_n(x)$, 作为 $f(x)$ 的近似. 由于多项式的微分比较容易获得, 因此可以取 $L_n^{(1)}(x)$ 作为 $f^{(1)}(x)$ 的近似值. 由此形成了 Lagrange 插值型一阶微分算法, 该算法包括以下几个步骤.

步骤 1　对于已知的 $n+1$ 个离散节点 $x_k(k = 0, 1, \cdots, n)$, 参照第 7 章插值算法, 进行 n 次 Lagrange 插值:

$$L_n(x) = \sum_{k=0}^{n} l_k(x) f(x_k) \tag{9.3.1}$$

其中 Lagrange 插值基函数 $l_k(x)$ 的表达式为

$$l_k(x) = \prod_{j=0, j \neq k}^{n} \frac{x - x_j}{x_k - x_j} \tag{9.3.2}$$

步骤 2　将式 (9.3.1) 两端对 x 求导, 并令 $x = x_i(i = 0, 1, \cdots, n)$, 可得 Lagrange 插值型一阶微分公式

$$f^{(1)}(x_i) \approx L_n^{(1)}(x_i) = \sum_{k=0}^{n} l_k^{(1)}(x_i) f(x_k) \quad (i = 0, 1, \cdots, n) \tag{9.3.3}$$

其中插值基函数的一阶微分表达式为

$$l_k^{(1)}(x_i) = \begin{cases} \left[\displaystyle\prod_{j=0, j \neq i,k}^{n} (x_i - x_j) \right] \Big/ \left[\displaystyle\prod_{j=0, j \neq k}^{n} (x_k - x_j) \right] & (i \neq k) \\ \displaystyle\sum_{j=0, j \neq k}^{n} \frac{1}{x_k - x_j} & (i = k) \end{cases} \tag{9.3.4}$$

步骤 3　根据插值余项定理, Lagrange 插值多项式的误差为

$$R_n(x) = f(x) - L_n(x) = \frac{f^{(n+1)}(\xi)}{(n+1)!} \omega_{n+1}(x) \tag{9.3.5}$$

其中 $\xi \in (a, b)$, $\omega_{n+1}(x) = \prod\limits_{j=0}^{n} (x - x_j)$. 由式 (9.3.5) 可以得到求导公式 $f^{(1)}(x) \approx$

$L_n^{(1)}(x)$ 的误差

$$R_n^{(1)}(x) = f^{(1)}(x) - L_n^{(1)}(x) = \frac{f^{(n+1)}(\xi)}{(n+1)!} \omega_{n+1}^{(1)}(x) + \frac{\omega_{n+1}(x)}{(n+1)!} \frac{\mathrm{d} f^{(n+1)}(\xi)}{\mathrm{d} x} \quad (9.3.6)$$

在误差式 (9.3.6) 中, 由于 ξ 是关于 x 的未知函数, 无法对等式右端第二项中的

$\dfrac{\mathrm{d} f^{(n+1)}(\xi)}{\mathrm{d} x}$ 作进一步说明, 因此对于任意点 x, 误差是无法预估的. 但是, 如果限

定求某个节点 $x_i(i = 0, 1, \cdots, n)$ 上的一阶微分值, 等式右端第二项中的 $\omega_{n+1}(x_i)$

为零, 此时的误差为

$$R_n^{(1)}(x_i) = f^{(1)}(x_i) - L_n^{(1)}(x_i) = \frac{f^{(n+1)}(\xi)}{(n+1)!} \omega_{n+1}^{(1)}(x_i) \quad (9.3.7)$$

其中 $\omega_{n+1}^{(1)}(x_i) = \prod\limits_{j=0, j\neq i}^{n} (x_i - x_j)$.

9.3.2 算法流程

算法 9.1 Lagrange 插值型一阶微分算法

输入: 离散微分节点 $x_i(i = 0, 1, \cdots, n)$, 节点处的函数值 $f(x_i)(i = 0, 1, \cdots, n)$.

输出: 节点处的一阶微分值 $f^{(1)}(x_i)(i = 0, 1, \cdots, n)$.

流程:

1. 求 Lagrange 插值基函数 $l_k(x)(k = 0, 1, \cdots, n)$ 在节点 x_i $(i = 0, 1, \cdots, n)$ 处的一阶微分值:

$$l_k^{(1)}(x_i) = \begin{cases} \left[\prod\limits_{j=0, j\neq i, k}^{n} (x_i - x_j) \right] \Big/ \left[\prod\limits_{j=0, j\neq k}^{n} (x_k - x_j) \right] & (i \neq k) \\ \sum\limits_{j=0, j\neq k}^{n} \dfrac{1}{x_k - x_j} & (i = k) \end{cases}$$

2. 求 x_i 处的一阶微分值 $f^{(1)}(x_i) = \sum\limits_{k=0}^{n} l_k^{(1)}(x_i) f(x_k)(i = 0, 1, \cdots, n)$.

9.3.3 算法特点

Lagrange 插值型一阶微分算法在插值节点上的误差最小, 在任意点 x 处的精度不能保证.

9.3.4 适用范围

适用于求已知离散节点处的一阶微分值, 局限性参照第 7 章 Lagrange 插值算法.

例 9.1 法拉第定律将通过感应器的电压用下述公式描述

$$V_L = L\frac{\mathrm{d}i}{\mathrm{d}t}$$

其中, V_L 为电压降 (V), L 为感应系数 (H, 1H = 1V·s/A), i 为电流 (A), t 为时间 (s). 表 9.2 是感应系数为 4H 的感应器上测得的数据, 试确定电压降随时间变化的关系式.

表 9.2 例 9.1 实验数据

t/s	0	0.1	0.2	0.3	0.5	0.7
i/A	0	0.16	0.32	0.56	0.84	2.0

解 设置如下参数:

```
x_differentiation=[0 0.1 0.2 0.3 0.5 0.7];
y_differentiation=[0 0.16 0.32 0.56 0.84 2.0];
调用函数 differentiation_output=Lagrange_differentiation
   (&x_differentiation, &y_differentiation)
```

其中, &x_differentiation 是指向节点横坐标向量的指针, &y_differentiation 是指向节点函数值向量的指针.

程序运行结果如图 9.1 所示.

图 9.1 例 9.1 数值微分计算结果

输入下列命令,

```
x_interpolation = [0 0.1 0.2 0.3 0.5 0.7];
y_interpolation = [2.85 1.18 2.11 2.44 0.54 18.28];
x_lower = 0;
x_upper = 0.7;
n = 100;
h = (x_upper - x_lower) / (n - 1);
for(index1 = 0; index1 < n; index1++)
{
    x[index1] = x_lower + index1 * h;
}
interpolation_output = Lagrange_interpolation(&x_interpolation,
    &y_interpolation, &x)
```

其中, &x_interpolation 是指向插值节点向量的指针, &y_interpolation 是指向插值节点函数值向量的指针, &x 是指向待求函数值的节点 x 坐标的指针.

将程序运行结果与离散数据绘制在同一坐标系中, 如图 9.2 所示.

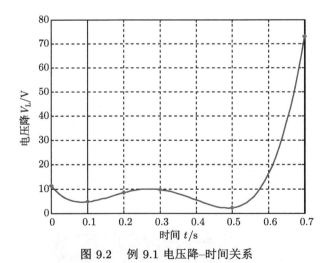

图 9.2   例 9.1 电压降–时间关系

9.4   Taylor 展开型一阶微分算法

9.4.1   算法推导

通过对函数 $f(x)$ 在节点 x 处以一定的步长 $h(h > 0)$ 进行 Taylor 展开, 采用参数配置的方法消去二阶及三阶以上微分项, 可以得到一阶微分公式. 由此形成了 Taylor 展开型一阶微分算法, 该算法包括一阶中心差微分公式算法、向前两点一阶微分公式算法、向前三点一阶微分公式算法、向前四点一阶微分公式算法、向前五点一阶微分公式算法、向前六点一阶微分公式算法、向前七点一阶微分公式算法、向前八点一阶微分公式算法.

9.4.1.1 一阶中心差微分公式

一阶中心差微分公式算法包括以下几个步骤.

步骤 1 设节点 x 处的函数值为 $f(x)$, 则 $f(x \pm h)$ 在 x 处的 Taylor 展开式为

$$f(x + h) = f(x) + hf^{(1)}(x) + \frac{h^2}{2!}f^{(2)}(x) + \frac{h^3}{3!}f^{(3)}(\xi_1), \quad \xi_1 \in (x, x+h) \quad (9.4.1)$$

$$f(x - h) = f(x) - hf^{(1)}(x) + \frac{h^2}{2!}f^{(2)}(x) - \frac{h^3}{3!}f^{(3)}(\xi_2), \quad \xi_2 \in (x-h, x) \quad (9.4.2)$$

步骤 2 将式 (9.4.1) 与式 (9.4.2) 相减

$$f(x + h) - f(x - h) = 2hf^{(1)}(x) + \frac{h^3}{3}\left[f^{(3)}(\xi_1) + f^{(3)}(\xi_2)\right] \quad (9.4.3)$$

步骤 3 由式 (9.4.3) 整理可以得到一阶中心差微分公式

$$f^{(1)}(x) = \frac{f(x+h) - f(x-h)}{2h} - \frac{h^2}{3}f^{(3)}(\xi), \quad \xi \in (x-h, x+h) \quad (9.4.4)$$

9.4.1.2 向前两点一阶微分公式

向前两点一阶微分公式算法包括以下几个步骤.

步骤 1 设节点 x 处的函数值为 $f(x)$, 则 $f(x-h)$ 在 x 处的 Taylor 展开式为

$$f(x - h) = f(x) - hf^{(1)}(x) + \frac{h^2}{2!}f^{(2)}(\xi), \quad \xi \in (x-h, x) \quad (9.4.5)$$

步骤 2 由式 (9.4.5) 可以得到向前两点一阶微分公式

$$f^{(1)}(x) = \frac{f(x) - f(x-h)}{h} + \frac{h}{2}f^{(2)}(\xi), \quad \xi \in (x-h, x) \quad (9.4.6)$$

9.4.1.3 向前三点一阶微分公式

向前三点一阶微分公式算法包括以下几个步骤.

步骤 1 设节点 x 处的函数值为 $f(x)$, 则 $f(x - kh)(k = 1, 2)$ 在 x 处的 Taylor 展开式为

$$f(x - h) = f(x) - hf^{(1)}(x) + \frac{h^2}{2!}f^{(2)}(x) - \frac{h^3}{3!}f^{(3)}(\xi_1), \quad \xi_1 \in (x-h, x) \quad (9.4.7)$$

$$f(x - 2h) = f(x) - 2hf^{(1)}(x) + \frac{(2h)^2}{2!}f^{(2)}(x) - \frac{(2h)^3}{3!}f^{(3)}(\xi_2), \quad \xi_2 \in (x - 2h, x)$$
$$(9.4.8)$$

步骤 2　对 $f(x - kh)(k = 0, 1, 2)$ 进行参数配置, 设 A_k 分别为它们的系数, 则有

$$\sum_{k=0}^{2} A_k f(x - kh) = f(x) \sum_{k=0}^{2} A_k - hf^{(1)}(x) \sum_{k=1}^{2} kA_k + \frac{h^2}{2!}f^{(2)}(x) \sum_{k=1}^{2} k^2 A_k$$
$$- \frac{h^3}{3!} \sum_{k=1}^{3} k^3 A_k f^{(3)}(\xi_k) \tag{9.4.9}$$

步骤 3　令等式 (9.4.9) 右端的 $f(x)$ 项、$f^{(2)}(x)$ 项系数为 0, $f^{(1)}(x)$ 项系数为 h, 则

$$\begin{cases} A_0 + A_1 + A_2 = 0 \\ A_1 + 2A_2 = -1 \\ A_1 + 2^2 A_2 = 0 \end{cases} \tag{9.4.10}$$

步骤 4　求解方程组 (9.4.10) 得 $A_0 = \dfrac{3}{2}$, $A_1 = -2$, $A_2 = \dfrac{1}{2}$, 代入式 (9.4.9) 可以得到向前三点一阶微分公式

$$f^{(1)}(x) = \frac{3f(x) - 4f(x - h) + f(x - 2h)}{2h} + \frac{h^2}{3}f^{(3)}(\xi), \quad \xi \in (x - 2h, x) \tag{9.4.11}$$

9.4.1.4　向前四点一阶微分公式

向前四点一阶微分公式算法包括以下几个步骤.

步骤 1　设节点 x 处的函数值为 $f(x)$, 则 $f(x - kh)(k = 1, 2, 3)$ 在 x 处的 Taylor 展开式为

$$f(x - h) = f(x) - hf^{(1)}(x) + \frac{h^2}{2!}f^{(2)}(x) - \frac{h^3}{3!}f^{(3)}(x)$$
$$+ \frac{h^4}{4!}f^{(4)}(\xi_1), \quad \xi_1 \in (x - h, x) \tag{9.4.12}$$

$$f(x - 2h) = f(x) - 2hf^{(1)}(x) + \frac{(2h)^2}{2!}f^{(2)}(x) - \frac{(2h)^3}{3!}f^{(3)}(x)$$
$$+ \frac{(2h)^4}{4!}f^{(4)}(\xi_2), \quad \xi_2 \in (x - 2h, x) \tag{9.4.13}$$

$$f(x - 3h) = f(x) - 3hf^{(1)}(x) + \frac{(3h)^2}{2!}f^{(2)}(x) - \frac{(3h)^3}{3!}f^{(3)}(x)$$

$$+ \frac{(3h)^4}{4!} f^{(4)}(\xi_3), \quad \xi_3 \in (x - 3h, x) \tag{9.4.14}$$

步骤 2 对 $f(x - kh)(k = 0, 1, 2, 3)$ 进行参数配置, 设 A_k 分别为它们的系数, 则有

$$\sum_{k=0}^{3} A_k f(x - kh) = f(x) \sum_{k=0}^{3} A_k - h f^{(1)}(x) \sum_{k=1}^{3} k A_k + \frac{h^2}{2!} f^{(2)}(x) \sum_{k=1}^{3} k^2 A_k$$

$$- \frac{h^3}{3!} f^{(3)}(x) \sum_{k=1}^{3} k^3 A_k + \frac{h^4}{4!} \sum_{k=1}^{3} k^4 A_k f^{(4)}(\xi_k) \tag{9.4.15}$$

步骤 3 令等式 (9.4.15) 右端的 $f(x)$ 项、$f^{(2)}(x)$ 项和 $f^{(3)}(x)$ 项系数为 0, $f^{(1)}(x)$ 项系数为 h, 则

$$\begin{cases} A_0 + A_1 + A_2 + A_3 = 0 \\ A_1 + 2A_2 + 3A_3 = -1 \\ A_1 + 2^2 A_2 + 3^2 A_3 = 0 \\ A_1 + 2^3 A_2 + 3^3 A_3 = 0 \end{cases} \tag{9.4.16}$$

步骤 4 求解方程组 (9.4.16) 得 $A_0 = \dfrac{11}{6}$, $A_1 = -3$, $A_2 = \dfrac{3}{2}$, $A_3 = -\dfrac{1}{3}$, 代入式 (9.4.15) 可以得到向前四点一阶微分公式:

$$f^{(1)}(x) = \frac{11 f(x) - 18 f(x - h) + 9 f(x - 2h) - 2 f(x - 3h)}{6h}$$

$$+ \frac{h^3}{4} f^{(4)}(\xi), \quad \xi \in (x - 3h, x) \tag{9.4.17}$$

9.4.1.5 向前五点一阶微分公式

向前五点一阶微分公式算法包括以下几个步骤.

步骤 1 设节点 x 处的函数值为 $f(x)$, 则 $f(x - kh)(k = 1, 2, 3, 4)$ 在 x 处的 Taylor 展开式为

$$f(x - h) = f(x) - h f^{(1)}(x) + \frac{h^2}{2!} f^{(2)}(x) - \frac{h^3}{3!} f^{(3)}(x)$$

$$+ \frac{h^4}{4!} f^{(4)}(x) - \frac{h^5}{5!} f^{(5)}(\xi_1), \quad \xi_1 \in (x - h, x) \tag{9.4.18}$$

$$f(x - 2h) = f(x) - 2h f^{(1)}(x) + \frac{(2h)^2}{2!} f^{(2)}(x) - \frac{(2h)^3}{3!} f^{(3)}(x)$$

$$+ \frac{(2h)^4}{4!}f^{(4)}(x) - \frac{(2h)^5}{5!}f^{(5)}(\xi_2), \quad \xi_2 \in (x-2h,x) \quad (9.4.19)$$

$$f(x-3h) = f(x) - 3hf^{(1)}(x) + \frac{(3h)^2}{2!}f^{(2)}(x) - \frac{(3h)^3}{3!}f^{(3)}(x)$$

$$+ \frac{(3h)^4}{4!}f^{(4)}(x) - \frac{(3h)^5}{5!}f^{(5)}(\xi_3), \quad \xi_3 \in (x-3h,x) \quad (9.4.20)$$

$$f(x-4h) = f(x) - 4hf^{(1)}(x) + \frac{(4h)^2}{2!}f^{(2)}(x) - \frac{(4h)^3}{3!}f^{(3)}(x)$$

$$+ \frac{(4h)^4}{4!}f^{(4)}(x) - \frac{(4h)^5}{5!}f^{(5)}(\xi_4), \quad \xi_4 \in (x-4h,x) \quad (9.4.21)$$

步骤 2 对 $f(x-kh)(k=0,1,2,3,4)$ 进行参数配置, 设 A_k 分别为它们的系数, 有

$$\sum_{k=0}^{4} A_k f(x-kh) = f(x)\sum_{k=0}^{4} A_k - hf^{(1)}(x)\sum_{k=1}^{4} kA_k + \frac{h^2}{2!}f^{(2)}(x)\sum_{k=1}^{4} k^2 A_k$$

$$- \frac{h^3}{3!}f^{(3)}(x)\sum_{k=1}^{4} k^3 A_k + \frac{h^4}{4!}f^{(4)}(x)\sum_{k=1}^{4} k^4 A_k$$

$$- \frac{h^5}{5!}\sum_{k=1}^{4} k^5 A_k f^{(5)}(\xi_k) \quad (9.4.22)$$

步骤 3 令等式 (9.4.22) 右端的 $f(x)$ 项、$f^{(2)}(x)$ 项、$f^{(3)}(x)$ 项和 $f^{(4)}(x)$ 项系数为 0, $f^{(1)}(x)$ 项系数为 h, 则

$$\begin{cases} A_0 + A_1 + A_2 + A_3 + A_4 = 0 \\ A_1 + 2A_2 + 3A_3 + 4A_4 = -1 \\ A_1 + 2^2 A_2 + 3^2 A_3 + 4^2 A_4 = 0 \\ A_1 + 2^3 A_2 + 3^3 A_3 + 4^3 A_4 = 0 \\ A_1 + 2^4 A_2 + 3^4 A_3 + 4^4 A_4 = 0 \end{cases} \quad (9.4.23)$$

步骤 4 求解方程组 (9.4.23) 得 $A_0 = \dfrac{25}{12}$, $A_1 = -4$, $A_2 = 3$, $A_3 = -\dfrac{4}{3}$, $A_4 = \dfrac{1}{4}$, 代入式 (9.4.22) 可以得到向前五点一阶微分公式

$$f^{(1)}(x) = \frac{1}{12h}[25f(x) - 48f(x-h) + 36f(x-2h) - 16f(x-3h)$$

$$+ 3f(x-4h)] + \frac{h^4}{5}f^{(5)}(\xi), \quad \xi \in (x-4h,x) \quad (9.4.24)$$

9.4.1.6　向前六点一阶微分公式

向前六点一阶微分公式算法包括以下几个步骤.

步骤 1　设节点 x 处的函数值为 $f(x)$, 则 $f(x-kh)(k=1,2,3,4,5)$ 在 x 处的 Taylor 展开式为

$$f(x-h) = f(x) - hf^{(1)}(x) + \frac{h^2}{2!}f^{(2)}(x) - \frac{h^3}{3!}f^{(3)}(x)$$
$$+ \frac{h^4}{4!}f^{(4)}(x) - \frac{h^5}{5!}f^{(5)}(x) + \frac{h^6}{6!}f^{(6)}(\xi_1), \quad \xi_1 \in (x-h, x) \quad (9.4.25)$$

$$f(x-2h) = f(x) - 2hf^{(1)}(x) + \frac{(2h)^2}{2!}f^{(2)}(x) - \frac{(2h)^3}{3!}f^{(3)}(x) + \frac{(2h)^4}{4!}f^{(4)}(x)$$
$$- \frac{(2h)^5}{5!}f^{(5)}(x) + \frac{(2h)^6}{6!}f^{(6)}(\xi_2), \quad \xi_2 \in (x-2h, x) \quad (9.4.26)$$

$$f(x-3h) = f(x) - 3hf^{(1)}(x) + \frac{(3h)^2}{2!}f^{(2)}(x) - \frac{(3h)^3}{3!}f^{(3)}(x) + \frac{(3h)^4}{4!}f^{(4)}(x)$$
$$- \frac{(3h)^5}{5!}f^{(5)}(x) + \frac{(3h)^6}{6!}f^{(6)}(\xi_3), \quad \xi_3 \in (x-3h, x) \quad (9.4.27)$$

$$f(x-4h) = f(x) - 4hf^{(1)}(x) + \frac{(4h)^2}{2!}f^{(2)}(x) - \frac{(4h)^3}{3!}f^{(3)}(x) + \frac{(4h)^4}{4!}f^{(4)}(x)$$
$$- \frac{(4h)^5}{5!}f^{(5)}(x) + \frac{(4h)^6}{6!}f^{(6)}(\xi_4), \quad \xi_4 \in (x-4h, x) \quad (9.4.28)$$

$$f(x-5h) = f(x) - 5hf^{(1)}(x) + \frac{(5h)^2}{2!}f^{(2)}(x) - \frac{(5h)^3}{3!}f^{(3)}(x) + \frac{(5h)^4}{4!}f^{(4)}(x)$$
$$- \frac{(5h)^5}{5!}f^{(5)}(x) + \frac{(5h)^6}{6!}f^{(6)}(\xi_5), \quad \xi_5 \in (x-5h, x) \quad (9.4.29)$$

步骤 2　对 $f(x-kh)(k=0,1,2,3,4,5)$ 进行参数配置, 设 A_k 分别为它们的系数, 有

$$\sum_{k=0}^{5} A_k f(x-kh) = f(x) \sum_{k=0}^{5} A_k - hf^{(1)}(x) \sum_{k=1}^{5} kA_k + \frac{h^2}{2!}f^{(2)}(x) \sum_{k=1}^{5} k^2 A_k$$
$$- \frac{h^3}{3!}f^{(3)}(x) \sum_{k=1}^{5} k^3 A_k + \frac{h^4}{4!}f^{(4)}(x) \sum_{k=1}^{5} k^4 A_k$$
$$- \frac{h^5}{5!}f^{(5)}(x) \sum_{k=1}^{5} k^5 A_k + \frac{h^6}{6!} \sum_{k=1}^{5} k^6 A_k f^{(6)}(\xi_k) \quad (9.4.30)$$

步骤 3　令等式 (9.4.30) 右端的 $f(x)$ 项、$f^{(2)}(x)$ 项、$f^{(3)}(x)$ 项、$f^{(4)}(x)$ 项和 $f^{(5)}(x)$ 项系数为 0, $f^{(1)}(x)$ 项系数为 h, 则

$$\begin{cases} A_0 + A_1 + A_2 + A_3 + A_4 + A_5 = 0 \\ A_1 + 2A_2 + 3A_3 + 4A_4 + 5A_5 = -1 \\ A_1 + 2^2 A_2 + 3^2 A_3 + 4^2 A_4 + 5^2 A_5 = 0 \\ A_1 + 2^3 A_2 + 3^3 A_3 + 4^3 A_4 + 5^3 A_5 = 0 \\ A_1 + 2^4 A_2 + 3^4 A_3 + 4^4 A_4 + 5^4 A_5 = 0 \\ A_1 + 2^5 A_2 + 3^5 A_3 + 4^5 A_4 + 5^5 A_5 = 0 \end{cases} \tag{9.4.31}$$

步骤 4　求解方程组 (9.4.31) 得 $A_0 = \dfrac{137}{60}$, $A_1 = -5$, $A_2 = 5$, $A_3 = -\dfrac{10}{3}$, $A_4 = \dfrac{5}{4}$, $A_5 = -\dfrac{1}{5}$, 代入式 (9.4.30) 可以得到向前六点一阶微分公式:

$$f^{(1)}(x) = \frac{1}{60h}[137f(x) - 300f(x-h) + 300f(x-2h) - 200f(x-3h)$$
$$+ 75f(x-4h) - 12f(x-5h)] + \frac{h^5}{6}f^{(6)}(\xi), \quad \xi \in (x-5h, x) \tag{9.4.32}$$

9.4.1.7　向前七点一阶微分公式

向前七点一阶微分公式算法包括以下几个步骤.

步骤 1　设节点 x 处的函数值为 $f(x)$, 则 $f(x-kh)(k=1,2,3,4,5,6)$ 在 x 处的 Taylor 展开式为

$$f(x-h) = f(x) - hf^{(1)}(x) + \frac{h^2}{2!}f^{(2)}(x) - \frac{h^3}{3!}f^{(3)}(x) + \frac{h^4}{4!}f^{(4)}(x)$$
$$- \frac{h^5}{5!}f^{(5)}(x) + \frac{h^6}{6!}f^{(6)}(x) - \frac{h^7}{7!}f^{(7)}(\xi_1), \quad \xi_1 \in (x-h, x) \tag{9.4.33}$$

$$f(x-2h) = f(x) - 2hf^{(1)}(x) + \frac{(2h)^2}{2!}f^{(2)}(x) - \frac{(2h)^3}{3!}f^{(3)}(x)$$
$$+ \frac{(2h)^4}{4!}f^{(4)}(x) - \frac{(2h)^5}{5!}f^{(5)}(x) + \frac{(2h)^6}{6!}f^{(6)}(x)$$
$$- \frac{(2h)^7}{7!}f^{(7)}(\xi_2), \quad \xi_2 \in (x-2h, x) \tag{9.4.34}$$

$$f(x-3h) = f(x) - 3hf^{(1)}(x) + \frac{(3h)^2}{2!}f^{(2)}(x) - \frac{(3h)^3}{3!}f^{(3)}(x)$$
$$+ \frac{(3h)^4}{4!}f^{(4)}(x) - \frac{(3h)^5}{5!}f^{(5)}(x) + \frac{(3h)^6}{6!}f^{(6)}(x)$$

$$- \frac{(3h)^7}{7!} f^{(7)}(\xi_3), \quad \xi_3 \in (x - 3h, x) \tag{9.4.35}$$

$$f(x - 4h) = f(x) - 4h f^{(1)}(x) + \frac{(4h)^2}{2!} f^{(2)}(x) - \frac{(4h)^3}{3!} f^{(3)}(x)$$
$$+ \frac{(4h)^4}{4!} f^{(4)}(x) - \frac{(4h)^5}{5!} f^{(5)}(x) + \frac{(4h)^6}{6!} f^{(6)}(x)$$
$$- \frac{(4h)^7}{7!} f^{(7)}(\xi_4), \quad \xi_4 \in (x - 4h, x) \tag{9.4.36}$$

$$f(x - 5h) = f(x) - 5h f^{(1)}(x) + \frac{(5h)^2}{2!} f^{(2)}(x) - \frac{(5h)^3}{3!} f^{(3)}(x)$$
$$+ \frac{(5h)^4}{4!} f^{(4)}(x) - \frac{(5h)^5}{5!} f^{(5)}(x) + \frac{(5h)^6}{6!} f^{(6)}(x)$$
$$- \frac{(5h)^7}{7!} f^{(7)}(\xi_5), \quad \xi_5 \in (x - 5h, x) \tag{9.4.37}$$

$$f(x - 6h) = f(x) - 6h f^{(1)}(x) + \frac{(6h)^2}{2!} f^{(2)}(x) - \frac{(6h)^3}{3!} f^{(3)}(x)$$
$$+ \frac{(6h)^4}{4!} f^{(4)}(x) - \frac{(6h)^5}{5!} f^{(5)}(x) + \frac{(6h)^6}{6!} f^{(6)}(x)$$
$$- \frac{(6h)^7}{7!} f^{(7)}(\xi_6), \quad \xi_6 \in (x - 6h, x) \tag{9.4.38}$$

步骤 2 对 $f(x - kh)(k = 0, 1, 2, 3, 4, 5, 6)$ 进行参数配置, 设 A_k 分别为它们的系数, 有

$$\sum_{k=0}^{7} A_k f(x - kh) = f(x) \sum_{k=0}^{7} A_k - h f^{(1)}(x) \sum_{k=1}^{7} k A_k + \frac{h^2}{2!} f^{(2)}(x) \sum_{k=1}^{7} k^2 A_k$$
$$- \frac{h^3}{3!} f^{(3)}(x) \sum_{k=1}^{7} k^3 A_k + \frac{h^4}{4!} f^{(4)}(x) \sum_{k=1}^{7} k^4 A_k$$
$$- \frac{h^5}{5!} f^{(5)}(x) \sum_{k=1}^{7} k^5 A_k + \frac{h^6}{6!} f^{(6)}(x) \sum_{k=1}^{7} k^6 A_k$$
$$- \frac{h^7}{7!} \sum_{k=1}^{7} k^7 A_k f^{(7)}(\xi_k) \tag{9.4.39}$$

步骤 3 令等式 (9.4.39) 右端的 $f(x)$ 项、$f^{(2)}(x)$ 项、$f^{(3)}(x)$ 项、$f^{(4)}(x)$ 项、$f^{(5)}(x)$ 项和 $f^{(6)}(x)$ 项系数为 0, $f^{(1)}(x)$ 项系数为 h, 则

$$\begin{cases} A_0 + A_1 + A_2 + A_3 + A_4 + A_5 + A_6 = 0 \\ A_1 + 2A_2 + 3A_3 + 4A_4 + 5A_5 + 6A_6 = -1 \\ A_1 + 2^2 A_2 + 3^2 A_3 + 4^2 A_4 + 5^2 A_5 + 6^2 A_6 = 0 \\ A_1 + 2^3 A_2 + 3^3 A_3 + 4^3 A_4 + 5^3 A_5 + 6^3 A_6 = 0 \\ A_1 + 2^4 A_2 + 3^4 A_3 + 4^4 A_4 + 5^4 A_5 + 6^4 A_6 = 0 \\ A_1 + 2^5 A_2 + 3^5 A_3 + 4^5 A_4 + 5^5 A_5 + 6^5 A_6 = 0 \\ A_1 + 2^6 A_2 + 3^6 A_3 + 4^6 A_4 + 5^6 A_5 + 5^6 A_6 = 0 \end{cases} \tag{9.4.40}$$

步骤 4　求解方程组 (9.4.40) 得 $A_0 = \dfrac{49}{20}$, $A_1 = -6$, $A_2 = \dfrac{15}{2}$, $A_3 = -\dfrac{20}{3}$, $A_4 = \dfrac{15}{4}$, $A_5 = -\dfrac{6}{5}$, $A_6 = \dfrac{1}{6}$, 代入式 (9.4.39) 可以得到向前七点一阶微分公式:

$$\begin{aligned} f^{(1)}(x) = \frac{1}{60h}[&147f(x) - 360f(x-h) + 450f(x-2h) - 400f(x-3h) \\ &+ 225f(x-4h) - 72f(x-5h) + 10f(x-6h)] \\ &+ \frac{h^6}{7} f^{(7)}(\xi), \quad \xi \in (x-6h, x) \end{aligned} \tag{9.4.41}$$

9.4.1.8　向前八点一阶微分公式

向前八点一阶微分公式算法包括以下几个步骤.

步骤 1　设节点 x 处的函数值为 $f(x)$, 则 $f(x-kh)(k=1,2,3,4,5,6,7)$ 在 x 处的 Taylor 展开式为

$$\begin{aligned} f(x-h) = f(x) &- hf^{(1)}(x) + \frac{h^2}{2!}f^{(2)}(x) - \frac{h^3}{3!}f^{(3)}(x) + \frac{h^4}{4!}f^{(4)}(x) \\ &- \frac{h^5}{5!}f^{(5)}(x) + \frac{h^6}{6!}f^{(6)}(x) - \frac{h^7}{7!}f^{(7)}(x) \\ &+ \frac{h^8}{8!}f^{(8)}(\xi_1), \quad \xi_1 \in (x-h, x) \end{aligned} \tag{9.4.42}$$

$$\begin{aligned} f(x-2h) = f(x) &- 2hf^{(1)}(x) + \frac{(2h)^2}{2!}f^{(2)}(x) - \frac{(2h)^3}{3!}f^{(3)}(x) + \frac{(2h)^4}{4!}f^{(4)}(x) \\ &- \frac{(2h)^5}{5!}f^{(5)}(x) + \frac{(2h)^6}{6!}f^{(6)}(x) - \frac{(2h)^7}{7!}f^{(7)}(x) \\ &+ \frac{(2h)^8}{8!}f^{(8)}(\xi_2), \quad \xi_2 \in (x-2h, x) \end{aligned} \tag{9.4.43}$$

$$f(x-3h) = f(x) - 3hf^{(1)}(x) + \frac{(3h)^2}{2!}f^{(2)}(x) - \frac{(3h)^3}{3!}f^{(3)}(x) + \frac{(3h)^4}{4!}f^{(4)}(x)$$

$$- \frac{(3h)^5}{5!} f^{(5)}(x) + \frac{(3h)^6}{6!} f^{(6)}(x) - \frac{(3h)^7}{7!} f^{(7)}(x)$$

$$+ \frac{(3h)^8}{8!} f^{(8)}(\xi_3), \quad \xi_3 \in (x - 3h, x) \tag{9.4.44}$$

$$f(x - 4h) = f(x) - 4hf^{(1)}(x) + \frac{(4h)^2}{2!} f^{(2)}(x) - \frac{(4h)^3}{3!} f^{(3)}(x) + \frac{(4h)^4}{4!} f^{(4)}(x)$$

$$- \frac{(4h)^5}{5!} f^{(5)}(x) + \frac{(4h)^6}{6!} f^{(6)}(x) - \frac{(4h)^7}{7!} f^{(7)}(x)$$

$$+ \frac{(4h)^8}{8!} f^{(8)}(\xi_4), \quad \xi_4 \in (x - 4h, x) \tag{9.4.45}$$

$$f(x - 5h) = f(x) - 5hf^{(1)}(x) + \frac{(5h)^2}{2!} f^{(2)}(x) - \frac{(5h)^3}{3!} f^{(3)}(x) + \frac{(5h)^4}{4!} f^{(4)}(x)$$

$$- \frac{(5h)^5}{5!} f^{(5)}(x) + \frac{(5h)^6}{6!} f^{(6)}(x) - \frac{(5h)^7}{7!} f^{(7)}(x)$$

$$+ \frac{(5h)^8}{8!} f^{(8)}(\xi_5), \quad \xi_5 \in (x - 5h, x) \tag{9.4.46}$$

$$f(x - 6h) = f(x) - 6hf^{(1)}(x) + \frac{(6h)^2}{2!} f^{(2)}(x) - \frac{(6h)^3}{3!} f^{(3)}(x) + \frac{(6h)^4}{4!} f^{(4)}(x)$$

$$- \frac{(6h)^5}{5!} f^{(5)}(x) + \frac{(6h)^6}{6!} f^{(6)}(x) - \frac{(6h)^7}{7!} f^{(7)}(x)$$

$$+ \frac{(6h)^8}{8!} f^{(8)}(\xi_6), \quad \xi_6 \in (x - 6h, x) \tag{9.4.47}$$

$$f(x - 7h) = f(x) - 7hf^{(1)}(x) + \frac{(7h)^2}{2!} f^{(2)}(x) - \frac{(7h)^3}{3!} f^{(3)}(x) + \frac{(7h)^4}{4!} f^{(4)}(x)$$

$$- \frac{(7h)^5}{5!} f^{(5)}(x) + \frac{(7h)^6}{6!} f^{(6)}(x) - \frac{(7h)^7}{7!} f^{(7)}(x)$$

$$+ \frac{(7h)^8}{8!} f^{(8)}(\xi_7), \quad \xi_7 \in (x - 7h, x) \tag{9.4.48}$$

步骤 2 对 $f(x - kh)(k = 0, 1, 2, 3, 4, 5, 6, 7)$ 进行参数配置, 设 A_k 分别为它们的系数, 有

$$\sum_{k=0}^{7} A_k f(x - kh) = f(x) \sum_{k=0}^{7} A_k - hf^{(1)}(x) \sum_{k=1}^{7} k A_k + \frac{h^2}{2!} f^{(2)}(x) \sum_{k=1}^{7} k^2 A_k$$

$$- \frac{h^3}{3!} f^{(3)}(x) \sum_{k=1}^{7} k^3 A_k + \frac{h^4}{4!} f^{(4)}(x) \sum_{k=1}^{7} k^4 A_k$$

$$- \frac{h^5}{5!} f^{(5)}(x) \sum_{k=1}^{7} k^5 A_k + \frac{h^6}{6!} f^{(6)}(x) \sum_{k=1}^{7} k^6 A_k$$

$$- \frac{h^7}{7!} f^{(7)}(x) \sum_{k=1}^{7} k^7 A_k + \frac{h^8}{8!} \sum_{k=1}^{7} k^8 A_k f^{(8)}(\xi_k) \tag{9.4.49}$$

步骤 3　令等式 (9.4.49) 右端的 $f(x)$ 项、$f^{(2)}(x)$ 项、$f^{(3)}(x)$ 项、$f^{(4)}(x)$ 项、$f^{(5)}(x)$ 项、$f^{(6)}(x)$ 项和 $f^{(7)}(x)$ 项系数为 0, $f^{(1)}(x)$ 项系数为 h, 则

$$\begin{cases} A_0 + A_1 + A_2 + A_3 + A_4 + A_5 + A_6 + A_7 = 0 \\ A_1 + 2A_2 + 3A_3 + 4A_4 + 5A_5 + 6A_6 + 7A_7 = -1 \\ A_1 + 2^2 A_2 + 3^2 A_3 + 4^2 A_4 + 5^2 A_5 + 6^2 A_6 + 7^2 A_7 = 0 \\ A_1 + 2^3 A_2 + 3^3 A_3 + 4^3 A_4 + 5^3 A_5 + 6^3 A_6 + 7^3 A_7 = 0 \\ A_1 + 2^4 A_2 + 3^4 A_3 + 4^4 A_4 + 5^4 A_5 + 6^4 A_6 + 7^4 A_7 = 0 \\ A_1 + 2^5 A_2 + 3^5 A_3 + 4^5 A_4 + 5^5 A_5 + 6^5 A_6 + 7^5 A_7 = 0 \\ A_1 + 2^6 A_2 + 3^6 A_3 + 4^6 A_4 + 5^6 A_5 + 6^6 A_6 + 7^6 A_7 = 0 \\ A_1 + 2^7 A_2 + 3^7 A_3 + 4^7 A_4 + 5^7 A_5 + 6^7 A_6 + 7^7 A_7 = 0 \end{cases} \tag{9.4.50}$$

步骤 4　求解方程组 (9.4.50) 得

$A_0 = \dfrac{363}{140}$, $A_1 = -7$, $A_2 = \dfrac{21}{2}$, $A_3 = -\dfrac{35}{3}$, $A_4 = \dfrac{35}{4}$, $A_5 = -\dfrac{21}{5}$, $A_6 = \dfrac{7}{6}$, $A_7 = -\dfrac{1}{7}$, 代入式 (9.4.49) 可以得到向前八点一阶微分公式

$$f^{(1)}(x) = \frac{1}{420h} [1089 f(x) - 2940 f(x-h) + 4410 f(x-2h) - 4900 f(x-3h)$$

$$+ 3675 f(x-4h) - 1764 f(x-5h) + 490 f(x-6h) - 60 f(x-7h)]$$

$$+ \frac{h^7}{8} f^{(8)}(\xi), \quad \xi \in (x-7h, x) \tag{9.4.51}$$

9.4.1.9　向前 n 点一阶微分公式

向前 n 点一阶微分公式算法包含以下几个步骤.

步骤 1　设节点 x 处的函数值为 $f(x)$, 则 $f(x-kh)(k=1,2,\cdots,n)$ 在 x 处的 Taylor 展开式为

$$f(x-kh) = f(x) + \sum_{i=1}^{n-1} \frac{(-kh)^i}{i!} f^{(i)}(x) + \frac{(-kh)^n}{n!} f^{(n)}(\xi_k), \quad \xi_k \in (x-kh, x)$$

步骤 2 对 $f(x-kh)(k=0,1,\cdots,n-1)$ 进行参数配置, 设 A_k 分别为它们的系数, 有

$$\sum_{k=0}^{n-1} A_k f(x-kh) = f(x)\sum_{k=0}^{n-1} A_k - hf^{(1)}(x)\sum_{k=1}^{n-1} kA_k + \cdots$$
$$+ \frac{(-h)^{n-1}}{(n-1)!}f^{(n-1)}(x)\sum_{k=1}^{n-1} k^{n-1}A_k + \frac{(-h)^n}{n!}\sum_{k=1}^{n} k^n A_k f^{(n)}(\xi_k)$$

步骤 3 对上式右端的系数进行如下赋值:

$$\sum_{k=0}^{n-1} A_k = 0, \quad \sum_{k=1}^{n-1} kA_k = -1, \quad \sum_{k=1}^{i} k^i A_k = 0 \quad (i=2,\cdots,n-1)$$

写成矩阵形式为

$$\begin{bmatrix} 1 & 1 & 1 & \cdots & 1 \\ 0 & 1 & 2 & \cdots & n-1 \\ 0 & 1 & 2^2 & \cdots & (n-1)^2 \\ \vdots & \vdots & \vdots & & \vdots \\ 0 & 1 & 2^{n-1} & \cdots & (n-1)^{n-1} \end{bmatrix} \begin{bmatrix} A_0 \\ A_1 \\ A_2 \\ \vdots \\ A_{n-1} \end{bmatrix} = \begin{bmatrix} 0 \\ -1 \\ 0 \\ \vdots \\ 0 \end{bmatrix}$$

步骤 4 对上式方程组求解, 可以先对 $A_1,\cdots,A_{n-1}$ 进行求解,

$$\begin{bmatrix} 1 & 2 & \cdots & n-1 \\ 1 & 2^2 & \cdots & (n-1)^2 \\ \vdots & \vdots & & \vdots \\ 1 & 2^{n-1} & \cdots & (n-1)^{n-1} \end{bmatrix} \begin{bmatrix} A_1 \\ A_2 \\ \vdots \\ A_{n-1} \end{bmatrix} = \begin{bmatrix} -1 \\ 0 \\ \vdots \\ 0 \end{bmatrix}$$

$$\Rightarrow \begin{bmatrix} 1 & 1 & \cdots & 1 \\ 1 & 2^1 & \cdots & (n-1)^1 \\ \vdots & \vdots & & \vdots \\ 1 & 2^{n-2} & \cdots & (n-1)^{n-2} \end{bmatrix} \begin{bmatrix} A_1 \\ 2A_2 \\ \vdots \\ (n-1)A_{n-1} \end{bmatrix} = \begin{bmatrix} -1 \\ 0 \\ \vdots \\ 0 \end{bmatrix}$$

设

$$A = \begin{bmatrix} 1 & 1 & \cdots & 1 \\ 1 & 2^1 & \cdots & (n-1)^1 \\ \vdots & \vdots & & \vdots \\ 1 & 2^{n-2} & \cdots & (n-1)^{n-2} \end{bmatrix}$$

A 是一个范德蒙德矩阵, 可以利用拉格朗日插值求出它的逆矩阵, 这样就能求得 $A_1, A_2, \cdots, A_{n-1}$.

步骤 5　先求 A^{T} 的逆矩阵 $(A^{\mathrm{T}})^{-1}$,

$$A^{\mathrm{T}} = \begin{bmatrix} 1 & 1 & \cdots & 1 \\ 1 & 2^1 & \cdots & 2^{n-2} \\ \vdots & \vdots & & \vdots \\ 1 & (n-1)^1 & \cdots & (n-1)^{n-2} \end{bmatrix}$$

设 $(A^{\mathrm{T}})^{-1} = \{x_{ij}\}(i, j = 1, \cdots, n-1)$,

$$\begin{bmatrix} 1 & 1 & \cdots & 1 \\ 1 & 2^1 & \cdots & 2^{n-2} \\ \vdots & \vdots & \cdots & \vdots \\ 1 & (n-1)^1 & \cdots & (n-1)^{n-2} \end{bmatrix} \begin{bmatrix} x_{1,j} \\ x_{2,j} \\ \vdots \\ x_{n-1,j} \end{bmatrix} = e_j$$

其中 e_j 是除第 j 个元素为 1 外, 其他元素为 0 的单位列向量. 设 $f(x) = x_{1,j} + x_{2,j}x + \cdots + x_{n-1,j}x^{n-2}$, 上述方程组的解相当于在 $f(i) = 0(i = 1, \cdots, n-1, i \neq j), f(j) = 1$ 处进行插值, 可以利用拉格朗日插值公式求出系数 x_{ij}, 进而求得 $(A^{\mathrm{T}})^{-1}$, $A^{-1} = ((A^{-1})^{\mathrm{T}})^{\mathrm{T}} = ((A^{\mathrm{T}})^{-1})^{\mathrm{T}}$, 从而可以求得 A^{-1}, 继而求得 $A_1, \cdots, A_{n-1}$, 再利用 $A_1, \cdots, A_{n-1}$ 求得 A_0.

9.4.2　算法流程

算法 9.2　离散点序列的 Taylor 展开型一阶微分算法

输入: 等距分布微分节点的步长 h, 节点处的函数值 $f(x_i)(i = 0, 1, \cdots, n)$, 向前 $m(2 \leqslant m \leqslant 8)$ 点公式.

输出: 节点处的一阶微分值 $f^{(1)}(x_i)(i = 1, \cdots, n)$.

流程:

1. for $i = 1 : (m-2)$

　　采用向前 $i+1$ 点一阶微分公式计算一阶微分值 $f^{(1)}(x_i)$.

　end

2. for $i = (m-1) : n$

　　采用向前 m 点一阶微分公式计算一阶微分值 $f^{(1)}(x_i)$.

　end

算法 9.3 连续函数的 Taylor 展开型一阶微分算法

输入: 连续函数 $f(x)$, 微分节点 $x_i(i = 0, 1, \cdots, n)$, 微分步长 h, 向前 $m(2 \leqslant m \leqslant 8)$ 点公式.

输出: 节点处的一阶微分值 $f^{(1)}(x_i)$.

流程:

for $i = 0 : n$

    1. 计算函数值 $f(x_i - kh)(k = 0, 1, \cdots, m - 1)$.

    2. 采用向前 m 点一阶微分公式计算一阶微分值 $f^{(1)}(x_i)$.

end

9.4.3 算法特点

1. Taylor 展开型一阶微分算法中, 一阶中心差公式的误差阶为 $O(h^2)$, 向前 m ($m = 2, \cdots, 8$) 点一阶微分公式的误差阶分别为 $O(h^{m-1})$.

2. Taylor 展开型一阶微分算法既可以用来求离散点序列的一阶微分值, 也可以用来求连续函数在微分节点处的一阶微分值. 但是 Taylor 展开型向前一阶微分公式至少要用到前一个点的函数值, 因此对于离散点序列, 第一个点的一阶微分值无法求解.

3. 采用 Taylor 展开公式推导函数微分值的方法, 可以通过增加节点数来提高算法精度. 该思想也可以推广到求更高阶数的微分值.

9.4.4 适用范围

1. 离散点序列的 Taylor 展开型向前一阶微分算法要求节点等距分布;

2. 连续函数的 Taylor 展开型向前一阶微分算法要求待求导函数 $f(x)$ 的形式已知.

例 9.2 取步长 $h = 0.25$, 估计函数

$$f(x) = -0.1x^4 - 0.15x^3 - 0.5x^2 - 0.25x + 1.2$$

在 $x = 0.5$ 处的一阶微分值.

解 设置如下参数:

```
h=0.25;
m=1;
y_differentiation[0]=f(0.25); y_differentiation[1]=f(0.5);
    y_differentiation[2]=f(0.75);
调用函数differentiation_output=Taylor_differentiation_order1
    (&y_differentiation, h, m);
```

设置如下参数:

```
h=0.25;
m=2;
y_differentiation[0]=f(0.0); y_differentiation[1]=f(0.25);
    y_differentiation[2]=f(0.5);
```
调用函数differentiation_output=Taylor_differentiation_order1(&y_
    differentiation, h, m);

设置如下参数:

```
h=0.25;
m=3;
y_differentiation[0]=f(-0.25);y_differentiation[1]=f(0.0);
    y_differentiation[2]=f(0.25); y_differentiation[3]=f(0.5);
```
调用函数differentiation_output=Taylor_differentiation_order1(&y_
    differentiation, h, m);

设置如下参数:

```
h=0.25;
m=4;
y_differentiation[0]=f(-0.5); y_differentiation[1]=f(-0.25);
    y_differentiation[2]=f(0.0); y_differentiation[3]=f(0.25);
    y_differentiation[4]=f(0.5);
```
调用函数differentiation_output = Taylor_differentiation_order1(&y_
    differentiation, h, m);

设置如下参数:

```
h=0.25;
m=5;
y_differentiation[0]=f(-0.75); y_differentiation[1]=f(-0.5);
    y_differentiation[2]=f(-0.25); y_differentiation[3]=f(0.0);
    y_differentiation[4]=f(0.25); y_differentiation[5]=f(0.5);
```
调用函数differentiation_output=Taylor_differentiation_order1(&y_
    differentiation, h, m);

设置如下参数:

```
h=0.25;
m=6;
y_differentiation[0]=f(-1.0); y_differentiation[1]=f(-0.75);
    y_differentiation[2]=f(-0.5); y_differentiation[3]=f(-0.25);
    y_differentiation[4]=f(0.0); y_differentiation[5]=f(0.25);
    y_differentiation[6]=f(0.5);
```

调用函数differentiation_output = Taylor_differentiation_order1(&y_
    differentiation, h, m);

设置如下参数:

h=0.25;
m=7;
y_differentiation[0]=f(-1.25);y_differentiation[1]=f(-1.0);
    y_differentiation[2]=f(-0.75); y_differentiation[3]=f(-0.5);
    y_differentiation[4]=f(-0.25); y_differentiation[5]=f(0.0);
    y_differentiation[6]=f(0.25); y_differentiation[7]=f(0.5);
调用函数differentiation_output=Taylor_differentiation_order1(&y_
    differentiation, h, m);

设置如下参数:

h=0.25;
m=8;
y_differentiation[0]=f(-1.5);y_differentiation[1]=f(-1.25);
    y_differentiation[2]=f(-1.0); y_differentiation[3]=f(-0.75);
    y_differentiation[4]=f(-0.5);
y_differentiation[5]=f(-0.25);
y_differentiation[6]=f(0.0); y_differentiation[7]=f(0.25);
    y_differentiation[8]=f(0.5);
调用函数differentiation_output=Taylor_differentiation_order1(&y_
    differentiation, h, m);

其中, &y_differentiation 是指向节点函数值向量的指针, h 是步长, m 是向前取的点数.

将程序运行结果汇总, 并与理论值进行比较, 如表 9.3 所示.

表 9.3 例 9.2 计算结果 (一阶微分值)

理论值	-0.9125
一阶中心差分公式	-0.934375000000000
向前两点公式	-0.714062500000000
向前三点公式	-0.878125000000000
向前四点公式	-0.903125000000001
向前五点公式	-0.912500000000001
向前六点公式	-0.912500000000000
向前七点公式	-0.912499999999999
向前八点公式	-0.912500000000002

9.5　Taylor 展开型二阶微分算法

9.5.1　算法推导

通过对函数 $f(x)$ 在节点 x 处以一定的步长 $h(h > 0)$ 进行 Taylor 展开, 采用参数配置的方法消去一阶及三阶以上微分项, 可以得到二阶微分公式. 由此形成了 Taylor 展开型二阶微分算法, 该算法包括二阶中心差微分公式算法、向前两点二阶微分公式算法、向前三点二阶微分公式算法、向前四点二阶微分公式算法、向前五点二阶微分公式算法、向前六点二阶微分公式算法、向前七点二阶微分公式算法和向前八点二阶微分公式算法.

9.5.1.1　二阶中心差公式

二阶中心差微分公式算法包括以下几个步骤.

步骤 1　设节点 x 处的函数值为 $f(x)$, 则 $f(x \pm h)$ 在 x 处的 Taylor 展开式为

$$f(x + h) = f(x) + hf^{(1)}(x) + \frac{h^2}{2!}f^{(2)}(x) + \frac{h^3}{3!}f^{(3)}(x)$$
$$+ \frac{h^4}{4!}f^{(4)}(\xi_1), \quad \xi_1 \in (x, x + h) \tag{9.5.1}$$

$$f(x - h) = f(x) - hf^{(1)}(x) + \frac{h^2}{2!}f^{(2)}(x) - \frac{h^3}{3!}f^{(3)}(x)$$
$$+ \frac{h^4}{4!}f^{(4)}(\xi_2), \quad \xi_2 \in (x - h, x) \tag{9.5.2}$$

步骤 2　将式 (9.5.1) 和 (9.5.2) 相加可得

$$f(x + h) + f(x - h) = 2f(x) + h^2 f^{(2)}(x) + \frac{h^4}{12}\left[f^{(4)}(\xi_1) + f^{(4)}(\xi_2)\right] \tag{9.5.3}$$

步骤 3　由式 (9.5.3) 整理可以得到二阶中心差公式

$$f^{(2)}(x) = \frac{f(x - h) - 2f(x) + f(x + h)}{h^2} - \frac{h^2}{6}f^{(4)}(\xi), \quad \xi \in (x - h, x + h) \tag{9.5.4}$$

9.5.1.2　向前三点二阶微分公式

向前三点二阶微分公式算法包括以下几个步骤.

步骤 1　已知 $f(x - kh)(k = 1, 2)$ 在 x 处的 Taylor 展开式 (9.4.7) 和 (9.4.8), 对 $f(x - kh)(k = 0, 1, 2)$ 进行参数配置, 得到式 (9.4.9).

步骤 2 令等式 (9.4.9) 右端的 $f(x)$ 项、$f^{(1)}(x)$ 项系数为 0, $f^{(2)}(x)$ 项系数为 h^2, 有

$$\begin{cases} A_0 + A_1 + A_2 = 0 \\ A_1 + 2A_2 = 0 \\ A_1 + 2^2 A_2 = 2 \end{cases} \tag{9.5.5}$$

步骤 3 求解方程组 (9.5.5) 得 $A_0 = 1$, $A_1 = -2$, $A_2 = 1$, 代入式 (9.4.9) 可以得到向前三点二阶微分公式:

$$f^{(2)}(x) = \frac{f(x) - 2f(x-h) + f(x-2h)}{h^2} + h f^{(3)}(\xi), \quad \xi \in (x-2h, x) \tag{9.5.6}$$

9.5.1.3 向前四点二阶微分公式

向前四点二阶微分公式算法包括以下几个步骤.

步骤 1 已知 $f(x-kh)(k=1,2,3)$ 在 x 处的 Taylor 展开式 (9.4.12)~(9.4.14), 对 $f(x-kh)(k=0,1,2,3)$ 进行参数配置, 得到式 (9.4.15).

步骤 2 令等式 (9.4.15) 右端的 $f(x)$ 项、$f^{(1)}(x)$ 项和 $f^{(3)}(x)$ 项系数为 0, $f^{(2)}(x)$ 项系数为 h^2, 有

$$\begin{cases} A_0 + A_1 + A_2 + A_3 = 0 \\ A_1 + 2A_2 + 3A_3 = 0 \\ A_1 + 2^2 A_2 + 3^2 A_3 = 2 \\ A_1 + 2^3 A_2 + 3^3 A_3 = 0 \end{cases} \tag{9.5.7}$$

步骤 3 求解方程组 (9.5.7) 得 $A_0 = 2$, $A_1 = -5$, $A_2 = 4$, $A_3 = -1$, 代入式 (9.4.15) 可以得到向前四点二阶微分公式:

$$f^{(2)}(x) = \frac{2f(x) - 5f(x-h) + 4f(x-2h) - f(x-3h)}{h^2}$$
$$+ \frac{11h^2}{12} f^{(4)}(\xi), \quad \xi \in (x-3h, x) \tag{9.5.8}$$

9.5.1.4 向前五点二阶微分公式

向前五点二阶微分公式算法包括以下几个步骤.

步骤 1 已知 $f(x-kh)(k=1,2,3,4)$ 在 x 处的 Taylor 展开式 (9.4.18)~ (9.4.21), 对 $f(x-kh)(k=0,1,2,3,4)$ 进行参数配置, 得到式 (9.4.22).

步骤 2 令等式 (9.4.22) 右端的 $f(x)$ 项、$f^{(1)}(x)$ 项、$f^{(3)}(x)$ 项和 $f^{(4)}(x)$ 项系数为 0, $f^{(2)}(x)$ 项系数为 h^2, 有

$$\begin{cases} A_0 + A_1 + A_2 + A_3 + A_4 = 0 \\ A_1 + 2A_2 + 3A_3 + 4A_4 = 0 \\ A_1 + 2^2 A_2 + 3^2 A_3 + 4^2 A_4 = 2 \\ A_1 + 2^3 A_2 + 3^3 A_3 + 4^3 A_4 = 0 \\ A_1 + 2^4 A_2 + 3^4 A_3 + 4^4 A_4 = 0 \end{cases} \tag{9.5.9}$$

步骤 3 求解方程组 (9.5.9) 得 $A_0 = \dfrac{35}{12}$, $A_1 = -\dfrac{26}{3}$, $A_2 = \dfrac{19}{2}$, $A_3 = -\dfrac{14}{3}$, $A_4 = \dfrac{11}{12}$, 代入式 (9.4.22) 可以得到向前五点二阶微分公式:

$$f^{(2)}(x) = \frac{1}{12h^2}[35f(x) - 104f(x-h) + 114f(x-2h) - 56f(x-3h)$$
$$+ 11f(x-4h)] + \frac{5h^3}{6} f^{(5)}(\xi), \quad \xi \in (x-4h, x) \tag{9.5.10}$$

9.5.1.5 向前六点二阶微分公式

向前六点二阶微分公式算法包括以下几个步骤.

步骤 1 已知 $f(x - kh)(k = 1, 2, 3, 4, 5)$ 在 x 处的 Taylor 展开式 (9.4.25)~(9.4.29), 对 $f(x - kh)(k = 0, 1, 2, 3, 4, 5)$ 进行参数配置, 得到式 (9.4.30).

步骤 2 令等式 (9.4.30) 右端的 $f(x)$ 项、$f^{(1)}(x)$ 项、$f^{(3)}(x)$ 项、$f^{(4)}(x)$ 项和 $f^{(5)}(x)$ 项系数为 0, $f^{(2)}(x)$ 项系数为 h^2, 有

$$\begin{cases} A_0 + A_1 + A_2 + A_3 + A_4 + A_5 = 0 \\ A_1 + 2A_2 + 3A_3 + 4A_4 + 5A_5 = 0 \\ A_1 + 2^2 A_2 + 3^2 A_3 + 4^2 A_4 + 5^2 A_5 = 2 \\ A_1 + 2^3 A_2 + 3^3 A_3 + 4^3 A_4 + 5^3 A_5 = 0 \\ A_1 + 2^4 A_2 + 3^4 A_3 + 4^4 A_4 + 5^4 A_5 = 0 \\ A_1 + 2^5 A_2 + 3^5 A_3 + 4^5 A_4 + 5^5 A_5 = 0 \end{cases} \tag{9.5.11}$$

步骤 3 求解方程组 (9.5.11) 得 $A_0 = \dfrac{15}{4}$, $A_1 = -\dfrac{77}{6}$, $A_2 = \dfrac{107}{6}$, $A_3 = -13$, $A_4 = \dfrac{61}{12}$, $A_5 = -\dfrac{5}{6}$, 代入式 (9.4.30) 可以得到向前六点二阶微分公式:

$$f^{(2)}(x) = \frac{1}{12h^2}[45f(x) - 154f(x-h) + 214f(x-2h) - 156f(x-3h)$$

$$+61f(x-4h)-10f(x-5h)]+\frac{137h^4}{180}f^{(6)}(\xi), \quad \xi \in (x-5h,x) \tag{9.5.12}$$

9.5.1.6 向前七点二阶微分公式

向前七点二阶微分公式算法包括以下几个步骤.

步骤 1 已知 $f(x-kh)(k=1,2,3,4,5,6)$ 在 x 处的 Taylor 展开式 (9.4.33)~(9.4.38), 对 $f(x-kh)(k=0,1,2,3,4,5,6)$ 进行参数配置, 得到式 (9.4.39).

步骤 2 令等式 (9.4.39) 右端的 $f(x)$ 项、$f^{(1)}(x)$ 项、$f^{(3)}(x)$ 项、$f^{(4)}(x)$ 项、$f^{(5)}(x)$ 项和 $f^{(6)}(x)$ 项系数为 0, $f^{(2)}(x)$ 项系数为 h^2, 有

$$\begin{cases} A_0 + A_1 + A_2 + A_3 + A_4 + A_5 + A_6 = 0 \\ A_1 + 2A_2 + 3A_3 + 4A_4 + 5A_5 + 6A_6 = 0 \\ A_1 + 2^2A_2 + 3^2A_3 + 4^2A_4 + 5^2A_5 + 6^2A_6 = 2 \\ A_1 + 2^3A_2 + 3^3A_3 + 4^3A_4 + 5^3A_5 + 6^3A_6 = 0 \\ A_1 + 2^4A_2 + 3^4A_3 + 4^4A_4 + 5^4A_5 + 6^4A_6 = 0 \\ A_1 + 2^5A_2 + 3^5A_3 + 4^5A_4 + 5^5A_5 + 6^5A_6 = 0 \\ A_1 + 2^6A_2 + 3^6A_3 + 4^6A_4 + 5^6A_5 + 5^6A_6 = 0 \end{cases} \tag{9.5.13}$$

步骤 3 求解方程组 (9.5.13) 得 $A_0 = \dfrac{203}{45}$, $A_1 = -\dfrac{87}{5}$, $A_2 = \dfrac{117}{4}$, $A_3 = -\dfrac{254}{9}$, $A_4 = \dfrac{33}{2}$, $A_5 = -\dfrac{27}{5}$, $A_6 = \dfrac{137}{180}$, 代入式 (9.4.39) 可以得到向前七点二阶微分公式

$$f^{(2)}(x) = \frac{1}{180h^2}[812f(x) - 3132f(x-h) + 5265f(x-2h) - 5080f(x-3h)$$

$$+ 2970f(x-4h) - 972f(x-5h) + 137f(x-6h)]$$

$$+ \frac{7h^5}{10}f^{(7)}(\xi), \quad \xi \in (x-6h,x) \tag{9.5.14}$$

9.5.1.7 向前八点二阶微分公式

向前八点二阶微分公式算法包括以下几个步骤.

步骤 1 已知 $f(x-kh)(k=1,2,3,4,5,6,7)$ 在 x 处的 Taylor 展开式 (9.4.42)~(9.4.48), 对 $f(x-kh)(k=0,1,2,3,4,5,6,7)$ 进行参数配置, 得到式 (9.4.49).

步骤 2 令等式 (9.4.49) 右端的 $f(x)$ 项、$f^{(1)}(x)$ 项、$f^{(3)}(x)$ 项、$f^{(4)}(x)$ 项、$f^{(5)}(x)$ 项、$f^{(6)}(x)$ 项和 $f^{(7)}(x)$ 项系数为 0, $f^{(2)}(x)$ 项系数为 h^2, 有

$$\begin{cases} A_0 + A_1 + A_2 + A_3 + A_4 + A_5 + A_6 + A_7 = 0 \\ A_1 + 2A_2 + 3A_3 + 4A_4 + 5A_5 + 6A_6 + 7A_7 = 0 \\ A_1 + 2^2 A_2 + 3^2 A_3 + 4^2 A_4 + 5^2 A_5 + 6^2 A_6 + 7^2 A_7 = 2 \\ A_1 + 2^3 A_2 + 3^3 A_3 + 4^3 A_4 + 5^3 A_5 + 6^3 A_6 + 7^3 A_7 = 0 \\ A_1 + 2^4 A_2 + 3^4 A_3 + 4^4 A_4 + 5^4 A_5 + 6^4 A_6 + 7^4 A_7 = 0 \\ A_1 + 2^5 A_2 + 3^5 A_3 + 4^5 A_4 + 5^5 A_5 + 6^5 A_6 + 7^5 A_7 = 0 \\ A_1 + 2^6 A_2 + 3^6 A_3 + 4^6 A_4 + 5^6 A_5 + 6^6 A_6 + 7^6 A_7 = 0 \\ A_1 + 2^7 A_2 + 3^7 A_3 + 4^7 A_4 + 5^7 A_5 + 6^7 A_6 + 7^7 A_7 = 0 \end{cases} \tag{9.5.15}$$

步骤 3　求解方程组 (9.5.15) 得 $A_0 = \dfrac{469}{90}$, $A_1 = -\dfrac{223}{10}$, $A_2 = \dfrac{879}{20}$, $A_3 = -\dfrac{949}{18}$, $A_4 = 41$, $A_5 = -\dfrac{201}{10}$, $A_6 = \dfrac{1019}{180}$, $A_7 = -\dfrac{7}{10}$, 代入式 (9.4.49) 可以得到向前八点二阶微分公式:

$$\begin{aligned} f^{(2)}(x) = \frac{1}{180h^2}[&938f(x) - 4014f(x-h) + 7911f(x-2h) - 9490f(x-3h) \\ &+ 7380f(x-4h) - 3618f(x-5h) + 1019f(x-6h) - 126f(x-7h)] \\ &+ \frac{363h^6}{560}f^{(8)}(\xi), \quad \xi \in (x-7h, x) \end{aligned} \tag{9.5.16}$$

9.5.1.8　向前 n 点二阶微分公式

可以用类似 9.4.1.9 节的方法求得向前 n 点二阶微分公式.

9.5.2　算法流程

算法 9.4　离散点序列的 Taylor 展开型二阶微分算法

输入: 等距分布微分节点的步长 h, 节点处的函数值 $f(x_i)(i = 0, 1, \cdots, n)$, 向前 $m(3 \leqslant m \leqslant 8)$ 点公式.

输出: 节点处的二阶微分值 $f^{(2)}(x_i)(i = 2, 4, \cdots, n)$.

流程:

1. for $i = 2 : (m-2)$

　　采用向前 $i+1$ 点二阶微分公式计算二阶微分值 $f^{(2)}(x_i)$.

　end

2. for $i = (m-1) : n$

> 采用向前 m 点二阶微分公式计算二阶微分值 $f^{(2)}(x_i)$.
> end

算法 9.5 连续函数的 Taylor 展开型二阶微分算法

> 输入: 连续函数 $f(x)$, 微分节点 $x_i(i = 0, 1, \cdots, n)$, 微分步长 h, 向前 $m(3 \leqslant m \leqslant 8)$ 点公式.
> 输出: 节点处的二阶微分值 $f^{(2)}(x_i)$.
> 流程:
> for $i = 0 : n$
>   1. 计算函数值 $f(x_i - kh)(k = 0, 1, \cdots, m - 1)$.
>   2. 采用向前 m 点二阶微分公式计算二阶微分值 $f^{(2)}(x_i)$.
> end

9.5.3 算法特点

1. Taylor 展开型二阶微分算法中, 二阶中心差公式的误差阶为 $O(h^2)$, 向前 $m(m = 3, \cdots, 8)$ 点二阶微分公式的误差阶分别为 $O(h^{m-2})$.

2. Taylor 展开型二阶微分算法既可以用来求离散点序列的二阶微分值, 也可以用来求连续函数在微分节点处的二阶微分值. 但是 Taylor 展开型向前二阶微分公式至少要用到前两个点的函数值, 因此对于离散点序列, 前两个点的二阶微分值无法求解.

3. 采用 Taylor 展开公式推导函数微分值的方法, 可以通过增加节点数来提高算法精度. 该思想也可以推广到求更高阶数的微分值.

9.5.4 适用范围

1. 离散点序列的 Taylor 展开型向前二阶微分算法要求节点等距分布.

2. 连续函数的 Taylor 展开型向前二阶微分算法要求待求导函数 $f(x)$ 的形式已知.

例 9.3 取步长 $h = 0.25$, 估计函数

$$f(x) = -0.1x^4 - 0.15x^3 - 0.5x^2 - 0.25x + 1.2$$

在 $x = 0.5$ 处的二阶微分值.

解 设置如下参数:

```
h=0.25;
m=2;
```

```
y_differentiation[0]=f(0.0); y_differentiation[1]=f(0.25);
    y_differentiation[2]=f(0.5);
```
调用函数differentiation_output = Taylor_differentiation_order2(&y_
    differentiation, h, m);

设置如下参数:

```
h=0.25;
m=3;
y_differentiation[0]=f(-0.25);y_differentiation[1]=f(0.0);
    y_differentiation[2]=f(0.25); y_differentiation[3]=f(0.5);
```
调用函数differentiation_output = Taylor_differentiation_order2(&y_
    differentiation, h, m);

设置如下参数:

```
h=0.25;
m=4;
y_differentiation[0]=f(-0.5);y_differentiation[1]=f(-0.25);
    y_differentiation[2]=f(0.0); y_differentiation[3]=f(0.25);
    y_differentiation[4]=f(0.5);
```
调用函数differentiation_output = Taylor_differentiation_order2(&y_
    differentiation, h, m);

设置如下参数:

```
h=0.25;
m=5;
y_differentiation[0]=f(-0.75);y_differentiation[1]=f(-0.5);
    y_differentiation[2]=f(-0.25); y_differentiation[3]=f(0.0);
    y_differentiation[4]=f(0.25);y_differentiation[5]=f(0.5);
```
调用函数differentiation_output = Taylor_differentiation_order2(&y_
    differentiation, h, m);

设置如下参数:

```
h=0.25;
m=6;
y_differentiation[0]=f(-1.0);y_differentiation[1]=f(-0.75);
    y_differentiation[2]=f(-0.5); y_differentiation[3]=f(-0.25);
    y_differentiation[4]=f(0.0); y_differentiation[5]=f(0.25);
    y_differentiation[6]=f(0.5);
```
调用函数differentiation_output = Taylor_differentiation_order2(&y_
    differentiation, h, m);

设置如下参数:

```
h=0.25;
m=7;
y_differentiation[0]=f(-1.25);y_differentiation[1]=f(-1.0);
    y_differentiation[2]=f(-0.75); y_differentiation[3]=f(-0.5);
    y_differentiation[4]=f(-0.25); y_differentiation[5]=f(0.0);
    y_differentiation[6]=f(0.25); y_differentiation[7]=f(0.5);
调用函数differentiation_output = Taylor_differentiation_order2(&y_
    differentiation, h, m);
```

设置如下参数:

```
h=0.25;
m=8;
y_differentiation[0]=f(-1.5);y_differentiation[1]=f(-1.25);
    y_differentiation[2]=f(-1.0); y_differentiation[3]=f(-0.75);
    y_differentiation[4]=f(-0.5); y_differentiation[5]=f(-0.25);
    y_differentiation[6]=f(0.0); y_differentiation[7]=f(0.25);
    y_differentiation[8]=f(0.5);
调用函数differentiation_output = Taylor_differentiation_order2(&y_
    differentiation, h, m);
```

其中, &y_differentiation 是指向节点函数值向量的指针, h 是步长, m 是向前取的点数.

将程序运行结果汇总, 并与理论值进行比较, 如表 9.4 所示.

表 9.4　例 9.3 计算结果 (二阶微分值)

理论值	-1.75
向前两点公式	-1.762499999999999
向前三点公式	-1.312500000000004
向前四点公式	-1.612500000000008
向前五点公式	-1.750000000000028
向前六点公式	-1.749999999999981
向前七点公式	-1.750000000000061
向前八点公式	-1.750000000000177

9.6　Taylor 展开型三阶微分算法

9.6.1　算法推导

对函数 $f(x)$ 在节点 x 处以一定的步长 $h(h>0)$ 进行 Taylor 展开, 采用参数配置的方法消去一阶、二阶及四阶以上微分项, 可以得到三阶微分公式. 由此形成了 Taylor 展开型三阶微分算法, 该算法包括向前四点三阶微分公式算法、向前五点三阶微分公式算法、向前六点三阶微分公式算法、向前七点三阶微分公式算法和向前八点三阶微分公式算法.

9.6.1.1　向前四点三阶微分公式

向前四点三阶微分公式算法包括以下几个步骤.

步骤 1　已知 $f(x-kh)(k=1,2,3)$ 在 x 处的 Taylor 展开式 (9.4.12)~(9.4.14), 对 $f(x-kh)(k=0,1,2,3)$ 进行参数配置, 得到式 (9.4.15).

步骤 2　令等式 (9.4.15) 右端的 $f(x)$ 项、$f^{(1)}(x)$ 项和 $f^{(2)}(x)$ 项系数为 0, $f^{(3)}(x)$ 项系数为 h^3, 有

$$\begin{cases} A_0 + A_1 + A_2 + A_3 = 0 \\ A_1 + 2A_2 + 3A_3 = 0 \\ A_1 + 2^2 A_2 + 3^2 A_3 = 0 \\ A_1 + 2^3 A_2 + 3^3 A_3 = -6 \end{cases} \tag{9.6.1}$$

步骤 3　求解方程组 (9.6.1) 得 $A_0 = 1$, $A_1 = -3$, $A_2 = 3$, $A_3 = -1$, 代入式 (9.4.15) 可以得到向前四点三阶微分公式

$$f^{(3)}(x) = \frac{f(x) - 3f(x-h) + 3f(x-2h) - f(x-3h)}{h^3}$$
$$+ \frac{3h}{2} f^{(4)}(\xi), \quad \xi \in (x-3h, x) \tag{9.6.2}$$

9.6.1.2　向前五点三阶微分公式

向前五点三阶微分公式算法包括以下几个步骤.

步骤 1　已知 $f(x-kh)(k=1,2,3,4)$ 在 x 处的 Taylor 展开式 (9.4.18)~(9.4.21), 对 $f(x-kh)(k=0,1,2,3,4)$ 进行参数配置, 得到式 (9.4.22).

步骤 2　令等式 (9.4.22) 右端的 $f(x)$ 项、$f^{(1)}(x)$ 项、$f^{(2)}(x)$ 项和 $f^{(4)}(x)$ 项系数为 0, $f^{(3)}(x)$ 项系数为 h^3, 有

$$\begin{cases} A_0 + A_1 + A_2 + A_3 + A_4 = 0 \\ A_1 + 2A_2 + 3A_3 + 4A_4 = 0 \\ A_1 + 2^2 A_2 + 3^2 A_3 + 4^2 A_4 = 0 \\ A_1 + 2^3 A_2 + 3^3 A_3 + 4^3 A_4 = -6 \\ A_1 + 2^4 A_2 + 3^4 A_3 + 4^4 A_4 = 0 \end{cases} \tag{9.6.3}$$

步骤 3 求解方程组 (9.6.3) 得 $A_0 = \dfrac{5}{2}$, $A_1 = -9$, $A_2 = 12$, $A_3 = -7$, $A_4 = \dfrac{3}{2}$, 代入式 (9.4.22) 可以得到向前五点三阶微分公式:

$$f^{(3)}(x) = \frac{1}{2h^3}[5f(x) - 18f(x-h) + 24f(x-2h) - 14f(x-3h)$$

$$+ 3f(x-4h)] + \frac{7h^2}{4}f^{(5)}(\xi), \quad \xi \in (x-4h, x) \tag{9.6.4}$$

9.6.1.3 向前六点三阶微分公式

向前六点三阶微分公式算法包括以下几个步骤.

步骤 1 已知 $f(x-kh)(k=1,2,3,4,5)$ 在 x 处的 Taylor 展开式 (9.4.25)~(9.4.29), 对 $f(x-kh)(k=0,1,2,3,4,5)$ 进行参数配置, 得到式 (9.4.30);

步骤 2 令等式 (9.4.30) 右端的 $f(x)$ 项、$f^{(1)}(x)$ 项、$f^{(2)}(x)$ 项、$f^{(4)}(x)$ 项和 $f^{(5)}(x)$ 项系数为 0, $f^{(3)}(x)$ 项系数为 h^3, 有

$$\begin{cases} A_0 + A_1 + A_2 + A_3 + A_4 + A_5 = 0 \\ A_1 + 2A_2 + 3A_3 + 4A_4 + 5A_5 = 0 \\ A_1 + 2^2A_2 + 3^2A_3 + 4^2A_4 + 5^2A_5 = 0 \\ A_1 + 2^3A_2 + 3^3A_3 + 4^3A_4 + 5^3A_5 = -6 \\ A_1 + 2^4A_2 + 3^4A_3 + 4^4A_4 + 5^4A_5 = 0 \\ A_1 + 2^5A_2 + 3^5A_3 + 4^5A_4 + 5^5A_5 = 0 \end{cases} \tag{9.6.5}$$

步骤 3 求解方程组 (9.6.5) 得 $A_0 = \dfrac{17}{4}$, $A_1 = -\dfrac{71}{4}$, $A_2 = \dfrac{59}{2}$, $A_3 = -\dfrac{49}{2}$, $A_4 = \dfrac{41}{4}$, $A_5 = -\dfrac{7}{4}$, 代入式 (9.4.30) 可以得到向前六点三阶微分公式:

$$f^{(3)}(x) = \frac{1}{4h^3}[17f(x) - 71f(x-h) + 118f(x-2h) - 98f(x-3h)$$

$$+ 41f(x-4h) - 7f(x-5h)] + \frac{15h^3}{8}f^{(6)}(\xi), \quad \xi \in (x-5h, x) \tag{9.6.6}$$

9.6.1.4 向前七点三阶微分公式

向前七点三阶微分公式算法包括以下几个步骤.

步骤 1 已知 $f(x-kh)(k=1,2,3,4,5,6)$ 在 x 处的 Taylor 展开式 (9.4.33)~(9.4.38), 对 $f(x-kh)(k=0,1,2,3,4,5,6)$ 进行参数配置, 得到式 (9.4.39).

步骤 2 令等式 (9.4.39) 右端的 $f(x)$ 项、$f^{(1)}(x)$ 项、$f^{(2)}(x)$ 项、$f^{(4)}(x)$ 项、$f^{(5)}(x)$ 项和 $f^{(6)}(x)$ 项系数为 0, $f^{(3)}(x)$ 项系数为 h^3, 有

$$
\begin{cases}
A_0 + A_1 + A_2 + A_3 + A_4 + A_5 + A_6 = 0 \\
A_1 + 2A_2 + 3A_3 + 4A_4 + 5A_5 + 6A_6 = 0 \\
A_1 + 2^2 A_2 + 3^2 A_3 + 4^2 A_4 + 5^2 A_5 + 6^2 A_6 = 0 \\
A_1 + 2^3 A_2 + 3^3 A_3 + 4^3 A_4 + 5^3 A_5 + 6^3 A_6 = -6 \\
A_1 + 2^4 A_2 + 3^4 A_3 + 4^4 A_4 + 5^4 A_5 + 6^4 A_6 = 0 \\
A_1 + 2^5 A_2 + 3^5 A_3 + 4^5 A_4 + 5^5 A_5 + 6^5 A_6 = 0 \\
A_1 + 2^6 A_2 + 3^6 A_3 + 4^6 A_4 + 5^6 A_5 + 5^6 A_6 = 0
\end{cases}
\tag{9.6.7}
$$

步骤 3　求解方程组 (9.6.7) 得 $A_0 = \dfrac{49}{8}$, $A_1 = -29$, $A_2 = \dfrac{461}{8}$, $A_3 = -62$, $A_4 = \dfrac{307}{8}$, $A_5 = -13$, $A_6 = \dfrac{15}{8}$, 代入式 (9.4.39) 可以得到向前七点三阶微分公式:

$$
\begin{aligned}
f^{(3)}(x) = &\frac{1}{8h^3}[49f(x) - 232f(x-h) + 461f(x-2h) - 496f(x-3h) \\
&+ 307f(x-4h) - 104f(x-5h) + 15f(x-6h)] \\
&+ \frac{29h^4}{15}f^{(7)}(\xi), \quad \xi \in (x-6h, x)
\end{aligned}
\tag{9.6.8}
$$

9.6.1.5　向前八点三阶微分公式

向前八点三阶微分公式算法包括以下几个步骤.

步骤 1　已知 $f(x-kh)(k=1,2,3,4,5,6,7)$ 在 x 处的 Taylor 展开式 (9.4.42)~(9.4.48), 对 $f(x-kh)(k=0,1,2,3,4,5,6,7)$ 进行参数配置, 得到式 (9.4.49).

步骤 2　令等式 (9.4.49) 右端的 $f(x)$ 项、$f^{(1)}(x)$ 项、$f^{(2)}(x)$ 项、$f^{(4)}(x)$ 项、$f^{(5)}(x)$ 项、$f^{(6)}(x)$ 项和 $f^{(7)}(x)$ 系数为 0, $f^{(3)}(x)$ 项系数为 h^3, 有

$$
\begin{cases}
A_0 + A_1 + A_2 + A_3 + A_4 + A_5 + A_6 + A_7 = 0 \\
A_1 + 2A_2 + 3A_3 + 4A_4 + 5A_5 + 6A_6 + 7A_7 = 0 \\
A_1 + 2^2 A_2 + 3^2 A_3 + 4^2 A_4 + 5^2 A_5 + 6^2 A_6 + 7^2 A_7 = 0 \\
A_1 + 2^3 A_2 + 3^3 A_3 + 4^3 A_4 + 5^3 A_5 + 6^3 A_6 + 7^3 A_7 = -6 \\
A_1 + 2^4 A_2 + 3^4 A_3 + 4^4 A_4 + 5^4 A_5 + 6^4 A_6 + 7^4 A_7 = 0 \\
A_1 + 2^5 A_2 + 3^5 A_3 + 4^5 A_4 + 5^5 A_5 + 6^5 A_6 + 7^5 A_7 = 0 \\
A_1 + 2^6 A_2 + 3^6 A_3 + 4^6 A_4 + 5^6 A_5 + 6^6 A_6 + 7^6 A_7 = 0 \\
A_1 + 2^7 A_2 + 3^7 A_3 + 4^7 A_4 + 5^7 A_5 + 6^7 A_6 + 7^7 A_7 = 0
\end{cases}
\tag{9.6.9}
$$

步骤 3　求解方程组 (9.6.9) 得 $A_0 = \dfrac{967}{120}$, $A_1 = -\dfrac{638}{15}$, $A_2 = \dfrac{3929}{40}$, $A_3 = -\dfrac{389}{3}$, $A_4 = \dfrac{2545}{24}$, $A_5 = -\dfrac{268}{5}$, $A_6 = \dfrac{1849}{120}$, $A_7 = -\dfrac{29}{15}$, 代入式 (9.4.49) 可以得

到向前八点三阶微分公式

$$f^{(3)}(x) = \frac{1}{120h^3}[967f(x) - 5104f(x-h) + 11787f(x-2h) - 15560f(x-3h)$$

$$+ 12725f(x-4h) - 6432f(x-5h) + 1849f(x-6h) - 232f(x-7h)]$$

$$+ \frac{469h^5}{240}f^{(8)}(\xi), \quad \xi \in (x-7h, x) \tag{9.6.10}$$

9.6.1.6 向前 n 点三阶微分公式

可以用类似 9.4.1.9 节方法求向前 n 点三阶微分公式.

9.6.2 算法流程

算法 9.6 离散点序列的 Taylor 展开型三阶微分算法

输入: 等距分布微分节点的步长 h, 节点处的函数值 $f(x_i)(i = 0, 1, \cdots, n)$, 向前 $m(4 \leqslant m \leqslant 8)$ 点公式.

输出: 节点处的三阶微分值 $f^{(3)}(x_i)(i = 3, 4, \cdots, n)$.

流程:

1. for $i = 3 : (m-2)$

　　采用向前 $i+1$ 点三阶微分公式计算三阶微分值 $f^{(3)}(x_i)$.

　end

2. for $i = (m-1) : n$

　　采用向前 m 点三阶微分公式计算三阶微分值 $f^{(3)}(x_i)$.

　end

算法 9.7 连续函数的 Taylor 展开型三阶微分算法

输入: 连续函数 $f(x)$, 微分节点 $x_i(i = 0, 1, \cdots, n)$, 微分步长 h, 向前 $m(4 \leqslant m \leqslant 8)$ 点公式.

输出: 节点处的三阶微分值 $f^{(3)}(x_i)$.

流程:

for $i = 0 : n$

　1. 计算函数值 $f(x_i - kh)(k = 0, 1, \cdots, m-1)$.

　2. 采用向前 m 点三阶微分公式计算三阶微分值 $f^{(3)}(x_i)$.

end

9.6.3　算法特点

1. Taylor 展开型三阶微分算法中, 向前 $m(m = 4, \cdots, 8)$ 点三阶微分公式的误差阶为 $O(h^{m-3})$.

2. Taylor 展开型三阶微分算法既可以用来求离散点序列的三阶微分值, 也可以用来求连续函数在微分节点处的三阶微分值. 但是 Taylor 展开型向前三阶微分公式至少要用到前三个点的函数值, 因此对于离散点序列, 前三个点的三阶微分值无法求解.

3. 采用 Taylor 展开公式推导函数微分值的方法, 可以通过增加节点数来提高算法精度. 该思想也可以推广到求更高阶数的微分值.

9.6.4　适用范围

1. 离散点序列的 Taylor 展开型向前三阶微分算法要求节点等距分布;

2. 连续函数的 Taylor 展开型向前三阶微分算法要求待求导函数 $f(x)$ 的形式已知.

例 9.4　取步长 $h = 0.25$, 估计函数

$$f(x) = -0.1x^4 - 0.15x^3 - 0.5x^2 - 0.25x + 1.2$$

在 $x = 0.5$ 处的三阶微分值.

解　设置如下参数:

```
h=0.25;
m=4;
y_differentiation[0]=f(-0.5);y_differentiation[1]=f(-0.25);
    y_differentiation[2]=f(0.0); y_differentiation[3]=f(0.25);
    y_differentiation[4]=f(0.5);
```
调用函数 `differentiation_output=Taylor_differentiation_order3(&y_differentiation, h, m);`

设置如下参数:

```
h=0.25;
m=5;
y_differentiation[0]=f(-0.75);y_differentiation[1]=f(-0.5);
    y_differentiation[2]=f(-0.25); y_differentiation[3]=f(0.0);
    y_differentiation[4]=f(0.25);y_differentiation[5]=f(0.5);
```
调用函数 `differentiation_output=Taylor_differentiation_order3(&y_differentiation, h, m);`

设置如下参数:

```
h=0.25;
m=6;
y_differentiation[0]=f(-1.0);y_differentiation[1]=f(-0.75);
    y_differentiation[2]=f(-0.5); y_differentiation[3]=f(-0.25);
    y_differentiation[4]=f(0.0); y_differentiation[5]=f(0.25);
    y_differentiation[6]=f(0.5);
调用函数differentiation_output=Taylor_differentiation_order3(&y_
    differentiation, h, m);
```

设置如下参数:

```
h=0.25;
m=7;
y_differentiation[0]=f(-1.25);y_differentiation[1]=f(-1.0);
    y_differentiation[2]=f(-0.75); y_differentiation[3]=f(-0.5);
    y_differentiation[4]=f(-0.25); y_differentiation[5]=f(0.0);
    y_differentiation[6]=f(0.25); y_differentiation[7]=f(0.5);
调用函数differentiation_output=Taylor_differentiation_order3(&y_
    differentiation, h, m);
```

设置如下参数:

```
h=0.25;
m=8;
y_differentiation[0]=f(-1.5);y_differentiation[1]=f(-1.25);
    y_differentiation[2]=f(-1.0); y_differentiation[3]=f(-0.75);
    y_differentiation[4]=f(-0.5); y_differentiation[5]=f(-0.25);
    y_differentiation[6]=f(0.0); y_differentiation[7]=f(0.25);
    y_differentiation[8]=f(0.5);
调用函数differentiation_output=Taylor_differentiation_order3(&y_
    differentiation, h, m);
```

其中, &y_differentiation 是指向节点函数值向量的指针, h 是步长, m 是向前取的点数. 将程序运行结果汇总, 并与理论值进行比较, 如表 9.5 所示.

表 9.5 例 9.4 计算结果 (三阶微分值)

理论值	−2.1
向前四点公式	−1.200000000000031
向前五点公式	−2.100000000000122
向前六点公式	−2.100000000000122
向前七点公式	−2.100000000000478
向前八点公式	−2.100000000001152

9.7　Richardson 外推型一阶微分算法

9.7.1　相关定理

定理 9.1　理查森 (Richardson) 外推法　设 $f(x) \in C^\infty[a,b]$, 设 $G(h)$ 为一阶微分 $f^{(1)}(x)$ 的近似, 且误差为

$$f^{(1)}(x) - G(h) = \alpha_2 h^2 + \alpha_4 h^4 + \alpha_6 h^6 + \cdots \tag{9.7.1}$$

其中 h 为步长, $\alpha_i(i=2,4,6,\cdots)$ 是与 h 无关的常数, 则 $f^{(1)}(x)$ 可以表示为

$$f^{(1)}(x) = G_m(h) + O(h^{2(m+1)}) \quad (m=0,1,2,\cdots) \tag{9.7.2}$$

其中 $G_m(h)$ 满足以下递推关系式:

$$\begin{cases} G_0(h) = G(h) \\ G_m(h) = \dfrac{4^m G_{m-1}(h/2) - G_{m-1}(h)}{4^m - 1} \quad (m=1,2,\cdots) \end{cases} \tag{9.7.3}$$

证明　用归纳法, 当 $m=0$ 时, 由式 (9.7.2) 可得

$$f^{(1)}(x) = G_0(h) + O(h^2) = G(h) + O(h^2) \tag{9.7.4}$$

由假设条件 (9.7.1) 可知定理成立. 设定理对 $m-1$ 成立, 即

$$f^{(1)}(x) = G_{m-1}(h) + O(h^{2m})$$
$$= G_{m-1}(h) + \alpha_{2m}h^{2m} + \alpha_{2m+2}h^{2m+2} + \cdots \tag{9.7.5}$$

将步长减半, 在式 (9.7.5) 中用 $h/2$ 代替 h, 并在等号两端同时乘以 4^m 可以得到

$$4^m f^{(1)}(x) = 4^m G_{m-1}(h/2) + 4^m \alpha_{2m}(h/2)^{2m} + 4^m \alpha_{2m+2}(h/2)^{2m+2} + \cdots$$
$$= 4^m G_{m-1}(h/2) + \alpha_{2m}h^{2m} + \frac{\alpha_{2m+2}h^{2m+2}}{2^2} + \cdots \tag{9.7.6}$$

用式 (9.7.6) 减去式 (9.7.5) 可得

$$f^{(1)}(x) = \frac{4^m G_{m-1}(h/2) - G_{m-1}(h)}{4^m - 1} + O(h^{2m+2}) = G_m(h) + O(h^{2m+2}) \tag{9.7.7}$$

9.7.2 算法推导

由定理 9.1 可知, Richardson 外推法从低阶公式逐步递推产生具有高阶收敛精度的公式 (9.7.7), 可以加快序列收敛速度. Richardson 外推型一阶微分算法是将 Richardson 外推加速技术应用在一阶中心差微分公式 (9.4.4) 上的一种一阶微分算法.

由 Taylor 展开型一阶中心差微分算法可知一阶中心差公式 (9.4.4) 的误差阶为 $O(h^2)$, 利用 Richardson 外推法, 可以得到如下一阶微分公式

$$
\begin{cases}
f^{(1)}(x) = G_0(h) + O(h^2) = \dfrac{f(x+h) - f(x-h)}{2h} + O(h^2) \\
f^{(1)}(x) = G_m(h) + O(h^{2m+2}) = \dfrac{4^m G_{m-1}(h/2) - G_{m-1}(h)}{4^m - 1} \\
\qquad + O(h^{2m+2}), \quad m = 1, 2, \cdots
\end{cases}
\tag{9.7.8}
$$

9.7.3 算法流程

算法 9.8 Richardson 外推型一阶微分算法

输入: 连续函数 $f(x)$, 微分节点 $x_i(i = 0, 1, \cdots, n)$, 微分步长 h, 微分精度 $tolerance$, 最大外推次数 $m_{\max}$.

输出: 节点处的一阶微分值 $f^{(1)}(x_i)(i = 1, \cdots, n)$.

流程:

for $i = 0 : n$

    1. 由一阶中心差微分公式计算外推表中第 1 行的第 1 个元素.

    2. for $m = 1 : m_{\max}$

        (1) 由一阶中心差微分公式计算外推表中第 $m + 1$ 行第 1 个元素;

        (2) 由 Richardson 外推公式计算第 $m + 1$ 行其他元素;

        (3) if $|G_m(h) - G_{m-1}(h)| < tolerance$,

            then $f^{(1)}(x) = G_m(h)$.

            break

            end if

        end for

end

9.7.4 算法特点

1. 经过 m 次外推, 求导公式的误差阶为 $O(h^{2(m+1)})$, 可以看出当 m 较大时, 计算是非常精确的. 但是在进行数值计算时, 考虑到舍入误差的影响, 一般 m 不

能取太大.

2. 公式 (9.7.8) 的计算过程如表 9.6 所示.

表 9.6　Richardson 外推型一阶微分算法的计算过程

$G_0(h)$					
$G_0(h/2) \overset{①}{\to}$	$G_1(h)$				
$G_0(h/2^2) \overset{②}{\to}$	$G_1(h/2) \overset{③}{\to}$	$G_2(h)$			
$G_0(h/2^3) \overset{④}{\to}$	$G_1(h/2^2) \overset{⑤}{\to}$	$G_2(h/2) \overset{⑥}{\to}$	$G_3(h)$		
$\vdots$	$\vdots$	$\vdots$	$\vdots$	$\ddots$	
$G_0(h/2^k) \to$	$G_1(h/2^{k-1}) \to$	$G_2(h/2^{k-2}) \to$	$\cdots$	$\cdots$	$G_m(h)$

表 9.6 中, k 表示将步长 h 二分的次数, m 表示加速次数, 序号表示外推过程. 算法终止的条件为两次计算结果之差小于设定的求导精度: $|G_m(h) - G_{m-1}(h)| < \varepsilon$. 在实际编程计算时, 无需存储上表的全部数据, 只需开辟一个列向量即可.

9.7.5　适用范围

要求待求导函数 $f(x)$ 的形式已知.

例 9.5　已知函数

$$f(x) = -0.1x^4 - 0.15x^3 - 0.5x^2 - 0.25x + 1.2$$

试采用 Richardson 外推法计算其在 $x = 0.5, 1.0, 1.5$ 和 2.0 处的一阶导数的近似值.

解　设置如下参数:

```
h=0.25;
m_max = 10;
tolerance = 10^{-6};
x_differentiation=[0.5 1.0 1.5 2.0];
Richardson_differentiation _fun=-0.1*pow(x,4) - 0.15*pow(x,3)-0.5*
    pow(x,2)-0.25*x+1.2;
调用函数differentiation_output = Richardson_differentiation(&
    x_differentiation, h, tolerance, m_max)
```

其中, &y_differentiation 是指向节点函数值向量的指针, h 是步长, m 是向前取的点数, m_max 是最大外推次数.

程序运行结果如图 9.3.

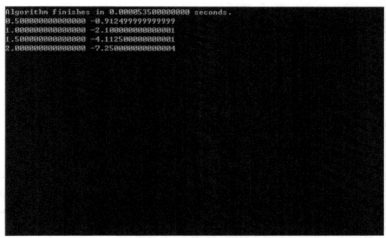

图 9.3　例 9.5 数值微分计算结果

9.8　Visual Studio 软件数值微分算法调用说明

数值微分算法基本调用方法及参数说明见表 9.7.

表 9.7　数值微分算法基本调用方法及参数说明

Lagrange 插值型一阶微分算法	differentiation_output=Lagrange_differentiation(&x_differentiation, &y_differentiation)
Taylor 展开型一阶微分算法	differentiation_output=Taylor_differentiation_order1(&y_differentiation, h, m);
Taylor 展开型二阶微分算法	differentiation_output=Taylor_differentiation_order2(&y_differentiation, h, m);
Taylor 展开型三阶微分算法	differentiation_output=Taylor_differentiation_order3(&y_differentiation, h, m);
Richardson 外推型一阶微分算法	differentiation_output=Richardson_differentiation(&x_differentiation, h, tolerance, m_max)
输入参数说明	&x_differentiation: 指向节点横坐标向量的指针 &y_differentiation: 指向节点函数值向量的指针 h: 步长 m: 向前取的点数 m_max: 最大外推次数
输出参数说明	differentiation_output: 结构体变量, 包含求解结果

9.9　小　　结

本章介绍了数值微分算法, 包括 Lagrange 插值型一阶微分算法, 基于 Taylor 展开的一阶和高阶微分计算方法, 以及 Richardson 外推型一阶微分算法. 本章对每个算法进行了推导, 梳理了流程, 归纳了特点和适用范围; 此外, 还给出了 Visual Studio 软件中相关算法命令的调用方法.

参 考 文 献

陈忠, 朱建伟, 2001. 数值计算方法[M]. 北京: 石油工业出版社.

梅向明, 2009. 微分几何[M]. 4 版. 北京: 高等教育出版社.

王能超, 2004. 计算方法简明教程[M]. 北京: 高等教育出版社.

张韵华, 奚梅成, 陈效群, 2006. 数值计算方法与算法[M]. 2 版. 北京: 科学出版社.

Atkinson K E, 1978. An Introduction to Numerical Analysis[M]. New York: Wiley.

Burden R L, Faires J D, 1993. Numerical Analysis[M]. 5th ed. Boston: PWS Publishing.

Gerald C F, Wheatley P O, 1989. Applied Numerical Analysis[M]. 3rd ed. Reading MA: Addison-Wesley.

Hamming R W, 1973. Numerical Methods for Scientists and Engineers[M]. 2nd ed. New York: McGraw-Hill.

Hong H, Wang X L, Tao Z Y, 2009. Local integral mean-based sifting for empirical mode decomposition[J]. IEEE Signal Processing Letters, 16(10): 841-844.

习　　题

1. 已知数据如表 9.8.

表 9.8　习题 1 的数据

x	2.5	2.55	2.60	2.65	2.70
$f(x)$	1.58114	1.59687	2	1.62788	1.64317

求取函数 $f(x)$ 在 $x = 2.50, 2.60$ 和 2.70 处的一阶导数近似值.

2. 已知数据如表 9.9.

表 9.9　习题 2 的数据

x	3	4	5	6	7	8
$f(x)$	2.9376	6.9632	13.6	23.5008	37.3184	55.7056

求取函数 $f(x)$ 在 $x = 5$ 处的一阶和二阶导数近似值.

3. 分别用一阶中心差微分公式算法、向前两点一阶微分公式算法、向前三点一阶微分公式算法、向前四点一阶微分公式算法、向前五点一阶微分公式算法、向前六点一阶微分公式算法、向前七点一阶微分公式算法、向前八点一阶微分公式算法求 $f(x) = \ln(x)$ 在 $x = 2$ 处的一阶导数, 步长 h 取 0.1, 0.05, 0.01, 0.005, 0.001, 比较计算结果与精确值之间的差别.

4. 求以下各点处函数 $f(x)$ 的一阶和二阶导数, 函数 $f(x)$ 由表 9.10 给出.

表 9.10   习题 4 的数据

x	1.0	1.1	1.2
$f(x)$	0.25	0.2268	0.2066

5. 给出 $f(x) = \ln x$ 的数值表 (表 9.11).

表 9.11   习题 5 的数据

x	0.4	0.5	0.6	0.7	0.8
$\ln x$	-0.916291	-0.693147	-0.510826	-0.356675	-0.223144

求取函数 $f(x)$ 在 $x = 0.55$ 处的一阶和二阶导数近似值.

6. 已知观测数据点如表 9.12 所示.

表 9.12   习题 6 的数据

x	0	0.1	0.2	0.3	0.4	0.5	0.6	0.7	0.8	0.9	1
y	-0.447	1.978	3.28	6.16	7.08	7.34	7.66	9.56	9.48	9.3	11.2

分别求取函数 $f(x)$ 在 $x = 0.55$ 处的一阶和二阶导数近似值.

7. 求取函数 $f(x) = x^2(\sin x - x + 2)$ 在 $x = 1.2$ 处的一阶、二阶和三阶导数.

8. 已知函数 $y = 1/(1 + x^2)$, 试采用 Richardson 外推法求取其在 $x = 1.5$ 处的一阶导数的近似值.

第 10 章　数值积分算法

10.1　引　言

数值积分算法是用数值逼近的方法近似计算给定的定积分值的算法. 积分计算与微分计算具有同等重要的地位. 数值积分算法在工程应用中有着广泛的需求. 比如, 机械工程和土木工程中计算非规则物体的重心、计算不规则表面的受力, 电气工程中确定均方根电流, 等等.

10.2　工程实例

问题 10.1　船舶设计 (机械工程领域问题)

在船舶结构设计过程中, 工程师往往需要计算一些结构的受力, 从而设计出满足安全和性能要求的系统, 比如由缆线和甲板组成的支撑系统. 为了方便说明问题, 这里, 假设考虑的是一个竞赛帆船, 其横截面示意图如图 10.1 所示.

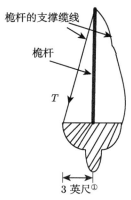

图 10.1　竞赛帆船的横截面示意图

进一步假设, 帆施加在每英尺桅杆上的风力 f 是到甲板距离 z 的函数, 如图 10.2 所示.

---

① 1 英尺 $\approx$ 0.3048 米.

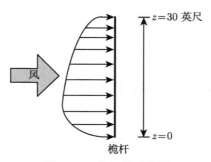

图 10.2 桅杆的受力图

假设桅杆右边的支撑线完全不受力, 桅杆保持垂直, 桅杆与甲板连接处没有力矩, 只受到水平或垂直方向的作用力. 施加在桅杆上的合力可表示为一个连续函数的积分:

$$F = \int_0^{30} 200 \left(\frac{z}{5+z} \right) \mathrm{e}^{-2z/30} \mathrm{d}z$$

计算施加在桅杆上的合力 F 就需要计算上述非线性积分, 从解析方法的角度, 这个问题很难解决, 使用数值算法是一种必然的选择. 类似的情形, 在工程实际中有很多.

10.3 基 础 定 义

数值积分算法相关定义如下.

定义 10.1 数值积分公式 在积分区间 $[a,b]$ 上适当选取某些节点 $x_k(k = 0, 1, \cdots, n)$, 然后用被积函数 $f(x)$ 在这些节点上的函数值 $f(x_k)$ 进行线性组合, 可以构造出如下数值积分公式:

$$\int_a^b f(x)\mathrm{d}x \approx \sum_{k=0}^n A_k f(x_k) \tag{10.3.1}$$

其中 x_k 为积分节点, A_k 为积分系数, 仅与节点 x_k 的选取有关, 不依赖于 $f(x)$ 的具体形式.

定义 10.2 Lagrange 插值型积分公式 设给定一组节点 $a \leqslant x_0 < x_1 < \cdots < x_n \leqslant b$, 且已知函数 $f(x)$ 在这些节点上的值, 作 Lagrange 插值函数 $L_n(x) = \sum_{k=0}^n l_k(x)f(x_k)$, 取 $I_n = \int_a^b L_n(x)\mathrm{d}x$ 作为 $I = \int_a^b f(x)\mathrm{d}x$ 的近似值, 这样构造出

的积分公式:

$$I_n = \sum_{k=0}^{n} A_k f(x_k) \tag{10.3.2}$$

称为 Lagrange 插值型积分公式, 其中积分系数 A_k 由 Lagrange 插值基函数 $l_k(x)$ 积分得到

$$A_k = \int_a^b l_k(x)\mathrm{d}x \quad (k = 0, 1, \cdots, n) \tag{10.3.3}$$

定义 10.3　代数精确度　如果数值积分公式 (10.3.1) 对于所有次数不超过 m 的多项式都能准确成立, 但对于 $m + 1$ 次多项式不准确成立, 则称该数值积分公式具有 m 阶代数精确度. 利用代数精确度和积分的性质可以推导数值积分公式.

10.4　Newton-Cotes 积分算法

10.4.1　算法推导

将积分区间 $[a, b]$ 划分为 n 等份, 步长 $h = (b-a)/n$, 选取等距节点 $x_k = a + kh(k = 0, 1, \cdots, n)$ 构造出的 Lagrange 插值型积分公式称为牛顿–科茨 (Newton-Cotes) 积分公式.

已知 Lagrange 插值基函数 $l_k(x)$ 的表达式为

$$l_k(x) = \prod_{j=0, j \neq k}^{n} \frac{x - x_j}{x_k - x_j} \tag{10.4.1}$$

对于等距积分节点, 引入变换 $x = a + th(t \in [0, n])$, 可以将 $l_k(x)$ 化为

$$l_k(x) = \frac{t(t-1)\cdots(t-k+1)(t-k-1)\cdots(t-n)}{k(k-1)\cdots(k-k+1)(k-k-1)\cdots(k-n)} = \prod_{j=0, j \neq k}^{n} \frac{t-j}{k-j} \tag{10.4.2}$$

由式 (10.3.3) 可以得到积分系数:

$$A_k = \int_a^b \prod_{j=0, j \neq k}^{n} \frac{t-j}{k-j}\mathrm{d}x = h \int_0^n \prod_{j=0, j \neq k}^{n} \frac{t-j}{k-j}\mathrm{d}t \tag{10.4.3}$$

从而由式 (10.3.2) 可以得到 Newton-Cotes 积分公式:

$$I_n = (b-a) \sum_{k=0}^{n} C_k^{(n)} f(x_k) \tag{10.4.4}$$

其中,

$$C_k^{(n)} = \frac{h}{b-a} \int_0^n \prod_{j=0, j \neq k}^{n} \frac{t-j}{k-j} \mathrm{d}t = \frac{(-1)^{n-k}}{nk!(n-k)!} \int_0^n \prod_{j=0, j \neq k}^{n} (t-j) \mathrm{d}t \quad (10.4.5)$$

称为 Cotes 系数. 表 10.1 列出了 Cotes 系数表开头 $n \leqslant 7$ 的一部分.

表 10.1   Cotes 系数表

n	Cotes 系数 $C_k^{(n)}$							
1	$\frac{1}{2}$	$\frac{1}{2}$						
2	$\frac{1}{6}$	$\frac{2}{3}$	$\frac{1}{6}$					
3	$\frac{1}{8}$	$\frac{3}{8}$	$\frac{3}{8}$	$\frac{1}{8}$				
4	$\frac{7}{90}$	$\frac{16}{45}$	$\frac{2}{15}$	$\frac{16}{45}$	$\frac{7}{90}$			
5	$\frac{19}{288}$	$\frac{25}{96}$	$\frac{25}{144}$	$\frac{25}{144}$	$\frac{25}{96}$	$\frac{19}{288}$		
6	$\frac{41}{840}$	$\frac{9}{35}$	$\frac{9}{840}$	$\frac{34}{105}$	$\frac{9}{840}$	$\frac{9}{35}$	$\frac{41}{840}$	
7	$\frac{751}{17280}$	$\frac{3577}{17280}$	$\frac{1323}{17280}$	$\frac{2989}{17280}$	$\frac{2989}{17280}$	$\frac{1323}{17280}$	$\frac{3577}{17280}$	$\frac{751}{17280}$

10.4.2   算法流程

算法 10.1   Newton-Cotes 积分算法

输入: 积分节点 $x_k(k = 0, 1, \cdots, n)$, 积分节点上的函数值 $f(x_k)$.
输出: 积分值 I.
流程: 根据积分节点的个数 n 选取不同阶的 Newton-Cotes 积分公式直接计算积分值 I 并输出.

10.4.3   算法特点

1. Newton-Cotes 积分算法的前提是积分节点等距分布, 积分节点的位置是固定的.

2. 当 n 为奇数时, $n+1$ 点 Newton-Cotes 积分公式至少具有 n 阶代数精确度; 当 n 为偶数时, Newton-Cotes 积分公式至少具有 $n+1$ 阶代数精确度.

3. 当 $n \geqslant 8$ 时, Cotes 系数出现负值, 此时积分公式 (10.4.4) 是不稳定的.

4. 对于 Newton-Cotes 积分算法, 通常只用 $n = 1, 2, 4$ 时的三个公式:

$n = 1$ 时的积分公式称为梯形公式,

$$I_n = \frac{x_1 - x_0}{2}[f(x_0) + f(x_1)] \tag{10.4.6}$$

$n = 2$ 时的积分公式称为辛普森 (Simpson) 公式,

$$I_n = \frac{x_2 - x_0}{6}[f(x_0) + 4f(x_1) + f(x_2)] \tag{10.4.7}$$

$n = 4$ 时的积分公式称为 Cotes 公式,

$$I_n = \frac{x_4 - x_0}{90}[7f(x_0) + 32f(x_1) + 12f(x_2) + 32f(x_3) + 7f(x_4)] \tag{10.4.8}$$

10.4.4   适用范围

要求:

1. 积分节点等距分布;

2. $n < 8$.

例 10.1   某种材料的热容量随温度的变化关系如下:

$$c(T) = 0.132 + 1.56 \times 10^{-4}T + 2.64 \times 10^{-7}T^2$$

其中 c 的单位是 cal/(g·℃), 该材料的质量为 m, 单位为 g, 那么温度从 T_1 升高到 T_2 过程中需要的热量为

$$\Delta H = m \int_{T_1}^{T_2} c(T)\, \mathrm{d}T$$

计算 1000g 这种材料温度由 −100℃ 升高到 200℃ 的过程中所需要的热量.

解   首先, 根据材料的温度计算材料的热容量, 如表 10.2.

表 10.2

T/℃	−100	−50	0	50	100	150	200
c/(cal/(g·℃))	0.11904	0.12486	0.13200	0.14046	0.15024	0.16134	0.17376

设置如下参数:

```
x_integration=[-100 -50 0 50 100 150 200];
y_integration=[0.11904 0.12486 0.13200 0.14046 0.15024 0.16134
    0.17376];
调用函数
Newton_Cotes_output = Newton_Cotes_integration(x_integration,
    y_integration)
```

其中, x_integration 是积分节点坐标向量, y_integration 是积分节点函数值向量. 程序运行结果如图 10.3.

图 10.3 例 10.1 计算结果

10.5 Gauss 积分算法

10.5.1 相关定义及定理

Gauss 积分算法相关定义及定理如下.

定义 10.4 带权函数 $\rho(x)$ 正交函数集 若函数集 $\{\varphi_0(x), \varphi_1(x), \cdots, \varphi_m(x), \cdots\}$ 满足关系

$$(\varphi_j(x), \varphi_k(x)) = \int_a^b \varphi_j(x)\rho(x)\varphi_k(x)\mathrm{d}x = \begin{cases} 0, & j \neq k \\ A_k > 0, & j = k \end{cases} \tag{10.5.1}$$

则称 $\{\varphi_0(x), \varphi_1(x), \cdots, \varphi_m(x), \cdots\}$ 是 $[a,b]$ 上的**带权函数 $\rho(x)$ 正交函数集**, 若 $A_k = 1$, 则函数集为**标准正交函数集**.

下面考虑带权函数 $\rho(x)$ 的积分 $\int_a^b f(x)\rho(x)\mathrm{d}x$, 类似于积分公式 (10.3.1), 它的积分公式为

$$\int_a^b f(x)\rho(x)\mathrm{d}x \approx \sum_{k=0}^n A_k f(x_k) \tag{10.5.2}$$

积分公式 (10.5.3) 中含有 $2n+2$ 个待定的未知参数 $x_k, A_k(k=0,1,\cdots,n)$, 如果适当选取 x_k, 可能使得积分公式 (10.5.3) 具有 $2n+1$ 阶代数精确度, 即它对于 $f(x)=1,x,x^2,\cdots,x^{2n+1}$ 都能准确成立.

定义 10.5　Gauss 积分公式　适当选取 $x_k, A_k(k=0,1,\cdots,n)$ 使得积分公式 (10.5.3) 具有 $2n+1$ 阶代数精度, 则积分公式 (10.5.3) 称为 **Gauss 积分公式**.

定义 10.6　Gauss 点　如果 $n+1$ 个积分节点的积分公式 (10.5.3) 的代数精度为 $2n+1$, 则这 $n+1$ 个积分节点称为 **Gauss 点**.

定理 10.1　Gauss 点的判定定理　积分公式 (10.5.3) 的积分节点 $x_0 < x_1 < \cdots < x_n$ 为 Gauss 点的充要条件是以这些节点为零点的多项式 $\omega_{n+1}(x)$ 与任意次数不超过 n 的多项式 $p(x)$ 带权函数 $\rho(x)$ 正交:

$$\int_a^b p(x)\rho(x)\omega_{n+1}(x)\mathrm{d}x = 0 \tag{10.5.3}$$

证明　**必要性**　设 $x_0,x_1,\cdots,x_n$ 为 Gauss 点, $p(x)$ 为次数不超过 n 的多项式, $\omega_{n+1}(x)$ 为 $n+1$ 次多项式, 此时 $p(x)\omega_{n+1}(x)$ 为次数不超过 $2n+1$ 的多项式, 则有

$$\int_a^b p(x)\rho(x)\omega_{n+1}(x)\mathrm{d}x = \sum_{k=0}^n A_k p(x_k)\omega_{n+1}(x_k) = 0 \tag{10.5.4}$$

充分性　① 设函数 $f(x)$ 为次数不超过 $2n+1$ 的多项式, 则有

$$f(x) = p(x)\omega_{n+1}(x) + r(x) \tag{10.5.5}$$

其中 $r(x)$ 为次数不超过 n 的多项式.

② 对式 (10.5.6) 两边同时加权积分可得

$$\int_a^b f(x)\rho(x)\mathrm{d}x = \int_a^b p(x)\rho(x)\omega_{n+1}(x)\mathrm{d}x + \int_a^b r(x)\rho(x)\mathrm{d}x$$
$$= \int_a^b r(x)\rho(x)\mathrm{d}x \tag{10.5.6}$$

③ 由于 $r(x)$ 为次数不超过 n 的多项式, 适当选取 $A_k, k=0,1,\cdots,n$ 可获得 n 阶代数精度, 即

$$\int_a^b r(x)\rho(x)\mathrm{d}x = \sum_{k=0}^{n} A_k r(x_k) \tag{10.5.7}$$

④ 由于在积分节点处有

$$f(x_k) = p(x_k)\omega_{n+1}(x_k) + r(x_k) = r(x_k), \quad k = 0, 1, \cdots, n \tag{10.5.8}$$

将式 (10.5.8) 和式 (10.5.9) 代入式 (10.5.7) 可得

$$\int_a^b \rho(x)f(x)\mathrm{d}x = \sum_{k=0}^{n} A_k f(x_k) \tag{10.5.9}$$

10.5.2 误差分析

Gauss 积分公式 (10.5.3) 的积分误差为

$$
\begin{aligned}
R_n &= \int_a^b \rho(x)f(x)\mathrm{d}x - \sum_{k=0}^{n} A_k f(x_k) \\
&= \frac{1}{(2n+2)!} f^{(2n+2)}(\eta) \int_a^b \rho(x)\omega_{n+1}^2(x)\mathrm{d}x, \quad \eta \in (a, b)
\end{aligned}
\tag{10.5.10}
$$

其中 $\omega_{n+1}(x) = (x - x_0)(x - x_1)\cdots(x - x_n)$.

10.5.3 算法分类

1. 当 $\rho(x) = 1$, 积分区间为 $[-1, 1]$ 时, $\omega_{n+1}(x)$ 为最高次项系数为 1 的 $n+1$ 次 Legendre 多项式, 即 $x_0, x_1, \cdots, x_n$ 为 $n+1$ 次 Legendre 多项式的零点, 此时积分算法为 Gauss-Legendre 积分算法.

2. 当 $\rho(x) = \dfrac{1}{\sqrt{1-x^2}}$, 积分区间为 $[-1, 1]$ 时, $\omega_{n+1}(x)$ 为最高次项系数为 1 的 $n+1$ 次 Chebyshev 多项式, 即 $x_0, x_1, \cdots, x_n$ 为 $n+1$ 次 Chebyshev 多项式的零点, 此时积分算法为 Gauss-Chebyshev 积分算法.

3. 当 $\rho(x) = \mathrm{e}^{-x}$, 积分区间为 $[0, +\infty]$ 时, $\omega_{n+1}(x)$ 为最高次项系数为 1 的 $n+1$ 次拉盖尔 (Laguerre) 多项式, 即 $x_0, x_1, \cdots, x_n$ 为 $n+1$ 次 Laguerre 多项式的零点, 此时积分算法为 Gauss-Laguerre 积分算法.

4. 当 $\rho(x) = \mathrm{e}^{-x^2}$, 积分区间为 $(-\infty, +\infty)$ 时, $\omega_{n+1}(x)$ 为最高次项系数为 1 的 $n+1$ 次 Hermite 多项式, 即 $x_0, x_1, \cdots, x_n$ 为 $n+1$ 次 Hermite 多项式的零点, 此时积分算法为 Gauss-Hermite 积分算法.

10.6　Gauss-Legendre 积分算法

10.6.1　算法推导

当区间为 $[-1,1]$, 权函数 $\rho(x) = 1$ 时, 对函数集 $\{1, x, \cdots, x^m, \cdots\}$ 采用正交化方法得到的多项式集

$$P_0(x) = 1$$

$$P_k(x) = \frac{1}{2^k k!} \frac{\mathrm{d}}{\mathrm{d}x} \left(x^2 - 1\right)^k, \quad k = 1, 2, \cdots \tag{10.6.1}$$

则称 $\{P_0(x), P_1(x), \cdots, P_m(x), \cdots\}$ 为 **Legendre 多项式函数集**.

由式 (10.6.1) 中的 $P_k(x)$ 表达式可知, 最高次项系数为 $\dfrac{(2k)!}{2^k (k!)^2}$. 显然最高次项系数为 1 的 Legendre 多项式为

$$\tilde{P}_k(x) = \frac{k!}{(2k)!} \frac{\mathrm{d}}{\mathrm{d}x} \left(x^2 - 1\right)^k, \quad k = 1, 2, \cdots \tag{10.6.2}$$

性质 10.1　Legendre 多项式的正交性

$$\int_{-1}^{1} P_n(x) P_m(x) \mathrm{d}x = \begin{cases} 0, & m \neq n \\ \dfrac{2}{2n+1}, & m = n \end{cases} \tag{10.6.3}$$

性质 10.2　Legendre 多项式的奇偶性

$$P_m(-x) = (-1)^m P_m(x) \tag{10.6.4}$$

性质 10.3　Legendre 多项式的递推关系

$$(k+1) P_{k+1}(x) = (2k+1) x P_k(x) - k P_{k-1}(x), \quad k = 1, 2, \cdots \tag{10.6.5}$$

由于 $P_0(x) = 1, P_1(x) = x$, 利用式 (10.6.5) 可得

$$P_2(x) = \left(3x^2 - 1\right)/2$$

$$P_3(x) = \left(5x^3 - 3x\right)/2$$

$$P_4(x) = \left(35x^4 - 30x^2 + 3\right)/8$$

$$P_5(x) = \left(63x^5 - 70x^3 + 15x\right)/8$$

$$P_6(x) = \left(231x^6 - 315x^4 + 105x^2 - 5\right)/16$$

$$\cdots\cdots \tag{10.6.6}$$

性质 10.4　Legendre 多项式的零点　Legendre 多项式 $P_m(x)$ 在区间 $[-1, 1]$ 上有 m 个不同的零点.

权函数 $\rho(x) = 1$, 积分区间为 $[-1, 1]$, Gauss-Legendre 积分公式为

$$\int_{-1}^{1} f(x)\mathrm{d}x \approx \sum_{k=0}^{n} A_k f\left(x_k\right) \tag{10.6.7}$$

其中 $x_0, x_1, \cdots, x_n$ 为 $n+1$ 次 Legendre 多项式 $P_{n+1}(x)$ 的零点.

10.6.1.1　$[-1, 1]$ 积分区间的 Gauss-Legendre 积分算法

步骤 1　计算 Legendre 多项式 $P_{n+1}(x)$ 的零点 $x_0, x_1, \cdots, x_n$.

步骤 2　当 $f(x) = 1, x, \cdots, x^n$ 时, 式 (10.6.7) 精确成立:

$$\begin{cases} \displaystyle\int_{-1}^{1} 1\mathrm{d}x = \sum_{k=0}^{n} A_k \\ \displaystyle\int_{-1}^{1} x\mathrm{d}x = \sum_{k=0}^{n} A_k x_k \\ \qquad\cdots\cdots \\ \displaystyle\int_{-1}^{1} x^n\mathrm{d}x = \sum_{k=0}^{n} A_k x_k^n \end{cases} \tag{10.6.8}$$

步骤 3　求解线性方程组 (10.6.8) 可解得 $A_0, A_1, \cdots, A_n$.

10.6.1.2　一般积分区间的 Gauss-Legendre 积分算法

步骤 1　当积分区间为 $[a, b]$ 时, 通过线性变换可以将积分区间转化为 $[-1, 1]$

$$x = \frac{b-a}{2}t + \frac{a+b}{2}, \quad -1 \leqslant t \leqslant 1, a \leqslant x \leqslant b \tag{10.6.9}$$

此时 $f(x)$ 的积分值为

$$\int_{a}^{b} f(x)\mathrm{d}x = \frac{b-a}{2}\int_{-1}^{1} f\left(\frac{b-a}{2}t + \frac{a+b}{2}\right)\mathrm{d}t \tag{10.6.10}$$

步骤 2　联立式 (10.6.7) 和 (10.6.10) 可得积分区间 $[a, b]$ 上的 Gauss-Legendre 积分公式

$$\int_a^b f(x)\mathrm{d}x \approx \frac{b-a}{2} \sum_{k=0}^n A_k f\left(\frac{b-a}{2} t_k + \frac{a+b}{2}\right) \tag{10.6.11}$$

其中 $t_k, k = 0, 1, \cdots, n$ 为 $n+1$ 次 Legendre 多项式 $P_{n+1}(t)$ 的零点.

10.6.2　误差分析

10.6.2.1　$[-1, 1]$ 积分区间的 Gauss-Legendre 积分算法计算误差

步骤 1　Gauss-Legendre 积分公式 (10.6.7) 的积分误差为

$$R_n = \int_{-1}^1 f(x)\mathrm{d}x - \sum_{k=0}^n A_k f(x_k)$$

$$= \frac{1}{(2n+2)!} f^{(2n+2)}(\eta) \int_{-1}^1 \tilde{P}_{n+1}^2(x)\mathrm{d}x, \quad \eta \in (-1, 1) \tag{10.6.12}$$

其中 $\tilde{P}_{n+1}(x) = \dfrac{2^{n+1}[(n+1)!]^2}{(2n+2)!} P_{n+1}(x)$ 为最高次项系数为 1 的 $n+1$ 次 Legendre 多项式.

步骤 2　由 Legendre 多项式的正交性可知

$$\int_{-1}^1 P_{n+1}^2(x)\mathrm{d}x = \frac{2}{2n+3} \tag{10.6.13}$$

则有

$$\int_{-1}^1 \tilde{P}_{n+1}^2(x)\mathrm{d}x = \frac{2}{2n+3} \frac{2^{2(n+1)}[(n+1)!]^4}{[(2n+2)!]^2} \tag{10.6.14}$$

步骤 3　将式 (10.6.14) 代入式 (10.6.12), 整理可得

$$R_n = \frac{2^{2n+3}[(n+1)!]^4}{(2n+3)[(2n+2)!]^3} f^{(2n+2)}(\eta), \quad \eta \in (-1, 1) \tag{10.6.15}$$

10.6.2.2　一般积分区间的 Gauss-Legendre 积分算法计算误差

步骤 1　当积分区间为 $[a, b]$ 时, 令 $F(t) = f\left(\dfrac{b-a}{2} t + \dfrac{a+b}{2}\right)$, 函数积分 $\displaystyle\int_a^b f(x)\mathrm{d}x$ 可化为

$$\int_a^b f(x)\mathrm{d}x = \frac{b-a}{2} \int_{-1}^1 F(t)\mathrm{d}t \tag{10.6.16}$$

$$
\begin{cases}
F^{(1)}(t) = \dfrac{b-a}{2} f^{(1)}\left(\dfrac{b-a}{2}t + \dfrac{a+b}{2}\right) \\
\quad\cdots\cdots \\
F^{(2n+2)}(t) = \left(\dfrac{b-a}{2}\right)^{2n+2} f^{(2n+2)}\left(\dfrac{b-a}{2}t + \dfrac{a+b}{2}\right)
\end{cases}
\tag{10.6.17}
$$

步骤 2 联立式 (10.6.16)、(10.6.17) 和 (10.6.15) 可得 Gauss-Legendre 积分公式 (10.6.11) 的积分误差为

$$
\begin{aligned}
\tilde{R}_n &= \frac{b-a}{2}\frac{2^{2n+3}\left[(n+1)!\right]^4}{(2n+3)\left[(2n+2)!\right]^3} F^{(2n+2)}(\eta) \\
&= \left(\frac{b-a}{2}\right)^{2n+3}\frac{2^{2n+3}\left[(n+1)!\right]^4}{(2n+3)\left[(2n+2)!\right]^3} \\
&\quad \times f^{(2n+2)}\left(\frac{b-a}{2}\eta + \frac{a+b}{2}\right), \quad \eta \in (-1,1)
\end{aligned}
\tag{10.6.18}
$$

10.6.3 算法流程

算法 10.2 Gauss-Legendre 积分算法

输入: 被积函数 $f(x)$, 积分区间左端点 a, 右端点 b, 参数 n(积分节点数为 $n+1$).

输出: 积分值 I.

流程:

1. 计算 $n+1$ 次 Legendre 多项式 $P_{n+1}(x)$ 的零点在区间 $[a,b]$ 上的对应点.
2. 计算积分区间 $[-1,1]$ 上的 $n+1$ 点的 Gauss-Legendre 积分值 $\bar{I}$.
3. 计算积分区间 $[a,b]$ 上的积分值为 $I = \dfrac{b-a}{2}\bar{I}$.

10.6.4 算法特点

1. 选取 $n+1$ 次 Legendre 多项式 $P_{n+1}(x)$ 的零点作为积分节点具有 $2n+1$ 阶代数精确度.

2. 在编程实现算法时, 可提前计算好 $x_0, x_1, \cdots, x_n$ 以及 $A_0, A_1, \cdots, A_n$ 的值, 直接代入积分公式中.

3. 当积分区间为 $[a,b]$ 时, 需要通过线性变换将积分区间转化为 $[-1,1]$, 再利用 Gauss-Legendre 积分公式求解.

4. 积分节点关于原点对称且绝对值相同的积分节点对应的积分系数相同.

5. Gauss-Legendre 积分算法可以求解积分区间端点为奇异点的函数积分; Newton-Cotes 积分算法以及相应的复合算法则不能求解此类积分.

10.6.5　适用范围

要求:

1. 被积函数表达式已知;

2. 积分区间内无奇异点.

例 10.2 求解例 10.1 中的积分.

解 设置如下参数:

```
a=-100;
b=200;
n=5;
Gauss_Legendre_fun=0.132+1.56e-4*x+2.64e-7*pow(x, 2.0);
调用函数Gauss_Legendre_output=Gauss_Legendre_integration(a,b,n)
```

其中, a, b 分别是积分区间左端点和右端点, n 是积分区间分段数.

程序运行结果如图 10.4.

图 10.4　例 10.2 计算结果

10.7　Gauss-Chebyshev 积分算法

10.7.1　算法推导

当区间为 $[-1, 1]$, 权函数 $\rho(x) = \dfrac{1}{\sqrt{1 - x^2}}$ 时, 对函数集 $\{1, x, \cdots, x^m, \cdots\}$ 采用正交化方法得到的多项式集:

$$T_k(x) = \cos(k \arccos x), \quad |x| \leqslant 1, k = 0, 1, 2, \cdots \qquad (10.7.1)$$

则 $\{T_0(x), T_1(x), \cdots, T_m(x), \cdots\}$ 为 Chebyshev 多项式函数集.

性质 10.5 Chebyshev 多项式的正交性

$$\int_{-1}^{1} \frac{1}{\sqrt{1-x^2}} T_n(x) T_m(x) \mathrm{d}x = \begin{cases} 0, & m \neq n \\ \dfrac{\pi}{2}, & m = n \\ \pi, & m = n = 0 \end{cases} \tag{10.7.2}$$

性质 10.6 Chebyshev 多项式的奇偶性 Chebyshev 多项式 $T_{2k}(x)$ 只含 x 的偶次幂, $T_{2k+1}(x)$ 只含 x 的奇次幂.

性质 10.7 Chebyshev 多项式的递推关系

$$T_{k+1}(x) = 2x T_k(x) - T_{k-1}(x), \quad k = 1, 2, \cdots. \tag{10.7.3}$$

由于 $T_0(x) = 1, T_1(x) = x$, 利用式 (10.7.3) 可得

$$T_2(x) = 2x^2 - 1$$
$$T_3(x) = 4x^3 - 3x$$
$$T_4(x) = 8x^4 - 8x^2 + 1$$
$$T_5(x) = 16x^5 - 20x^3 + 5x$$
$$T_6(x) = 32x^6 - 48x^4 + 18x^2 - 1$$
$$\cdots\cdots \tag{10.7.4}$$

性质 10.8 Chebyshev 多项式的零点 Chebyshev 多项式 $T_m(x)$ 在区间 $[-1, 1]$ 上有 m 个不同的零点:

$$x_k = \cos\frac{2k-1}{2n}\pi, \quad k = 1, 2, \cdots, m \tag{10.7.5}$$

性质 10.9 Chebyshev 多项式的最高次项系数 Chebyshev 多项式 $T_m(x)$ 的最高次项 x^m 系数为 2^{m-1}.

若 $\tilde{T}_0(x) = 1, \tilde{T}_k(x) = \dfrac{1}{2^{k-1}} T_k(x), k = 1, 2, \cdots$, 则 $\tilde{T}_k(x)$ 为最高次项系数为 1 的 Chebyshev 多项式.

当权函数 $\rho(x) = \dfrac{1}{\sqrt{1-x^2}}$, 积分区间为 $[-1, 1]$ 时, Gauss-Chebyshev 积分公式为

$$\int_{-1}^{1} \frac{f(x)}{\sqrt{1-x^2}} \mathrm{d}x \approx \sum_{k=0}^{n} A_k f(x_k) \tag{10.7.6}$$

其中 $x_0, x_1, \cdots, x_n$ 为 $n+1$ 次 Chebyshev 多项式 $T_{n+1}(x)$ 的零点.

10.7.1.1　[−1, 1] 积分区间的 Gauss-Chebyshev 积分算法

步骤 1　计算 Chebyshev 多项式 $T_{n+1}(x)$ 的零点 $x_0, x_1, \cdots, x_n$,

$$x_k = \cos\left(\frac{2k+1}{2n+2}\pi\right), \quad k = 0, 1, \cdots, n \tag{10.7.7}$$

步骤 2　当 $f(x) = 1, x, \cdots, x^n$ 时, 式 (10.7.6) 精确成立

$$\begin{cases} \displaystyle\int_{-1}^{1} \frac{1}{\sqrt{1-x^2}} \mathrm{d}x = \sum_{k=0}^{n} A_k \\ \displaystyle\int_{-1}^{1} \frac{x}{\sqrt{1-x^2}} \mathrm{d}x = \sum_{k=0}^{n} A_k x_k \\ \qquad\qquad \cdots\cdots \\ \displaystyle\int_{-1}^{1} \frac{x^n}{\sqrt{1-x^2}} \mathrm{d}x = \sum_{k=0}^{n} A_k x_k^n \end{cases} \tag{10.7.8}$$

步骤 3　求解线性方程组 (10.7.8) 可解得 $A_0, A_1, \cdots, A_n$,

$$A_k = \frac{\pi}{n+1}, \quad k = 0, 1, \cdots, n \tag{10.7.9}$$

10.7.1.2　$\left[-\sqrt{\dfrac{a}{b}}, \sqrt{\dfrac{a}{b}}\right]$ 积分区间的 Gauss-Chebyshev 积分算法

步骤 1　当求积分 $\displaystyle\int_{-\sqrt{\frac{a}{b}}}^{\sqrt{\frac{a}{b}}} \frac{f(x)}{\sqrt{a-bx^2}} \mathrm{d}x, a > 0, b > 0$ 时, 令 $x = \sqrt{\dfrac{a}{b}} t$ 将积分区间化为 $[-1, 1]$ 并代入式 (10.7.6) 可得

$$\int_{-\sqrt{\frac{a}{b}}}^{\sqrt{\frac{a}{b}}} \frac{f(x)}{\sqrt{a-bx^2}} \mathrm{d}x = \frac{1}{\sqrt{b}} \int_{-1}^{1} \frac{f\left(\sqrt{\frac{a}{b}}t\right)}{\sqrt{1-t^2}} \mathrm{d}t \approx \frac{1}{\sqrt{b}} \sum_{k=0}^{n} A_k f\left(\sqrt{\frac{a}{b}}t_k\right) \tag{10.7.10}$$

其中 $t_k, k = 0, 1, \cdots, n$ 为 $n+1$ 次 Chebyshev 多项式 $T_{n+1}(t)$ 的零点.

步骤 2　令被积分函数 $g(x) = \dfrac{f(x)}{\sqrt{a-bx^2}}$, 则

$$f(x) = g(x)\sqrt{a-bx^2} \tag{10.7.11}$$

$$f\left(\sqrt{\frac{a}{b}}t\right) = g\left(\sqrt{\frac{a}{b}}t\right)\sqrt{a - b\left(\sqrt{\frac{a}{b}}t\right)^2} = \sqrt{a}\, g\left(\sqrt{\frac{a}{b}}t\right)\sqrt{1-t^2} \tag{10.7.12}$$

步骤 3 联立 (10.7.12) 和 (10.7.10) 可得 $\left[-\sqrt{\dfrac{a}{b}}, \sqrt{\dfrac{a}{b}}\right]$ 积分区间的 Gauss-Chebyshev 积分公式:

$$\int_{-\sqrt{\frac{a}{b}}}^{\sqrt{\frac{a}{b}}} \frac{f(x)}{\sqrt{a-bx^2}}\mathrm{d}x \approx \sqrt{\frac{a}{b}}\sum_{k=0}^{n} A_k g\left(\sqrt{\frac{a}{b}}t_k\right)\sqrt{1-t_k^2} \tag{10.7.13}$$

10.7.2 误差分析

10.7.2.1 $[-1,1]$ 积分区间的 Gauss-Chebyshev 积分算法计算误差

步骤 1 Gauss-Chebyshev 积分公式 (10.7.6) 的积分误差为

$$R_n = \int_{-1}^{1}\frac{f(x)}{\sqrt{1-x^2}}\mathrm{d}x - \sum_{k=0}^{n}A_k f(x_k)$$

$$= \frac{1}{(2n+2)!}f^{(2n+2)}(\eta)\int_{-1}^{1}\frac{\tilde{T}_{n+1}^2(x)}{\sqrt{1-x^2}}\mathrm{d}x,\quad \eta\in(-1,1) \tag{10.7.14}$$

其中 $\tilde{T}_{n+1}(x) = \dfrac{1}{2^n}T_{n+1}(x)$ 为最高次项系数为 1 的 $n+1$ 次 Chebyshev 多项式.

步骤 2 由 Chebyshev 多项式的正交性可知

$$\int_{-1}^{1}\frac{T_{n+1}^2(x)}{\sqrt{1-x^2}}\mathrm{d}x = \frac{\pi}{2} \tag{10.7.15}$$

则有

$$\int_{-1}^{1}\frac{\tilde{T}_{n+1}^2(x)}{\sqrt{1-x^2}}\mathrm{d}x = \frac{\pi}{2}\times\frac{1}{2^{2n}} \tag{10.7.16}$$

步骤 3 联立式 (10.7.16) 和式 (10.7.14), 整理可得

$$R_n = \frac{2\pi}{2^{2(n+1)}(2n+2)!}f^{(2n+2)}(\eta),\quad \eta\in(-1,1) \tag{10.7.17}$$

10.7.2.2 $\left[-\sqrt{\dfrac{a}{b}}, \sqrt{\dfrac{a}{b}}\right]$ 积分区间的 Gauss-Chebyshev 积分算法计算误差

步骤 1 当积分区间为 $\left[-\sqrt{\dfrac{a}{b}}, \sqrt{\dfrac{a}{b}}\right]$ 时, 函数积分为 $\displaystyle\int_{-\sqrt{\frac{a}{b}}}^{\sqrt{\frac{a}{b}}}\frac{f(x)}{\sqrt{a-bx^2}}\mathrm{d}x$, 令 $F(t) = f\left(\sqrt{\dfrac{a}{b}}t\right)$, 则

$$\int_{-\sqrt{\frac{a}{b}}}^{\sqrt{\frac{a}{b}}}\frac{f(x)}{\sqrt{a-bx^2}}\mathrm{d}x = \frac{1}{\sqrt{b}}\int_{-1}^{1}\frac{F(t)}{\sqrt{1-t^2}}\mathrm{d}t \tag{10.7.18}$$

$$
\begin{cases}
F^{(1)}(t) = \sqrt{\dfrac{a}{b}} f^{(1)}\left(\sqrt{\dfrac{a}{b}}\, t\right) \\
\qquad\cdots\cdots \\
F^{(2n+2)}(t) = \left(\sqrt{\dfrac{a}{b}}\right)^{2n+2} f^{(2n+2)}\left(\sqrt{\dfrac{a}{b}}\, t\right)
\end{cases}
\tag{10.7.19}
$$

步骤 2 联立式 (10.7.19)、(10.7.18) 和 (10.7.17) 可得 $\left[-\sqrt{\dfrac{a}{b}}, \sqrt{\dfrac{a}{b}}\right]$ 积分区间的 Gauss-Chebyshev 积分公式 (10.7.13) 的积分误差

$$
\begin{aligned}
\tilde{R}_n &= \frac{2\pi}{\sqrt{b}\, 2^{2(n+1)}(2n+2)!} F^{(2n+2)}(\eta) \\
&= \left(\sqrt{\frac{a}{b}}\right)^{2n+2} \frac{2\pi}{\sqrt{b}\, 2^{2(n+1)}(2n+2)!} f^{(2n+2)}\left(\sqrt{\frac{a}{b}}\,\eta\right), \quad \eta \in (-1,1) \quad (10.7.20)
\end{aligned}
$$

10.7.3 算法流程

算法 10.3 Gauss-Chebyshev 积分算法

输入: 被积函数 $g(x)\left(g(x) = \dfrac{f(x)}{\sqrt{a-bx^2}}\right)$, 积分区间左端点 $-\sqrt{\dfrac{a}{b}}$, 积分区间右端点 $\sqrt{\dfrac{a}{b}}$, 参数 n(积分节点数为 $n+1$).

输出: 积分值 I.

流程:

1. 计算 $n+1$ 次 Chebyshev 多项式 $T_{n+1}(x)$ 的零点 (积分节点).

2. 计算积分节点对应的函数值以及积分系数.

3. 计算函数积分值 I.

10.7.4 算法特点

1. 选取 $n+1$ 次 Chebyshev 多项式 $T_{n+1}(x)$ 的零点作为积分节点具有 $2n+1$ 阶代数精确度.

2. 积分区间为 $[-1,1]$, 可用于求被积函数中含有因子 $\dfrac{1}{\sqrt{1-x^2}}$ 的积分值.

3. 积分区间为 $\left[-\sqrt{\dfrac{a}{b}}, \sqrt{\dfrac{a}{b}}\right]$, 可用于求被积函数中含有因子 $\dfrac{1}{\sqrt{a-bx^2}}$ 的积分值, 通过线性变换将积分区间化为 $[-1,1]$, 再利用 Gauss-Chebyshev 积分公式求解.

4. Gauss-Chebyshev 积分算法可以求解积分区间端点为奇异点的函数积分; Newton-Cotes 积分算法以及相应的复合算法则不能求解此类积分.

10.7.5 适用范围

要求:

1. 被积函数表达式已知;

2. 积分区间内无奇异点;

3. 积分区间为 $\left[-\sqrt{\dfrac{a}{b}}, \sqrt{\dfrac{a}{b}} \right]$;

4. 被积函数中含有因子 $\dfrac{1}{\sqrt{a - bx^2}}$.

例 10.3 求解下述函数,

$$f(x) = \frac{\mathrm{e}^x}{\sqrt{2 - 0.5x^2}}$$

在区间 $[-2, 2]$ 上的积分.

解 设置如下参数:

```
n = 5;
a = 2;
b = 0.5;
x_lower = -sqrt(a / b);
x_upper = sqrt(a / b);
Gauss_ Chebyshev _fun=exp(x) / sqrt(a - b * x * x);
调用函数
Gauss_Chebyshev_output = Gauss_Chebyshev_integration_general(
    x_lower,x_upper,n)
```

其中, x_lower, x_upper 分别是积分区间左端点和右端点, n 是积分区间分段数.

程序运行结果如图 10.5.

图 10.5 例 10.3 计算结果

10.8　Gauss-Laguerre 积分算法

10.8.1　算法推导

当区间为 $[0, +\infty)$, 权函数 $\rho(x) = \mathrm{e}^{-x}$ 时, 对函数集 $\{1, x, \cdots, x^m, \cdots\}$ 采用正交化方法得到的多项式集称为 Laguerre 多项式集:

$$L_0(x) = 1$$

$$L_k(x) = \mathrm{e}^x \frac{\mathrm{d}^k}{\mathrm{d}x^k} \left(x^k \mathrm{e}^{-x} \right), \quad k = 1, 2, \cdots \tag{10.8.1}$$

性质 10.10　Laguerre 多项式的正交性

$$\int_0^{+\infty} L_n(x) L_m(x) \mathrm{d}x = \begin{cases} 0, & m \neq n \\ (n!)^2, & m = n \end{cases} \tag{10.8.2}$$

性质 10.11　Laguerre 多项式的递推关系

$$L_0 = 1$$

$$L_1 = 1 - x$$

$$L_{k+1}(x) = (1 + 2k - x) L_k(x) - k^2 L_{k-1}(x), \quad k = 1, 2, \cdots \tag{10.8.3}$$

当权函数 $\rho(x) = \mathrm{e}^{-x}$, 积分区间为 $[0, +\infty)$ 时, Gauss-Laguerre 积分公式为

$$\int_0^{+\infty} \mathrm{e}^{-x} f(x) \mathrm{d}x \approx \sum_{k=0}^n A_k f(x_k) \tag{10.8.4}$$

其中 $x_0, x_1, \cdots, x_n$ 为 $n+1$ 次 Laguerre 多项式 $L_{n+1}(x)$ 的零点.

10.8.1.1　$[0, +\infty)$ 积分区间的 Gauss-Laguerre 积分算法

步骤 1　计算 Laguerre 多项式 $L_{n+1}(x)$ 的零点 $x_0, x_1, \cdots, x_n$.

步骤 2　当 $f(x) = 1, x, \cdots, x^n$ 时, 式 (10.8.4) 精确成立:

$$\begin{cases} \displaystyle\int_0^{+\infty} \mathrm{e}^{-x} \mathrm{d}x = \sum_{k=0}^n A_k \\ \displaystyle\int_0^{+\infty} \mathrm{e}^{-x} x \mathrm{d}x = \sum_{k=0}^n A_k x_k \\ \qquad\qquad \cdots\cdots \\ \displaystyle\int_0^{+\infty} \mathrm{e}^{-x} x^n \mathrm{d}x = \sum_{k=0}^n A_k x_k^n \end{cases} \tag{10.8.5}$$

步骤 3 求解线性方程组 (10.8.5) 可解得积分系数 $A_0, A_1, \cdots, A_n$.

10.8.1.2 $[b, +\infty)$ 或 $(-\infty, b]$ 积分区间的 Gauss-Laguerre 积分算法

步骤 1 当积分区间为 $[b, +\infty)$, 求积分 $\displaystyle\int_b^{+\infty} \mathrm{e}^{-ax} f(x)\mathrm{d}x, a > 0$ 时, 进行如下的线性变换:

$$x = \frac{1}{a}t + b, \quad 0 \leqslant t < +\infty, \quad b \leqslant x < +\infty \tag{10.8.6}$$

$$\int_b^{+\infty} \mathrm{e}^{-ax} f(x)\mathrm{d}x = \frac{\mathrm{e}^{-ab}}{a} \int_0^{+\infty} \mathrm{e}^{-t} f\left(\frac{1}{a}t + b\right)\mathrm{d}t \tag{10.8.7}$$

步骤 2 令被积函数 $g(x) = \mathrm{e}^{-ax} f(x)$, 则

$$f(x) = \mathrm{e}^{ax} g(x) \tag{10.8.8}$$

$$f\left(\frac{1}{a}t + b\right) = \mathrm{e}^{ab}\mathrm{e}^{t} g\left(\frac{1}{a}t + b\right) \tag{10.8.9}$$

步骤 3 联立式 (10.8.7)、(10.8.9) 和 (10.8.4) 可得 $[b, +\infty)$ 积分区间的 Gauss-Laguerre 积分公式:

$$\int_b^{+\infty} \mathrm{e}^{-ax} f(x)\mathrm{d}x \approx \frac{1}{a} \sum_{k=0}^{n} A_k \mathrm{e}^{t_k} g\left(\frac{1}{a}t_k + b\right) \tag{10.8.10}$$

其中 $t_k, k = 0, 1, \cdots, n$ 为 $n+1$ 次 Laguerre 多项式 $L_{n+1}(t)$ 的零点.

步骤 4 当积分区间为 $(-\infty, b]$, 求积分 $\displaystyle\int_{-\infty}^{b} \mathrm{e}^{-ax} f(x)\mathrm{d}x, a < 0$ 时, 进行如下的线性变换:

$$x = \frac{1}{a}t + b, \quad 0 \leqslant t < +\infty, \quad -\infty < x \leqslant b \tag{10.8.11}$$

$$\int_{-\infty}^{b} \mathrm{e}^{-ax} f(x)\mathrm{d}x = -\frac{\mathrm{e}^{-ab}}{a} \int_0^{+\infty} \mathrm{e}^{-t} f\left(\frac{1}{a}t + b\right)\mathrm{d}t \tag{10.8.12}$$

步骤 5 同理, $(-\infty, b]$ 积分区间的 Gauss-Laguerre 积分公式:

$$\int_{-\infty}^{b} \mathrm{e}^{-ax} f(x)\mathrm{d}x \approx -\frac{1}{a} \sum_{k=0}^{n} A_k \mathrm{e}^{t_k} g\left(\frac{1}{a}t_k + b\right) \tag{10.8.13}$$

其中 $t_k, k = 0, 1, \cdots, n$ 为 $n+1$ 次 Laguerre 多项式 $L_{n+1}(t)$ 的零点.

10.8.2　误差分析

10.8.2.1　$[0, +\infty)$ 积分区间的 Gauss-Laguerre 积分算法计算误差

步骤 1　Gauss-Laguerre 积分公式 (10.8.4) 的积分误差为

$$R_n = \int_0^{+\infty} \mathrm{e}^{-x} f(x)\mathrm{d}x - \sum_{k=0}^{n} A_k f(x_k)$$

$$= \frac{1}{(2n+2)!} f^{(2n+2)}(\eta) \int_0^{+\infty} L_{n+1}^2(x)\mathrm{d}x, \quad \eta \in [0, +\infty) \tag{10.8.14}$$

步骤 2　由 Laguerre 多项式的正交性可知

$$\int_0^{+\infty} L_{n+1}^2(x)\mathrm{d}x = [(n+1)!]^2 \tag{10.8.15}$$

步骤 3　将式 (10.8.15) 代入式 (10.8.14), 整理可得

$$R_n = \frac{[(n+1)!]^2}{(2n+2)!} f^{(2n+2)}(\eta), \quad \eta \in [0, +\infty) \tag{10.8.16}$$

10.8.2.2　$[b, +\infty)$ 或 $(-\infty, b]$ 积分区间的 Gauss-Laguerre 积分算法计算误差

步骤 1　当积分区间为 $[b, +\infty)$ 时, 函数积分为 $\int_b^{+\infty} \mathrm{e}^{-ax} f(x)\mathrm{d}x$, 令 $F(t) = f\left(\frac{1}{a}t + b\right)$, 则

$$\int_b^{+\infty} \mathrm{e}^{-ax} f(x)\mathrm{d}x = \frac{\mathrm{e}^{-ab}}{a} \int_0^{+\infty} \mathrm{e}^{-t} F(t)\mathrm{d}t \tag{10.8.17}$$

$$\begin{cases} F^{(1)}(t) = \frac{1}{a} f^{(1)}\left(\frac{1}{a}t + b\right) \\ \cdots\cdots \\ F^{(2n+2)}(t) = \left(\frac{1}{a}\right)^{2n+2} f^{(2n+2)}\left(\frac{1}{a}t + b\right) \end{cases} \tag{10.8.18}$$

步骤 2　联立式 (10.8.17)、(10.8.18) 和 (10.8.16) 可得 $[b, +\infty)$ 积分区间的 Gauss-Laguerre 积分公式 (10.8.10) 的积分误差:

$$\tilde{R}_n = \frac{\mathrm{e}^{-ab}}{a} \times \frac{[(n+1)!]^2}{(2n+2)!} F^{(2n+2)}(\eta)$$

$$= \frac{\mathrm{e}^{-ab}}{a^{2n+3}} \times \frac{[(n+1)!]^2}{(2n+2)!} f^{(2n+2)} \left(\frac{1}{a}\eta + b \right), \quad \eta \in (0, +\infty) \tag{10.8.19}$$

步骤 3 同理, $(-\infty, b]$ 积分区间的 Gauss-Laguerre 积分公式 (10.8.13) 的积分误差:

$$\tilde{R}_n = -\frac{\mathrm{e}^{-ab}}{a} \times \frac{[(n+1)!]^2}{(2n+2)!} F^{(2n+2)}(\eta)$$

$$= -\frac{\mathrm{e}^{-ab}}{a^{2n+3}} \times \frac{[(n+1)!]^2}{(2n+2)!} f^{(2n+2)} \left(\frac{1}{a}\eta + b \right), \quad \eta \in (0, +\infty) \tag{10.8.20}$$

10.8.3 算法流程

算法 10.4 Gauss-Laguerre 积分算法

输入: 被积函数 $g(x)$ $(g(x) = \mathrm{e}^{-ax} f(x))$, 参数 a, 积分区间下界 x_{lower}, 积分区间上界 x_{upper}, 参数 n (积分节点数为 $n+1$).

输出: 积分值 I.

流程:

1. 计算 $n+1$ 次 Laguerre 多项式 $L_{n+1}(x)$ 的零点 (积分节点).

2. 计算积分节点对应的函数值以及积分系数.

3. 计算函数积分值 I.

10.8.4 算法特点

1. 选取 $n+1$ 次 Laguerre 多项式 $L_{n+1}(x)$ 的零点作为积分节点具有 $2n+1$ 阶代数精确度.

2. 积分区间为 $[0, +\infty)$, 可用于求被积函数中含有因子 e^{-x} 的积分值.

3. 当积分区间为 $[b, +\infty)$ 或 $(-\infty, b]$, 可用于求被积函数中含有因子 e^{-ax} 的积分值, 通过线性变换将区间转化为 $[0, +\infty)$ 区间, 再利用 Gauss-Laguerre 积分公式求解.

4. 在编程实现算法时, 可提前计算好 $x_0, x_1, \cdots, x_n$ 以及 $A_0, A_1, \cdots, A_n$ 的值, 直接代入积分公式中.

10.8.5 适用范围

要求:

1. 被积函数表达式已知;

2. 积分区间内无奇异点;

3. 积分区间为 $[b, +\infty)$ 或 $(-\infty, b]$;

4. 被积函数中含有因子 e^{-ax}.

10.9 Gauss-Hermite 积分算法

10.9.1 算法推导

当区间为 $(-\infty, +\infty)$, 权函数 $\rho(x) = \mathrm{e}^{-x^2}$ 时, 对函数集 $\{1, x, \cdots, x^m, \cdots\}$ 采用正交化方法得到的多项式集称为 Hermite 多项式集:

$$H_0(x) = 1$$

$$H_k(x) = (-1)^n \mathrm{e}^{x^2} \frac{\mathrm{d}^k}{\mathrm{d}x^k} \left(\mathrm{e}^{-x^2} \right), \quad k = 1, 2, \cdots \tag{10.9.1}$$

性质 10.12 Hermite 多项式的正交性

$$\int_{-\infty}^{+\infty} \mathrm{e}^{-x^2} H_n(x) H_m(x) \mathrm{d}x = \begin{cases} 0, & m \neq n \\ 2^n n! \sqrt{\pi}, & m = n \end{cases} \tag{10.9.2}$$

性质 10.13 Hermite 多项式的递推关系

$$H_0(x) = 1$$

$$H_1(x) = 2x$$

$$H_{k+1}(x) = 2x H_k(x) - 2n H_{k-1}(x), \quad k = 1, 2, \cdots \tag{10.9.3}$$

当权函数 $\rho(x) = \mathrm{e}^{-x^2}$, 积分区间为 $(-\infty, +\infty)$ 时, Gauss-Hermite 积分公式为

$$\int_{-\infty}^{+\infty} \mathrm{e}^{-x^2} f(x) \mathrm{d}x \approx \sum_{k=0}^{n} A_k f(x_k) \tag{10.9.4}$$

其中 $x_0, x_1, \cdots, x_n$ 为 $n+1$ 次 Hermite 多项式 $H_{n+1}(x)$ 的零点.

步骤 1 计算 Hermite 多项式 $H_{n+1}(x)$ 的零点 $x_0, x_1, \cdots, x_n$.

步骤 2 当 $f(x) = 1, x, \cdots, x^n$ 时, 式 (10.9.4) 精确成立:

$$\begin{cases} \displaystyle\int_{-\infty}^{+\infty} \mathrm{e}^{-x^2} \mathrm{d}x = \sum_{k=0}^{n} A_k \\ \displaystyle\int_{-\infty}^{+\infty} \mathrm{e}^{-x^2} x \mathrm{d}x = \sum_{k=0}^{n} A_k x_k \\ \qquad\qquad \cdots\cdots \\ \displaystyle\int_{-\infty}^{+\infty} \mathrm{e}^{-x^2} x^n \mathrm{d}x = \sum_{k=0}^{n} A_k x_k^n \end{cases} \tag{10.9.5}$$

步骤 3 求解线性方程组 (10.9.5) 可解得积分系数 $A_0, A_1, \cdots, A_n$.

10.9.2 误差分析

步骤 1 Gauss-Hermite 积分公式 (10.9.4) 的积分误差为

$$R_n = \int_{-\infty}^{+\infty} \mathrm{e}^{-x^2} f(x) \mathrm{d}x - \sum_{k=0}^{n} A_k f(x_k)$$

$$= \frac{1}{(2n+2)!} f^{(2n+2)}(\eta) \int_{-\infty}^{+\infty} \tilde{H}_{n+1}^2(x) \mathrm{d}x, \quad \eta \in (-\infty, +\infty) \qquad (10.9.6)$$

其中 $\tilde{H}_{n+1}(x) = \dfrac{1}{2^{n+1}} H_{n+1}(x)$ 为最高次项系数为 1 的 Hermite 多项式.

步骤 2 由 Hermite 多项式的正交性可知

$$\int_{0}^{+\infty} H_{n+1}^2(x) \mathrm{d}x = 2^{n+1}(n+1)! \sqrt{\pi} \qquad (10.9.7)$$

则有

$$\int_{0}^{+\infty} \tilde{H}_{n+1}^2(x) \mathrm{d}x = \frac{(n+1)! \sqrt{\pi}}{2^{n+1}} \qquad (10.9.8)$$

步骤 3 将式 (10.9.8) 代入式 (10.9.6), 整理可得

$$R_n = \frac{(n+1)! \sqrt{\pi}}{2^{n+1}(2n+2)!} f^{(2n+2)}(\eta), \quad \eta \in (-\infty, +\infty) \qquad (10.9.9)$$

10.9.3 算法流程

算法 10.5 Gauss-Hermite 积分算法

输入: 被积函数 $g(x)(g(x) = \mathrm{e}^{-x^2} f(x))$, 参数 n (积分节点数为 $n+1$).

输出: 积分值 I.

流程:

1. 计算 $n+1$ 次 Hermite 多项式 $H_{n+1}(x)$ 的零点 (积分节点).

2. 计算积分节点对应的函数值以及积分系数.

3. 计算函数积分值 I.

10.9.4 算法特点

1. 选取 $n+1$ 次 Hermite 多项式 $H_{n+1}(x)$ 的零点作为积分节点具有 $2n+1$ 阶代数精度.

2. 积分区间为 $(-\infty, +\infty)$, 可用于求被积函数中含有因子 e^{-x^2} 的积分值.

3. 编程实现算法时, 可计算好 $x_0, x_1, \cdots, x_n$ 以及 $A_0, A_1, \cdots, A_n$ 的值, 直接代入积分公式中.

4. 积分节点关于原点对称且绝对值相同的积分节点对应的积分系数相同.

10.9.5　适用范围

要求:

1. 被积函数表达式已知;

2. 积分区间内无奇异点;

3. 积分区间为 $(-\infty, +\infty)$;

4. 被积函数中含有因子 e^{-x^2}.

10.10　分段 Newton-Cotes 积分算法

10.10.1　算法推导

由于 Newton-Cotes 公式在 $n \geqslant 8$ 时具有不稳定性, 因此不能通过提高阶的方法来提高求积分精度. 为了提高精度, 将 $n+1$ 个积分节点进行分段, 每段含 $m+1$ 个积分节点, 然后在每段上使用 $m+1$ 点 Newton-Cotes 公式求解后再求和. 这种方法称为分段 Newton-Cotes 积分算法.

步骤 1　求取分段数 $p = n/m$ 向下取整, 并获得余数 r;

步骤 2　依次选取 $m+1$ 个积分节点将所有节点分为 p 段 $\{x_0, x_1, \cdots, x_m\}$, $\{x_m, x_{m+1}, \cdots, x_{2m}\}, \cdots$, 并在每一段内使用 $m+1 (m < 8)$ 点 Newton-Cotes 公式进行积分计算;

步骤 3　当余数 r 不为零时, 在最后的 $r+1$ 个节点 $\{x_{n-r}, x_{n-r+1}, \cdots, x_n\}$ 构成的段上使用 $r+1 (r < m)$ 点 Newton-Cotes 公式进行积分计算;

步骤 4　将每段内的积分值求和可以得到整个积分区间的积分值.

10.10.2　算法流程

算法 10.6　分段 Newton-Cotes 积分算法

输入: 积分节点 $x_k (i = 0, 1, \cdots, n)$, 积分节点上的函数值 $f(x_k)$, 参数 m (等分子区间的点数为 $m+1$).

输出: 积分值 I.

流程:

1. 求取分段数 $p = n/m$ 向下取整, 获得余数 r.

2. 将积分点进行分段, 依次选取 $m+1$ 个节点作为一段, 当 $r \neq 0$ 时, 最

后一段含 $r+1$ 个节点.

3. 在每一段上利用 m 阶或 $r(r < m)$ 阶 Newton-Cotes 公式计算该段上的积分值.

4. 将每段的积分值相加得到 I 并输出.

10.10.3 算法特点

分段积分算法的分段思想与连续分段的插值算法类似.

10.10.4 适用范围

要求:

1. 积分节点等距分布;

2. $m < 8$.

例 10.4 振荡电流在一个周期内平均值可能为 0, 但是这样的电流还是能够做功和产生热量, 机电工程中常用电流的有效值 (RMS 或者平方根电流) 来刻画电流的特征如下:

$$I_{\text{RMS}} = \sqrt{\frac{1}{T} \int_0^T i^2(t) \, dt}$$

其中 T 为周期, $i(t)$ 为电流瞬时值. 假设有如图 10.6 所示分布的电流, 计算 $T = 1 \text{ s}$ 时, 该电流的有效值.

$$i(t) = \begin{cases} 10e^{-t/T} \sin\left(2\pi \dfrac{t}{T}\right), & 0 \leqslant t < \dfrac{T}{2} \\ 0, & \dfrac{T}{2} \leqslant t \leqslant T \end{cases}$$

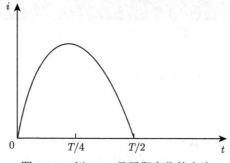

图 10.6 例 10.4 呈周期变化的电流

解 设置如下参数:

```
n = 30;
m = 3;
x_lower = 0;
x_upper = 0.5;
x_step = (x_upper - x_lower) / (n - 1);
for(index = 0; index < n; index++)
{
x_integration [index] = x_lower + index * x_step;
y_integration[index]=pow(10*exp(-1.0*x_integration[index])*sin
    (2.0*3.1415926*x_integration [index]),2);
}
```
调用函数
```
Piecewise_Newton_Cotes_output=Piecewise_Newton_Cotes_integration(
    x_integration,y_integration, m)
```

其中, x_integration, y_integration 分别是积分节点坐标向量和函数值向量, m 是积分子区间分段数.

程序运行结果如图 10.7.

图 10.7　例 10.4 计算结果

10.11　复合 Newton-Cotes 积分算法

10.11.1　算法推导

由于 Newton-Cotes 公式在 $n \geqslant 8$ 时不具有稳定性, 因此不能通过提高阶的方法来提高求积分精度. 为了提高精度, 把积分区间分成若干子区间 (通常为等分), 在每个子区间上用低阶积分公式求解后再求和. 这种方法称为复合 Newton-Cotes 积分算法.

将积分区间 $[a, b]$ 划分为 N 等份, 分点为 $x_j = a + jh$, $h = \dfrac{b - a}{N}$, $j = 0, 1, \cdots, N$, 然后将每个子区间 $[x_j, x_{j+1}], j = 0, 1, \cdots, N - 1$ 划分为 $n(n < 8)$ 等份, 分别采用低阶 Newton-Cotes 积分公式 (10.4.4) 求解该子区间内的积分值, 最后求和可以得到整个积分区间的积分值.

10.11.2　算法流程

算法 10.7　复合 Newton-Cotes 积分算法

> 输入: 被积函数 $f(x)$, 积分区间 $[a, b]$, 区间等分数 N, Newton-Cotes 积分公式阶数 n.
>
> 输出: 积分值 I.
>
> 流程:
>
> 1. 将积分区间 $[a, b]$ 划分为 N 等份, 获得 N 个子区间 $[x_j, x_{j+1}]$, $j = 0, 1, \cdots, N - 1$.
> 2. 将每个子区间 $[x_j, x_{j+1}]$ 划分为 n 等份, 由公式 (10.4.4) 求得该子区间上的积分值.
> 3. 将每个子区间上的积分值相加得到 I 并输出.

10.11.3　算法特点

复合 Newton-Cotes 积分算法中, 常用的是复合梯形公式 T_n 和复合 Simpson 公式 S_n:

$$T_n = \frac{h}{2} \left[f(a) + 2 \sum_{j=1}^{N-1} f(x_j) + f(b) \right] \tag{10.11.1}$$

$$S_n = \frac{h}{6} \left[f(a) + 4 \sum_{j=0}^{N-1} f(x_{j+1/2}) + 2 \sum_{j=1}^{N-1} f(x_j) + f(b) \right] \tag{10.11.2}$$

其中 $x_{j+1/2} = x_j + \dfrac{1}{2}h$.

10.11.4　适用范围

要求:
1. 被积函数表达式已知;
2. 积分区间内无奇异点.

10.12   复合 Gauss-Legendre 积分算法

10.12.1   算法推导

Gauss-Legendre 积分算法随着积分区间增大精度有所降低, 为了提高精度需要采用多积分节点 Gauss-Legendre 积分算法, 由于 $n+1$ 个积分节点为 $n+1$ 次 Legendre 多项式的零点 (Legendre 多项式次数越高零点越难获得). 为了提高积分精度, 把积分区间分成若干子区间 (通常为等分), 在每个子区间上用低阶 Gauss-Legendre 积分算法求解后再求和. 这种方法称为复合 Gauss-Legendre 积分算法.

步骤 1   假设被积函数为 $f(x)$, 积分区间为 $[a,b]$.

步骤 2   将积分区间 $[a,b]$ 划分为 N 等份, 分点为 $x_j = a + jh$, $h = \dfrac{b-a}{N}$, $j = 0, 1, \cdots, N$. 在各子区间 $[x_j, x_{j+1}], j = 0, 1, \cdots, N-1$ 采用 $n+1$ 点的 Gauss-Legendre 积分公式, 由式 (10.6.11) 可知

$$\int_{x_j}^{x_{j+1}} f(x)\mathrm{d}x \approx \frac{h}{2} \sum_{k=0}^{n} A_k f\left(\frac{h}{2}t_k + x_j + \frac{h}{2}\right) \tag{10.12.1}$$

其中 $t_k, k = 0, 1, \cdots, n$ 为 $n+1$ 次 Legendre 多项式 $P_{n+1}(t)$ 的零点.

步骤 3   将各子区间的积分值累加可得 $\displaystyle\int_a^b f(x)\mathrm{d}x$ 的函数积分值:

$$\int_a^b f(x)\mathrm{d}x \approx \frac{h}{2} \sum_{j=0}^{N-1} \sum_{k=0}^{n} A_k f\left(\frac{h}{2}t_k + x_j + \frac{h}{2}\right) \tag{10.12.2}$$

10.12.2   计算误差

步骤 1   由式 (10.6.18) 可知在子区间 $[x_j, x_{j+1}], j = 0, 1, \cdots, N-1$ 上积分公式 (10.12.1) 的计算误差:

$$\tilde{R}_{jn} = \left(\frac{h}{2}\right)^{2n+3} \frac{2^{2n+3}\left[(n+1)!\right]^4}{(2n+3)\left[(2n+2)!\right]^3} f^{(2n+2)}\left(\frac{h}{2}\eta_j + x_j + \frac{h}{2}\right), \quad \eta_j \in (-1,1) \tag{10.12.3}$$

步骤 2   将各子区间的积分计算误差累加可得积分公式 (10.12.2) 的计算误差为

$$\tilde{R}_n = \sum_{j=0}^{N-1} \tilde{R}_{jn} = \frac{b-a}{2}\left(\frac{h}{2}\right)^{2n+2} \frac{2^{2n+3}\left[(n+1)!\right]^4}{(2n+3)\left[(2n+2)!\right]^3}$$

$$\times f^{(2n+2)}\left(\frac{b-a}{2}\eta+\frac{a+b}{2}\right),\quad \eta\in(-1,1) \tag{10.12.4}$$

10.12.3 算法流程

算法 10.8 复合 Gauss-Legendre 积分算法

输入: 被积函数 $f(x)$, 积分区间左端点 a, 右端点 b, 分段区间数 N, 参数 n (积分节点数为 $n+1$).

输出: 积分值 I.

流程:

1. 计算 $n+1$ 次 Legendre 多项式 $P_{n+1}(t)$ 的零点以及相应的积分系数.

2. for index $=0:N-1$

调用 Gauss-Legendre 积分算法, 计算 $f(x)$ 在子区间 $[x_{\text{index}},$ $x_{\text{index}+1}]$ 上积分值 I_{index}.

$I=I+I_{\text{index}}$.

end for

10.12.4 算法特点

1. 选取 $n+1$ 次 Legendre 多项式 $P_{n+1}(x)$ 的零点作为积分节点的复合 Gauss-Legendre 积分算法具有 $2n+1$ 阶代数精确度.

2. 编程实现算法时, 可提前计算好 $t_0,t_1,\cdots,t_n$ ($n+1$ 次 Legendre 多项式 $P_{n+1}(t)$ 的零点) 以及 $A_0,A_1,\cdots,A_n$ 的值, 直接代入积分公式中.

3. 计算误差式 (10.12.4) 表明分段求函数 $f(x)$ 在区间 $[a,b]$ 上积分值比直接求 $f(x)$ 在区间 $[a,b]$ 上积分值的误差更小.

10.12.5 适用范围

要求:

1. 被积函数表达式已知;

2. 积分区间内无奇异点.

例 10.5 求解例 10.4 中的积分.

解 设置如下参数:

```
N = 30;
n = 3;
x_lower = 0;
x_upper = 0.5;
调用函数
```

```
Composite_Gauss_Legendre_output =
    Composite_Gauss_Legendre_integration(x_lower, x_upper, N, n)
```

其中, x_lower, x_upper 分别是积分区间的左端点和右端点.

程序运行结果如图 10.8.

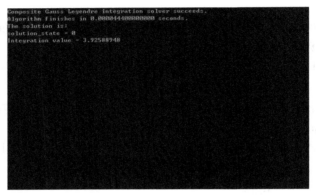

图 10.8　例 10.5 计算结果

10.13　Romberg 积分算法

10.13.1　算法推导

龙贝格 (Romberg) 积分算法包括以下几个步骤.

步骤 1　应用 Richardson 外推法. 设 $f(x) \in C^\infty[a,b]$, $T(h)$ 为 $f(x)$ 在区间 $[a,b]$ 上的积分值 I 的近似, 且误差为

$$I - T(h) = \alpha_2 h^2 + \alpha_4 h^4 + \alpha_6 h^6 + \cdots \tag{10.13.1}$$

其中 h 为步长, $\alpha_i(i = 2, 4, 6, \cdots)$ 是与 h 无关的常数, 则 I 可以表示为

$$I = T_m(h) + O(h^{2(m+1)}), \quad m = 0, 1, 2, \cdots \tag{10.13.2}$$

其中 $T_m(h)$ 满足以下递推关系式:

$$\begin{cases} T_0(h) = T(h) \\ T_m(h) = \dfrac{4^m T_{m-1}(h/2) - T_{m-1}(h)}{4^m - 1}, \quad m = 1, 2, \cdots \end{cases} \tag{10.13.3}$$

步骤 2　设被积函数 $f(x) \in C^\infty[a,b]$, 则 n 等分的复合梯形公式 (10.11.1) 可以表示成以下形式 (记为 $T_0(h)$):

$$T_0(h) = T_n = I + \alpha_2 h^2 + \alpha_4 h^4 + \cdots \tag{10.13.4}$$

其中 I 表示积分真值, 步长 $h = (b-a)/n$, 系数 $\alpha_i\,(i=2,4,6,\cdots)$ 与 h 无关.

Romberg 积分算法是在梯形公式的基础上应用 Richardson 外推法导出的.

步骤 3 以 $T_0^{(k)}$ 表示二分 k 次的梯形计算公式, 由外推算法可导出如下的 **Romberg 积分公式**:

$$T_m^{(k)} = \frac{4^m T_{m-1}^{(k+1)} - T_{m-1}^{(k)}}{4^m - 1}, \quad k = 1, 2, \cdots \tag{10.13.5}$$

其中 $T_m^{(k)}$ 表示序列 $\left\{T_0^{(k)}\right\}$ 的 m 次加速值.

对于梯形计算公式 $T_0^{(k)}$, 若在第 k 次的基础上再二分一次, 在每个子区间上用梯形公式求得积分值后相加可以得到二分 $k+1$ 次的梯形值:

$$T_0^{(k+1)} = \frac{1}{2}T_0^{(k)} + \frac{b-a}{2^k} \sum_{j=0}^{k} f(x_{j+1/2}) \tag{10.13.6}$$

其中 $x_{j+1/2}(j=0,1,\cdots,k)$ 表示第 k 次二分得到的子区间的中点.

10.13.2 算法流程

算法 10.9 Romberg 积分算法

输入: 被积函数 $f(x)$, 积分区间 $[a,b]$, 求积精度 ε, 最大加速次数 $m_{\max}$.

输出: 积分值 I.

流程:

1. 取 $m=0$, $h=b-a$, 求 $T_0^{(0)} = \frac{h}{2}[f(a)+f(b)]$.

2. for $m = 1 : m_{\max}$

    (1) 按梯形递推公式 (10.13.6) 计算 $T_0^{(m)}$;

    (2) 按 Romberg 积分公式 (10.13.5) 计算 $T_j^{(m-j)}(j=1,2,\cdots,m)$;

    (3) if $\left|T_m^{(0)} - T_{m-1}^{(0)}\right| < \varepsilon$, then 终止计算.

       end if

   end for

3. 输出积分值 $I = T_m^{(0)}$.

10.13.3 算法特点

1. 在等距积分节点上, Romberg 积分算法采用把积分区间逐次分半的方法计算积分值, 前一次分割得到的函数值仍然被利用, 且易于编程实现.

2. Romberg 积分算法的外推过程如表 10.3 所示.

表 10.3   Romberg 算法的外推过程

k	h	$T_0^{(k)}$	$T_1^{(k)}$	$T_2^{(k)}$	$T_3^{(k)}$	$\cdots$	$T_m^{(k)}$
0	$b-a$	$T_0^{(0)}$					
1	$\dfrac{b-a}{2}$	$T_0^{(1)} \overset{①}{\rightarrow}$	$T_1^{(0)}$				
2	$\dfrac{b-a}{2^2}$	$T_0^{(2)} \overset{②}{\rightarrow}$	$T_1^{(1)} \overset{③}{\rightarrow}$	$T_2^{(0)}$			
3	$\dfrac{b-a}{2^3}$	$T_0^{(3)} \overset{④}{\rightarrow}$	$T_1^{(2)} \overset{⑤}{\rightarrow}$	$T_2^{(1)} \overset{⑥}{\rightarrow}$	$T_3^{(0)}$		
$\vdots$		$\vdots$	$\vdots$	$\vdots$	$\vdots$	$\ddots$	
m	$\dfrac{b-a}{2^m}$	$T_0^{(m)} \rightarrow$	$T_1^{(m-1)} \rightarrow$	$T_2^{(m-2)} \rightarrow$	$\cdots$	$\cdots \quad \rightarrow$	$T_m^{(0)}$

表 10.3 中, k 表示将步长 h 二分的次数, m 表示加速次数, 序号表示外推过程. 算法终止的条件为两次计算结果之差小于设定的求导精度: $\left| T_m^{(0)} - T_{m-1}^{(0)} \right| < \varepsilon$. 在实际编程计算时, 无需存储表 10.3 中的全部数据, 只需开辟一个列向量即可.

3. 当被积函数充分光滑时, 表 10.3 中每一列元素以及对角线元素均收敛到积分值.

4. 对于被积函数不充分光滑的情况, Romberg 积分算法收敛较慢.

10.13.4   适用范围

要求被积函数表达式已知.

例 10.6   求解下述函数

$$f(x) = \frac{\sin(x)}{x}$$

在区间 $[3.3, 6.0]$ 上的积分.

解   设置如下参数:

```
x_lower=3.3;
x_upper=6.0;
m_max=20;
调用函数Romberg_output=Romberg_integration(x_lower, x_upper, m_max)
```

其中, x_lower, x_upper 分别是积分区间的左端点和右端点, m_max 为最大加速次数.

程序运行结果如图 10.9.

图 10.9 例 10.6 计算结果

10.14 自适应变步长积分算法

10.14.1 算法推导

如果在积分区间 $[a, b]$ 中被积函数在一部分区间上函数值变化剧烈, 另一部分变化平稳, 此时若采用复合积分公式计算, 为了提高求积分精度必须增大区间的等分段数 (减小积分步长), 使得积分计算量增大.

针对这类问题, 在满足积分精度的前提下, 对函数值变化平稳的区间采用大步长积分, 对函数值变化剧烈的区间采用小步长积分, 这种方法称为自适应变步长积分方法.

已知函数 $f(x)$ 以及其 Lagrange 插值函数 $L_n(x)$, 由 Lagrange 插值余项表达式可知插值余项为

$$R_n(x) = f(x) - L_n(x) = \frac{f^{(n+1)}\left(\tilde{\xi}(x)\right)}{(n+1)!} \omega_{n+1}(x), \quad \tilde{\xi}(x) \in (a, b) \qquad (10.14.1)$$

则 Newton-Cotes 积分公式 (10.4.4) 的积分余项为

$$R_n = \int_a^b [f(x) - L_n(x)]\,\mathrm{d}x = \int_a^b \frac{f^{(n+1)}\left(\tilde{\xi}(x)\right)}{(n+1)!} \omega_{n+1}(x)\mathrm{d}x, \quad \tilde{\xi}(x) \in (a, b)$$

$$(10.14.2)$$

当 $n = 2$ 时, Simpson 积分公式 (三点 Newton-Cotes 积分公式) 具有 3 阶代数精确度, 其数值计算误差 (其他方法给出) 为

$$R_2 = \frac{f^{(4)}(\xi)}{4!} \int_a^b (x - a)\left(x - \frac{a+b}{2}\right)^2 (x - b)\,\mathrm{d}x$$

$$= -\frac{(b-a)^5}{2880} f^{(4)}(\xi), \quad \xi \in (a,b) \tag{10.14.3}$$

当 $n = 3$ 时, 四点 Newton-Cotes 积分公式具有 3 阶代数精确度, 由式 (10.14.2) 可知, 其数值计算误差为

$$R_3 = \frac{f^{(4)}(\xi)}{4!} \int_a^b (x-a)\left(x - \frac{2a+b}{2}\right)^2$$

$$= \frac{(b-a)^5}{6480} f^{(4)}(\xi), \quad \xi \in (a,b) \tag{10.14.4}$$

10.14.1.1　自适应 Simpson 积分算法

步骤 1　被积函数 $f(x)$ 在区间 $[a,b]$ 上积分, 取步长 $h = b-a$, 应用 Simpson 公式:

$$I = \int_a^b f(x)\mathrm{d}x = S_1(a,b) - \frac{b-a}{180}\left(\frac{h}{2}\right)^4 f^{(4)}(\xi_1), \quad \xi_1 \in (a,b) \tag{10.14.5}$$

$$S_1(a,b) = \frac{h}{6}\left[f(a) + 4f\left(\frac{b+a}{2}\right) + f(b)\right] \tag{10.14.6}$$

步骤 2　将区间 $[a,b]$ 二等分, 步长 $h_2 = \frac{h}{2}$, 在各子区间应用 Simpson 公式:

$$I = S_2(a,b) - \frac{b-a}{180}\left(\frac{h_2}{2}\right)^4 f^{(4)}(\xi_2), \quad \xi_2 \in (a,b) \tag{10.14.7}$$

$$S_2(a,b) = S_{21}\left(a, \frac{a+b}{2}\right) + S_{22}\left(\frac{a+b}{2}, b\right)$$

$$S_{21}\left(a, \frac{a+b}{2}\right) = \frac{h_2}{6}\left[f(a) + 4f\left(a+\frac{h}{4}\right) + f\left(a+\frac{h}{2}\right)\right]$$

$$S_{22}\left(\frac{a+b}{2}, b\right) = \frac{h_2}{6}\left[f\left(a+\frac{h}{2}\right) + 4f\left(a+\frac{3h}{4}\right) + f(b)\right] \tag{10.14.8}$$

步骤 3　假设 $f^{(4)}(x)$ 在 (a,b) 上变化不大, $f^{(4)}(\xi_1) \approx f^{(4)}(\xi_2)$, 可得

$$|I - S_2(a,b)| \approx \frac{1}{15}|S_2(a,b) - S_1(a,b)| \tag{10.14.9}$$

步骤 4　设 ε 为给定的积分精度, 若满足

$$|S_2(a,b) - S_1(a,b)| < \varepsilon \tag{10.14.10}$$

则有

$$|I - S_2(a,b)| < \frac{\varepsilon}{15} \tag{10.14.11}$$

步骤 5 若式 (10.14.10) 成立, 则 $S_2(a,b)$ 满足积分精度要求; 否则继续对区间 $[a,b]$ 的各子区间二等分, 同时等分子区间的精度要求 ε 减半, 直到满足积分精度要求为止.

步骤 6 若 $S_2(a,b)$ 满足积分精度要求, 则采用 Romberg 积分方法 (再次提高积分精度)

$$RS = S_2(a,b) + \frac{S_2(a,b) - S_1(a,b)}{15} \tag{10.14.12}$$

10.14.1.2 自适应四点 Newton-Cotes 积分算法

步骤 1 被积函数 $f(x)$ 在区间 $[a,b]$ 上积分, 取步长 $h = b-a$, 应用 Simpson 公式

$$I = \int_a^b f(x)\mathrm{d}x = S_1(a,b) - \frac{b-a}{80}\left(\frac{h}{3}\right)^4 f^{(4)}(\xi_1), \quad \xi_1 \in (a,b) \tag{10.14.13}$$

$$S_1(a,b) = \frac{h}{8}\left[f(a) + 3f\left(\frac{2a+b}{3}\right) + 3f\left(\frac{a+2b}{3}\right) + f(b)\right] \tag{10.14.14}$$

步骤 2 将区间 $[a,b]$ 三等分, 步长 $h_2 = \dfrac{h}{3}$, 在各子区间应用 Simpson 公式

$$I = S_2(a,b) - \frac{b-a}{80}\left(\frac{h_2}{3}\right)^{(4)} f^{(4)}(\xi_2), \quad \xi_2 \in (a,b) \tag{10.14.15}$$

$$S_2(a,b) = S_{21}\left(a, \frac{2a+b}{3}\right) + S_{22}\left(\frac{2a+b}{3}, \frac{a+2b}{3}\right) + S_{23}\left(\frac{a+2b}{3}, b\right) \tag{10.14.16}$$

其中 $S_{21}\left(a, \dfrac{2a+b}{3}\right)$, $S_{22}\left(\dfrac{2a+b}{3}, \dfrac{a+2b}{3}\right)$, $S_{23}\left(\dfrac{a+2b}{3}, b\right)$ 分别为区间 $\left[a, \dfrac{2a+b}{3}\right]$, $\left[\dfrac{2a+b}{3}, \dfrac{a+2b}{3}\right]$, $\left[\dfrac{a+2b}{3}, b\right]$ 的四点 Newton-Cotes 积分值.

步骤 3 假设 $f^{(4)}(x)$ 在 (a,b) 上变化不大, $f^{(4)}(\xi_1) \approx f^{(4)}(\xi_2)$, 可得

$$|I - S_2(a,b)| \approx \frac{1}{80}|S_2(a,b) - S_1(a,b)| \tag{10.14.17}$$

步骤 4 设 ε 为给定的积分精度, 若满足

$$|S_2(a,b) - S_1(a,b)| < \varepsilon \tag{10.14.18}$$

则有

$$|I - S_2(a,b)| < \frac{\varepsilon}{80} \qquad (10.14.19)$$

步骤 5   若式 (10.14.18) 成立, 则 $S_2(a,b)$ 满足积分精度要求; 否则继续对区间 $[a,b]$ 的各子区间三等分, 同时等分子区间的精度要求 ε 变为原来的三分之一, 直到满足积分精度要求为止.

步骤 6   若 $S_2(a,b)$ 满足积分精度要求, 则采用 Romberg 积分方法 (再次提高积分精度)

$$RS = S_2(a,b) + \frac{S_2(a,b) - S_1(a,b)}{80} \qquad (10.14.20)$$

10.14.2   算法流程

算法 10.10   自适应 Simpson 积分算法

> 输入: 被积函数 $f(x)$, 积分区间左端点 a, 右端点 b, 积分精确度 ε.
> 输出: 积分值 I.
> 流程:
> 1. 步长 $h = b - a$, 计算 S_1.
> 2. 步长 $h = h/2$, 计算 S_2.
> 3. if $(|S_1 - S_2| < \varepsilon)$
>   采用 Romberg 积分算法;
>   return 积分值;
>   else
>   步长减半, 积分精度减半;
>   递归调用函数, 计算区间 $(a, (a+b)/2)$ 的积分值;
>   递归调用函数, 计算区间 $((a+b)/2, b)$ 的积分值.
>   end if

算法 10.11   自适应四点 Newton-Cotes 积分算法

> 输入: 被积函数 $f(x)$, 积分区间左端点 a, 右端点 b, 积分精度 ε.
> 输出: 积分值 I.
> 流程:
> 1. 步长 $h = b - a$, 计算 S_1.
> 2. 步长 $h = h/3$, 计算 S_2.
> 3. if $(|S_1 - S_2| < \varepsilon)$
>   采用 Romberg 积分算法;

```
            return 积分值;
        else
            步长 h = h/3, 积分精度 ε = ε/3;
            递归调用函数, 计算区间 [a, (2a + b)/3] 的积分值;
            递归调用函数, 计算区间 [(2a + b)/3, (a + 2b)/3] 的积分值;
            递归调用函数, 计算区间 [(a + 2b)/3, b] 的积分值.
        end if
```

10.14.3　算法特点

1. 自适应积分方法在积分过程中, 在函数值变化剧烈的区间积分步长较小, 满足了精度的要求; 函数值变化平稳的区间积分步长较大, 在满足积分精度的同时减少了计算量.

2. 实现自适应变步长积分算法, 需要采用函数的递归调用方法, 不断调用该函数本身.

3. 自适应 Simpson 算法递归调用时, 每调用一次步长减半, 积分精度减半; 当函数开始返回计算时, 每返回一次步长由原来加倍, 积分精度由原来加倍; 同时需要累加每个子区间的积分值.

4. 自适应四点 Newton-Cotes 积分算法递归调用时, 每调用一次步长变为原来的三分之一, 积分精度变为原来的三分之一; 当函数开始返回计算时, 每返回一次步长变为原来的三倍, 积分精度变为原来的三倍; 同时需要累加每个子区间的积分值.

5. 前后两次递归调用时, 可以充分利用前一次计算的函数值 $f(a), \cdots, f(b)$ 传递给后一次函数调用时使用, 可以提高计算效率.

10.14.4　适用范围

要求:

1. 被积函数表达式已知;

2. 积分区间内无奇异点.

例 10.7　求解下述函数

$$f(x) = x \sin(x)$$

在区间 $[-2, 1]$ 上的积分.

解　设置如下参数:

```
a = -2;
b = 1;
```

```
tolerance = 1e-8;
```
调用函数 Adaptive_Simpson_output = Adaptive_Simpson_integration(a,b,
   tolerance)

其中, a, b 分别是积分区间的左端点和右端点, tolerance 为积分精度.

程序运行结果如图 10.10.

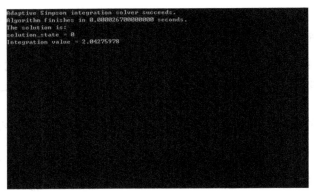

图 10.10   例 10.7 计算结果

10.15   Visual Studio 软件数值积分算法调用说明

数值积分算法基本调用方法及参数说明见表 10.4.

表 10.4   数值积分算法基本调用方法及参数说明

Newton-Cotes 积分算法	Newton_Cotes_output=Newton_Cotes_integration(x_integration, y_integration)
Gauss-Legendre 积分算法	Gauss_Legendre_output = Gauss_Legendre_integration(a, b, n)
Gauss-Chebyshev 积分算法	Gauss_Chebyshev_output=Gauss_Chebyshev_integration_general(x_lower, x_upper, n)
分段 Newton-Cotes 积分算法	Piecewise_Newton_Cotes_output=Piecewise_Newton_Cotes_integration (x_integration, y_integration, m)
复合 Newton-Cotes 积分算法	Composite_Newton_Cotes_output=Composite_Newton_Cotes_integration (x_lower, x_upper, N, n)
复合 Newton-Cotes 积分算法	Composite_Gauss_Legendre_output=Composite_Gauss_Legendre_integration (x_lower, x_upper, N, n)
Romberg 积分算法	Romberg_output = Romberg_integration(x_lower, x_upper, m_max)

续表

自适应变步长 积分算法	Adaptive_Simpson_output = Adaptive_Simpson_integration(a, b, tolerance)
输入参数说明	a, b, x_lower, x_upper: 积分区间的左端点和右端点 m_max: 最大加速次数 m: 积分子区间分段数 n: 积分区间分段数 N: 分段区间数 tolerance: 积分精度
输出参数说明	Newton_Cotes_output: 结构体变量, 包含求解结果 Gauss_Legendre_output: 结构体变量, 包含求解结果 Gauss_Chebyshev_output: 结构体变量, 包含求解结果 Piecewise_Newton_Cotes_output: 结构体变量, 包含求解结果 Composite_Newton_Cotes_output: 结构体变量, 包含求解结果 Composite_Gauss_Legendre_output: 结构体变量, 包含求解结果 Romberg_output: 结构体变量, 包含求解结果 Adaptive_Simpson_output: 结构体变量, 包含求解结果

10.16 小 结

本章介绍了计算积分的数值算法, 主要有 Newton-Cotes 积分算法、Gauss 积分算法 (包括 Gauss-Legendre 积分算法、Gauss-Chebyshev 积分算法、Gauss-Laguerre 积分算法、Gauss-Hermite 积分算法)、分段 Newton-Cotes 积分算法、复合 Newton-Cotes 积分算法、复合 Gauss-Legendre 积分算法、Romberg 积分算法、自适应变步长积分算法. 本章对每个算法进行了推导, 梳理了流程, 归纳了特点和适用范围; 此外, 还给出了 Visual Studio 软件中相关算法命令的调用方法.

参 考 文 献

韩旭里, 2011. 数值分析[M]. 北京: 高等教育出版社.

李庆扬, 王能超, 易大义, 2001. 数值分析[M]. 4 版. 北京: 清华大学出版社.

林成森, 2007. 数值分析[M]. 北京: 科学出版社.

孙海涛, 王元汉, 2007. 基于节点计算的自适应数值积分及其程序实现 [J]. 岩土力学, 28(5): 995-1000.

杨录峰, 马宁, 赵双锁, 2011. 一种变步长和变阶计算的自适应数值积分算法 [J]. 云南民族大学学报 (自然科学版), 20(1): 32-36, 41.

曾玉华, 蒋光彪, 2005. 一种自适应的四阶 Newton-Cotes 求积方法 [J]. 数学理论与应用, 25(4): 68-69.

张池平, 施云慧, 2002. 计算方法[M]. 北京: 科学出版社.

张德丰, 2007. Matlab 数值分析与应用[M]. 北京: 国防工业出版社.

Burden R, Faires J D, 2001. Numerical Analysis[M]. Beijing: Higher Education Press.

Gander W, Gautschi W, 2000. Adaptive quadrature: revisited[J]. BIT, 40(1): 84-101.

习　　题

1. 确定下列求积公式中的特定参数, 使其代数精度尽量高, 并指明所构造出的求积公式所具有的代数精度.

(1) $\displaystyle\int_{-h}^{h} f(x)\mathrm{d}x \approx A_{-1}f(-h) + A_0 f(0) + A_1 f(h)$;

(2) $\displaystyle\int_{-2h}^{2h} f(x)\mathrm{d}x \approx A_{-1}f(-h) + A_0 f(0) + A_1 f(h)$;

(3) $\displaystyle\int_{-1}^{1} f(x)\mathrm{d}x \approx [f(-1) + 2f(x_1) + 3f(x_2)]/3$;

(4) $\displaystyle\int_{0}^{h} f(x)\mathrm{d}x \approx h[f(0) + f(h)]/2 + ah^2[f'(0) - f'(h)]$.

2. 计算下列积分.

(1) $\displaystyle\int_{0}^{1} \frac{x}{4 + x^2}\mathrm{d}x, \quad n = 8$;

(2) $\displaystyle\int_{0}^{1} \frac{(1 - \mathrm{e}^{-x})^{\frac{1}{2}}}{x}\mathrm{d}x, \quad n = 10$;

(3) $\displaystyle\int_{1}^{9} \sqrt{x}\mathrm{d}x, \quad n = 4$;

(4) $\displaystyle\int_{0}^{\frac{\pi}{6}} \sqrt{4 - \sin^2 \varphi}\,\mathrm{d}\varphi, \quad n = 6$.

3. 计算积分 $\displaystyle\int_{0}^{1} \mathrm{e}^{-x}\mathrm{d}x$ 并估计误差.

4. 推导下列三种矩形求积公式.

$$\int_{a}^{b} f(x)\mathrm{d}x = (b - a)f(a) + \frac{f'(\eta)}{2}(b - a)^2$$

$$\int_{a}^{b} f(x)\mathrm{d}x = (b - a)f(b) - \frac{f'(\eta)}{2}(b - a)^2$$

$$\int_{a}^{b} f(x)\mathrm{d}x = (b - a)f\left(\frac{a + b}{2}\right) + \frac{f''(\eta)}{24}(b - a)^3$$

5. 计算积分 $I = \displaystyle\int_{0}^{1} \mathrm{e}^{x}\mathrm{d}x$.

6. 计算下列积分, 使误差不超过 10^{-5}.

(1) $\dfrac{2}{\sqrt{\pi}} \displaystyle\int_0^1 \mathrm{e}^{-x} \mathrm{d}x$;

(2) $\displaystyle\int_0^{2\pi} x \sin x \mathrm{d}x$;

(3) $\displaystyle\int_0^3 x\sqrt{1+x^2}\mathrm{d}x$.

7. 计算积分

$$\int_1^3 \mathrm{e}^x \sin x \mathrm{d}x$$

8. 地球卫星轨道是一个椭圆, 椭圆周长的计算公式是

$$S = a\int_0^{\frac{\pi}{2}} \sqrt{1-\left(\dfrac{c}{a}\right)^2 \sin^2 \theta}\,\mathrm{d}\theta$$

这里 a 是椭圆的半轴, c 是地球中心与轨道中心 (椭圆中心) 的距离, 记 h 为近地点距离, H 为远地点距离, $R = 6371$ km 为地球半径, 则

$$a = (2R+H+h)/2, \quad c = (H-h)/2$$

我国第一颗人造地球卫星近地点距离 $h = 439$ km, 远地点距离 $H = 2384$ km. 试求卫星轨道的周长.

9. 证明等式

$$n\sin\dfrac{\pi}{n} = \pi - \dfrac{\pi^3}{3!n^2} + \dfrac{\pi^5}{5!n^4} - \cdots$$

试依据 $n\sin\left(\dfrac{\pi}{n}\right)(n = 3, 6, 12)$ 的值, 用外推算法求 π 的近似值.

10. 计算积分 $\displaystyle\int_1^3 \dfrac{\mathrm{d}y}{y}$.

第 11 章　常微分方程 (组) 初值问题的求解算法

11.1　引　言

解常微分方程 (组) 初值问题的算法, 是通过离散化处理将常微分方程近似转换为代数方程, 获得在一系列离散节点上近似值的一种算法, 主要有显式算法和隐式算法两大类. 解常微分方程 (组) 初值问题的算法在工程实际中具有广泛的应用需求. 比如: 火箭或鱼雷的运动制导、电子电路的参数分析等等.

11.2　工　程　实　例

问题 11.1　鱼雷制导 (军事科学领域问题)

在军事科学中, 有下述问题, 如图 11.1 所示, 一敌舰在某海域沿正北方向航行时, 我方战舰位于敌舰西南方向 1 km 处, 向敌舰发射制导鱼雷, 敌舰速度为 $0.42\,\mathrm{km/min}$, 鱼雷速度为敌舰速度的两倍. 试问敌舰航行多远时被鱼雷击中.

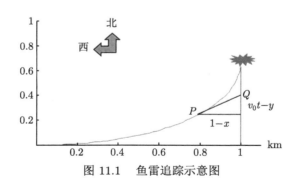

图 11.1　鱼雷追踪示意图

首先, 需要建立数学模型. 设敌舰速度 v_0, 追击曲线 $y = y(x)$. 在 t 时刻, 鱼雷位置在 $P(x,y)$, 敌舰在 $Q(1, v_0 t)$ 处, 由于鱼雷速度方向始终指向敌舰, 故有

$$v_0 t - y = (1 - x)\frac{\mathrm{d}y}{\mathrm{d}x}$$

两边对 x 求导,

$$v_0 \frac{\mathrm{d}t}{\mathrm{d}x} - \frac{\mathrm{d}y}{\mathrm{d}x} = -\frac{\mathrm{d}y}{\mathrm{d}x} + (1 - x)\frac{\mathrm{d}^2 y}{\mathrm{d}x^2}$$

即

$$v_0 \frac{\mathrm{d}t}{\mathrm{d}x} = (1-x)\frac{\mathrm{d}^2 y}{\mathrm{d}x^2}$$

因为鱼雷速度为 $2v_0$, 所以, 有

$$\sqrt{\left(\frac{\mathrm{d}x}{\mathrm{d}t}\right)^2 + \left(\frac{\mathrm{d}y}{\mathrm{d}t}\right)^2} = 2v_0$$

由于下式关系:

$$\frac{\mathrm{d}x}{\mathrm{d}t} > 0, \quad \frac{\mathrm{d}x}{\mathrm{d}t}\sqrt{1 + \left(\frac{\mathrm{d}y}{\mathrm{d}x}\right)^2} = 2v_0$$

可求得

$$\frac{\mathrm{d}t}{\mathrm{d}x} = \frac{1}{2v_0}\sqrt{1 + \left(\frac{\mathrm{d}y}{\mathrm{d}x}\right)^2}$$

代入上述第三个式子, 就可以得到追击曲线需要满足的微分方程, 如下所示:

$$\begin{cases} \dfrac{\mathrm{d}^2 y}{\mathrm{d}x^2} = \dfrac{1}{2(1-x)}\sqrt{1 + \left(\dfrac{\mathrm{d}y}{\mathrm{d}x}\right)^2} \\ y(0) = 0, \quad y'(0) = 0 \end{cases}$$

求解上述常微分方程就可以解决一开始的问题. 然而工程实际中的数学模型对应的常微分方程往往是极其复杂的, 难以求出精确解析解, 需要利用数值解法进行求解.

11.3 基 础 定 义

解常微分方程 (组) 初值问题的算法相关定义如下.

定义 11.1 微分方程 含有未知函数及其导数的方程被称为微分方程.

定义 11.2 常微分方程 如果未知函数只含有一个自变量, 那么方程被称为常微分方程.

定义 11.3 微分方程的初值问题或边值问题 微分方程的解通常是包含积分常数的一组特殊函数. 为了确定积分常数从而将解完全确定下来, 通常需要有初值条件或边值条件, 分别称为微分方程的初值问题或边值问题.

定义 11.4　一阶常微分方程初值问题　一阶常微分方程初值问题的通用表达式为

$$\begin{cases} \dfrac{\mathrm{d}y}{\mathrm{d}x} = f(x, y), \quad x \in [x_0, x_f] & (11.3.1) \\[2mm] y(x_0) = y_0 & (11.3.2) \end{cases}$$

定义 11.5　局部截断误差　设 $y(x_{k+1})$ 是常微分方程初值问题 (11.3.1) 和 (11.3.2) 的精确解, y_{k+1} 是由数值算法求得的近似解, 则称

$$T_{k+1} = y(x_{k+1}) - y_{k+1} \tag{11.3.3}$$

为常微分方程数值算法的局部截断误差.

定义 11.6　p 阶精度　若存在常数 $p > 0$ 使式 (11.3.3) 满足

$$T_{k+1} = y(x_{k+1}) - y_{k+1} = O(h^{p+1}) \tag{11.3.4}$$

则称常微分方程数值算法具有 p 阶精度.

11.4　显式 Euler 算法

11.4.1　算法推导

将微分方程 (11.3.1) 等号左端的微分 $\dfrac{\mathrm{d}y}{\mathrm{d}x}$ 用 $y(x)$ 的一阶均差近似表示, 得到的单步递推算法称为显式欧拉 (Euler) 算法. 该算法包括以下几个步骤.

步骤 1　设已知一组等距分布的离散节点 $x_0, x_1, \cdots, x_k, x_{k+1}, \cdots$, 步长 $h = x_{k+1} - x_k$ 固定. 以 $y(x)$ 关于点 (x_k, y_k) 和 (x_{k+1}, y_{k+1}) 的一阶均差近似点 x_k 处的微分, 并代入微分方程 (11.3.1), 可得

$$\frac{y_{k+1} - y_k}{x_{k+1} - x_k} \approx \left. \frac{\mathrm{d}y}{\mathrm{d}x} \right|_{x=x_k} = f(x_k, y_k) \tag{11.4.1}$$

由式 (11.4.1) 整理可得显式 Euler 计算公式

$$y_{k+1} = y_k + h f(x_k, y_k) \tag{11.4.2}$$

步骤 2　设 y_k 是由显式 Euler 公式 (11.4.2) 计算得到的函数值, $y(x_k)$ 为精确函数值, 假设 y_k 与 $y(x_k)$ 值相同. 采用显式 Euler 算法计算得到点 x_{k+1} 处的函数值 y_{k+1} 为

$$y_{k+1} = y_k + h f(x_k, y_k) = y(x_k) + h f(x_k, y(x_k)) \tag{11.4.3}$$

然后对 $y(x_{k+1})$ 在点 x_k 处以步长 h 进行 Taylor 展开:

$$y(x_{k+1}) = y(x_k + h) = y(x_k) + hy^{(1)}(x_k) + \frac{h^2}{2}y^{(2)}(\xi), \quad \xi \in (x_k, x_{k+1}) \quad (11.4.4)$$

将式 (11.4.1)~(11.4.4) 代入式 (11.3.3) 可得显式 Euler 算法的局部截断误差:

$$\begin{aligned} T_{k+1} &= y(x_{k+1}) - y_{k+1} \\ &= y(x_k) + hy^{(1)}(x_k) + \frac{h^2}{2}y^{(2)}(\xi) - y(x_k) - hf(x_k, y(x_k)) \\ &= \frac{h^2}{2}y^{(2)}(\xi) = O(h^2) \end{aligned} \quad (11.4.5)$$

由定义 11.6 可知, 显式 Euler 算法具有一阶精度.

11.4.2 算法流程

算法 11.1 显式 Euler 算法

输入: 一阶常微分方程 (组) 右端表达式 $f(x, y)$, 求解区间 $[a, b]$, 初始函数值 y_0, 区间等分数 n.

输出: 等分点序列 x, 函数值序列 y, 固定步长 h.

流程:

1. 求步长 $h = (b-a)/n$.

2. for $k = 0 : (n-1)$

　　$y_{k+1} = y_k + hf(x_k, y_k)$

　end for

11.4.3 算法特点

1. 显式 Euler 算法是单步方法, 且为固定步长, 其精确度不高, 应用较少.

2. 由式 (11.4.5) 可知, 求解区间的步长 h 越小, 显式 Euler 公式的局部截断误差越小. 但是当 h 过小时, 不仅引起计算量的增大, 还可能造成舍入误差的累积.

3. 如果 y 和 f 为向量函数, 显式 Euler 算法可以应用到一阶常微分方程组的情形.

11.4.4 适用范围

适用于对求解精度要求不高的非刚性常微分方程 (组).

11.5　预测校正 Euler 算法

11.5.1　算法推导

同时结合显式 Euler 公式和隐式梯形公式, 以显式 Euler 公式的求解结果作为预测值代入到隐式梯形公式, 以隐式公式的求解结果作为校正值, 由此得到的组合算法称为预测校正 Euler 算法. 该算法包括以下几个步骤.

步骤 1　对微分方程 (11.3.1) 从 x_k 到 x_{k+1} 进行积分, 可以得到与其等价的积分形式:

$$y(x_{k+1}) = y(x_k) + \int_{x_k}^{x_{k+1}} f(x, y(x))\mathrm{d}x \qquad (11.5.1)$$

用梯形求积公式近似表示式 (11.5.1) 等号右端的积分, 可得梯形公式:

$$y_{k+1} \approx y_k + \frac{h}{2}\left[f(x_k, y_k) + f(x_{k+1}, y_{k+1})\right] \qquad (11.5.2)$$

步骤 2　由式 (11.5.2) 右端含有未知的 y_{k+1} 可知梯形公式属于隐式方法, 一般采用迭代法求解, 但是计算量很大, 因此引入预测校正思想, 先用显式 Euler 公式 (11.4.2) 进行预测, 求得 y_{k+1} 的近似值 y_{k+1}^p, 然后用隐式梯形公式 (11.5.2) 进行校正:

$$\begin{cases} 预测 \ y_{k+1}^p = y_k + hf(x_k, y_k) \\ 校正 \ y_{k+1} = y_k + \dfrac{h}{2}\left[f(x_k, y_k) + f(x_{k+1}, y_{k+1}^p)\right] \end{cases} \qquad (11.5.3)$$

11.5.2　算法流程

算法 11.2　预测校正 Euler 算法

输入: 一阶常微分方程 (组) 右端表达式 $f(x, y)$, 求解区间 $[a, b]$, 初始函数值 y_0, 区间等分数 n.

输出: 等分点序列 x, 函数值序列 y, 固定步长 h.

流程:

1. 求步长 $h = (b - a)/n$.

2. for $k = 0 : (n - 1)$

$$\begin{cases} y_{k+1}^p = y_k + hf(x_k, y_k) \\ y_{k+1} = y_k + h\left[f(x_k, y_k) + f(x_{k+1}, y_{k+1}^p)\right]/2 \end{cases}$$

end for

11.5.3 算法特点

1. 预测校正 Euler 算法是单步算法, 且为固定步长.
2. 隐式梯形公式 (11.5.2) 具有二阶精度, 因此预测校正 Euler 算法 (11.5.3) 是一个二阶预测校正方法.
3. 预测校正 Euler 算法求解 y_{k+1} 时需要计算两次 $f(x, y)$ 的值, 虽然计算量较显式 Euler 算法有所增加, 但计算精确度也有所提高.
4. 如果 y 和 f 为向量函数, 预测校正 Euler 算法可以应用到一阶常微分方程组的情形.

11.5.4 适用范围

适用于对求解精度要求不高的非刚性常微分方程 (组).

11.6 显式 Runge-Kutta 算法

11.6.1 算法推导

考虑与常微分方程 (11.3.1) 等价的积分形式 (11.5.1), 将其右端的积分用如下求积公式近似:

$$\int_{x_k}^{x_{k+1}} f(x, y(x))\mathrm{d}x \approx h \sum_{i=1}^{r} c_i f(x_k + \lambda_i h, y(x_k + \lambda_i h)) \tag{11.6.1}$$

将其代入式 (11.5.1), 并改写成与梯形公式类似的形式, 可以得到 r 阶显式 Runge-Kutta 公式的通用表达形式 (其中 c_i, λ_i, μ_{ij} 均为常数):

$$\begin{cases} y_{k+1} = y_k + h \sum_{i=1}^{r} c_i K_i \\ K_1 = f(x_k, y_k) \\ K_i = f(x_k + \lambda_i h, y_k + h \sum_{j=1}^{i-1} \mu_{ij} K_j), \quad i = 2, \cdots, r \end{cases} \tag{11.6.2}$$

11.6.1.1 三阶显式 Runge-Kutta 算法

步骤 1 由式 (11.6.2), 构造三阶显式 Runge-Kutta 公式:

$$\begin{cases} y_{k+1} = y_k + h(c_1 K_1 + c_2 K_2 + c_3 K_3) \\ K_1 = f(x_k, y_k) \\ K_2 = f(x_k + \lambda_2 h, y_k + \mu_{21} h K_1) \\ K_3 = f(x_k + \lambda_3 h, y_k + \mu_{31} h K_1 + \mu_{32} h K_2) \end{cases} \tag{11.6.3}$$

其截断误差为

$$T_{k+1} = y(x_{k+1}) - y_{k+1} = y(x_{k+1}) - y_k - h(c_1 K_1 + c_2 K_2 + c_3 K_3) \qquad (11.6.4)$$

步骤 2　对 K_2 和 K_3 按照二元函数在点 (x_k, y_k) 处进行 Taylor 展开:

$$K_2 = f + \lambda_2 h f_x + \mu_{21} h K_1 f_y + \frac{1}{2}(\lambda_2 h)^2 f_{xx} + \lambda_2 h \mu_{21} h K_1 f_{xy}$$

$$\qquad + \frac{1}{2}(\mu_{21} h K_1)^2 f_{yy} + O(h^3) \qquad (11.6.5)$$

$$K_3 = f + \lambda_3 h f_x + (\mu_{31} h K_1 + \mu_{32} h K_2) f_y + \frac{1}{2}(\lambda_3 h)^2 f_{xx} + (\lambda_3 h)(\mu_{31} h K_1$$

$$\qquad + \mu_{32} h K_2) f_{xy} + \frac{1}{2}(\mu_{31} h K_1 + \mu_{32} h K_2)^2 f_{yy} + O(h^3) \qquad (11.6.6)$$

其中 $f = f(x_k, y_k), f_x = \dfrac{\partial f}{\partial x}, f_y = \dfrac{\partial f}{\partial y}, f_{xx} = \dfrac{\partial^2 f}{\partial x^2}, f_{xy} = \dfrac{\partial^2 f}{\partial x \partial y}, f_{yy} = \dfrac{\partial^2 f}{\partial y^2}.$

步骤 3　对 $y(x_{k+1})$ 在点 (x_k, y_k) 处进行 Taylor 展开

$$y(x_{k+1}) = y(x_k + h) = y(x_k) + h y^{(1)}(x_k) + \frac{h^2}{2} y^{(2)}(x_k) + \frac{h^3}{6} y^{(3)}(x_k) + O(h^4)$$

$$= y(x_k) + h f + \frac{h^2}{2}(f_x + f f_y)$$

$$\qquad + \frac{h^3}{6} \left[f_{xx} + 2 f f_{xy} + f^2 f_{yy} + f_x f_y + f(f_y)^2 \right] + O(h^4) \qquad (11.6.7)$$

步骤 4　将式 (11.6.5)~(11.6.7) 代入式 (11.6.4), 可得局部截断误差

$$T_{k+1} = h(1 - c_1 - c_2 - c_3)f + \frac{h^2}{2}(1 - 2c_2\lambda_2 - 2c_3\lambda_3)f_x$$

$$\qquad - \frac{h^2}{2}\left[1 - 2c_2\mu_{21} - 2c_3(\mu_{31} + \mu_{32})\right]f f_y + \frac{h^3}{6}(1 - 3c_2\lambda_2^2 - 3c_3\lambda_3^2)f_{xx}$$

$$\qquad + \frac{h^3}{3}\left[1 - 3c_2\lambda_2\mu_{21} - 3c_3\lambda_3(\mu_{31} + \mu_{32})\right]f f_{xy}$$

$$\qquad + \frac{h^3}{6}\left[1 - 3c_2\mu_{21}^2 - 3c_3(\mu_{31} + \mu_{32})^2\right]f^2 f_{yy}$$

$$\qquad + \frac{h^3}{6}(1 - 6c_3\mu_{32}\lambda_2)f_x f_y + \frac{h^3}{6}(1 - 6c_3\mu_{32}\mu_{21})(f_y)^2 + O(h^4) \qquad (11.6.8)$$

步骤 5　为了让式 (11.6.8) 具有三阶精度, 那么有

$$\begin{cases} 1 - c_1 - c_2 - c_3 = 0 \\ 1 - 2c_2\lambda_2 - 2c_3\lambda_3 = 0 \\ 1 - 2c_2\mu_{21} - 2c_3(\mu_{31} + \mu_{32}) = 0 \\ 1 - 3c_2\lambda_2^2 - 3c_3\lambda_3^2 = 0 \\ 1 - 3c_2\lambda_2\mu_{21} - 3c_3\lambda_3(\mu_{31} + \mu_{32}) = 0 \\ 1 - 3c_2\mu_{21}^2 - 3c_3(\mu_{31} + \mu_{32})^2 = 0 \\ 1 - 6c_3\mu_{32}\lambda_2 = 0 \\ 1 - 6c_3\mu_{32}\mu_{21} = 0 \end{cases} \tag{11.6.9}$$

步骤 6 解方程组 (11.6.9) 可得一组可行解为

$$\begin{cases} c_1 = \dfrac{1}{6}, c_2 = \dfrac{4}{6}, c_3 = \dfrac{1}{6} \\ \lambda_2 = \dfrac{1}{2}, \lambda_3 = 1 \\ \mu_{21} = \dfrac{1}{2}, \mu_{31} = -1, \mu_{32} = 2 \end{cases} \tag{11.6.10}$$

代入式 (11.6.3) 中, 可得三阶显式 Runge-Kutta 计算公式

$$\begin{cases} y_{k+1} = y_k + h(K_1 + 4K_2 + K_3)/6 \\ K_1 = f(x_k, y_k) \\ K_2 = f(x_k + h/2, y_k + hK_1/2) \\ K_3 = f(x_k + h, y_k - hK_1 + 2hK_2) \end{cases} \tag{11.6.11}$$

11.6.1.2 四阶显式 Runge-Kutta 算法

步骤 1 由式 (11.6.2), 构造四阶显式 Runge-Kutta 公式

$$\begin{cases} y_{k+1} = y_k + h(c_1K_1 + c_2K_2 + c_3K_3 + c_4K_4) \\ K_1 = f(x_k, y_k) \\ K_2 = f(x_k + \lambda_2 h, y_k + \mu_{21}hK_1) \\ K_3 = f(x_k + \lambda_3 h, y_k + \mu_{31}hK_1 + \mu_{32}hK_2) \\ K_4 = f(x_k + \lambda_4 h, y_k + \mu_{41}hK_1 + \mu_{42}hK_2 + \mu_{43}hK_3) \end{cases} \tag{11.6.12}$$

其截断误差为

$$T_{k+1} = y(x_{k+1}) - y_{k+1} = y(x_{k+1}) - y_k - h(c_1K_1 + c_2K_2 + c_3K_3 + c_4K_4) \tag{11.6.13}$$

步骤 2　对 K_2, K_3, K_4, 按照二元函数在点 (x_k, y_k) 处进行 Taylor 展开

$$K_2 = f + \lambda_2 h f_x + \mu_{21} h K_1 f_y + \frac{1}{2}(\lambda_2 h)^2 f_{xx} + \lambda_2 h \mu_{21} h K_1 f_{xy} + \frac{1}{2}(\mu_{21} h K_1)^2 f_{yy}$$

$$+ \frac{1}{6}(\lambda_2 h)^3 f_{xxx} + \frac{1}{2}(\lambda_2 h)^2 (\mu_{21} h K_1) f_{xxy} + \frac{1}{2}(\lambda_2 h)(\mu_{21} h K_1)^2 f_{xyy}$$

$$+ \frac{1}{6}(\mu_{21} h K_1)^3 f_{yyy} + O(h^4) \tag{11.6.14}$$

$$K_3 = f + \lambda_3 h f_x + (\mu_{31} h K_1 + \mu_{32} h K_2) f_y$$

$$+ \frac{1}{2}(\lambda_3 h)^2 f_{xx} + (\lambda_3 h)(\mu_{31} h K_1 + \mu_{32} h K_2) f_{xy}$$

$$+ \frac{1}{2}(\mu_{31} h K_1 + \mu_{32} h K_2)^2 f_{yy} + \frac{1}{6}(\lambda_3 h)^3 f_{xxx}$$

$$+ \frac{1}{2}(\lambda_3 h)^2 (\mu_{31} h K_1 + \mu_{32} h K_2) f_{xxy} + \frac{1}{2}(\lambda_3 h)(\mu_{31} h K_1 + \mu_{32} h K_2)^2 f_{xyy}$$

$$+ \frac{1}{6}(\mu_{31} h K_1 + \mu_{32} h K_2)^3 f_{yyy} + O(h^4) \tag{11.6.15}$$

$$K_4 = f + \lambda_4 h f_x + (\mu_{41} h K_1 + \mu_{42} h K_2 + \mu_{43} h K_3) f_y + \frac{1}{2}(\lambda_4 h)^2 f_{xx}$$

$$+ (\lambda_4 h)(\mu_{41} h K_1 + \mu_{42} h K_2 + \mu_{43} h K_3) f_{xy}$$

$$+ \frac{1}{2}(\mu_{41} h K_1 + \mu_{42} h K_2 + \mu_{43} h K_3)^2 f_{yy}$$

$$+ \frac{1}{6}(\lambda_4 h)^3 f_{xxx} + \frac{1}{2}(\lambda_4 h)^2 (\mu_{41} h K_1 + \mu_{42} h K_2 + \mu_{43} h K_3) f_{xxy}$$

$$+ \frac{1}{2}(\lambda_4 h)(\mu_{41} h K_1 + \mu_{42} h K_2 + \mu_{43} h K_3)^2 f_{xyy}$$

$$+ \frac{1}{6}(\mu_{41} h K_1 + \mu_{42} h K_2 + \mu_{43} h K_3)^3 f_{yyy} + O(h^4) \tag{11.6.16}$$

其中 $f_{xxx} = \dfrac{\partial^3 f}{\partial x^3}, f_{xxy} = \dfrac{\partial^3 f}{\partial x^2 \partial y}, f_{xyy} = \dfrac{\partial^3 f}{\partial x \partial y^2}, f_{yyy} = \dfrac{\partial^3 f}{\partial y^3}.$

步骤 3　对 $y(x_{k+1})$ 在点 (x_k, y_k) 处进行 Taylor 展开:

$$y(x_{k+1}) = y(x_k + h)$$

$$= y(x_k) + h y^{(1)}(x_k) + \frac{h^2}{2} y^{(2)}(x_k) + \frac{h^3}{6} y^{(3)}(x_k) + \frac{h^4}{24} y^{(4)}(x_k) + O(h^5)$$

$$= y(x_k) + h f + \frac{h^2}{2}(f_x + f f_y) + \frac{h^3}{6}\left[f_{xx} + 2 f f_{xy} + f^2 f_{yy} + f_x f_y + f(f_y)^2\right]$$

$$+ \frac{h^4}{24}[f_{xxx} + ff_{xxy} + 2(f_x f_{xy} + ff_y f_{xy} + ff_{xxy} + f^2 f_{xyy} + ff_x f_{yy}$$

$$+ f^2 f_y f_{yy})] + \frac{h^4}{24}[f^2 f_{xyy} + f^3 f_{yyy} + f_{xx} f_y + ff_{xy} f_y + f_x f_{xy}$$

$$+ ff_x f_{yy}] + \frac{h^4}{24}\left[(f_x + ff_y)(f_y)^2 + 2ff_y(f_{xy} + ff_{yy})\right] + O(h^5) \quad (11.6.17)$$

步骤 4 将式 (11.6.14)~(11.6.17) 代入式 (11.6.13), 可得局部截断误差:

$$T_{k+1} = h(1 - c_1 - c_2 - c_3 - c_4)f + \frac{h^2}{2}(1 - 2c_2\lambda_2 - 2c_3\lambda_3 - 2c_4\lambda_4)f_x$$

$$+ \frac{h^2}{2}\left[1 - 2c_2\mu_{21} - 2c_3(\mu_{31} + \mu_{32}) - 2c_4(\mu_{41} + \mu_{42} + \mu_{43})\right]ff_y$$

$$+ \frac{h^3}{6}(1 - 3c_2\lambda_2^2 - 3c_3\lambda_3^2 - 3c_4\lambda_4^2)f_{xx}$$

$$+ \frac{h^3}{6}\left[1 - 6c_3\lambda_2\mu_{32} - 6c_4\left(\lambda_2\mu_{42} + \lambda_3\mu_{43}\right)\right]f_x f_y$$

$$+ \frac{h^3}{3}\left[1 - 3c_2\lambda_2\mu_{21} - 3c_3\lambda_3(\mu_{31} + \mu_{32}) - 3c_4\lambda_4(\mu_{41} + \mu_{42} + \mu_{43})\right]ff_{xy}$$

$$+ \frac{h^3}{6}\left[1 - 6c_3\mu_{21}\mu_{32} - 6c_4(\mu_{43}\mu_{31} + \mu_{43}\mu_{32} + \mu_{21}\mu_{42})\right]ff_y^2$$

$$+ \frac{h^3}{6}\left[1 - 3c_2\mu_{21}^2 - 3c_3(\mu_{31} + \mu_{32})^2 - 3c_4(\mu_{41} + \mu_{42} + \mu_{43})^2\right]f^2 f_{yy}$$

$$+ \frac{h^4}{24}\left(1 - 4c_2\lambda_2^3 - 4c_3\lambda_3^3 - 4c_4\lambda_4^3\right)f_{xxx}$$

$$+ \frac{h^4}{24}\left[1 - 12c_3\lambda_2^2\mu_{32} - 12c_4(\lambda_2^2\mu_{42} + \lambda_3^2\mu_{43})\right]f_y f_{xx}$$

$$+ \frac{h^4}{8}\left[1 - 8c_3\lambda_2\lambda_3\mu_{32} - 8c_4\lambda_4(\lambda_2\mu_{42} + \lambda_3\mu_{43})\right]f_x f_{xy}$$

$$+ \frac{h^4}{24}(1 - 24c_4\lambda_2\mu_{32}\mu_{43})f_x f_y^2$$

$$+ \frac{h^4}{8}\left[1 - 4c_2\mu_{21}\lambda_2^2 - 4c_3(\mu_{31} + \mu_{32})\lambda_3^2 - 4c_4(\mu_{41} + \mu_{42} + \mu_{43})\lambda_4^2\right]ff_{xxy}$$

$$+ \frac{h^4}{24}\left\{5 - 24c_3(\lambda_2 + \lambda_3)\mu_{21}\mu_{32} - 24c_4\left[\lambda_2\mu_{21}\mu_{42} + \lambda_3\mu_{43}(\mu_{31} + \mu_{32})\right]\right.$$

$$\left. - 24c_4\left[\lambda_4(\mu_{43}\mu_{31} + \mu_{43}\mu_{32} + \mu_{21}\mu_{42})\right]\right\}ff_y f_{xy}$$

$$+ \frac{h^4}{24}(1 - 24c_4\mu_{21}\mu_{32}\mu_{43})ff_y^3 + \frac{h^4}{8}\left[1 - 8c_3\lambda_2\mu_{32}(\mu_{31} + \mu_{32})\right.$$

$$- 8c_4(\lambda_2\mu_{42}+\lambda_3\mu_{43})(\mu_{41}+\mu_{42}+\mu_{43})]ff_xf_{yy}$$

$$+ \frac{h^4}{8}[1 - 4c_2\lambda_2\mu_{21}^2 - 4c_3\lambda_3(\mu_{31}+\mu_{32})^2 - 4c_4\lambda_4(\mu_{41}+\mu_{42}+\mu_{43})^2]f^2f_{xyy}$$

$$+ \frac{h^4}{6}\Big\{1 - c_3\left[3\mu_{32}\mu_{21}^2 + 6\mu_{32}(\mu_{31}+\mu_{32})\mu_{21}\right] - 3c_4\big[\mu_{43}(\mu_{31}+\mu_{32})^2$$

$$+ \mu_{21}^2\mu_{42}\big] - 6c_4(\mu_{43}\mu_{31}+\mu_{43}\mu_{32}+\mu_{21}\mu_{42})(\mu_{41}+\mu_{42}+\mu_{43})\Big\}f^2f_yf_{yy}$$

$$+ \frac{h^4}{24}[1 - 4c_2\mu_{21}^3 - 4c_3(\mu_{31}+\mu_{32})^3 - 4c_4(\mu_{41}+\mu_{42}+\mu_{43})^3]f^3f_{yyy}$$

$$+ O(h^5) \tag{11.6.18}$$

步骤 5 为了让式 (11.6.18) 具有四阶精度, 需要有

$$\begin{cases} 1 - c_1 - c_2 - c_3 - c_4 = 0 \\ 1 - 2c_2\lambda_2 - 2c_3\lambda_3 - 2c_4\lambda_4 = 0 \\ 1 - 2c_2\mu_{21} - 2c_3(\mu_{31}+\mu_{32}) - 2c_4(\mu_{41}+\mu_{42}+\mu_{43}) = 0 \\ 1 - 3c_2\lambda_2^2 - 3c_3\lambda_3^2 - 3c_4\lambda_4^2 = 0 \\ 1 - 6c_3\lambda_2\mu_{32} - 6c_4(\lambda_2\mu_{42}+\lambda_3\mu_{43}) = 0 \\ 1 - 3c_2\lambda_2\mu_{21} - 3c_3\lambda_3(\mu_{31}+\mu_{32}) - 3c_4\lambda_4(\mu_{41}+\mu_{42}+\mu_{43}) = 0 \\ 1 - 6c_3\mu_{21}\mu_{32} - 6c_4(\mu_{43}\mu_{31}+\mu_{43}\mu_{32}+\mu_{21}\mu_{42}) = 0 \\ 1 - 3c_2\mu_{21}^2 - 3c_3(\mu_{31}+\mu_{32})^2 - 3c_4(\mu_{41}+\mu_{42}+\mu_{43})^2 = 0 \end{cases}$$

$$\begin{cases} 1 - 4c_2\lambda_2^3 - 4c_3\lambda_3^3 - 4c_4\lambda_4^3 = 0 \\ 1 - 12c_3\lambda_2^2\mu_{32} - 12c_4(\lambda_2^2\mu_{42}+\lambda_3^2\mu_{43}) = 0 \\ 1 - 8c_3\lambda_2\lambda_3\mu_{32} - 8c_4\lambda_4(\lambda_2\mu_{42}+\lambda_3\mu_{43}) = 0 \\ 1 - 24c_4\lambda_2\mu_{32}\mu_{43} = 0 \\ 1 - 4c_2\mu_{21}\lambda_2^2 - 4c_3(\mu_{31}+\mu_{32})\lambda_3^2 - 4c_4(\mu_{41}+\mu_{42}+\mu_{43})\lambda_4^2 = 0 \\ 5 - 24c_3(\lambda_2+\lambda_3)\mu_{21}\mu_{32} - 24c_4\left[\lambda_2\mu_{21}\mu_{42}+\lambda_3\mu_{43}(\mu_{31}+\mu_{32})\right] \\ -24c_4\left[\lambda_4(\mu_{43}\mu_{31}+\mu_{43}\mu_{32}+\mu_{21}\mu_{42})\right] = 0 \\ 1 - 24c_4\mu_{21}\mu_{32}\mu_{43} = 0 \\ 1 - 8c_3\lambda_2\mu_{32}(\mu_{31}+\mu_{32}) - 8c_4(\lambda_2\mu_{42}+\lambda_3\mu_{43})(\mu_{41}+\mu_{42}+\mu_{43}) = 0 \\ 1 - 4c_2\lambda_2\mu_{21}^2 - 4c_3\lambda_3(\mu_{31}+\mu_{32})^2 - 4c_4\lambda_4(\mu_{41}+\mu_{42}+\mu_{43})^2 = 0 \\ 1 - c_3\left[3\mu_{32}\mu_{21}^2 + 6\mu_{32}(\mu_{31}+\mu_{32})\mu_{21}\right] - 3c_4\left[\mu_{43}(\mu_{31}+\mu_{32})^2 + \mu_{21}^2\mu_{42}\right] \\ -6c_4(\mu_{43}\mu_{31}+\mu_{43}\mu_{32}+\mu_{21}\mu_{42})(\mu_{41}+\mu_{42}+\mu_{43}) = 0 \\ 1 - 4c_2\mu_{21}^3 - 4c_3(\mu_{31}+\mu_{32})^3 - 4c_4(\mu_{41}+\mu_{42}+\mu_{43})^3 = 0 \end{cases}$$

$$\tag{11.6.19}$$

步骤 6 解方程组 (11.6.19) 可得一组可行解为

$$
\begin{cases}
c_1 = \dfrac{1}{6}, c_2 = c_3 = \dfrac{1}{3}, c_4 = \dfrac{1}{6} \\
\lambda_2 = \dfrac{1}{2}, \lambda_3 = \dfrac{1}{2}, \lambda_4 = 1 \\
\mu_{21} = \dfrac{1}{2}, \mu_{31} = 0, \mu_{32} = \dfrac{1}{2}, \mu_{41} = 0, \mu_{42} = 0, \mu_{43} = 1
\end{cases}
\tag{11.6.20}
$$

代入式 (11.6.12) 中, 可得四阶显式 Runge-Kutta 计算公式:

$$
\begin{cases}
y_{k+1} = y_k + h(K_1 + 2K_2 + 2K_3 + K_4)/6 \\
K_1 = f(x_k, y_k) \\
K_2 = f(x_k + h/2, y_k + hK_1/2) \\
K_3 = f(x_k + h/2, y_k + hK_2/2) \\
K_4 = f(x_k + h, y_k + hK_3)
\end{cases}
\tag{11.6.21}
$$

11.6.2 算法流程

算法 11.3 显式 Runge-Kutta 算法

输入: 一阶常微分方程 (组) 右端表达式 $f(x, y)$, 求解区间 $[a, b]$, 初始函数值 y_0, 区间等分数 n.

输出: 等分点序列 x, 函数值序列 y, 固定步长 h.

流程:

1. 求步长 $h = (b - a)/n$.

2. for $k = 0 : (n - 1)$

三阶显式 Runge-Kutta 公式:
$$
\begin{cases}
y_{k+1} = y_k + h(K_1 + 4K_2 + K_3)/6, \\
K_1 = f(x_k, y_k), \\
K_2 = f(x_k + h/2, y_k + hK_1/2), \\
K_3 = f(x_k + h, y_k - hK_1 + 2hK_2);
\end{cases}
$$

或四阶显式 Runge-Kutta 公式:
$$
\begin{cases}
y_{k+1} = y_k + h(K_1 + 2K_2 + 2K_3 + K_4)/6, \\
K_1 = f(x_k, y_k), \\
K_2 = f(x_k + h/2, y_k + hK_1/2), \\
K_3 = f(x_k + h/2, y_k + hK_2/2), \\
K_4 = f(x_k + h, y_k + hK_3).
\end{cases}
$$

end for

11.6.3 算法特点

1. 显式 Runge-Kutta 算法是单步算法, 且为固定步长.

2. 求解区间的步长 h 越小, 显式 Runge-Kutta 公式的局部截断误差越小. 但是当 h 过小时, 不仅引起计算量的增大, 还可能造成舍入误差的累积.

3. 三阶和四阶显式 Runge-Kutta 公式并不唯一, 本节仅给出了常用的公式.

4. 显式 Runge-Kutta 算法的推导基于 Taylor 展开方法, 因此它要求待求的解 $y(x)$ 具有较好的光滑性. 如果解的光滑性差, 使用四阶 Runge-Kutta 方法求得的数值解精度可能反而不如预测校正 Euler 算法. 实际计算时, 应当针对问题的具体特点选择合适的算法.

5. 如果 y 和 f 为向量函数, 显式 Runge-Kutta 算法可以应用到一阶常微分方程组的情形.

11.6.4 适用范围

适用于对求解精度要求高的非刚性常微分方程 (组).

例 11.1   如图 11.2 所示电路开关原是断开的, 电感电流 $i_{\mathrm{L}} = I_0\,(t < 0)$. $t = 0$ 时开关接通, 求 $t \geqslant 0$ 时 RL 电路的零输入响应 (电路参数为 $I_0 = 5\mathrm{A}$, $R = 2\Omega, L = 0.4\mathrm{H}$).

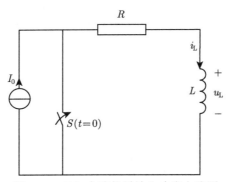

图 11.2   RL 电路的零输入响应电路图

解   建立 RL 电路的 KVL 方程, 并由初始条件可得

$$\begin{cases} L\dfrac{\mathrm{d}i_{\mathrm{L}}}{dt} + Ri_{\mathrm{L}} = 0 \\ i_{\mathrm{L}}\,(0_+) = i_{\mathrm{L}}\,(0_-) = I_0 \end{cases}$$

则上式可等价转化为

$$\begin{cases} \dfrac{\mathrm{d}y}{\mathrm{d}x} = -\dfrac{R}{L}y \\ y(0) = I_0 \end{cases}$$

其中 $y = i_{\mathrm{L}}, x = t$.

设置如下参数:

```
a=0;
b=1.0;
y0=5;
n=1000;
Euler_solve_output = Euler_solve(a,b,y0,n);
调用函数 Euler_pc_solve_output = Euler_predictor_corrector_solve(a,b,
    y0,n);
Runge_Kutta3_solve_output = Runge_Kutta3_solve(a,b,y0,n);
Runge_Kutta4_solve_output = Runge_Kutta3_solve(a,b,y0,n)
```

其中, a, b 是求解区间的左右端点, y0 是初始值 (向量), n 是区间等分数.

分别调用显式 Euler 算法、Euler 预测校正算法、三阶显式 Runge_Kutta 算法和四阶显式 Runge_Kutta 算法, 将程序运行结果汇总, 如表 11.1 所示.

表 11.1　例 11.1 计算结果

x	$y1$	$y2$	$y3$	$y4$
0	5.0000	5.0000	5.0000	5.0000
0.1	2.5000	3.1250	3.0208	3.0339
0.2	1.2500	1.9531	1.8251	1.8409
0.3	0.6250	1.2207	1.1027	1.1170
0.4	0.3125	0.7629	0.6662	0.6777
0.5	0.1563	0.4768	0.4025	0.4112
0.6	0.0781	0.2980	0.2432	0.2495
0.7	0.0391	0.1863	0.1469	0.1514
0.8	0.0195	0.1164	0.0888	0.0919
0.9	0.0098	0.0728	0.0536	0.0557
1.0	0.0049	0.0455	0.0324	0.0338

将程序运行结果绘制在同一坐标系下, 如图 11.3 所示.

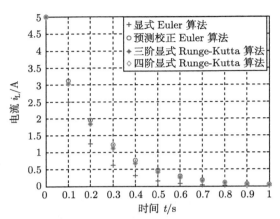

图 11.3　例 11.1 求解的 RL 电路的零输入响应曲线

11.7　变步长四阶显式 Runge-Kutta 算法

11.7.1　算法推导

变步长算法根据误差估计值确定步长的大小, 在常微分方程的解变化平稳的区间采用大步长, 在解变化剧烈的区间采用小步长, 可在保证计算精度的前提下减少计算量. 该算法包括以下几个步骤.

步骤 1　从离散节点 x_k 出发, 以 h 为步长按照四阶显式 Runge-Kutta 公式 (11.6.21) 求出近似值 $y_{k+1}^{(h)}$; 然后将步长折半, 以 $\dfrac{h}{2}$ 为步长从 x_k 跨两步到 x_{k+1}, 求出近似值 $y_{k+1}^{(\frac{h}{2})}$. 折半前后两次计算结果之差记为

$$\Delta = \left| y_{k+1}^{(\frac{h}{2})} - y_{k+1}^{(h)} \right| \tag{11.7.1}$$

对于给定的精度 ε, 变步长方法根据偏差 Δ 确定步长:

(1) 如果 $\Delta \geqslant \varepsilon$, 将步长反复折半进行计算, 直到 $\Delta < \varepsilon$ 为止, 取最终得到的 $y_{k+1}^{(\frac{h}{2n})}$ 作为计算结果 y_{k+1}, 其中 n 表示折半次数;

(2) 如果 $\Delta < \varepsilon$, 将步长反复加倍进行计算, 直到 $\Delta \geqslant \varepsilon$ 为止, 再将步长折半一次计算得到所要的结果 y_{k+1}.

步骤 2　由于四阶显式 Runge-Kutta 公式的局部截断误差为 $O(h^5)$, 因此可以得到

$$y(x_{k+1}) - y_{k+1}^{(h)} \approx ch^5 \tag{11.7.2}$$

$$y(x_{k+1}) - y_{k+1}^{(\frac{h}{2})} \approx 2c(h/2)^5 \tag{11.7.3}$$

比较式 (11.7.2) 和式 (11.7.3) 可知, 步长折半一次后, 误差大约减少到了原来的 1/16, 即

$$\frac{y(x_{k+1}) - y_{k+1}^{(\frac{h}{2})}}{y(x_{k+1}) - y_{k+1}^{(h)}} \approx \frac{1}{16} \tag{11.7.4}$$

由此可得事后误差估计式

$$y(x_{k+1}) - y_{k+1}^{(\frac{h}{2})} \approx \frac{1}{15}(y_{k+1}^{(\frac{h}{2})} - y_{k+1}^{(h)}) \tag{11.7.5}$$

11.7.2 算法流程

算法 11.4 变步长四阶显式 Runge-Kutta 算法

> 输入: 一阶常微分方程 (组) 右端表达式 $f(x,y)$, 求解区间 $[a,b]$, 初始函数值 y_0, 初始步长 h_0, 精度要求 ε.
>
> 输出: 等分点序列 x, 函数值序列 y.
>
> 流程:
>
> 1. 令 $k = 0$, $x_0 = a$.
> 2. 设置步长初始值 $h = h_0$.
> 3. 使用四阶显式 Runge-Kutta 公式分别计算步长为 h 和 $h/2$ 时的函数估计值 $y_{k+1}^{(h)}$ 和 $y_{k+1}^{(\frac{h}{2})}$, 并计算 $\Delta = \left| y_{k+1}^{(\frac{h}{2})} - y_{k+1}^{(h)} \right|$.
> 4. 若 $\Delta \geqslant \varepsilon$, 令 $h = h/2$, 反复执行步骤 3 直至 $\Delta < \varepsilon$, 转步骤 6.
> 5. 若 $\Delta < \varepsilon$, 令 $h = 2h$, 反复执行步骤 3 直至 $\Delta \geqslant \varepsilon$, 转步骤 6.
> 6. 令 $x_{k+1} = x_k + h/2$, $y_{k+1} = y_{k+1}^{(\frac{h}{2})}$, $k = k + 1$, 若 $x_k \geqslant b$, 转步骤 7, 否则转步骤 2.
> 7. 令 $h = b - x_k$, 使用四阶显式 Runge-Kutta 公式计算 y_{k+1}, 即求解区间右端点 b 点处的函数值.

11.7.3 算法特点

1. 变步长 Runge-Kutta 算法不需要考虑初始步长是否满足精度要求, 步长会自适应调整到满足设定精度的要求.

2. 对于病态问题, 固定步长的算法求解比较困难, 变步长 Runge-Kutta 算法可自适应调整步长进行求解.

3. 如果 y 和 f 为向量函数, 变步长 Runge-Kutta 算法可以应用到一阶常微分方程组的情形.

11.7.4 适用范围

适用于对求解精度要求高的非刚性常微分方程 (组).

例 11.2   若例 11.1 中的电路参数 $R = 20\ \Omega$ 时, 此时的常微分方程问题为病态问题, 求 $t \geqslant 0$ 时 RL 电路的零输入响应 (电路参数为 $I_0 = 5$ A, $R = 2\ \Omega, L = 0.4$ H).

解   设置如下参数:

```
a=0;
b=1.0;
y0=5;
n=1000;
h0 = 1e-3;
tolerance = 1e-4;
调用函数Runge_Kutta4_solve_output = Runge_Kutta3_solve(a,b,y0,n);
RK4_variable_step_solve_output = RK4_variable_step_solve(a,b,y0,h0,
    tolerance)
```

其中, a, b 是求解区间的左右端点, y0 是初始值 (向量), n 是区间等分数, h0 是初始步长, tolerance 是求解精度.

分别调用四阶显式 Runge_Kutta 算法和变步长四阶显式 Runge_Kutta 算法, 将程序运行结果绘制在同一坐标系中, 如图 11.4 所示.

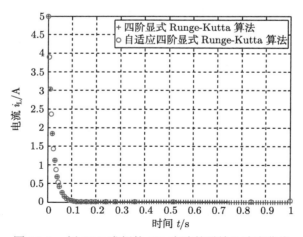

图 11.4   例 11.2 求解的 RL 电路的零输入响应曲线

11.8 线性多步算法

11.8.1 算法推导

线性多步算法在计算 y_{k+1} 时, 除了用到 y_k 的值, 还用到 $y_{k-1}, y_{k-2}, \cdots,$ $y_{k-(m-1)}$ 的值. 一般线性 m 步法公式可以表示为

$$
y_{k+1} = \sum_{i=0}^{m-1} \alpha_i y_{(k+1)-m+i} + h \sum_{i=0}^{m} \beta_i f(x_{(k+1)-m+i}, y_{(k+1)-m+i}) \tag{11.8.1}
$$

其中 $y_{(k+1)-m+i}$ 为 $y(x_{(k+1)-m+i})$ 的近似, $x_{(k+1)-m+i} = x_{(k+1)-m} + ih$, $\alpha_i(i = 0, \cdots, m-1)$ 和 $\beta_i (i = 0, 1, \cdots, m)$ 均为常数, 且 α_0, β_0 不全为零. 如果 $\beta_m = 0$, 则称式 (11.8.1) 为显式 m 步法, 此时 y_k 可直接由式 (11.8.1) 算出; 如果 $\beta_m \neq 0$, 则称式 (11.8.1) 为隐式 m 步法, 要用迭代法算出.

根据定义 11.5 可知, 线性多步法 (11.8.1) 在 x_{k+1} 上的局部截断误差为

$$
\begin{aligned}
T_{k+1} &= y(x_{k+1}) - \sum_{i=0}^{m-1} \alpha_i y_{(k+1)-m+i} - h \sum_{i=0}^{m} \beta_i f(x_{(k+1)-m+i}, y_{(k+1)-m+i}) \\
&= y(x_{k+1}) - \sum_{i=0}^{m-1} \alpha_i y(x_{(k+1)-m+i}) - h \sum_{i=0}^{m} \beta_i y^{(1)}(x_{(k+1)-m+i}) \tag{11.8.2}
\end{aligned}
$$

若 $T_{k+1} = O(h^{p+1})$, 则线性多步算法 (11.8.1) 是 p 阶的.

11.8.1.1 通用公式

步骤 1　为了获得线性多步公式 (11.8.1) 中的待定常数 α_i, β_i, 对 $y(x_{(k+1)-m+i})$ 和 $y^{(1)}(x_{(k+1)-m+i})(i = 1, 2, \cdots, m)$ 在 $x_{(k+1)-m}$ 处进行 Taylor 展开:

$$
\begin{aligned}
y(x_{(k+1)-m+i}) = y(x_{(k+1)-m} + ih) &= y(x_{(k+1)-m}) + ihy^{(1)}(x_{(k+1)-m}) \\
&+ \frac{(ih)^2}{2!} y^{(2)}(x_{(k+1)-m}) + \frac{(ih)^3}{3!} y^{(3)}(x_{(k+1)-m}) + \cdots \tag{11.8.3}
\end{aligned}
$$

$$
\begin{aligned}
y^{(1)}(x_{(k+1)-m+i}) &= y^{(1)}(x_{(k+1)-m} + ih) \\
&= y^{(1)}(x_{(k+1)-m}) + ihy^{(2)}(x_{(k+1)-m}) + \frac{(ih)^2}{2!} y^{(3)}(x_{(k+1)-m}) + \cdots
\end{aligned}
$$
$$\tag{11.8.4}$$

步骤 2　将式 (11.8.3) 和 (11.8.4) 代入式 (11.8.2), 可得局部截断误差 T_{k+1} 的 Taylor 展开式

$$
T_{k+1} = c_0 y(x_{(k+1)-m}) + c_1 h y^{(1)}(x_{(k+1)-m}) + c_2 h^2 y^{(2)}(x_{(k+1)-m}) + \cdots
$$

$$+ c_p h^p y^{(p)}(x_{(k+1)-m}) + \cdots \tag{11.8.5}$$

其中各系数 c 的表达式为

$$\begin{cases} c_0 = 1 - (\alpha_0 + \cdots + \alpha_{m-1}) \\ c_1 = m - [\alpha_1 + 2\alpha_2 + \cdots + (m-1)\alpha_{m-1}] - (\beta_0 + \cdots + \beta_m) \\ c_q = \dfrac{m^q - (\alpha_1 + 2^q \alpha_2 + \cdots + (m-1)^q \alpha_{m-1})}{q!} \\ \qquad - \dfrac{\beta_1 + 2^{q-1}\beta_2 + \cdots + m^{q-1}\beta_m}{(q-1)!} \qquad (q = 2, 3, \cdots) \end{cases} \tag{11.8.6}$$

步骤 3　令式 (11.8.6) 中的 $c_0 = c_1 = \cdots = c_p = 0, c_{p+1} \neq 0$, 则可以构造 p 阶线性多步算法, 其局部截断误差为

$$T_{k+1} = c_{p+1} h^{p+1} y^{(p)}(x_{(k+1)-m}) + O(h^{p+2}) \tag{11.8.7}$$

11.8.1.2　四步 Adams 公式

步骤 1　基于式 (11.8.1), 令系数 $\alpha_0 = \alpha_1 = \cdots = \alpha_{m-2} = 0, \alpha_{m-1} = 1$, 得到形如

$$y_{k+1} = y_k + h \sum_{i=0}^{m} \beta_i f_{(k+1)-m+i} \tag{11.8.8}$$

的 m 步法, 其中 $f_{(k+1)-m+i} = f(x_{(k+1)-m+i}, y_{(k+1)-m+i})$, 称为亚当斯 (Adams) 方法. 由式 (11.8.6) 可知, 此时 $c_0 = 0$ 成立, 令 $c_1 = c_2 = \cdots = c_{m+1} = 0$, 即可求得 $\beta_0, \beta_1, \cdots, \beta_m$, 从而确定 m 步 Adams 方法的具体公式.

步骤 2　以 $m = 4$ 为例, 由 $c_1 = c_2 = \cdots = c_5 = 0$, 根据式 (11.8.6) 可得

$$\begin{cases} \beta_0 + \beta_1 + \beta_2 + \beta_3 + \beta_4 = 1 \\ 2(\beta_1 + 2\beta_2 + 3\beta_3 + 4\beta_4) = 7 \\ 3(\beta_1 + 4\beta_2 + 9\beta_3 + 16\beta_4) = 37 \\ 4(\beta_1 + 8\beta_2 + 27\beta_3 + 64\beta_4) = 175 \\ 5(\beta_1 + 16\beta_2 + 81\beta_3 + 256\beta_4) = 781 \end{cases} \tag{11.8.9}$$

(1) 若 $\beta_4 = 0$, 解式 (11.8.9) 中前 4 个方程得 $\beta_3 = \dfrac{55}{24}$, $\beta_2 = -\dfrac{59}{24}$, $\beta_1 = \dfrac{37}{24}$, $\beta_0 = -\dfrac{9}{24}$, 从而得到四步显式 Adams 公式:

$$y_{k+1} = y_k + \frac{h}{24}(55f_k - 59f_{k-1} + 37f_{k-2} - 9f_{k-3}) \tag{11.8.10}$$

它是四阶方法, 局部截断误差为

$$T_{k+1} = \frac{251}{720}h^5 y^{(5)}(x_{k-3}) + O(h^6) \tag{11.8.11}$$

(2) 若 $\beta_4 \neq 0$, 解方程组 (11.8.9) 得 $\beta_4 = \dfrac{251}{720}$, $\beta_3 = \dfrac{646}{720}$, $\beta_2 = -\dfrac{264}{720}$, $\beta_1 = \dfrac{106}{720}$, $\beta_0 = -\dfrac{19}{720}$, 从而得到四步隐式 Adams 公式:

$$y_{k+1} = y_k + \frac{h}{720}(251f_{k+1} + 646f_k - 264f_{k-1} + 106f_{k-2} - 19f_{k-3}) \tag{11.8.12}$$

它是五阶方法, 局部截断误差为

$$T_{k+1} = -\frac{3}{160}h^6 y^{(6)}(x_{k-3}) + O(h^7) \tag{11.8.13}$$

11.8.1.3 四步四阶 Milne 公式

步骤 1 基于式 (11.8.1), 令系数 $\alpha_0 = 1$, $\alpha_1 = \alpha_2 = \alpha_3 = \beta_4 = 0$, 得到四步显式公式:

$$y_{k+1} = y_{k-3} + h\sum_{i=0}^{3}\beta_i f_{k-3+i} \tag{11.8.14}$$

步骤 2 由式 (11.8.6) 可知 $c_0 = 0$, 再令 $c_1 = c_2 = c_3 = c_4 = 0$ 得到

$$\begin{cases} \beta_0 + \beta_1 + \beta_2 + \beta_3 = 4 \\ 2(\beta_1 + 2\beta_2 + 3\beta_3) = 16 \\ 3(\beta_1 + 4\beta_2 + 9\beta_3) = 64 \\ 4(\beta_1 + 8\beta_2 + 27\beta_3) = 256 \end{cases} \tag{11.8.15}$$

步骤 3 解线性方程组 (11.8.15) 得 $\beta_3 = \dfrac{8}{3}$, $\beta_2 = -\dfrac{4}{3}$, $\beta_1 = \dfrac{8}{3}$, $\beta_0 = 0$, 代入式 (11.8.14) 得到四步显式米尔恩 (Milne) 公式

$$y_{k+1} = y_{k-3} + \frac{4h}{3}(2f_k - f_{k-1} + 2f_{k-2}) \tag{11.8.16}$$

该方法为四阶的, 其局部截断误差为

$$T_{k+1} = \frac{14}{45}h^5 y^{(5)}(x_{k-3}) + O(h^6) \tag{11.8.17}$$

11.8.1.4　三步四阶 Hamming 公式

步骤 1　考虑三步法公式

$$y_{k+1} = \alpha_2 y_k + \alpha_1 y_{k-2} + \alpha_0 y_{k-2} + h(\beta_3 f_{k+1} + \beta_2 f_k + \beta_1 f_{k-1}) \tag{11.8.18}$$

步骤 2　如果希望导出的公式是四阶的, 则系数 $\alpha_i(i = 0,1,2)$ 和 $\beta_i(i = 1,2,3)$ 中至少有一个是自由参数. 取 $\alpha_1 = 0$, 由式 (11.8.6), 令 $c_0 = c_1 = c_2 = c_3 = c_4 = 0$ 得到

$$\begin{cases} \alpha_0 + \alpha_2 = 1 \\ 2\alpha_2 + \beta_1 + \beta_2 + \beta_3 = 3 \\ 4\alpha_2 + 2(\beta_1 + 2\beta_2 + 3\beta_3) = 9 \\ 8\alpha_2 + 3(\beta_1 + 4\beta_2 + 9\beta_3) = 27 \\ 16\alpha_2 + 4(\beta_1 + 8\beta_2 + 27\beta_3) = 81 \end{cases} \tag{11.8.19}$$

步骤 3　解线性方程组 (11.8.19) 可得 $\alpha_2 = \dfrac{9}{8}$, $\alpha_0 = -\dfrac{1}{8}$, $\beta_3 = \dfrac{3}{8}$, $\beta_2 = \dfrac{6}{8}$, $\beta_1 = -\dfrac{3}{8}$, 代入式 (11.8.18) 可得三步隐式汉明 (Hamming) 公式

$$y_{k+1} = \frac{1}{8}(9y_k - y_{k-2}) + \frac{3h}{8}(f_{k+1} + 2f_k - f_{k-1}) \tag{11.8.20}$$

该方法是四阶的, 其局部截断误差为

$$T_{k+1} = -\frac{1}{40}h^5 y^{(5)}(x_{k-2}) + O(h^6) \tag{11.8.21}$$

11.8.2　算法流程

算法 11.5　四阶显式 Adams/Milne 算法

输入: 一阶常微分方程 (组) 右端表达式 $f(x,y)$, 求解区间 $[a,b]$, 初始函数值 y_0, 区间等分数 n.

输出: 等分点序列 x, 函数值序列 y, 固定步长 h.

流程:

1. 求步长 $h = (b-a)/n$.
2. 由初值 y_0 和四阶显式 Runge-Kutta 公式求得 y_1, y_2, y_3 的近似值.
3. for $k = 3 : (n-1)$

四阶显式 Adams 公式:

$$y_{k+1} = y_k + h[55f(x_k, y_k) - 59f(x_{k-1}, y_{k-1})$$
$$+ 37f(x_{k-2}, y_{k-2}) - 9f(x_{k-3}, y_{k-3})]/24$$

或四阶显式 Milne 公式:

$$y_{k+1} = y_{k-3} + 4h[2f(x_k, y_k) - f(x_{k-1}, y_{k-1}) + 2f(x_{k-2}, y_{k-2})]/3$$

end for

11.8.3 算法特点

1. 构造多步法的主要途径有基于数值积分的方法和基于 Taylor 展开的方法, 但是数值积分的方法只适用于能将常微分方程转化为等价的积分方程的情形; Taylor 展开的方法则可以构造任意多步法公式, 其做法是根据多步法公式的形式, 直接在 $x_{(k+1)-m}$ 处进行 Taylor 展开即可.

2. 线性多步法分为显式公式和隐式公式, 前者可以直接求解, 后者要通过迭代的方法求解. 为了避免迭代, 一般采用预测校正思想.

3. 使用线性 m 步法求解时, 需要提供 m 个初值, 在编程实现时, 可以根据第 1 个初值 y_0 使用单步法求得 $y_1, y_2, \cdots, y_{m-1}$ 的近似值.

4. 如果 y 和 f 为向量函数, 显式 Adams 和 Milne 算法可以应用到一阶常微分方程组的情形.

11.8.4 适用范围

适用于对求解精度和效率要求高的非刚性常微分方程 (组).

11.9 预测校正多步算法

11.9.1 算法推导

采用显式多步公式的求解结果作为预测值代入隐式公式, 以隐式多步公式的求解结果作为校正值, 由此得到的组合算法称为预测校正多步算法. 一般情况下, 预测公式和校正公式使用同阶的显式公式和隐式公式相匹配.

根据预测校正算法中预测步和校正步的事后误差估计, 对预测值和校正值进行一定的补偿, 即可得到修正的预测校正多步算法.

11.9.1.1 四阶 Adams 预测校正算法

使用四阶显式 Adams 公式进行预测, 然后用四阶隐式 Adams 公式进行校正, 即可得到四阶预测校正 Adams 算法:

$$
\begin{cases}
\text{预测}: y_{k+1}^p = y_k + \dfrac{h}{24}(55f_k - 59f_{k-1} + 37f_{k-2} - 9f_{k-3}) \\[2mm]
\text{求值}: f_{k+1}^p = f(x_{k+1}, y_{k+1}^p) \\[2mm]
\text{校正}: y_{k+1} = y_k + \dfrac{h}{24}(9f_{k+1}^p + 19f_k - 5f_{k-1} + f_{k-2})
\end{cases}
\tag{11.9.1}
$$

11.9.1.2 四阶修正 Adams 预测校正算法

步骤 1　根据四阶 Adams 公式的截断误差式 (11.8.11) 和 (11.8.13), 得到预测校正 Adams 算法 (11.9.1) 中预测步和校正步的误差:

$$
y(x_{k+1}) - y_{k+1}^p \approx \frac{251}{720}h^5 y^{(5)}(x_{k-3})
\tag{11.9.2}
$$

$$
y(x_{k+1}) - y_{k+1} \approx -\frac{19}{720}h^5 y^{(5)}(x_{k-3})
\tag{11.9.3}
$$

将式 (11.9.3) 减去式 (11.9.2) 可得

$$
h^5 y^{(5)}(x_{k-3}) \approx -\frac{720}{270}(y_{k+1}^p - y_{k+1})
\tag{11.9.4}
$$

然后将式 (11.9.4) 分别代入式 (11.9.3) 和式 (11.9.2) 可以得到预测步和校正步的事后误差估计式:

$$
y(x_{k+1}) - y_{k+1}^p \approx -\frac{251}{270}(y_{k+1}^p - y_{k+1})
\tag{11.9.5}
$$

$$
y(x_{k+1}) - y_{k+1} \approx \frac{19}{270}(y_{k+1}^p - y_{k+1})
\tag{11.9.6}
$$

步骤 2　根据事后误差估计式 (11.9.5) 和 (11.9.6), 对预测校正 Adams 算法 (11.9.1) 中的预测值和校正值进行补偿:

$$
\begin{cases}
y_{k+1}^{pm} = y_{k+1}^p + \dfrac{251}{270}(y_{k+1} - y_{k+1}^p) \\[2mm]
y_{k+1} = y_{k+1}^c - \dfrac{19}{270}(y_{k+1} - y_{k+1}^p)
\end{cases}
\tag{11.9.7}
$$

但在 y_{k+1}^{pm} 的表达式中 y_{k+1} 是未知的, 因此计算时用上一步的结果代替, 从而可以构造四阶修正预测校正 Adams 算法:

$$
\begin{cases}
\text{预测：} y_{k+1}^{p} = y_k + \dfrac{h}{24}(55f_k - 59f_{k-1} + 37f_{k-2} - 9f_{k-3}) \\[2mm]
\text{修正：} y_{k+1}^{pm} = y_{k+1}^{p} + \dfrac{251}{270}(y_k^c - y_k^p) \\[2mm]
\text{求值：} f_{k+1}^{pm} = f(x_{k+1}, y_{k+1}^{pm}) \\[2mm]
\text{校正：} y_{k+1}^{c} = y_k + \dfrac{h}{24}(9f_{k+1}^{pm} + 19f_k - 5f_{k-1} + f_{k-2}) \\[2mm]
\text{修正：} y_{k+1} = y_{k+1}^{c} - \dfrac{19}{270}(y_{k+1}^c - y_{k+1}^p)
\end{cases} \tag{11.9.8}
$$

11.9.1.3 四阶修正 Milne-Hamming 预测校正算法

利用 Milne 公式 (11.8.16) 和 Hamming 公式 (11.8.20) 相匹配, 并利用截断误差式 (11.8.17) 和 (11.8.21) 隐式计算结果, 可以类似地建立四阶修正预测校正 Milne-Hamming 算法:

$$
\begin{cases}
\text{预测：} y_{k+1}^{p} = y_{k-3} + \dfrac{4h}{3}(2f_k - f_{k-1} + 2f_{k-2}) \\[2mm]
\text{修正：} y_{k+1}^{pm} = y_{k+1}^{p} + \dfrac{112}{121}(y_k^c - y_k^p) \\[2mm]
\text{求值：} f_{k+1}^{pm} = f(x_{k+1}, y_{k+1}^{pm}) \\[2mm]
\text{校正：} y_{k+1}^{c} = \dfrac{1}{8}(9y_k - y_{k-2}) + \dfrac{3h}{8}(f_{k+1}^{pm} + 2f_k - f_{k-1}) \\[2mm]
\text{修正：} y_{k+1} = y_{k+1}^{c} - \dfrac{9}{121}(y_{k+1}^c - y_{k+1}^p)
\end{cases} \tag{11.9.9}
$$

11.9.2 算法流程

算法 11.6 四阶 (修正) 预测校正 Adams/Milne-Hamming 算法

输入: 一阶常微分方程 (组) 右端表达式 $f(x, y)$, 求解区间 $[a, b]$, 初始函数值 y_0, 区间等分数 n.

输出: 等分点序列 x, 函数值序列 y, 固定步长 h.

流程:

1. 求步长 $h = (b - a)/n$.

2. 由初值 y_0 和四阶显式 Runge-Kutta 公式求得 y_1, y_2, y_3 的近似值.

3. for $k = 3 : (n - 1)$

$$\begin{cases} y^p_{k+1} = y_k + h[55f(x_k, y_k) - 59f(x_{k-1}, y_{k-1}) + 37f(x_{k-2}, y_{k-2}) \\ \qquad\quad -9f(x_{k-3}, y_{k-3})]/24 \\ y_{k+1} = y_k + h[9f(x_{k+1}, y^p_{k+1}) + 19f(x_k, y_k) - 5f(x_{k-1}, y_{k-1}) \\ \qquad\quad + f(x_{k-2}, y_{k-2})]/24 \end{cases}$$

或

$$\begin{cases} y^p_{k+1} = y_k + h[55f(x_k, y_k) - 59f(x_{k-1}, y_{k-1}) + 37f(x_{k-2}, y_{k-2}) \\ \qquad\quad -9f(x_{k-3}, y_{k-3})]/24 \\ y^{pm}_{k+1} = y^p_{k+1} + 251(y^c_k - y^p_k)/270 \\ y^c_{k+1} = y_k + h[9f(x_{k+1}, y^{pm}_{k+1}) + 19f(x_k, y_k) - 5f(x_{k-1}, y_{k-1}) \\ \qquad\quad + f(x_{k-2}, y_{k-2})]/24 \\ y_{k+1} = y^c_{k+1} - 19(y^c_{k+1} - y^p_{k+1})/270 \end{cases}$$

或

$$\begin{cases} y^p_{k+1} = y_{k-3} + 4h[2f(x_k, y_k) - f(x_{k-1}, y_{k-1}) + 2f(x_{k-2}, y_{k-2})]/3 \\ y^{pm}_{k+1} = y^p_{k+1} + 112(y^c_k - y^p_k)/121 \\ y^c_{k+1} = (9y_k - y_{k-2})/8 + 3h[9f(x_{k+1}, y^{pm}_{k+1}) + 2f(x_k, y_k) \\ \qquad\quad - f(x_{k-1}, y_{k-1})]/8 \\ y_{k+1} = y^c_{k+1} - 9(y^c_{k+1} - y^p_{k+1})/121 \end{cases}$$

end for

11.9.3　算法特点

1. 预测校正方法与显式公式相比减小了误差, 与隐式公式相比减少了计算量. 通过修正方法, 还可以使误差进一步减小.

2. 使用预测校正线性 m 步算法求解时, 需要提供 m 个初值, 在编程实现时, 可以根据第 1 个初值 y_0 使用单步法求得 $y_1, y_2, \cdots, y_{m-1}$ 的近似值.

3. 如果 y 和 f 为向量函数, 预测校正 Adams 和 Milne-Hamming 算法可以应用到一阶常微分方程组的情形.

11.9.4　适用范围

适用于对求解精度和效率要求高的非刚性常微分方程 (组).

例 11.3　完全混合反应堆中化合物的质量平衡表达式为

$$V\frac{\mathrm{d}c}{\mathrm{d}t} = F - Qc - kVc^2$$

其中, V 为体积 ($12\mathrm{m}^3$), c 为浓度 ($\mathrm{g/m^3}$), F 为进料速度 ($175\mathrm{g/min}$), Q 为流动

速率 $(1\mathrm{m}^3/\mathrm{min})$ 和 k 为二阶反应速率 $(0.15\mathrm{m}^3/(\mathrm{g\cdot min}))$. 若 $c(0)=0$, 求解常微分方程, 直到浓度达到稳定水平, 并绘制结果图.

解 例题中常微分方程及其初值条件可等价转化为

$$\begin{cases} \dfrac{\mathrm{d}c}{\mathrm{d}t} = \dfrac{F}{V} - \dfrac{Qc}{V} - kc^2 \\ c(0) = 0 \end{cases}$$

设置如下参数:

```
a=0;
b=2.0;
y0=0;
n=1000;
调用函数 Adams4_solve_output = Adams4_solve(a,b,y0,n);
Adams4_pc_solve_output = Adams4_predictor_corrector_solve(a,b,y0,n)
```

其中, a, b 是求解区间的左右端点, y0 是初始值 (向量), n 是区间等分数.

分别调用四阶显式 Adams 算法和四阶 Adams 预测校正算法, 将程序运行结果绘制在同一坐标系中, 如图 11.5 所示.

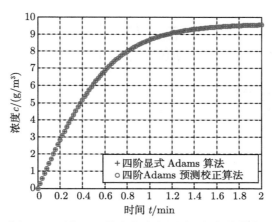

图 11.5 例 11.3 化合物浓度随时间的变化曲线

例 11.4 如图 11.6 所示的 RLC 电路, 由电压源 u_{s}、电流源 i_{s}、电感元件 L、电容元件 C、电阻元件 R_1, R_2 组成的复杂电路, 电感电流的初始值为 $i_{\mathrm{L}}(0_+) = I_0$, 电容电压初始值为 $u_{\mathrm{C}}(0_+) = U_0$, 求电路中储能元件电感的电流 i_{L} 以及电容元件的电压 u_{C} (电路参数为 $u_{\mathrm{s}} = 10\mathrm{V}$, $i_{\mathrm{s}} = 4\ \mathrm{A}$, $L = 0.5\ \mathrm{H}$, $C = 0.2\ \mathrm{F}$, $R_1 = 3\ \Omega$, $R_2 = 6\ \Omega$, $I_0 = 2\ \mathrm{A}$, $U_0 = 5\ \mathrm{V}$).

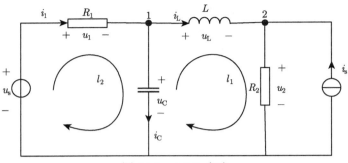

图 11.6　RLC 电路

解　建立 RLC 电路的模型, 并由初始条件可得

$$
\begin{cases}
\begin{bmatrix} \dfrac{\mathrm{d}u_C}{\mathrm{d}t} \\[2mm] \dfrac{\mathrm{d}i_L}{\mathrm{d}t} \end{bmatrix} = \begin{bmatrix} -\dfrac{1}{R_1 C} & -\dfrac{1}{C} \\[2mm] \dfrac{1}{L} & -\dfrac{R_2}{L} \end{bmatrix} \begin{bmatrix} u_C \\[2mm] i_L \end{bmatrix} + \begin{bmatrix} \dfrac{1}{R_1 C} & 0 \\[2mm] 0 & -\dfrac{R_2}{L} \end{bmatrix} \begin{bmatrix} u_s \\[2mm] i_s \end{bmatrix} \\
i_L\left(0_+\right) = I_0, u_C\left(0_+\right) = U_0
\end{cases}
$$

上式可等价转化为

$$
\begin{cases}
\dfrac{\mathrm{d}y}{\mathrm{d}x} = f\left(x, y\right) \\[2mm]
y\left(0\right) = \left[U_0, I_0\right]^{\mathrm{T}}
\end{cases}
$$

其中 $y = \left[u_C, i_L\right]^{\mathrm{T}}, x = t$.

设置如下参数:

```
a=0;
b=0.4;
y0=[5 2];
n=1000;
h0=1e-3;
tolerance=1e-4;
调用函数Runge_Kutta4_solve_output = Runge_Kutta3_solve(a,b,y0,n);
RK4_variable_step_solve_output = RK4_variable_step_solve(a,b,y0,h0,
    tolerance)
Adams4_pc_solve_output = Adams4_predictor_corrector_solve(a,b,y0,n)
```

其中, a, b 是求解区间的左右端点, y0 是初始值 (向量), n 是区间等分数, h0 是初始步长, tolerance 是求解精度.

分别调用四阶显式 Runge_Kutta 算法, 变步长四阶显式 Runge_Kutta 算法和四阶 Adams 预测校正算法进行计算将程序运行结果绘制在同一坐标系中, 如图 11.7 所示.

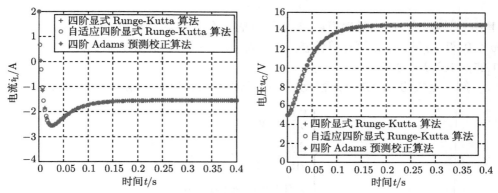

图 11.7 (a) 例 11.4 RLC 电路的电容电压曲线; (b) 例 11.4 RLC 电路的电感电流曲线

11.10 高阶常微分方程 (组) 的数值算法

高阶常微分方程 (组) 的初值问题可以转换为一阶常微分方程组的初值问题, 然后进行求解.

考虑 n 阶微分方程

$$\begin{cases} y^{(n)} = f(x, y, y^{(1)}, \cdots, y^{(n-1)}) \\ y(x_0) = y_0, y^{(1)}(x_0) = y_0^{(1)}, \cdots, y^{(n-1)}(x_0) = y_0^{(n-1)} \end{cases} \tag{11.10.1}$$

引入新的变量

$$y_1 = y, y_2 = y^{(1)}, \cdots, y_n = y^{(n-1)} \tag{11.10.2}$$

即可将 n 阶微分方程 (11.10.1) 转化为一阶微分方程组:

$$\begin{cases} y_1^{(1)} = y_2 \\ y_2^{(1)} = y_3 \\ \cdots\cdots \\ y_{n-1}^{(1)} = y_n \\ y_n^{(1)} = f(x, y_1, y_2, \cdots, y_n) \end{cases} \tag{11.10.3}$$

初始条件相应地化为

$$y_1(x_0) = y_0, \quad y_2(x_0) = y_0^{(1)}, \quad \cdots, \quad y_n(x_0) = y_0^{(n-1)} \tag{11.10.4}$$

转化为一阶常微分方程组之后, 即可使用前述计算公式进行求解.

例 11.5   下述方程可用于模拟帆船桅杆在风力作用下所发生的偏移:

$$\frac{\mathrm{d}^2 y}{\mathrm{d}z^2} = \frac{f}{2EI}\left(L - z\right)^2$$

其中, f 为风力, E 为弹性模量, L 为桅杆的长度, I 为转动惯量. 若已知 $z = 0$ 时, $y = 0$ 和 $\mathrm{d}y/\mathrm{d}z = 0$, 试计算偏移. 各参数在计算中的取值为 $f = 60, L = 30, E = 1.25 \times 10^8, I = 0.05$.

解   上式的二阶微分方程及其初值条件可等价转化为一阶二维微分方程组:

$$\begin{cases} \dfrac{\mathrm{d}y_1}{\mathrm{d}z} = y_2 \\[2mm] \dfrac{\mathrm{d}y_2}{\mathrm{d}z} = \dfrac{f}{2EI}\left(L - z\right)^2 \\[2mm] y_1\left(0\right) = 0, y_2\left(0\right) = 0 \end{cases}$$

设置如下参数:

```
a=0;
b=0.4;
y0=[0 0];
n=1000;
```
调用函数
```
Adams4_pc_solve_output = Adams4_predictor_corrector_solve(a,b,y0,n)
```

其中, a, b 是求解区间的左右端点, y0 是初始值 (向量), n 是区间等分数.

调用四阶 Adams 预测–校正算法求解上述常微分方程组, 将程序运行结果绘制在同一坐标系中, 如图 11.8 所示.

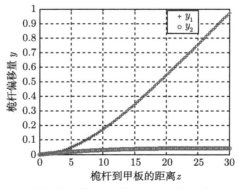

图 11.8   桅杆偏移量 y 与桅杆到甲板的距离 z 的曲线

11.11　Visual Studio 软件解常微分方程 (组) 初值问题的算法调用说明

解常微分方程 (组) 初值问题的算法基本调用方法及参数说明见表 11.2.

表 11.2　解常微分方程 (组) 初值问题的算法基本调用方法及参数说明

显式 Euler 算法	Euler_solve_output = Euler_solve(a, b, y0, n)
预测校正 Euler 算法	Euler_pc_solve_output = Euler_predictor_corrector_solve(a, b, y0, n)
显式 Runge-Kutta 算法	Runge_Kutta3_solve_output = Runge_Kutta3_solve(a, b, y0, n) Runge_Kutta4_solve_output = Runge_Kutta3_solve(a, b, y0, n)
变步长四阶显式 Runge-Kutta 算法	Runge_Kutta4_solve_output = Runge_Kutta3_solve(a, b, y0, n)
四阶显式 Adams 算法	Adams4_solve_output = Adams4_solve(a, b, y0, n)
四阶 (修正) 预测校正 Adams 算法	Adams4_pc_solve_output = Adams4_predictor_corrector_solve(a, b, y0, n)
输入参数说明	a, b: 求解区间的左右端点 y0: 初始值 (向量) n: 区间等分数 h0: 初始步长 tolerance: 求解精度
输出参数说明	Euler_solve_output: 结构体变量, 包含求解结果 Euler_pc_solve_output: 结构体变量, 包含求解结果 Runge_Kutta3_solve_output: 结构体变量, 包含求解结果 Runge_Kutta4_solve_output: 结构体变量, 包含求解结果 Runge_Kutta4_solve_output: 结构体变量, 包含求解结果 Adams4_solve_output: 结构体变量, 包含求解结果 Adams4_pc_solve_output: 结构体变量, 包含求解结果

11.12　小　　结

本章介绍了解常微分方程 (组) 初值问题的算法, 主要有单步算法 (显式 Euler 算法、预测校正 Euler 算法、显式 Runge-Kutta 算法、变步长的显式 Runge-Kutta 算法) 和线性多步法 (显式 Adams 算法、显式 Milne 算法、预测校正 Adams 算法、预测校正 Milne 算法). 本章对每个算法进行了推导, 梳理了流程, 归纳了特点和适用范围; 此外, 还给出了 Visual Studio 软件中相关算法命令的调用方法.

参 考 文 献

封建湖, 车刚明, 聂玉峰, 2001. 数值分析原理[M]. 北京: 科学出版社.
姜礼尚, 陈亚浙, 刘西桓, 等, 1996. 数学物理方程讲义[M]. 2 版. 北京: 高等教育出版社.
李庆扬, 易大义, 王能超, 1995. 现代数值分析[M]. 北京: 高等教育出版社.

沈剑华, 1989. 计算数学基础[M]. 上海: 同济大学出版社.

施吉林, 刘淑珍, 陈桂芝, 1999. 计算机数值方法[M]. 北京: 高等教育出版社.

王沫然, 2003. MATLAB 与科学计算[M]. 2 版. 北京: 电子工业出版社.

王仁宏, 1999. 数值逼近[M]. 北京: 高等教育出版社.

许波, 刘征, 2000. MATLAB 工程数学应用[M]. 北京: 清华大学出版社.

Bert C W, Malik M, 1996. Differential quadrature method in computational mechanics: a review[J]. Applied Mechanics Reviews, 49(1): 1-28.

习　　题

1. 求解如下常微分方程初值问题:

$$\begin{cases} u' = 1 - 2tu \\ u(0) = 0 \end{cases}$$

2. 求解如下常微分方程初值问题:

$$\begin{cases} u' = u^{\frac{1}{3}} \\ u(0) = 0 \end{cases}$$

3. 求解如下常微分方程初值问题:

$$\begin{cases} u' = u \\ u(0) = 1 \end{cases}$$

4. 求解如下常微分方程初值问题:

$$\begin{cases} u' = u \\ u(0) = 1 \end{cases}$$

计算公式

$$u_m = \left(\frac{2 + h}{2 - h} \right)^m$$

取 $h = \dfrac{1}{4}$ 计算 $u(1)$ 的近似值, 并与习题 3 的结果比较.

5. 就初值问题

$$\begin{cases} u' = at + b \\ u(0) = 0 \end{cases}$$

分别导出用显式 Euler 算法和预测校正 Euler 算法求近似解的表达式, 并与真解 $u = \dfrac{a}{2}t^2 + bt$ 相比较.

6. 求解如下常微分方程初值问题:

$$\begin{cases} u' = -u^2 \\ u(0) = 1 \end{cases}$$

7. 求解如下常微分方程初值问题:

$$\begin{cases} u' = 10u + 11t - 5t^2 - 1, & 0 < t \leqslant 3 \\ u(0) = 0 \end{cases}$$

8. 求解如下常微分方程初值问题:

$$\begin{cases} u' = -8u + 4t^2 - 7t - 1, & 0 < t \leqslant 3 \\ u(0) = 1 \end{cases}$$

第 12 章　偏微分方程的求解算法

12.1　引　　言

解偏微分方程的算法是通过离散将偏微分方程近似转换为代数方程, 获得在一系列离散节点上近似值的一种算法, 主要有有限差分法、有限体积法、有限元法和谱方法. 解偏微分方程的算法在工程应用中具有广泛的需求. 比如: 数值模拟核爆炸物理过程、数值模拟航空发动机内部燃烧过程、天气预报和污染物迁移预测等等. 本章主要介绍解偏微分方程的有限差分法.

12.2　工 程 实 例

问题 12.1　流体流动控制方程 (航空航天工程领域问题)

流体流动遵循质量守恒定律、牛顿第二定律、能量守恒定律. 由此可推导出流体运动控制方程, 即一组偏微分方程, 包括连续性方程、动量和能量方程. 以连续性方程为例, 在流场中任取一控制体, 如图 12.1 所示. 流体不断流进流出控制体, 控制体内流体的质量随时在发生变化. 控制体内流体质量的变化规律必须满足质量守恒定律, 即通过控制面的流体质量净流入流量等于控制体内流体质量的增加率. 用数学式表示为

$$-\iint\limits_{CS_1} \rho v \cdot dA - \iint\limits_{CS_2} \rho v \cdot dA = \frac{\partial}{\partial t} \iiint\limits_{CV} \rho dV \tag{12.2.1}$$

式中, CS_1 和 CS_2 分别为控制体的流入面与流出面, CV 表示控制体体积. 上式左端第一项前面的负号表示流入面上速度方向与控制面外法线之间的夹角大于 90°, 而流入的质量流量为正值. 右端项用偏导数表示是因为控制体对参考系是固定不动的. 积分域 CS_1 与 CS_2 之和等于整个控制面 CS, 上式又可写为

$$-\oiint\limits_{CS} \rho v \cdot dA = \frac{\partial}{\partial t} \iiint\limits_{CV} \rho dV \tag{12.2.2}$$

这就是适用于控制体的积分形式的连续性方程. 上式可改写为

$$-\oiint\limits_{CS} \rho v_n dA = \frac{\partial}{\partial t} \iiint\limits_{CV} \rho dV \tag{12.2.3}$$

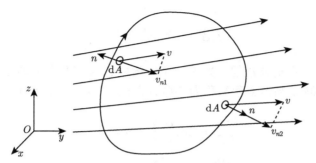

图 12.1　流体流动控制体示意图

式中, v_n 是 v 在 dA 外法线方向的投影. 根据高斯公式:

$$\iiint\limits_{\Omega} \mathrm{div} B \mathrm{d}V = \oiint\limits_{\Sigma} B_n \mathrm{d}A \tag{12.2.4}$$

式中 B_n 是 B 在微元面积 dA 外法线方向的投影, Σ 是体积域 Ω 的封闭表面积.

再有, ρv_n 也可以看成 ρv 在 dA 外法线方向的投影, 于是可得

$$\oiint\limits_{\mathrm{CS}} \rho v_n \mathrm{d}A = \iiint\limits_{\mathrm{CV}} \mathrm{div}(\rho v) \mathrm{d}V \tag{12.2.5}$$

上式代入式 (12.2.3), 得

$$\frac{\partial}{\partial t} \iiint\limits_{\mathrm{CV}} \rho \mathrm{d}V + \iiint\limits_{\mathrm{CV}} \mathrm{div}(\rho v) \mathrm{d}V = 0 \tag{12.2.6}$$

将上式进一步改写为

$$\iiint\limits_{\mathrm{CV}} \left[\frac{\partial \rho}{\partial t} + \mathrm{div}(\rho v) \right] \mathrm{d}V = 0 \tag{12.2.7}$$

由于控制体是任意选取的, 要使上式成立, 被积函数必须处处为零, 即

$$\frac{\partial \rho}{\partial t} + \mathrm{div}(\rho v) = 0 \tag{12.2.8}$$

这就是微分形式的连续性方程. 对直角坐标系, 上式可以写成

$$\frac{\partial \rho}{\partial t} + \frac{\partial(\rho v_x)}{\partial t} + \frac{\partial(\rho v_y)}{\partial t} + \frac{\partial(\rho v_z)}{\partial t} = 0 \tag{12.2.9}$$

类似地, 可以推导出动量和能量方程. 目前, 关于这组偏微分方程, 还没有解析解, 必须借助于数值算法求解.

12.3　基 础 定 义

定义 12.1　偏微分方程　如果一个方程中包含有两个或两个以上自变量的未知函数的偏导数, 则该方程被称为偏微分方程. 例如, 如下形式的方程,

$$\frac{\partial^2 u}{\partial x^2} + 2xy\frac{\partial^2 u}{\partial y^2} + u = 0$$

$$\frac{\partial^3 u}{\partial x^2 \partial y} + x\frac{\partial^2 u}{\partial y^2} + 8u = 5y$$

$$\frac{\partial^2 u}{\partial x^2} + uy\frac{\partial^2 u}{\partial y^2} = x$$

$$\left(\frac{\partial^2 u}{\partial x^2}\right)^3 + 6\frac{\partial^3 u}{\partial x \partial y^2} = 0 \tag{12.3.1}$$

等等, 都是偏微分方程. 更进一步地, 包含多个变量关于同一组自变量未知函数的偏导数的多个方程, 被称作偏微分方程组. 只有简单的偏微分方程 (组) 才能使用纯数学的方法求得解析解, 对于复杂的偏微分方程 (组), 研究人员通常要借助科学计算方法确定其数值解.

　　为了开发更有针对性的数值算法求解特定的偏微分方程, 研究人员常常会对其分类处理. 从数学的角度, 偏微分方程可以分为线性方程和非线性方程, 一阶方程、二阶方程以及三阶方程等, 也可以分为椭圆型方程、双曲型方程和抛物型方程; 从偏微分方程描述的物理现象的角度, 可以分为波动方程、对流方程、扩散方程、对流扩散方程以及平衡态方程, 等等. 偏微分方程的椭圆型方程、双曲型方程和抛物型方程这一表面特征分类对应着偏微分方程是否有解、是否唯一解以及需要什么样的初值和边值条件确定唯一解这些本质特性 (方程特征线), 这是探讨偏微分方程解法的一个重要的思路, 因此, 从数学角度, 本章围绕双曲型一阶偏微分方程, 椭圆型、双曲型和抛物型二阶偏微分方程, 展开讨论.

　　首先, 是关于上述各种类型的偏微分方程的定义. 假设有如下形式的二阶偏微分方程,

$$A\frac{\partial^2 u}{\partial x^2} + B\frac{\partial^2 u}{\partial x \partial t} + C\frac{\partial^2 u}{\partial t^2} + f\left(x, t, u, \frac{\partial u}{\partial x}, \frac{\partial u}{\partial t}\right) = 0 \tag{12.3.2}$$

其中, A, B 和 C 是常数, 且不同时为 $0, f$ 是关于括号内内容的函数. 需要注意的是, 这里的自变量 t 不一定代表时间, 它也可以代表空间变量 y. 可以看到, 上述方程关于二阶偏导数的项是以线性的形式出现的, 事实上, 正是由它们决定着上述

形式偏微分方程的分类. 定义如下表达式,

$$D = B^2 - 4AC \tag{12.3.3}$$

定义 12.2 双曲型偏微分方程 当 $D > 0$ 时, 上述偏微分方程属于双曲型.

定义 12.3 椭圆型偏微分方程 当 $D < 0$ 时, 上述偏微分方程属于椭圆型.

定义 12.4 抛物型偏微分方程 当 $D = 0$ 时, 上述偏微分方程属于抛物型.

以上是对微分方程的一个简单分类. 更深入的情形, 比如, 二阶偏导数项是非线性的, 即 A, B 和 C 不是常数, 更一般的偏微分方程分类依据, 请参考相关的偏微分方程著作及其中的参考文献.

定义 12.5 一阶双曲型偏微分方程 形如下式的一阶线性偏微分方程,

$$A\frac{\partial u}{\partial t} + B\frac{\partial u}{\partial x} = C \tag{12.3.4}$$

其中, A, B 和 C 是非零常数, 是双曲型的, 因为写成矩阵形式时, 其特征多项式和上述二阶方程 $D > 0$ 时情况一样有实根.

依据上述定义, 我们可以看到, 形如下式的一维对流方程,

$$\frac{\partial u}{\partial t} + a\frac{\partial u}{\partial x} = 0 \tag{12.3.5}$$

其中, a 是非零常数, 是双曲型的. 形如下式的一维扩散方程和一维对流扩散方程,

$$\frac{\partial u}{\partial t} + a\frac{\partial^2 u}{\partial x^2} = 0$$
$$\frac{\partial u}{\partial t} + a\frac{\partial u}{\partial x} = b\frac{\partial^2 u}{\partial x^2} \tag{12.3.6}$$

其中, a 和 b 是常数, 是抛物型的. 形如下式所示的波动方程,

$$\frac{\partial^2 u}{\partial t^2} - a^2\frac{\partial^2 u}{\partial x^2} = 0 \tag{12.3.7}$$

其中, a 是常数, 是双曲型的. 形如下式的二维拉普拉斯 (Laplace) 方程,

$$\frac{\partial^2 u}{\partial x^2} + \frac{\partial^2 u}{\partial y^2} = 0 \tag{12.3.8}$$

是椭圆型的.

12.4　一维对流方程的迎风格式算法

12.4.1　算法推导

对于如下所示的一维对流方程,

$$\frac{\partial u}{\partial t} + a\frac{\partial u}{\partial x} = 0 \tag{12.4.1}$$

其中, a 是非零常数, 我们知道, 它是双曲型的. 从物理角度, 它可以描述一个波以速度 a 沿着 x 负方向传播. 考虑在定义域中一个典型的格点 i, 在一个一维定义域上, 点 i 只有相关的两个方向——左和右. 如果 a 为正, 左边就是迎风方向而右边是顺风方向. 相似地, 如果 a 为负, 则左边称为顺风方向而右边称为迎风方向. 因为下游的信息只受到上游信息的影响, 所以, 在构造下游某点的微分近似时, 只需要考虑上游节点处信息. 因此, 当 $a > 0$ 时, 上述一维对流方程可以根据 Euler 公式离散为

$$\frac{u_j^{n+1} - u_j^n}{\Delta t} + a\frac{u_j^n - u_{j-1}^n}{\Delta x} = 0 \tag{12.4.2}$$

其中 $u_j^n = u(x_j, t_n), \Delta t = t_{n+1} - t_n, \Delta x = x_{j+1} - x_j$. 上式可以整理为

$$u_j^{n+1} = u_j^n - a\frac{\Delta t}{\Delta x}(u_j^n - u_{j-1}^n) \tag{12.4.3}$$

即为一维对流方程的一阶迎风格式. 给定初始条件, 合适的时间和空间步长, 就可以求取任意时刻求解区间上的数值解. 稳定的一阶迎风格式需要满足如下柯朗–弗里德里希斯–列维 (Courant–Friedrichs–Lewy, CFL) 条件,

$$c = \left|\frac{a\Delta t}{\Delta x}\right| \leqslant 1 \tag{12.4.4}$$

类似地, 当 $a < 0$ 时, 上述一维对流方程可以离散为

$$\frac{u_j^{n+1} - u_j^n}{\Delta t} + a\frac{u_{j+1}^n - u_j^n}{\Delta x} = 0 \tag{12.4.5}$$

上式可以整理为

$$u_j^{n+1} = u_j^n - a\frac{\Delta t}{\Delta x}(u_{j+1}^n - u_j^n) \tag{12.4.6}$$

更进一步地, 当 $a > 0$ 时, 一维对流方程的二阶迎风格式为

$$u_j^{n+1} = u_j^n - a\frac{\Delta t}{2\Delta x}(3u_j^n - 4u_{j-1}^n + u_{j-2}^n) \tag{12.4.7}$$

其中, 方程右边最后一项括号内系数是通过 Taylor 展开获得的, 具体过程与节向前三点一阶微分公式相似, 这里不再赘述. 相应地, 当 $a < 0$ 时, 一维对流方程的二阶迎风格式为

$$u_j^{n+1} = u_j^n - a\frac{\Delta t}{2\Delta x}(-u_{j+2}^n + 4u_{j+1}^n - 3u_j^n) \tag{12.4.8}$$

更高阶的迎风格式往往会在梯度较高区域带来数值上的色散误差, 应用中并不常见.

12.4.2　算法流程

算法 12.1　一阶迎风格式算法流程

> 输入: 方程中的常数 a, 时间步长 $\mathrm{d}t$, 空间节点个数 n_x, 求解区间的左端 $x_{\min}$, 求解区间的右端 $x_{\max}$, 时间步的个数 n_t.
>
> 输出: 偏微分方程在离散空间节点上的数值解.
>
> 流程:
>
> 1. 设定初始条件.
>
> if $a>0$
>
> 　初始条件向左延拓 n_t 个节点.
>
> else
>
> 初始条件向右延拓 n_t 个节点.
>
> 2. 时间步进
>
> for $n = 2 : n_t$
>
> if $a>0$
>
> $u_j^{n+1} = u_j^n - a\dfrac{\Delta t}{\Delta x}\left(u_j^n - u_{j-1}^n\right)$
>
> else
>
> $u_j^{n+1} = u_j^n - a\dfrac{\Delta t}{\Delta x}\left(u_{j+1}^n - u_j^n\right)$

算法 12.2　二阶迎风格式算法流程

> 输入: 方程中的常数 a, 时间步长 $\mathrm{d}t$, 空间节点个数 n_x, 求解区间的左端 $x_{\min}$, 求解区间的右端 $x_{\max}$, 时间步的个数 n_t.
>
> 输出: 偏微分方程在离散空间节点上的数值解.
>
> 流程:
>
> 1. 设定初始条件.
>
> if $a > 0$
>
> 　初始条件向左延拓 $2n_t$ 个节点.

else

　　初始条件向右延拓 $2n_t$ 个节点

2. 时间步进

for $n=2$: n_t

　if $a > 0$

$$u_j^{n+1} = u_j^n - a\frac{\Delta t}{2\Delta x}\left(3u_j^n - 4u_{j-1}^n + u_{j-2}^n\right)$$

else

$$u_j^{n+1} = u_j^n - a\frac{\Delta t}{2\Delta x}\left(-u_{j+2}^n + 4u_{j+1}^n - 3u_j^n\right)$$

12.4.3　算法特点

1. 迎风格式可以克服由于一些情形下原始有限差分法导致的数值解出现振荡的情况.

2. 一阶迎风格式容易获得不准确的解, 除非划分足够细密的网格, 而且有一定的假扩散作用, 即会引入人工黏性.

3. 一阶迎风格式需要向左或向右延拓若干个点. 以 $a > 0$ 为例, 当用一阶迎风格式求解对流方程时, 在计算空间区域左端点下一个时刻的函数值时, 需要用到左端点左端一个节点上的函数值, 因此, 需要延拓一个节点, 由于每个时刻都需要左端点左端一个节点上的上一个时刻函数值, 故需要将初始条件向左延拓 n_t 个节点, n_t 是时间步的个数. 同理, 当 $a < 0$ 时, 需要将初始条件向右延拓 n_t 个节点.

4. 二阶迎风格式可以获得较准确的解, 而且很稳定.

5. 当 $a > 0$, 用二阶迎风格式求解对流方程时, 在计算空间域左端点下一个时刻的函数值时, 需要用到左端点左端两个节点上的函数值, 因此, 需要延拓两个节点, 由于每个时刻都需要左端点左端两个节点上的上一个时刻函数值, 故需要将初始条件向左延拓 $2n_t$ 个节点, n_t 是时间步的个数. 同理, 当 $a < 0$ 时, 需要将初始条件向右延拓 $2n_t$ 个节点.

12.4.4　适用范围

适用于双曲型偏微分方程.

例 12.1　求解下述偏微分方程.

$$\frac{\partial u}{\partial t} - \frac{\partial u}{\partial x} = 0$$

给定如下初始条件,

$$u_0(x) = \begin{cases} 10x + 1, & -0.1 \leqslant x \leqslant 0 \\ -10x + 1, & 0 < x \leqslant 0.1 \\ 0, & \text{其他} \end{cases}$$

解 初始信号是三角形的, 宽度为 0.2, 且在 $x = 0$ 处一阶导数不连续, 这个不连续性对传统数值方法来讲是一个挑战. 设置如下参数:

```
a=-1;
dt=0.001;
nx=100;
nt=500;
minx=0;
maxx=1;
调用函数
PDE_solve_output=OneD_advect_equation(a, dt, nx, minx, maxx, nt);
PDE_solve_output=OneD_advect_equation_2nd(a, dt, nx, minx, maxx, nt)
```

其中, a 是方程中的常数, minx, maxx 是求解区间的左、右端点, dt 是时间步长, nx 是空间节点个数, nt 是时间步的个数.

将程序运行结果绘图, 如图 12.2 所示.

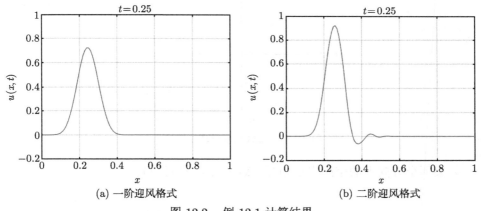

(a) 一阶迎风格式   (b) 二阶迎风格式

图 12.2 例 12.1 计算结果

由于引入了 "人工黏性", 迎风格式 "抹平" 了信号尖角.

12.5 二维 Laplace 方程的差分格式算法

12.5.1 算法推导

如下所示

$$\frac{\partial^2 u}{\partial x^2} + \frac{\partial^2 u}{\partial y^2} = 0 \tag{12.5.1}$$

的二维 Laplace 方程是最简单形式的椭圆型偏微分方程, 本节以它为例介绍椭圆型偏微分方程的数值解法. 椭圆型偏微分方程的边界条件有以下三种提法: ① 固定边界条件, 即在给定边界上给定 u 的值 $U_1(x,y)$; ② 在给定边界上给定 u 的法向导数值, $\dfrac{\partial u}{\partial n} = U_2(x,y)$; ③ 在给定边界上给定混合边界条件, $\dfrac{\partial u}{\partial n} + u = U_3(x,y)$. 其中, 第一种提法最为普遍, 下面以第一种边界条件为例推导椭圆型偏微分方程的五点差分格式和工字形差分格式算法.

五点差分格式是数值求解椭圆型偏微分方程最常用的格式. 取偏微分方程求解域离散后的相邻五个节点, 如图 12.3 所示, 则 Laplace 方程可以离散为

$$\frac{\dfrac{u_{i+1,j} - u_{i,j}}{\Delta x} - \dfrac{u_{i,j} - u_{i-1,j}}{\Delta x}}{\Delta x} + \frac{\dfrac{u_{i,j+1} - u_{i,j}}{\Delta y} - \dfrac{u_{i,j} - u_{i,j-1}}{\Delta y}}{\Delta y} = 0 \tag{12.5.2}$$

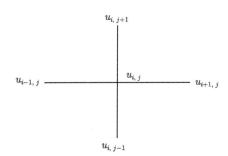

图 12.3　五点差分格式示意图

如果两个方向上的空间步长相等, $\Delta x = \Delta y$, 整理可得

$$u_{i+1,j} + u_{i-1,j} + u_{i,j+1} + u_{i,j-1} = 4u_{i,j} \tag{12.5.3}$$

这样, 所有离散点满足的上述方程构成了一个线性方程组, 对其求解即可得到原偏微分方程的数值解.

与五点差分格式类似, 取偏微分方程求解域离散后的相邻五个节点, 如图 12.4 所示. 如果两个方向上的空间步长相等, $\Delta x = \Delta y$, 则离散格式最终可以整理为

$$u_{i+1,j+1} + u_{i-1,j-1} + u_{i-1,j+1} + u_{i+1,j-1} = 4u_{i,j} \tag{12.5.4}$$

同样地, 所有离散点满足的上述方程构成了一个线性方程组, 对其求解即可得到原偏微分方程的数值解.

图 12.4 工字形差分格式示意图

12.5.2 算法流程

算法 12.3 五点差分格式算法流程

输入: x 方向空间节点个数 n_x, 求解区间的左端 $x_{\min}$, 求解区间的右端 $x_{\max}$, y 方向空间节点个数 n_y, 求解区间的左端 $y_{\min}$, 求解区间的右端 $y_{\max}$.

输出: 偏微分方程在离散空间点上的数值解.

流程:

1. 设定边界条件.

2. 根据

$$u_{i+1,j} + u_{i-1,j} + u_{i,j+1} + u_{i,j-1} = 4u_{i,j}$$

和边界条件设定系数矩阵和线性代数方程组右端向量.

3. 求解线性代数方程组.

算法 12.4 工字形差分格式算法流程

输入: x 方向空间节点个数 n_x, 求解区间的左端 $x_{\min}$, 求解区间的右端 $x_{\max}$, y 方向空间节点个数 n_y, 求解区间的左端 $y_{\min}$, 求解区间的右端 $y_{\max}$.

输出: 偏微分方程在离散空间点上的数值解.

流程:

1. 设定边界条件.

2. 根据

$$u_{i+1,j+1} + u_{i-1,j-1} + u_{i-1,j+1} + u_{i+1,j-1} = 4u_{i,j}$$

和边界条件设定系数矩阵和线性代数方程组右端向量.

3. 求解线性代数方程组.

12.5.3　算法特点

五点差分格式是利用两点差商代替微分求取一阶导数, 然后用这个近似的一阶导数求取二阶导数的一种求解 Laplace 方程边值问题的数值方法. 工字形差分格式是用中心差分代替一阶微分的算法, 其他类似于五点差分格式算法.

12.5.4　适用范围

适用于二阶椭圆型偏微分方程.

例 12.2　二维 Laplace 方程是最简单形式的椭圆型偏微分方程, 不失一般性, 这里, 假设它具有如下形式:

$$\frac{\partial^2 u}{\partial x^2} + \frac{\partial^2 u}{\partial y^2} = 0$$

给定如下边界以及边界条件:

$$\begin{cases} 0 \leqslant x \leqslant 2, 0 \leqslant y \leqslant 2 \\ u(0,y) = 0, u(2,y) = y(2-y) \\ u(x,0) = 0, u(x,2) = \begin{cases} 2-x, & x \geqslant 1 \\ x, & x < 1 \end{cases} \end{cases}$$

解　从物理角度, 该方程描述的是一个稳态现象, 比如, 在边界温度给定的条件下, 一块金属平板内部温度的分布. 设置如下参数:

```
nx=500;
minx=0;
maxx=2;
ny=500;
miny=0;
maxy=2
调用函数PDE_solve_output = Laplace_eq_5_point(nx,minx,maxx,ny,miny,
    maxy)
```

其中, minx, maxx, miny, maxy 是求解区间的左右上下端点, nx, ny 是空间节点个数.

将程序运行结果绘图, 如图 12.5 所示.

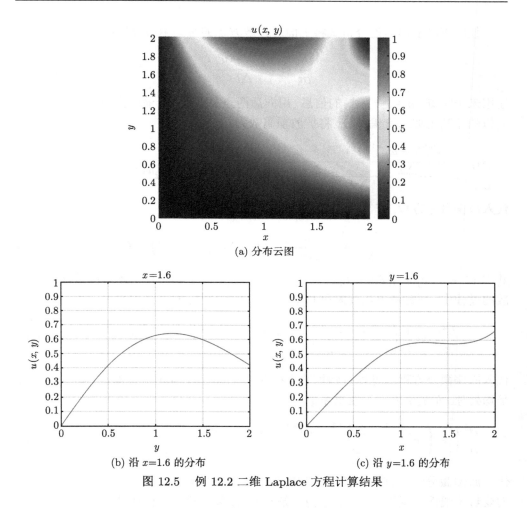

(a) 分布云图

(b) 沿 x=1.6 的分布　　　(c) 沿 y=1.6 的分布

图 12.5　例 12.2 二维 Laplace 方程计算结果

12.6　扩散方程的差分格式算法

12.6.1　算法推导

如下形式的偏微分方程

$$\frac{\partial u}{\partial t} + a\frac{\partial^2 u}{\partial x^2} = 0 \tag{12.6.1}$$

是最简单的扩散方程, 其中, a 是非零常数. 给定初始条件, 上述偏微分方程有唯一解. 由于显式差分格式求解扩散方程时, 对计算步长的要求很苛刻, 否则数值解发生振荡, 本节主要介绍求解扩散方程的隐式差分格式算法.

使用 Euler 向后差分格式将上面对扩散方程的时间偏微分项进行离散可得

$$\frac{\partial u}{\partial t} \approx \frac{u_j^{n+1} - u_j^n}{\Delta t} \tag{12.6.2}$$

使用未来时刻 ($n+1$ 时刻) 的信息, 用向后两点公式近似一阶偏微分, 再继续用该近似的差商近似二阶偏微分, 将扩散项离散为

$$\frac{\partial^2 u}{\partial x^2} \approx \frac{\dfrac{u_{j+1}^{n+1} - u_j^{n+1}}{\Delta x} - \dfrac{u_j^{n+1} - u_{j-1}^{n+1}}{\Delta x}}{\Delta x} = \frac{1}{\Delta x^2} \left(u_{j+1}^{n+1} - 2u_j^{n+1} + u_{j-1}^{n+1} \right) \tag{12.6.3}$$

代入原偏微分方程, 有

$$\frac{u_j^{n+1} - u_j^n}{\Delta t} + \frac{a}{\Delta x^2} \left(u_{j+1}^{n+1} - 2u_j^{n+1} + u_{j-1}^{n+1} \right) = 0 \tag{12.6.4}$$

其中 $u_j^n = u(x_j, t_n), \Delta t = t_{n+1} - t_n, \Delta x = x_{j+1} - x_j$. 如果在上述对扩散项进行离散的过程中, 同时考虑当前时刻和下一个时刻的信息, 对二者取平均, 即

$$\frac{\partial^2 u}{\partial x^2} \approx \frac{1}{2} \left(\frac{u_{j+1}^{n+1} - 2u_j^{n+1} + u_{j-1}^{n+1}}{\Delta x^2} + \frac{u_{j+1}^n - 2u_j^n + u_{j-1}^n}{\Delta x^2} \right) \tag{12.6.5}$$

代入原偏微分方程则可以得到扩散方程的 Crank-Nicolson 格式算法. 如果不采用平均处理, 而是引入一个权重系数

$$\frac{\partial^2 u}{\partial x^2} \approx \left(w \frac{u_{j+1}^{n+1} - 2u_j^{n+1} + u_{j-1}^{n+1}}{\Delta x^2} + (1-w) \frac{u_{j+1}^n - 2u_j^n + u_{j-1}^n}{\Delta x^2} \right) \tag{12.6.6}$$

代入原偏微分方程则得到扩散方程的加权隐式格式算法. 对于隐式格式算法, 因为要封闭线性方程组, 除了给定初始条件外, 还需要给定边值条件.

12.6.2　算法流程

算法 12.5　全隐式差分格式算法流程

　　输入: 方程中的常数 a, 时间步长 dt, 空间节点个数 n_x, 求解区间的左端 $x_{\min}$, 求解区间的右端 $x_{\max}$, 左边界条件 lbu, 右边界条件 rbu, 时间步的个数 n_t.

　　输出: 偏微分方程在离散空间点上的数值解.

　　流程:

　　　　1. 设定初始条件和边界条件.

　　　　2. 根据

$$\frac{u_j^{n+1} - u_j^n}{\Delta t} + \frac{a}{\Delta x^2} \left(u_{j+1}^{n+1} - 2u_j^{n+1} + u_{j-1}^{n+1} \right) = 0$$

和边界条件设定系数矩阵和线性代数方程组右端向量.

3. 求解线性代数方程组.

算法 12.6 Crank-Nicolson 格式算法流程

输入: 方程中的常数 a, 时间步长 dt, 空间节点个数 n_x, 求解区间的左端 $x_{\min}$, 求解区间的右端 $x_{\max}$, 左边界条件 lbu, 右边界条件 rbu, 时间步的个数 n_t.

输出: 偏微分方程在离散空间点上的数值解.

流程:

1. 设定边界条件.

2. 根据

$$\frac{\partial u}{\partial t} \approx \frac{u_j^{n+1} - u_j^n}{\Delta t}$$

$$\frac{\partial^2 u}{\partial x^2} \approx \frac{1}{2} \left(\frac{u_{j+1}^{n+1} - 2u_j^{n+1} + u_{j-1}^{n+1}}{\Delta x^2} + \frac{u_{j+1}^n - 2u_j^n + u_{j-1}^n}{\Delta x^2} \right)$$

和边界条件设定系数矩阵和线性代数方程组右端向量.

3. 求解线性代数方程组.

算法 12.7 加权隐式格式算法流程

输入: 方程中的常数 a, 时间步长 dt, 空间节点个数 n_x, 求解区间的左端 $x_{\min}$, 求解区间的右端 $x_{\max}$, 左边界条件 lbu, 右边界条件 rbu, 时间步的个数 n_t, 权重系数 w.

输出: 偏微分方程在离散空间点上的数值解.

流程:

1. 设定边界条件.

2. 根据

$$\frac{\partial u}{\partial t} \approx \frac{u_j^{n+1} - u_j^n}{\Delta t}$$

$$\frac{\partial^2 u}{\partial x^2} \approx \left(w \frac{u_{j+1}^{n+1} - 2u_j^{n+1} + u_{j-1}^{n+1}}{\Delta x^2} + (1-w) \frac{u_{j+1}^n - 2u_j^n + u_{j-1}^n}{\Delta x^2} \right)$$

和边界条件设定系数矩阵和线性代数方程组右端向量.

---

3. 求解线性代数方程组.

12.6.3　算法特点

相比于显式差分格式, 隐式差分格式是无条件稳定的, 但是, 因为每一步都要求解线性方程组, 隐式格式算法效率较低. Crank-Nicolson 格式算法在时间方向上是隐式的二阶方法, 数值稳定. 对于扩散方程 (包括许多其他方程), 可以证明 Crank-Nicolson 格式算法无条件稳定. 但是, 如果时间步长与空间步长平方的比值过大 (一般地, 大于 1/2), 近似解中将存在虚假的振荡或衰减. 加权隐式格式算法是 Crank-Nicolson 格式算法的一般形式, 比后者具有更好的灵活性.

12.6.4　适用范围

适用于二阶抛物型偏微分方程.

例 12.3　对如下偏微分方程

$$\frac{\partial u}{\partial t} - \frac{\partial^2 u}{\partial x^2} = 0$$

给定初始和边界条件

$$\begin{cases} u(x,0) = \sin x, & 0 < x < 1 \\ u(0,t) = 0 \\ u(1,t) = 1 \end{cases}$$

采用全隐式格式算法求解.

解　设置如下参数:

```
a=-1;
dt=0.001;
nx=200;
nt=1000;
minx=0;
maxx=1;
lbu=0;
rbu=1;
```

调用函数 PDE_solve_output=peParabImp(a,dt,nx,nt,minx,maxx,lbu,rbu)

其中, a 是方程中的常数, minx, maxx 是求解区间的左、右端点, dt 是时间步长, nx 是空间节点个数, nt 是时间步的个数, lbu, rbu 是左、右边界条件.

将程序运行结果绘图, 如图 12.6 所示.

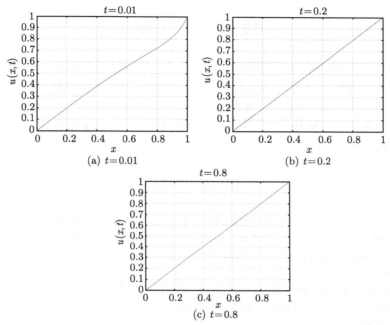

图 12.6 例 12.3 一维扩散方程不同时刻数值解分布

12.7 Visual Studio 软件解偏微分方程的算法调用说明

解偏微分方程的算法基本调用方法及参数说明见表 12.1.

表 12.1 解偏微分方程的算法基本调用方法及参数说明

一阶迎风格式算法	PDE_solve_output = OneD_advect_equation(a, dt, nx, minx, maxx, nt)
二阶迎风格式算法	PDE_solve_output = OneD_advect_equation_2nd(a, dt, nx, minx, maxx, nt)
五点差分格式算法	PDE_solve_output = Laplace_eq_5_point(nx, minx, maxx, ny, miny, maxy)
工字形差分格式算法	PDE_solve_output = Laplace_eq_gong(nx, minx, maxx, ny, miny, maxy)
全隐式差分格式算法	PDE_solve_output= peParabImp(a, dt, n, minx, maxx, lbu, rbu)
Crank-Nicolson 格式算法	PDE_solve_output= peParabCN(a, dt, n, minx, maxx, lbu, rbu)
加权隐式格式算法	PDE_solve_output= peParabImp(a, dt, nx, nt, minx, maxx, lbu, rbu)
输入参数说明	a: 方程中的常数 minx, maxx: 求解区间的左、右端点 dt: 时间步长 nx: 空间节点的个数 nt: 时间步的个数 lbu, rbu: 左、右边界条件
输出参数说明	PDE_solve_output: 结构体变量, 包含求解结果

12.8　小　　结

本章介绍了解偏微分方程的算法, 主要有一阶迎风格式算法、二阶迎风格式算法、五点差分格式算法、工字形差分格式算法、全隐式差分格式算法、Crank-Nicolson 格式算法和加权隐式格式算法. 本章对每个算法进行了推导, 梳理了流程, 归纳了特点和适用范围; 此外, 还给出了 Visual Studio 软件中相关算法命令的调用方法.

参 考 文 献

陆金甫, 关治, 2004. 偏微分方程数值解法[M]. 2 版. 北京: 清华大学出版社.

石钟慈, 2000. 第三种科学方法: 计算机时代的科学计算[M]. 广州: 暨南大学出版社.

Chapra S C, Canale R P, 2005. Numerical Methods for Engineers[M]. 5th ed. New York: McGraw-Hill.

Courant R, Isaacson E, Rees M, 1952. On the solution of nonlinear hyperbolic differential equations by finite differences[J]. Communications on Pure and Applied Mathematics, 5(3): 243-255.

Kopriva D A, 2009. Implementing Spectral Methods for Partial Differential Equations[M]. New York: Springer.

Logan J D, 2014. Applied Partial Differential Equations[M]. 3rd ed. New York: Springer.

习　　题

1. 求解下述偏微分方程:

$$
\begin{cases}
\dfrac{\partial u}{\partial t} = \dfrac{\partial^2 u}{\partial x^2}, & x \in (0,1), t \in (0,1) \\
u(x,0) = x^2 \\
u(0,t) = u(1,t) = 0
\end{cases}
$$

2. 求解下述偏微分方程:

$$
\begin{cases}
\dfrac{\partial u}{\partial t} = \dfrac{\partial^2 u}{\partial x^2}, & x \in (0,1), t \in (0,T) \\
u(0,t) = u(1,t) = 0 \\
u(x,0) = \sin \pi x
\end{cases}
$$

3. 求解自由振动问题对应的偏微分方程:

$$
\begin{cases}
\dfrac{\partial^2 u}{\partial t^2} = \dfrac{\partial^2 u}{\partial x^2}, \quad -\infty < x < \infty, t > 0 \\
u(x,0) = 0, \dfrac{\partial u}{\partial t}(x,0) = \sin x \\
u(0,t) = u(2\pi, t)
\end{cases}
$$

4. 求解下述偏微分方程:

$$
\begin{cases}
-\Delta u = 1, x \in (0,1), y \in (0,1) \\
u = 0, (x,y) \in \Gamma
\end{cases}
$$

5. 求解下述偏微分方程:

$$
\frac{\partial u}{\partial t} + 2\frac{\partial u}{\partial x} = 0
$$

给定如下初始条件:

$$
u_0(x) = \begin{cases}
10x + 1, & -0.1 \leqslant x \leqslant 0 \\
-10x + 1, & 0 < x \leqslant 0.1 \\
0, & 其他
\end{cases}
$$

6. 求解下述偏微分方程:

$$
\frac{\partial u}{\partial t} + 4\frac{\partial^2 u}{\partial x^2} = 0
$$

给定如下初始条件:

$$
\begin{cases}
0 \leqslant x \leqslant 2, 0 \leqslant y \leqslant 2 \\
u(0,y) = 0, u(2,y) = y(2-y) \\
u(x,0) = 0, u(x,2) = \begin{cases} 2-x, & x \geqslant 1 \\ x, & x < 1 \end{cases}
\end{cases}
$$